EDA精品智汇馆

Altium Designer 实战攻略与高速 PCB 设计

（配视频教程）

黄杰勇　林超文　编著

電子工業出版社

Publishing House of Electronics Industry

北京·BEIJING

内 容 简 介

本书依据 Altium Designer 15 版本编写，并全面兼容 14.x、13.x 版本，详细介绍了利用 Altium Designer 15 实现原理图与 PCB 设计的方法和技巧。本书结合设计实例，配合大量的示意图，以实用易懂的方式介绍印制电路板设计流程和电路综合设计的方法。

本书注重实践和应用技巧的分享。全书共 17 章：Altium Designer15 概述、工程管理与环境设置、原理图用户界面、原理图设计、原理图验证与输出、PCB 用户界面、PCB 设计和输出、高速 PCB 设计进阶、元件集成库设计与管理、原理图设计进阶、FPGA 原理图与 PCB 交互布线设计、PCB 层叠与阻抗设计、PCB 实战案例 1：电子万年历设计、PCB 实战案例 2：USB HUB 设计、高速实例 1：DDR2 的 PCB 设计、高速实例 2：DDR3 的 PCB 设计、原理图仿真设计。本书在编写过程中力求精益求精、浅显易懂、工程实用性强，通过实例细致地讲述了具体的应用技巧及操作方法。

书中实例的部分源文件和视频，读者可以在 www.dodopcb.com 的 Altium 版块进行下载使用。

本书适合从事电路原理图与 PCB 设计相关的技术人员阅读，也可作为高等学校相关专业的教学参考书，尤其适合作为从事 Altium Designer 设计的 PCB 工程师的工具书。

图书在版编目（CIP）数据

Altium Designer 实战攻略与高速 PCB 设计 / 黄杰勇，林超文编著. —北京：电子工业出版社，2015.7
（EDA 精品智汇馆）
配视频教程
ISBN 978-7-121-26354-5

Ⅰ. ①A… Ⅱ. ①黄… ②林… Ⅲ. ①印刷电路－计算机辅助设计－应用软件 Ⅳ. ①TN410.2

中国版本图书馆 CIP 数据核字（2015）第 132810 号

责任编辑：王敬栋　　文字编辑：张　迪
印　　刷：北京捷迅佳彩印刷有限公司
装　　订：北京捷迅佳彩印刷有限公司
出版发行：电子工业出版社
　　　　　北京市海淀区万寿路 173 信箱　邮编　100036
开　　本：787×1092　1/16　印张：20.25　字数：518.4 千字
版　　次：2015 年 7 月第 1 版
印　　次：2024 年 1 月第 22 次印刷
定　　价：69.00 元（含 DVD 光盘 1 张）

凡所购买电子工业出版社图书有缺损问题，请向购买书店调换。若书店售缺，请与本社发行部联系，联系及邮购电话：（010）88254888。

质量投诉请发邮件至 zlts@phei.com.cn，盗版侵权举报请发邮件至 dbqq@phei.com.cn。

服务热线：（010）88258888。

作 者 简 介

黄杰勇　电子科技大学中山学院教师，深圳华鹰世纪光电技术有限公司技术总监，EDA365 论坛版主，电子科技大学硕士毕业，主讲“基于 PADS 电路板设计”、“传感器原理及工程应用”。长期从事嵌入式系统应用开发、工业控制器设计，有 10 年 PCB 设计经验。发表论文十多篇，主编教材 1 部，获得实用新型专利 2 项、外观设计专利 1 项，主持过横向项目 5 项，参与多个国家及省级科研项目研发。

林超文　EDA365 论坛荣誉版主，目前负责 EDA365 论坛“PADS”和“AD 版块”的管理与维护。兴森科技 CAD 事业部二部经理，有十余年高速 PCB 设计与 EDA 软件培训经验；长期专注于军用和民用产品的 PCB 设计及培训工作，具备丰富的 PCB 设计实践和工程经验，擅长航空电子类、医疗工控类、数码电子类产品的设计，曾在北京、上海、深圳等地主讲多场关于高速高密度 PCB 设计方法和印制板设计技术的公益培训和讲座。

前　言

随着 EDA 技术的不断发展，众多 EDA 软件工具厂商所提供的 EDA 工具的性能也在不断地提高。Altium Designer 是原 Protel 软件开发商 Altium 公司推出的一体化的电子产品开发系统。该系统通过把原理图设计、电路仿真、PCB 绘制编辑、拓扑逻辑自动布线、信号完整性分析和设计输出等技术的完美融合，为设计者提供了全新的设计解决方案，使设计者可以轻松进行设计。熟练使用这一软件必将使电路设计的质量和效率大大提高。

Altium Designer 是一个很好的科研和教学平台，主要有以下原因：第一，通过该设计平台的学习，初学者可以系统全面地掌握电子线路设计方法，在他们工作后，很容易地学习和使用其他厂商的相关 EDA 工具，比如 Allegro、PADS 等；第二，Altium Designer 工具的人机交互功能特别强大，初学者在使用 Altium Designer 学习电子线路设计的过程中，当接触到一些比较抽象的理论知识时，可以很容易地通过友好的人机交互界面，使得对抽象理论知识的学习变得浅显易懂。

本书由高校教师与从事 PCB 设计一线工程师合力编写。作为一线教学人员，编者具有丰富的教学实践经验与教材编写经验，多年的教学工作能够准确地把握学生的学习心理与实际需求。同时，从事多年 PCB 设计的工程师参与本书编写工作，能够在编写工作中紧紧结合具体项目，理论结合实例。在本书中，处处凝结着教育者与工程师的经验与体会，贯穿着教学思想与工程经验，希望能够为广大读者的学习（尤其是自学）提供一个简捷、有效的途径。

本书是基于 Altium Designer15 版本编写的从入门到提高的教材，全面兼容 14.x、13.x 版本，通过理论与实例结合的方式，深入浅出地介绍其使用方法和技巧。本书在编写过程中力求精益求精、浅显易懂、工程实用性强，通过实例细致地讲述了具体的应用技巧及操作方法。本书共 17 章。内容主要如下：

- Altium Designer15 概述
- 工程管理与环境设置
- 原理图用户界面
- 原理图设计
- 原理图验证与输出
- PCB 用户界面
- PCB 设计和输出
- 高速 PCB 设计进阶
- 元件集成库设计与管理
- 原理图设计进阶
- FPGA 中原理图与 PCB 交互布线设计

- PCB 层叠与阻抗设计
- PCB 实战案例 1：电子万年历设计
- PCB 实战案例 2：USB HUB 设计
- 高速实例 1：DDR2 的 PCB 设计
- 高速实例 2：DDR3 的 PCB 设计
- 原理图仿真设计

在本书编写过程中，还得到电子工业出版社王敬栋先生和 EDA365 论坛热心网友宋雨轩、范丹丹、彭长林、林锐东、周佳辉等人的大力支持和帮助。在生活上，父母和爱人给予了充分的理解和大力支持。在编著者技术领域的成长过程中，得到了同事、朋友的大力帮助。在此，向他们表示衷心的谢意。

尽管编者在编写本书的过程中竭尽全力，但是，由于水平有限，书中难免存在不足之处，恳请广大读者批评指正。

编著者

2015 年 4 月 30 日

目　　录

第1章 概 述

1.1 Altium Designer的发展

Altium（前身为 Protel 国际有限公司）由 Nick Martin 于 1985 年始创于塔斯马尼亚州霍巴特，致力于开发基于 PC 的软件，为印制电路板提供辅助的设计。最初的 DOS 环境下的 PCB 设计工具在澳大利亚得到了电子业界的广泛接受。1986 年中期，Altium 通过经销商将设计软件包出口到美国和欧洲。随着 PCB 设计软件包的成功，Altium 公司开始扩大其产品范围，包括原理图输入、PCB 自动布线和自动 PCB 器件布局软件。

Altium Designer 是目前 EDA 行业中使用最方便、操作最快捷、人性化界面最好的辅助工具，是在中国用得最多的 EDA 工具。电子专业的大学生在大学基本上都学过 Protel 99SE，所以学习资源也最广，公司招聘 Protel 新人也可快速进入角色。在中国有 73%的工程师和 80%的电子工程相关专业在校学生正在使用 Altium 所提供的解决方案。

Altium Designer 基于一个软件集成平台，把为电子产品开发提供完整环境所需的工具全部整合在一个应用软件中。Altium Designer 包含所有设计任务所需的工具：原理图和 HDL 设计输入、电路仿真、信号完整性分析、PCB 设计、基于 FPGA 的嵌入式系统设计和开发。另外可对 Altium Designer 工作环境加以定制，以满足用户的各种不同需求。

产品历史

1985 年，诞生 DOS 版 Protel。

1991 年，Protel for Windows。

1997 年，Protel 98 这个 32 位产品是第一个包含 5 个核心模块的 EDA 工具。

1999 年，Protel 99 构成从电路设计到真实电路板分析的完整体系。

2000 年，Protel 99SE 性能进一步提高，可以对设计过程有更大控制力。

2002 年，Protel DXP 集成了更多工具，使用方便，功能更强大。

2003 年，Protel 2004 对 Protel DXP 进一步完善。

2006 年，Altium Designer 6.0 成功推出，集成了更多工具，使用方便，功能更强大，特别在 PCB 设计这一块性能大大提高。

2008 年，Altium Designer Summer 08（简称 AD7）将 ECAD 和 MCAD 两种文件格式结合在一起，Altium 在其最新版的一体化设计解决方案中为电子工程师带来了全面验证机械设计（如外壳与电子组件）与电气特性关系的能力。还加入了对 OrCAD 和 PowerPCB 的支持能力。

2008 年，Altium Designer Winter 09 推出，引入了新的设计技术和理念，以帮助电子产品设计创新。

2009 年，为适应日新月异的电子设计技术，Altium 于 2009 年 7 月在全球范围内推出最新版本 Altium Designer Summer 09。Summer 09 的诞生延续了连续不断的新特性和新技术的应用过程。

2011 年，Altium 推出 Altium Designer Release 10 版本。

2012～2014 年，Altium 陆续推出 Altium Designer Version 13～14.x 版本。

2015 年，Altium 推出全新的 Altium Designer Version 15 版本。

1.2 Altium Designer15 的新功能及特点

Altium Designer15 着重关注 PCB 核心设计技术，提供以客户为中心的全新平台，进一步夯实了 Altium 在原生 3D PCB 设计系统领域的领先地位。Altium Designer 现已支持软性和软硬复合设计，将原理图捕获、3D PCB 布线、分析及可编程设计等功能集成到单一的一体化解决方案中。

增强 PCB 协同设计功能

- AD10 版本开始已增加 PCB 协同设计功能，Altium Designer 15 继续增强此协同设计功能，可使 PCB 设计效率大大提升

独特的 3D 高级电路板设计工具，面向主流设计人员

- 软性和软硬复合 PCB 的设计支持——新版本能够实现软性和软硬复合板设计，包括先进的层堆栈管理技术
- 支持嵌入式 PCB 元件——标准元件在制造过程中可安置于电路板内层，从而实现微型化设计更为便捷的规则与约束设定
- 简化高速设计规则，可实现差分对宽度设置的自动和制导调整，从而维持对阻抗的稳定性
- 增强的过孔阵列技术（Via Stitching）：强化了 PCB 编辑器的过孔阵列功能，能够将过孔阵列布局约束在用户定义区域

新向导提升了通用 E-CAD 和 M-CAD 格式的互用性

- CadSoft Eagle 导入工具——由于有些设计并未使用 Altium Designer，出于兼容性的考虑，Altium 推出 CadSoft Eagle 导入工具，从而方便客户使用其他格式的设计文件
- Autodesk AutoCAD 导入/导出——最新技术支持设计文件在 AutoCAD 的 *.DWG 和 *.DXF 格式之间的相互转换。升级的导入/导出界面支持 AutoCAD 最新版本及更多对象类型
- 直接使用 IC 引脚的 IBIS 模型，便于运用 Altium Designer 进行信号完整性分析

IPC-2581 和 Gerber X2 格式支持

传统的 Gerber 作为 CAM 格式，来源于约 35 年前发布的 RS-274D 标准版。使用旧版本（如 Gerber RX-274X）进入制作流程时会遇到数据模糊或丢失等问题。Altium Designer 15 现在支持 IPC-2581 和 Gerber X2 格式，这两个格式标准能够完整地再现 PCB 的原本设计。

xSignals 面板轻松解决高速布线多种需求

xSignal 能够轻松解决高速布线拓扑问题，如点到点的等长工作，还能轻松处理更复杂

的 CPU 到四片存储器之间的各分支等长工作。

软硬板（FPC）混合结构支持

Altium Designer 15 支持用户直接在 PCB 设计中进行软硬板混合结构层叠设置，如图 1-1 所示。

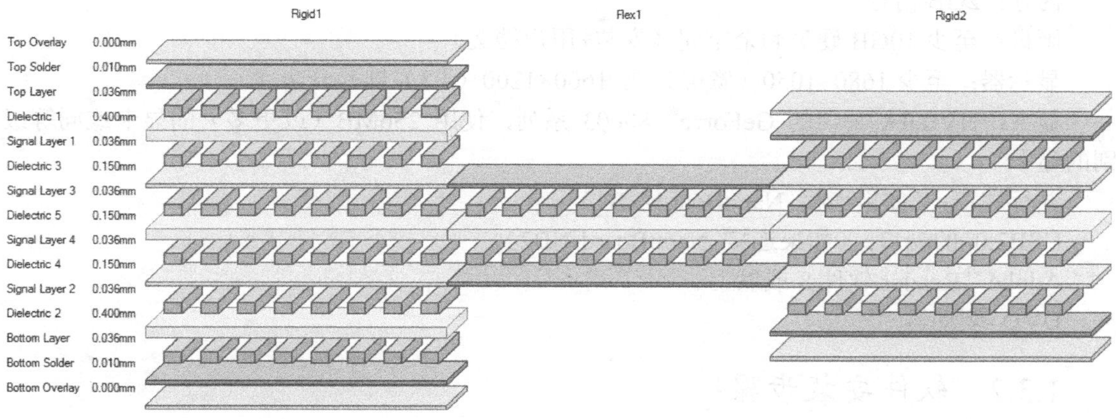

图 1-1　软硬板（FPC）混合结构支持

射频过孔屏蔽缝合

Altium Designer 15 支持对 PCB 的射频信号进行自动屏蔽缝合过孔，如图 1-2 所示。

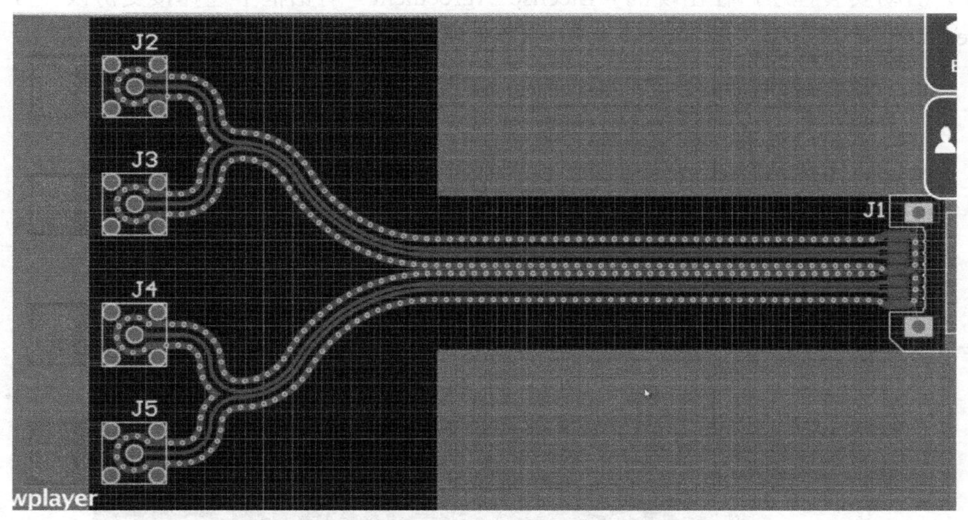

图 1-2　射频信号屏蔽缝合过孔处理

1.3　Altium Designer15 软件的安装

为了使您的设计工作更高效、更快捷，编者强烈建议用户使用高性能的计算机。

1.3.1 推荐计算机系统配置

操作系统：Windows XP SP2 专业版或更高的版本

处理器：英特尔®酷睿™ 2 双核/四核 2.66 GHz 或更快的处理器

内存：2GB 内存

硬盘：至少 10GB 硬盘剩余空间（安装+用户档案）

显示器：至少 1680×1050（宽屏）或 1600×1200（4:3）屏幕分辨率

显卡：NVIDIA 公司的 GeForce® 80003 系列，使用 256MB（或更多）的显卡或同等级别的显卡

并行端口：（如果连接 NanoBoard-NB1）

USB2.0 的端口：（如果连接 NanoBoard-NB2）

Adobe ® Reader 软件 8 或以上

DVD -驱动器

1.3.2 软件安装步骤

Altium Designer15 的安装步骤与之前版本基本是一致的，不同的是在安装程序包的时候，增加了软件包的选择项。所以对于一些不经常用到的模块，如仿真、FPGA，先不做选择，只选择默认的 PCB 设计基础模块，这样将减少软件的运行压力，提高软件运行效率。

（1）启动安装程序，在出现的“License Agreement”对话框中选择接受协议：“I accept the agreement”，如图 1-3 所示。然后单击【Next】按钮进入下一个步骤。

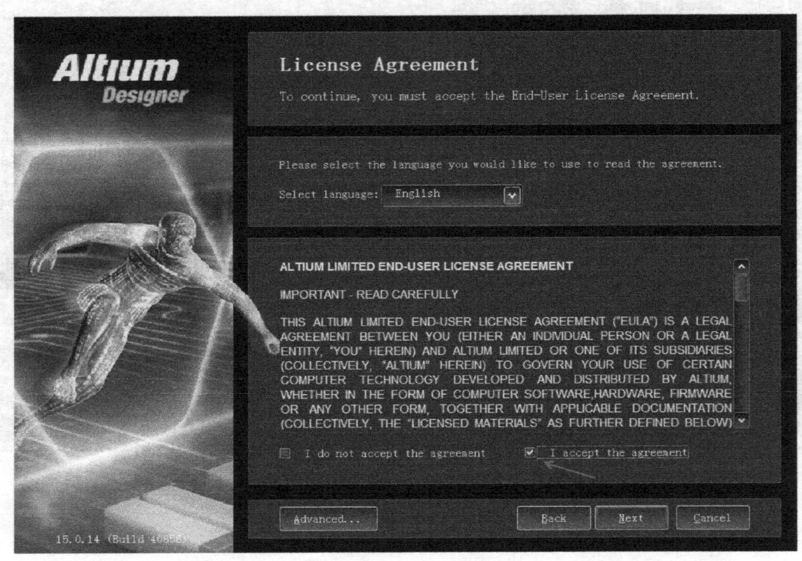

图 1-3　进入安装界面

（2）在安装前，也可以提前在图 1-3 所示的对话框中选择安装语言。软件支持三种语言：英文、简体中文、日语。用户可以根据需要进行选择，如图 1-4 所示。

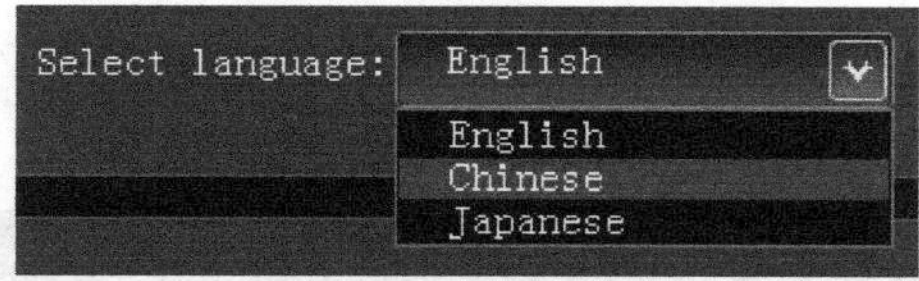

图 1-4　语言选择

（3）在图 1-5 所示的对话框中，用户可以选择需要安装的模块，单击【Next】按钮进入下一步骤。

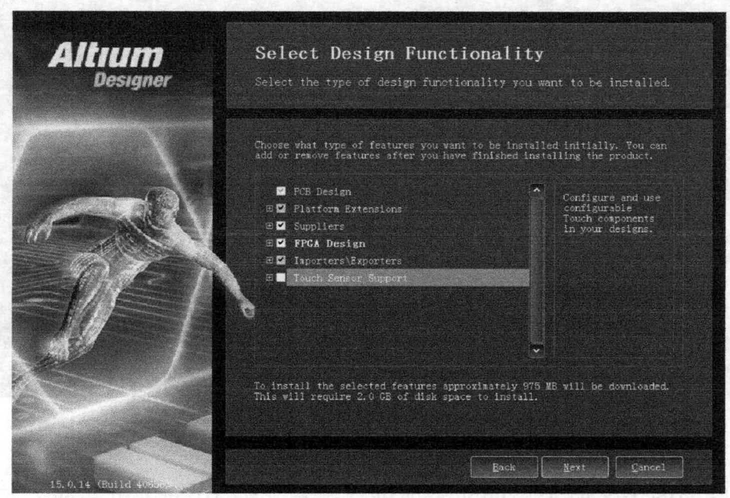

图 1-5　选择需要安装的模块

（4）在图 1-6 所示对话框中，选择软件安装和共享文件的路径，单击【Next】按钮进入下一步骤。

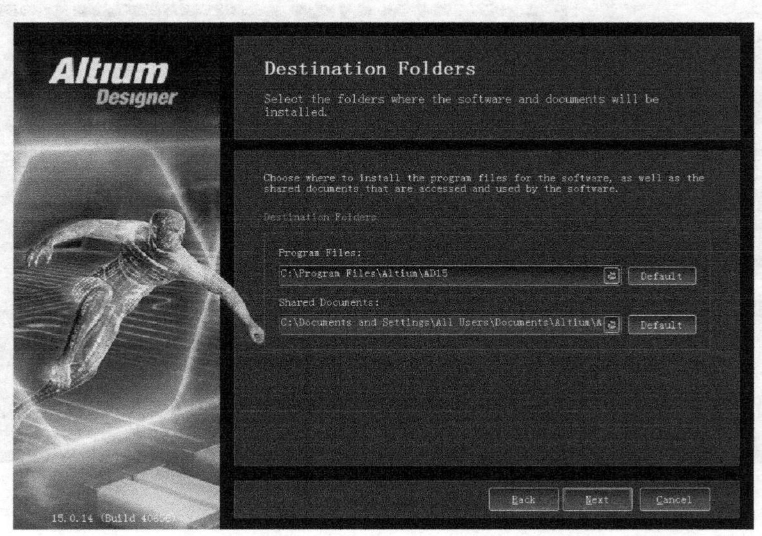

图 1-6　选择安装路径

（5）单击【Next】按钮，进入安装准备对话框，如图 1-7 所示。单击【Next】按钮进入下一个步骤。

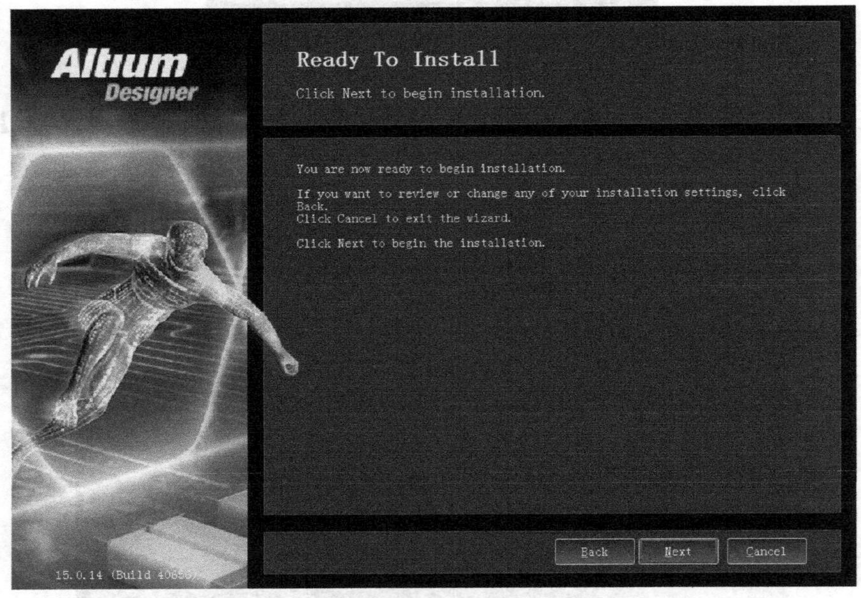

图 1-7　准备安装

（6）安装进度如图 1-8 所示，期间无须进行设置，约 10 分钟可完成安装。

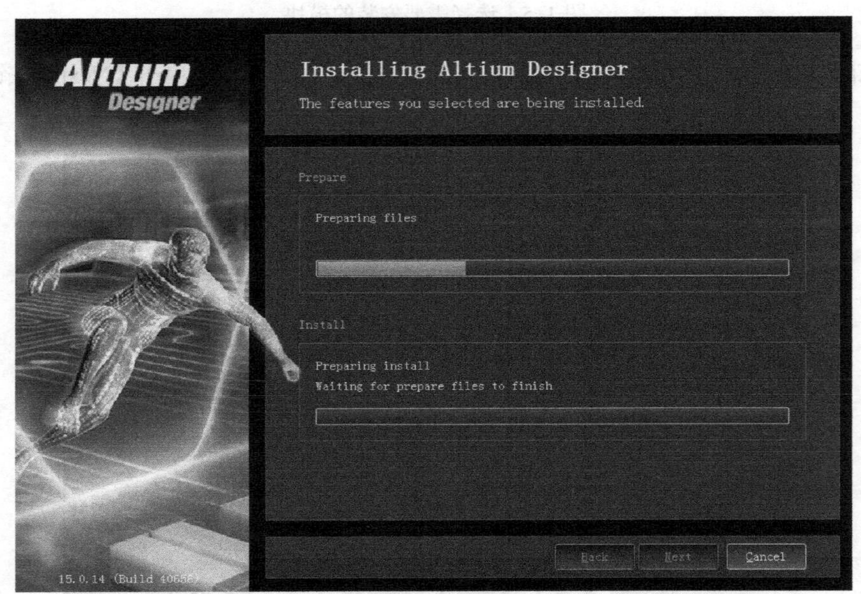

图 1-8　软件安装进度

（7）图 1-9 所示为安装完成的对话框。单击【Finish】按钮完成安装，并启动软件。

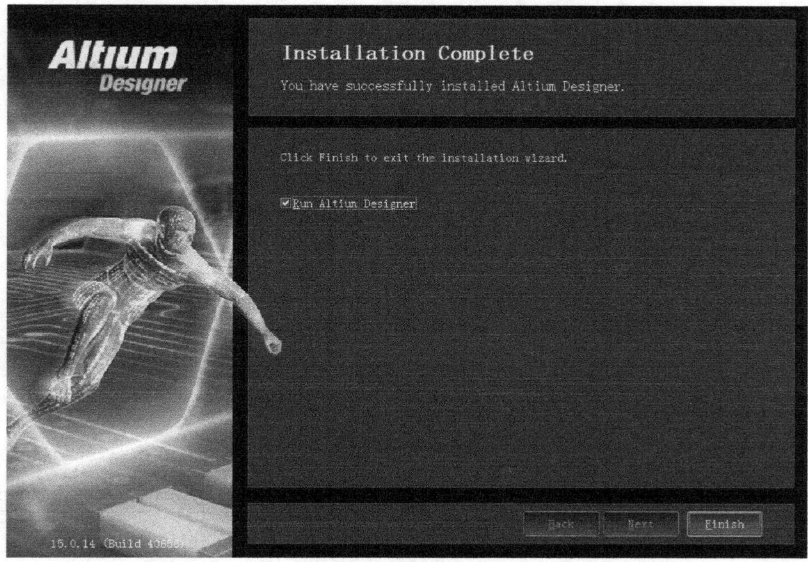

图 1-9　完成安装

（8）执行菜单命令【DXP】→【My Account】（如图 1-10 所示），进入 License 管理对话框。

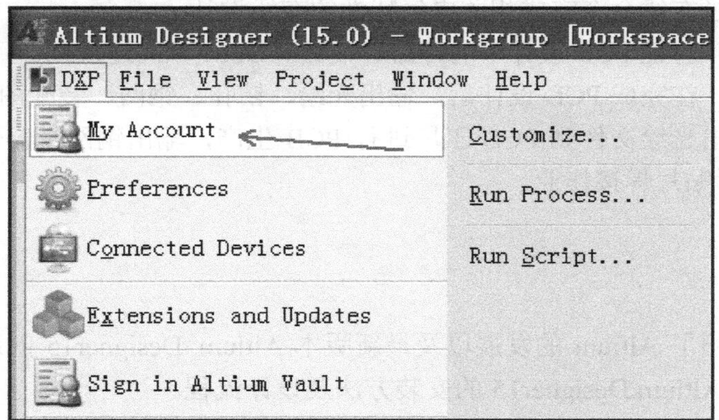

图 1-10　打开我的账户

（9）这里可以通过加载本地 License 文件完成软件注册和安装，如图 1-11 所示。

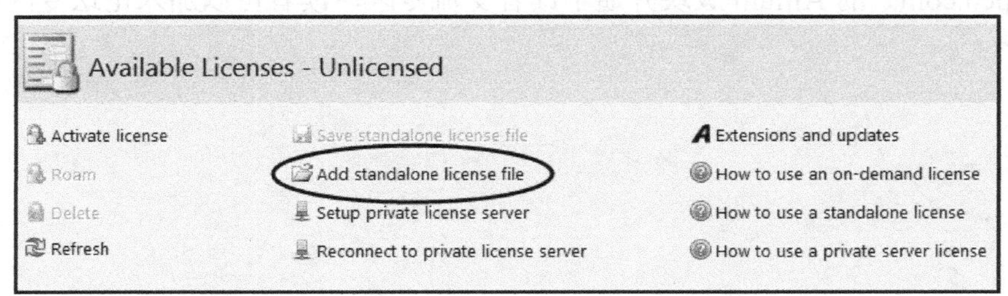

图 1-11　完成软件注册

1.4 Altium Designer 设计流程简介

常规 Altium Designer 设计流程如图 1-12 所示。

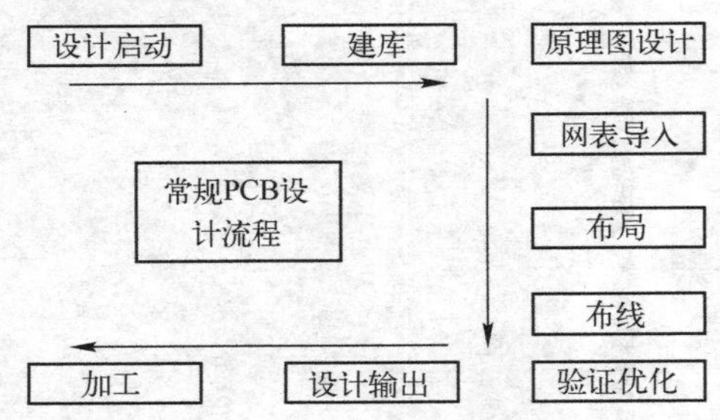

图 1-12 常规 Altium Designer 设计流程

（1）设计启动：在设计前期进行产品特性评估、元器件选型、逻辑关系验证等工作。

（2）建库：根据器件的手册进行逻辑零件库和 PCB 封装库的创建。

（3）原理图设计：通过原理图编辑工具进行原理图功能设计。

（4）网表导入：把原理图功能连接关系通过网络表导入到 PCB 设计的过程。

（5）布局：结合相关原理图进行交互布局及细化布局工作。

（6）布线：通过布线命令完成相关电气特性的布线设计。

（7）验证优化：验证 PCB 设计中的开路、短路、DFM 和高速规则。

（8）设计输出：在完成 PCB 设计后，输出光绘、钻孔、钢网、装配图等生产文件。

（9）加工：输出光绘文件到 PCB 工厂进行 PCB 生产，输出钢网、器件坐标文件、装配图到 SMT 工厂进行贴片焊接作业。

1.5 本章小结

本章向读者介绍了 Altium 的发展以及最新版本 Altium Designer15 的新功能和特点，同时还向读者介绍了 Altium Designer15 的安装方法及设计流程。

通过本章的学习，读者应该能够独立安装 Altium Designer15 软件，并对 Altium Designer15 的应用和功能特点有一个初步的了解。

同时，为了帮助读者能够成功安装 Altium Designer15 软件，编委会与合作网站（www.dodopcb.com）的 Altium 版块开通了读者交流专区，读者可以加入论坛专区交流。

第2章 工程管理与环境设置

2.1 工程文件管理

在 Altium Designer 里，一个工程包括所有文件之间的关联和设计的相关设置。一个工程文件，如 Demo.PrjPCB，是一个 ASCII 文本文件，它包括工程里的文件和输出的相关设置。与工程无关的文件称为“自由文件”。本章以 PCB 工程的创建过程为例进行介绍，先创建工程文件，然后创建一个新的原理图并加入到新创建的工程中，最后创建一个新的 PCB，和原理图一样加入到工程中。

2.1.1 创建工程文件

第一步，执行菜单命令【File】→【New】→【Project】→【PCB Project】，在弹出的“New Project”对话框中创建一个全新的工程文件，如图 2-1 所示。

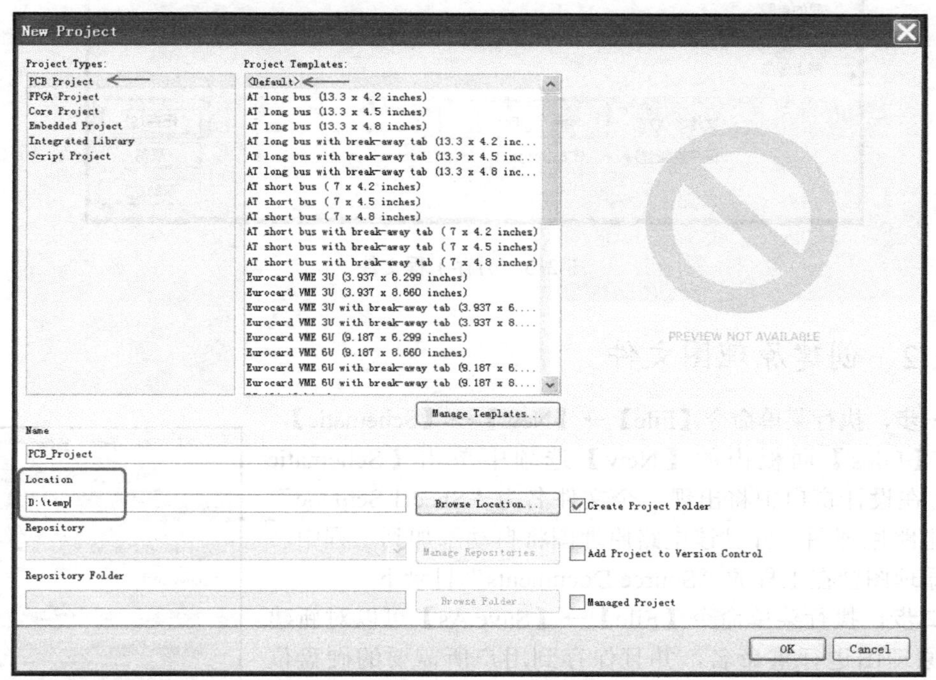

图 2-1 新建项目工程文件

➢ 项目模板“Project Templates”选择：Default。

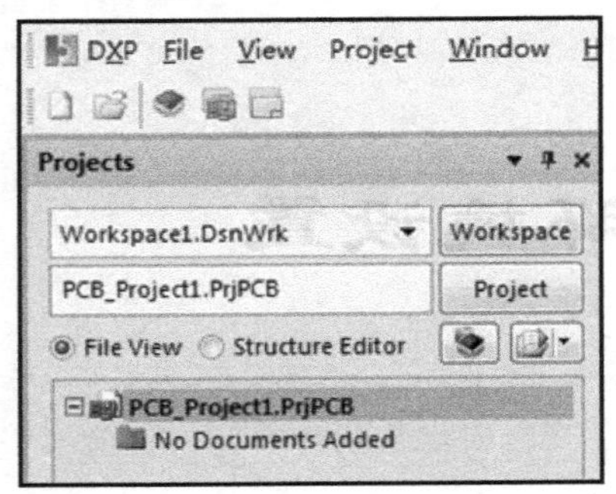

图 2-2　新建工程文件

➢ 文件路径“Location”选择项目工程文件的保存路径，如 D:\temp。

第二步，随即弹出“Projects”面板，一个新的工程文件“PCB_Project1.PrjPCB”已经列于面板框中，并且不带有任何文件，如图 2-2 所示。

第三步，重新命名工程文件（用扩展名.PrjPCB），执行菜单命令【File】→【Save Project As】。在打开的对话框中选择存储路径，在“File Name”文本框中输入工程名“demo.PrjPcb”并单击【保存】按钮进行保存，如图 2-3 所示。

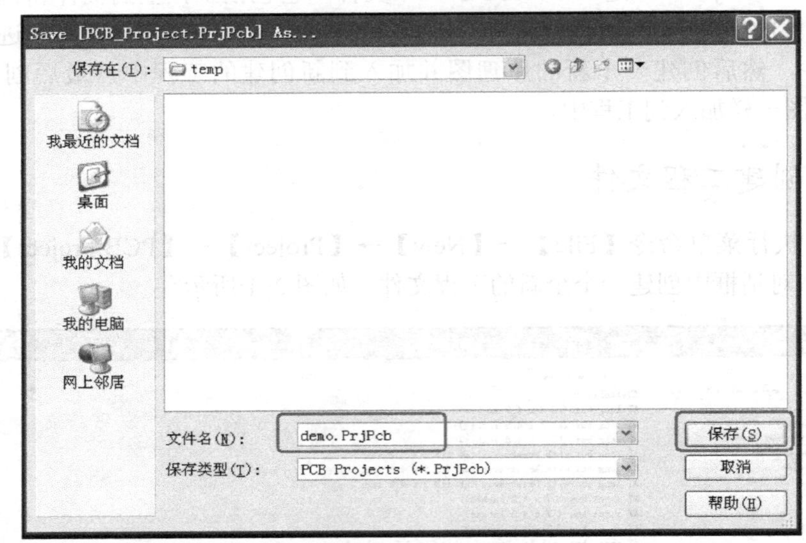

图 2-3　另存工程文件

2.1.2　创建原理图文件

第一步，执行菜单命令【File】→【New】→【Schematic】，或者在【Files】面板内的【New】选项中单击【Schematic Sheet】。在设计窗口中将出现一个文件名为“Sheet1.SchDoc”的空白电路原理图，并且该电路原理图将自动添加到工程中。该电路原理图会在工程的“Source Documents”目录下。

第二步，执行菜单命令【File】→【Save As】可以对新建的电路原理图进行重命名，并且保存到用户所需要的硬盘位置，如输入文件名字“Demo.SchDoc”并且单击【保存】按钮，如图 2-4 所示。

图 2-4　新建原理图文件

2.1.3　创建 PCB 文件

图 2-5　新建 PCB 文件

第一步，执行菜单命令【File】→【New】→【PCB】，新建一个命名为“PCB1.PcbDoc”的空白 PCB 文件，该 PCB 文件将自动添加到工程中。

第二步，执行菜单命令【File】→【Save As】可以对新建的 PCB 文件进行重命名，并且保存到用户所需要的硬盘位置，如输入文件名字“demo.PcbDoc”并且单击【保存】按钮，如图 2-5 所示。

2.1.4　创建原理图库文件

第一步，执行菜单命令【File】→【New】→【Library】→【Schematic Library】，新建一个命名为“SchLib1.SchLib”的原理图库文件。

第二步，执行菜单命令【File】→【Save As】可以对新建的原理图库文件进行重命名，并且保存到用户所需要的硬盘位置，如输入文件名字“demo. SchLib”并且单击【保存】按钮，如图 2-6 所示。

2.1.5　创建 PCB 元件库文件

第一步，执行菜单命令【File】→【New】→【Library】→【PCB Library】，新建一个命名为“PCBLib1.PcbLib”的原理图库文件。

第二步，执行菜单命令【File】→【Save As】可以对新建的原理图库文件进行重命名，并且保存到用户所需要的硬盘位置，如输入文件名字“demo. PcbLib”并且单击【保存】按钮，如图 2-7 所示。

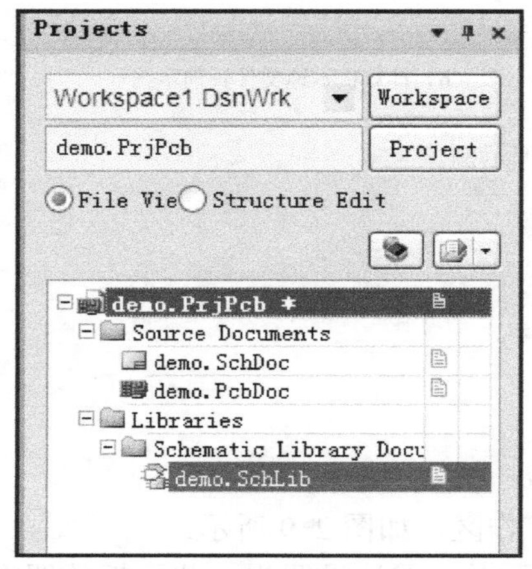

图 2-6　新建原理图库文件

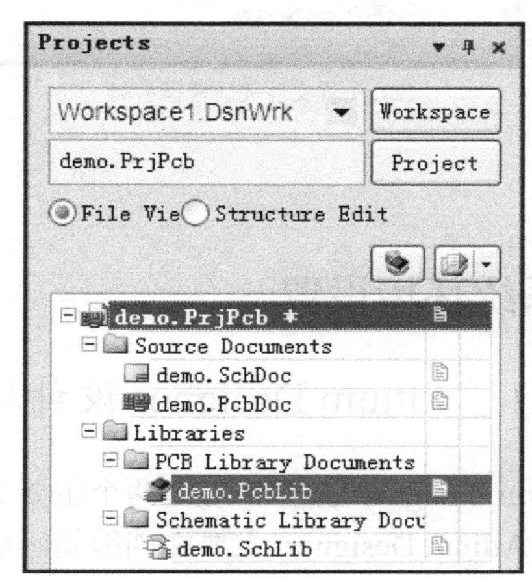

图 2-7　新建 PCB 元件库文件

2.1.6 文件关联方法

除了上述采用在工程文件下建立其设计文件外，还有更加便捷的方法来使文件进行关联。

如果是计算机本地已经有了文件，则可以通过在工程文件名上单击鼠标右键，从弹出的快捷菜单中选择【Add Existing to Project】命令，在打开的对话框中选择相应的文档并单击【Open】按钮。如果已经打开了某个子文件，则可以用鼠标拖曳相应文档到工程文档列表中的面板中。

同样地，要把子文件移出工程文件，则可以通过鼠标拖曳方法从工程文件中拖出或者采用“Remove From Project”快捷菜单命令。

2.1.7 工程文件管理

工程文件体现的只是一个工程的文件关联关系，具体文件在计算机中的本地存储路径是可以任意的，但是为了文件管理方便，这里推荐一个在计算机中的本地存储管理方法，如图 2-8（b）所示。其中 demo 是项目名称，5 个文件夹可以分别放置设计说明或过程记录文件、库文件、PCB 文件、工程 PRJ 文件和原理图文件。

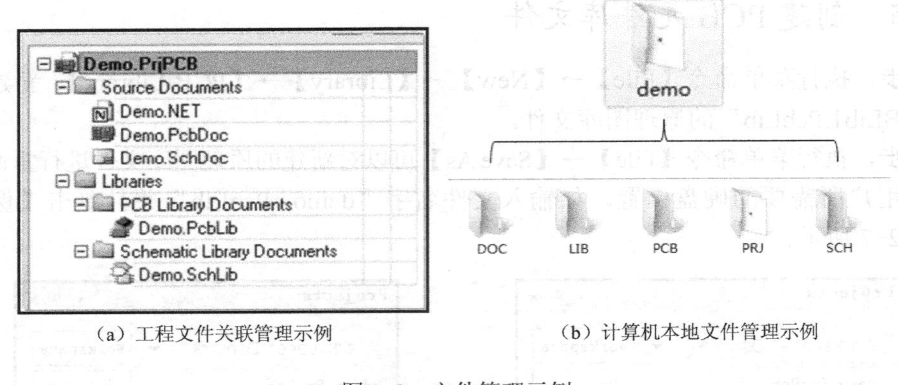

（a）工程文件关联管理示例　　（b）计算机本地文件管理示例

图 2-8　文件管理示例

2.2 系统环境设置

2.2.1 Altium Designer 设计环境

Altium Designer 操作环境由两个主要部分组成：

（1）Altium Designer 主要文档编辑区域，即工作区，如图 2-9 所示；

（2）工作面板，Altium Designer 有很多操作面板，默认设置为一些面板放置在应用程序的左边，一些面板可以以弹出的方式在右边打开，一些面板呈浮动状态，另外一些面板则

为隐藏状态，可以在右下脚打开。

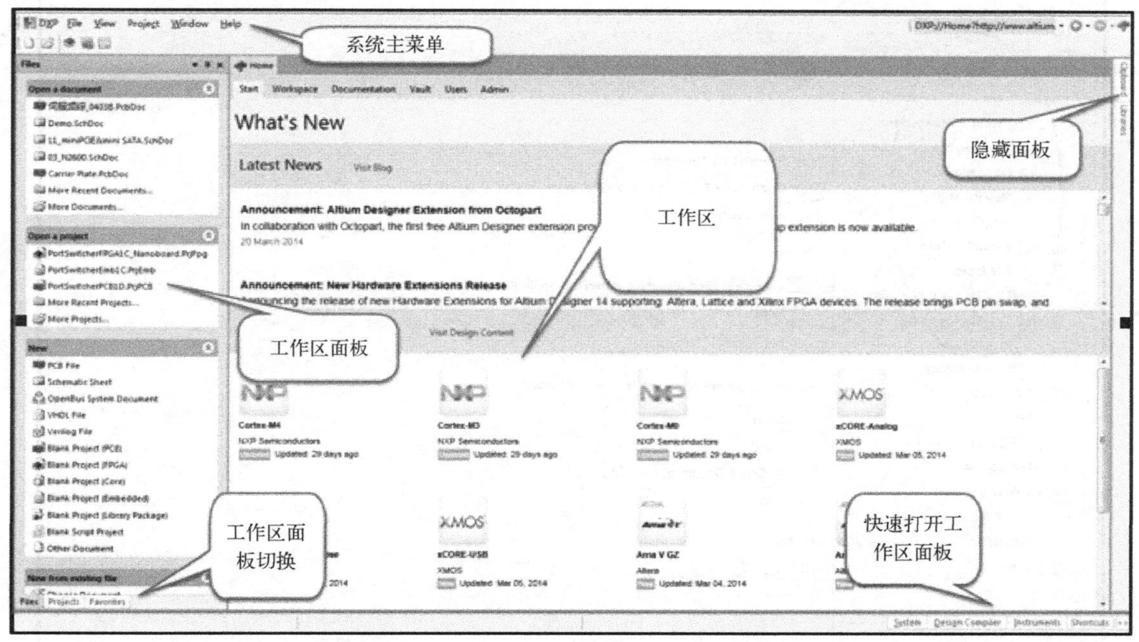

图 2-9　Altium Designer 设计界面

如果要移动单个面板，请单击并按住面板名称。要移动一套面板，请单击并按住面板标题栏，将其拖离面板名称。要避免面板重叠，请按住【Ctrl】键。要将面板悬停模式更改为弹出模式，请单击面板顶部的引脚小图标；要恢复悬停模式，请再次单击引脚图标。

2.2.2　系统配置设置

执行 DXP 菜单下的【Preferences】菜单命令，进入软件系统配置设置窗口，如图 2-10 和图 2-11 所示。

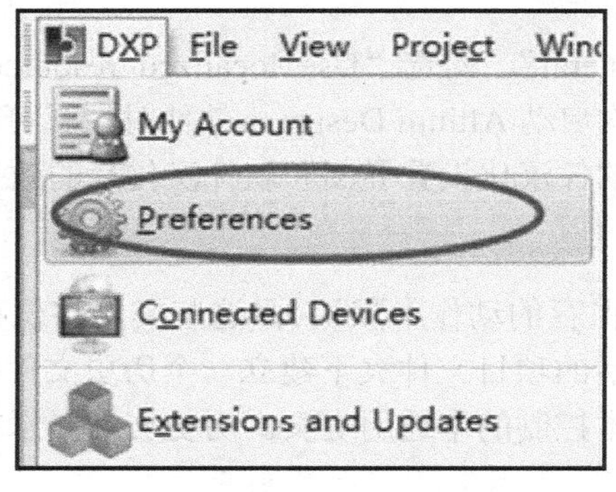

图 2-10　执行【Preferences】菜单命令

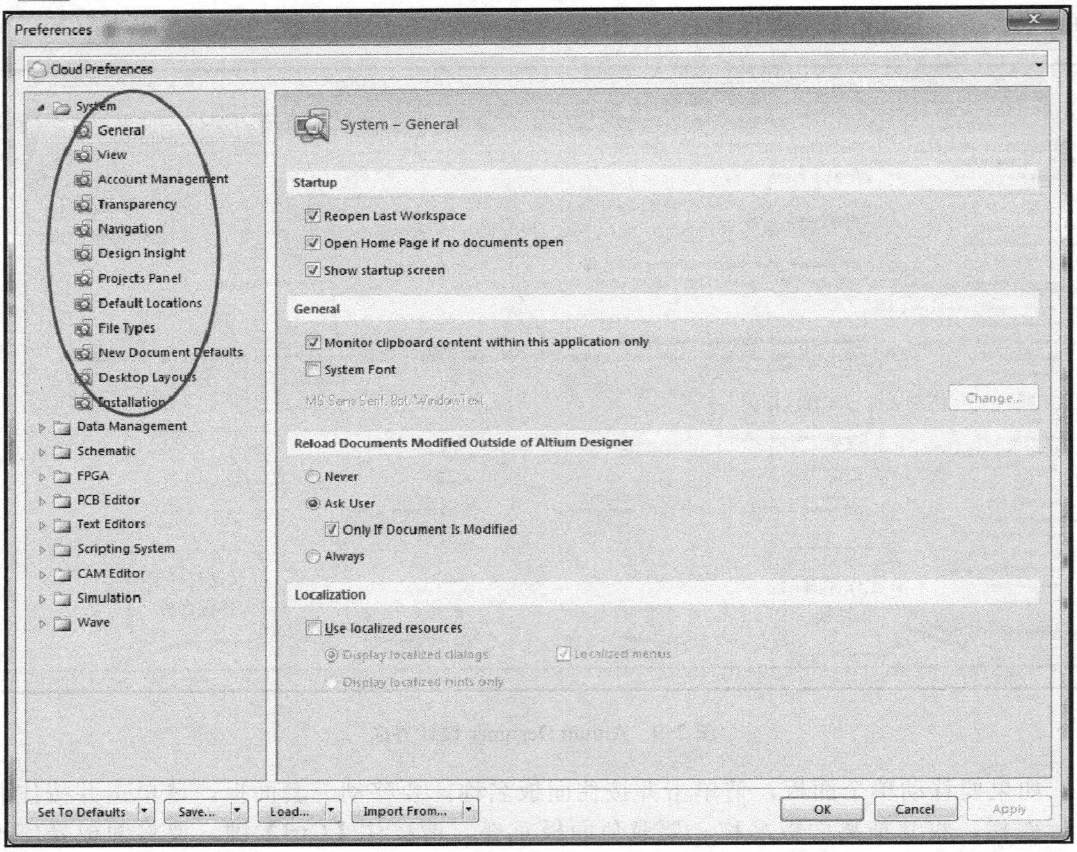

图 2-11　Preferences 系统设置选项

不同的全局系统参数可以在 Altium Designer 环境下被定义，包括资料备份和自动保存、系统字体的使用、工程面板的显示、环境查看参数（包括弹出和隐藏面板）、使能版本控制接口等。

接下来，我们讲解几个编者在平时进行设计时经常使用的配置习惯。

1. 系统汉化配置

打开系统配置选项“General”，勾选“Use localized resources”进行本地化设置，单击【OK】按钮保存后，在下一次启动 Altium Designer 软件时，就可以使软件的汉化设置生效，如图 2-12 和图 2-13 所示为软件汉化设置界面和软件汉化后的效果。

2. 文件自动保存

无论初始用户是否执行保存的动作（默认），这些文件将保存在历史文件夹中，作为一个备份。默认值是在当前激活的项目文件夹下建立一个历史文件夹，配置一个可选的中央文件夹，打开参数对话框中版本控制的本地历史页。历史文件显示在“Storage Manager”面板上的历史部分。

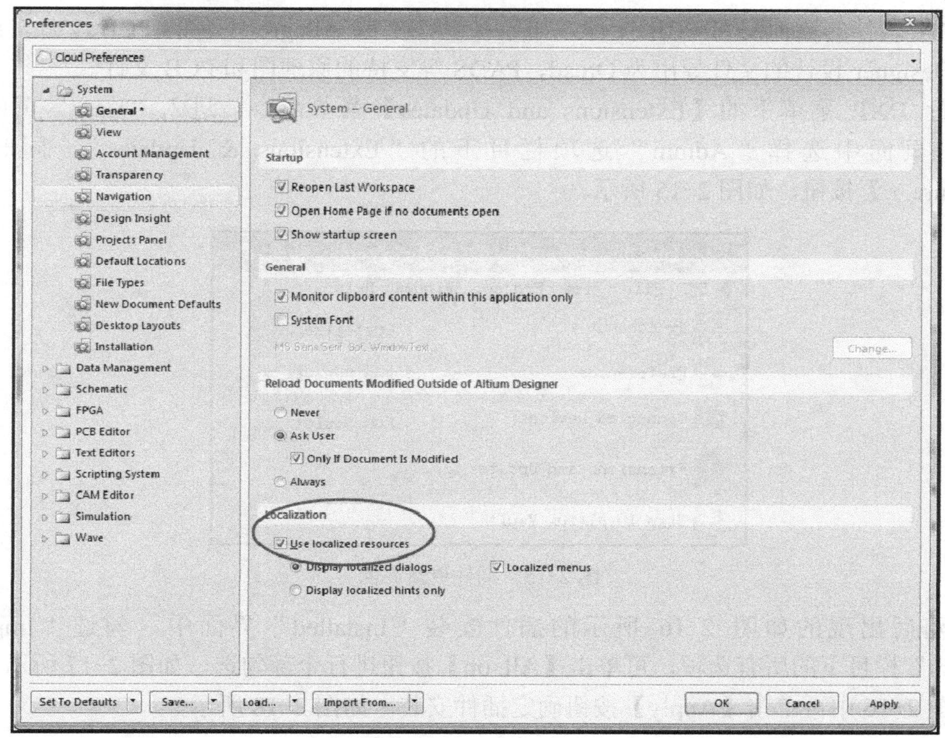

图 2-12　软件汉化设置

图 2-13　软件汉化效果

3. 系统配置的复用

Preferences 系统设置中所有的设置项都可以导出一个后缀名为.DXPPrf 的配置文件，这个文件可以直接加载到其他计算机中的 Altium Designer 软件中，这就方便了很多设计师在更换计算机时，可以不用对软件进行重复配置工作，如图 2-14 所示。当然，也可以单击【Import From...】按钮导入较早版本的 Preferences 系统设置习惯。

图 2-14　Preferences 系统设置复用

2.3　安装导入/导出向导插件

Altium Designer 的导入/导出向导是这款 EDA 软件的最大特点之一，它支持导入与导出其他 EDA 软件的原理图和 PCB 文件，如导入 PADS 或 Allegro 平台的 PCB 文件，或者将 Altium Designer 设计的文件导出为 Orcad、PADS 等支持的原理图和 PCB 文件。

执行 DXP 菜单下的【Extensions and Updates】菜单命令，进入“User”页面，在“User”页面中选择“Admin”选项栏目下的“Extensions & Updates”，同时单击【Configure…】按钮，如图 2-15 所示。

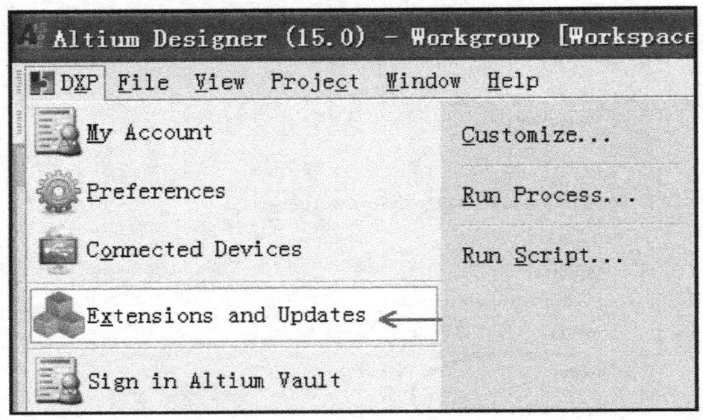

图 2-15　插件更新界面

在随后出现的如图 2-16 所示的插件安装“Installed”界面中，勾选“Importers\Exporters”栏目下的所有选项，可单击【All on】按钮进行全部勾选，如图 2-17 所示。全选后，在图 2-16 中再单击【Apply】按钮确定插件安装，如图 2-18 所示。

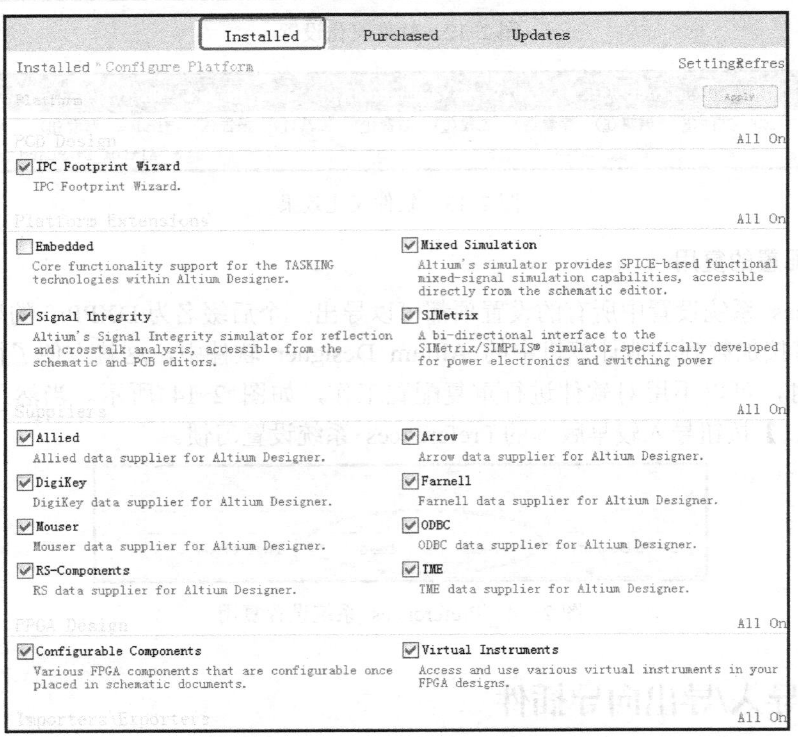

图 2-16　插件安装“Installed”界面

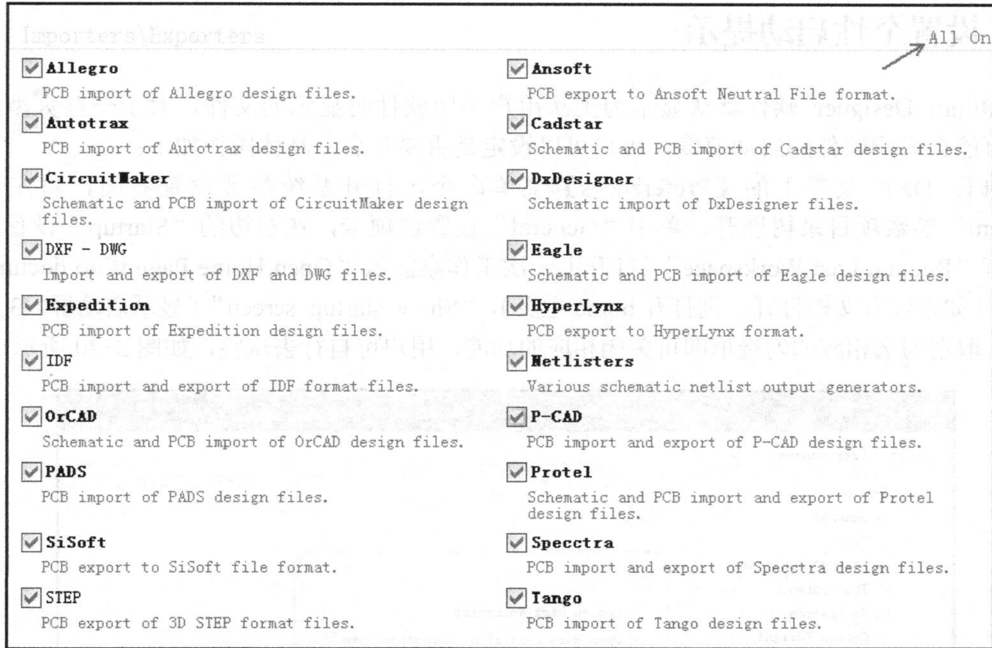

图 2-17　勾选“Importers\Exporters”栏目的所有选项

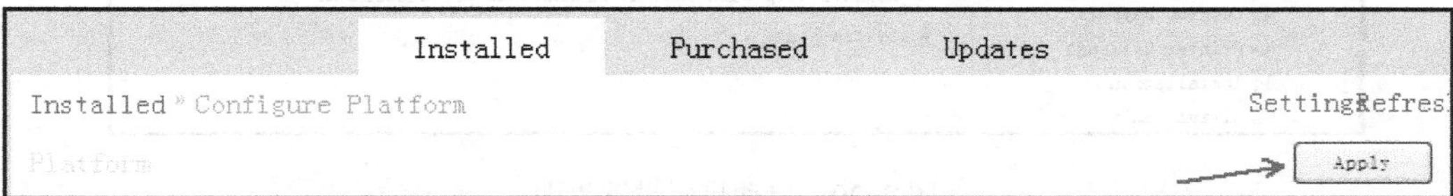

图 2-18　确定插件安装

在随后弹出的如图 2-19 所示的应用改变询问对话框中，单击【OK】按钮进行应用的安装。Altium Designer 软件进入插件的安装和验证界面，安装完毕后软件会进行自动重启。

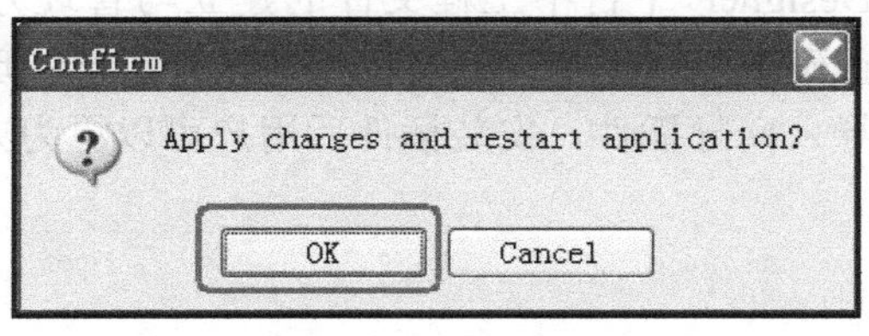

图 2-19　应用改变询问对话框

提示

在安装导入/导出插件前，建议用户先关闭杀毒软件。

2.4 设置个性启动提示

Altium Designer 软件默认显示为上次用户关闭软件时显示的文件。对于一些大型的文件，可能会影响软件的启动速度，用户可以设定是否要开启，具体操作如下：

执行 DXP 菜单下的【Preferences】菜单命令，打开系统参数设置界面，将左边的“System”参数项目录树展开，单击“General”设置选项卡，在右边的“Startup”设置栏内分别有“Reopen Last Workspace”（打开上一次工作桌面）、“Open Home Page if no documents open”（如果没有文档打开，则打开 home 主页）、“Show startup screen”（显示启动屏）3 个选项栏，取消勾选相应的勾选框即可关闭相应的功能，用户可自行去试验，如图 2-20 所示。

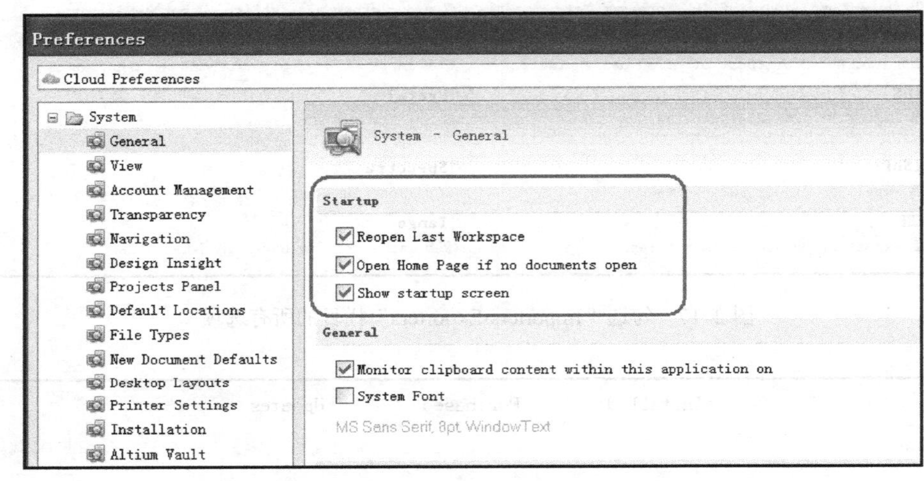

图 2-20　启动显示设置界面

2.5 本章小结

本章介绍了 Altium Designer 平台中工程文件的建立与管理方法和软件系统的常用配置，使读者们能够迅速、正确地建立一个工程文件，并掌握科学管理本地工程文件的方法。

同时介绍了如何安装导入向导插件，安装插件后用户可以更为方便地导入其他 EDA 软件平台的设计文件。

第3章 原理图用户界面

3.1 原理图编辑器界面简介

原理图编辑器界面如图 3-1 所示，包含菜单栏、工具栏、活动面板、编辑工作区域、系统面板等操作界面。

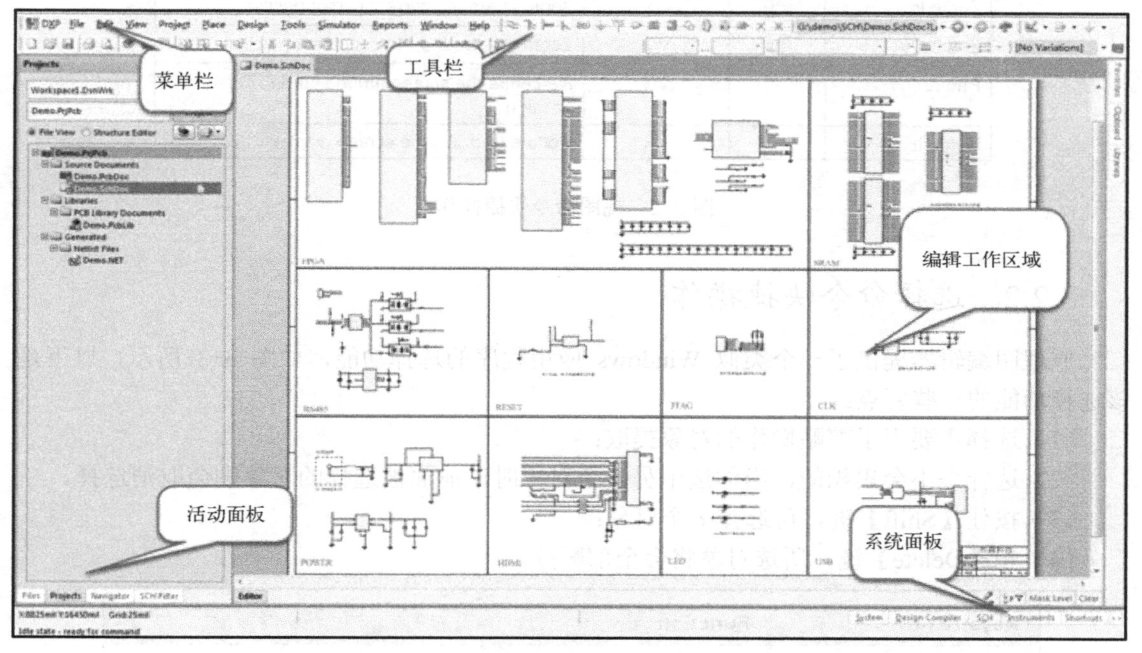

图 3-1 原理图编辑器界面

3.2 常用命令操作

3.2.1 视图命令快捷操作

单击工作菜单【View】，即可打开视图命令功能操作，编者通过列表给用户介绍一些常用的命令操作，如图 3-2 所示。

Command	Toolbar	Shortcut Key	Description
Fit Document		VD	Display entire document
Fit All Objects		VF	Fits all objects in the current document window
Area		VA	Display a rectangular area of document by selecting diagonal vertices of the rectangle
Around Point		VP	Display a rectangular area of document by selecting the centre and one vertex of the rectangle
Selected Objects		VE	Fits all selected objects in the current document window
50%		V5	Set display magnification to 50%
100%		V1	Set display magnification to 100%
200%		V2	Set display magnification to 200%
400%		V4	Set display magnification to 400%
Zoom In		VI	Zoom In around current cursor position
Zoom Out		VO	Zoom Out around current cursor position
Pan		VN	Re-centre the screen around current cursor position
Refresh		VR	Update (redraw) the screen display

图 3-2 视图命令快捷操作

3.2.2 选择命令快捷操作

原理图编辑器提供了一个类似 Windows 应用程序的选择功能，如图 3-3 所示，以下是该选择功能的一些要点：

（1）选择主要用于剪贴操作的对象提取；

（2）选择是不会累积的，当你选中另一个对象时，前面被选择的对象则会取消选择。

（3）按住【Shift】键，可选择多个对象；

（4）按【Delete】键，所选对象将会全部删除。

Keystroke	Function
Click and drag	Select all objects enclosed by drag area
SHIFT+click on object	Select an object (on a selected object, this will de-select it)
Edit » Select menu (**S**)	Select Inside Area, Outside Area, All, Net or Connection
Select Inside Area	button on the Main toolbar

图 3-3 选择命令快捷操作

3.2.3 其他鼠标动作

一部分常用的鼠标操作如图 3-4 所示，广泛运用在原理图编辑工作中。

Keystroke	Function
Click-and-hold on object	Move an object
CTRL+click on object	Drag an object whilst maintaining connectivity. Press the SPACEBAR to change mode.
Double-click on object	Edit an object's properties
Left-click	ENTER
Right-click	ESC

图 3-4　其他鼠标动作

当把鼠标放在对象上时，可以使用以下快捷方式：

（1）空格键：旋转；

（2）X 键：垂直翻转；

（3）Y 键：水平翻转。

3.3　设置原理图工作环境

原理图工作环境设置主要指软件环境参数和图纸设置。绘制原理图时，首先要设置原理图绘制的工具习惯，然后设置图纸的大小、设计单位等信息。

3.3.1　设置原理图的常规环境参数

在电路原理图编辑窗口下，执行菜单命令【Tools】→【Schematic Preferences】，打开原理图常规环境参数设置窗口，如图 3-5 所示。用户可以根据自己的设计习惯修改里面相应的参数，单击【OK】按钮保存，就可以使其生效。

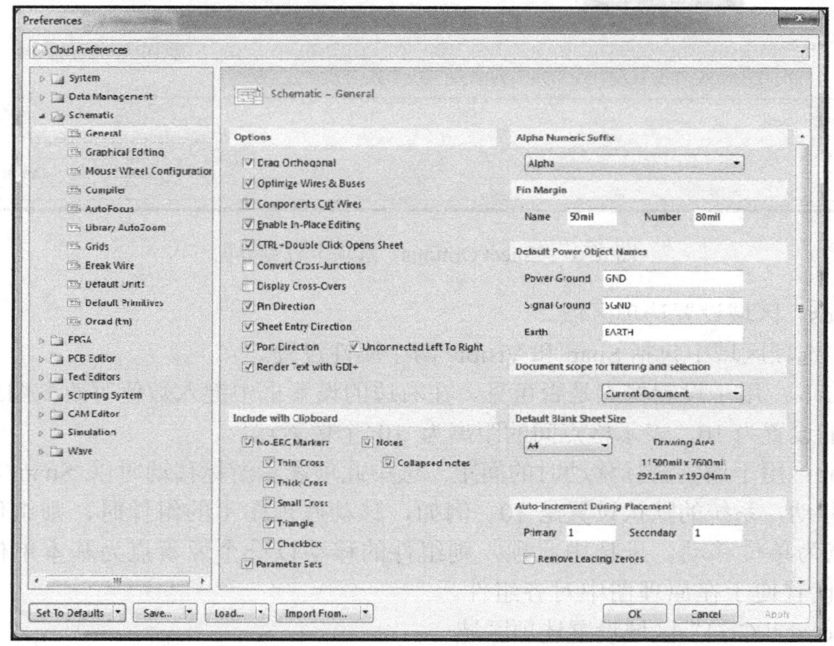

图 3-5　原理图环境参数设置窗口

软件默认的选项如果没有特殊的要求，可以使用默认的设置就能满足设计要求。

3.3.2 原理图图纸设置

在电路原理图编辑窗口下，执行菜单命令【Design/Options】，将弹出图纸属性设置对话框，这里包括了 4 个选项卡的设置。

1. “Sheet Options”选项卡

该选项卡可以进行格点大小的设置和图纸大小的设置，这两个设置也是在项目过程中常用到的选项，如图 3-6 所示。

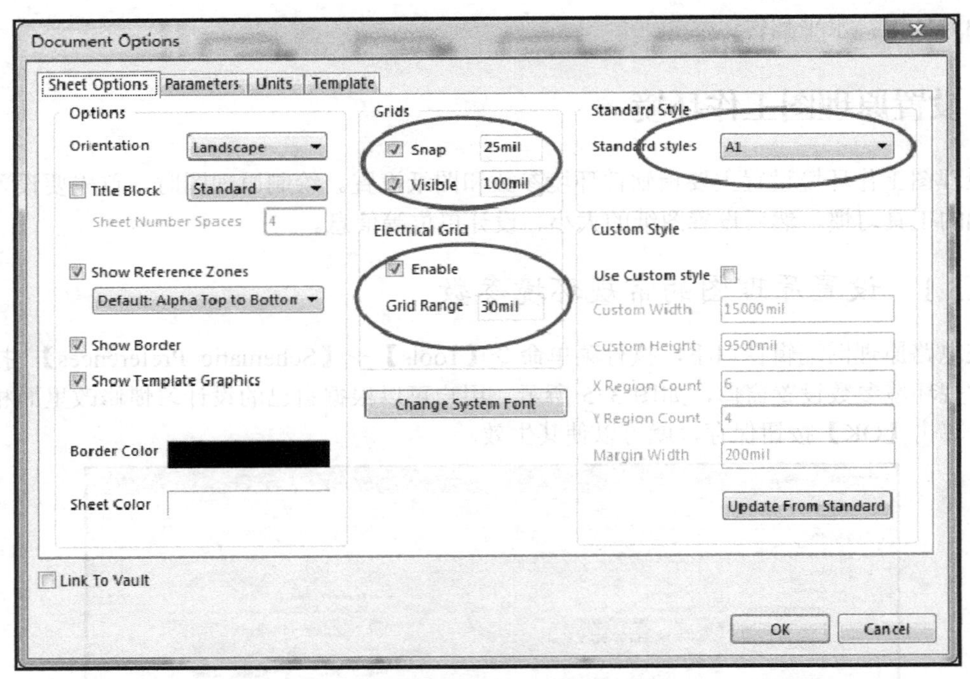

图 3-6 “Sheet Options”选项卡设置界面

1）“Grids”区域设置选项区域

“Grids”选项区域中包括 Snap 和 Visible 两个属性设置。

（1）Visible：用于设置格点是否可见。在右边的设置框中键入数值可改变图纸格点间的距离。默认的设置为 10，表示格点间的距离为 10 个像素点。

（2）Snap：用于设置游标移动时的间距。选中此项表示游标移动时以 Snap 右边设置值为基本单位移动，系统的默认设置是 10。例如，移动原理图上的组件时，则组件的移动以 10 个像素点为单位移动。未选中此项，则组件的移动以一个像素点为基本单位移动，一般采用默认设置便于在原理图中对齐组件。

2）“Electrical Grid”区域设置选项区域

“Electrical Grid”选项区域设有“Enable”复选框和“Grid Range”文本框，用于设置电

气节点。如果勾选“Enable”，在绘制导线时，系统会以“Grid Range”文本框中设置的数值为半径，以游标所在的位置为中心，向周围搜索电气节点，如果在搜索半径内有电气节点，游标会自动移到该节点上。如果未勾选“Enable”，则不能自动搜索电气节点。

3）图纸大小选择

用户可以根据项目的具体情况选择合适大小的图纸编辑区域，也可以勾选“Use Custom style”进行自定义图纸大小。

2. “Parameters”选项卡

该选项卡主要是为了项目设计相关信息的记录，这些信息将在图纸模板信息中体现，如图 3-7 所示，主要包含的信息有：

（1）Address1：第一栏图纸设计者或公司地址；

（2）Address2：第二栏图纸设计者或公司地址；

（3）Address3：第三栏图纸设计者或公司地址；

（4）Address4：第四栏图纸设计者或公司地址；

（5）ApprovedBy：审核单位名称；

（6）Author：绘图者姓名；

（7）DocumentNumber：文件号。

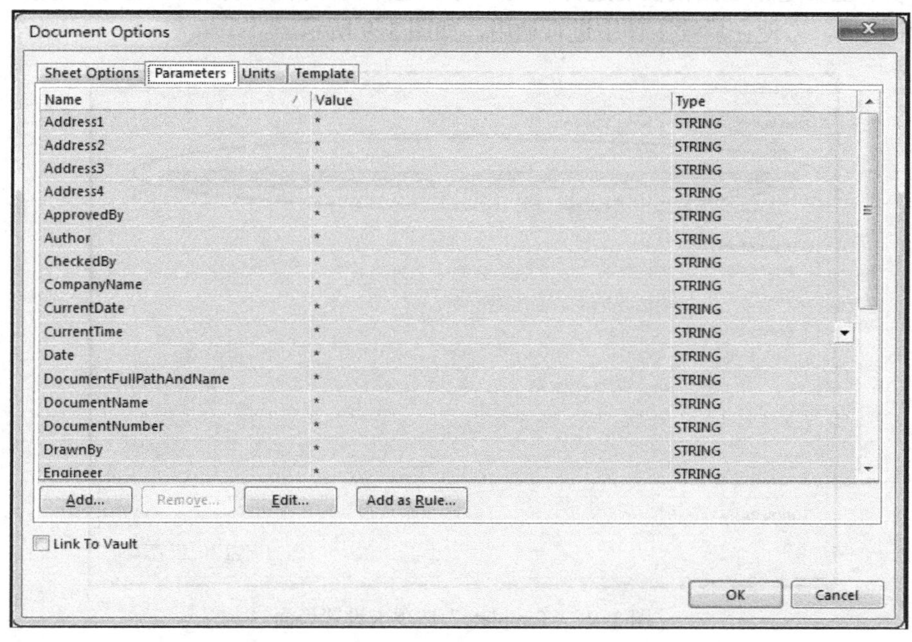

图 3-7　“Parameters”选项卡设置界面

3. “Units”选项卡

“Units”选项卡主要是设计单位的一个选择，可以选择公制或者英制单位，如图 3-8 所示。

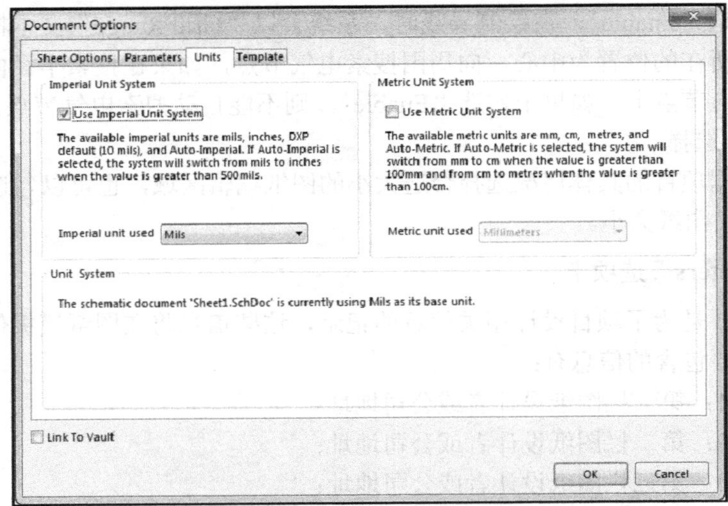

图 3-8 “Units”选项卡设置界面

4. Template 选项卡

该选项卡主要是原理图模板的选择，用户可以选择软件自带的模板，也可以根据自己的需求制作一个模板，方便在后续工作中进行调用，如图 3-9 所示。

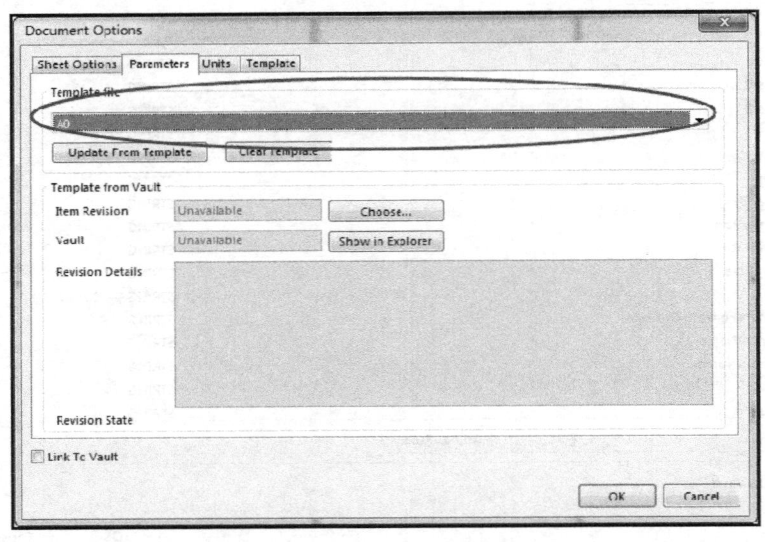

图 3-9 “Template”选项卡设置界面

3.4 本章小结

本章介绍了 Altium Designer 平台中原理图编辑器的工作窗口和常用的软件环境设置，使用户掌握了原理图编辑器的常规设置及运用。

第4章　原理图设计

4.1　新建和编辑原理图

在绘制原理图之前，首先要创建一个新的工程文件。

在 Altium Designer15 界面中，执行菜单命令【File】→【New】→【Project】→【PCB Project】，如图 4-1 所示。随后即可成功创建一个新的工程文件，如图 4-2 所示。

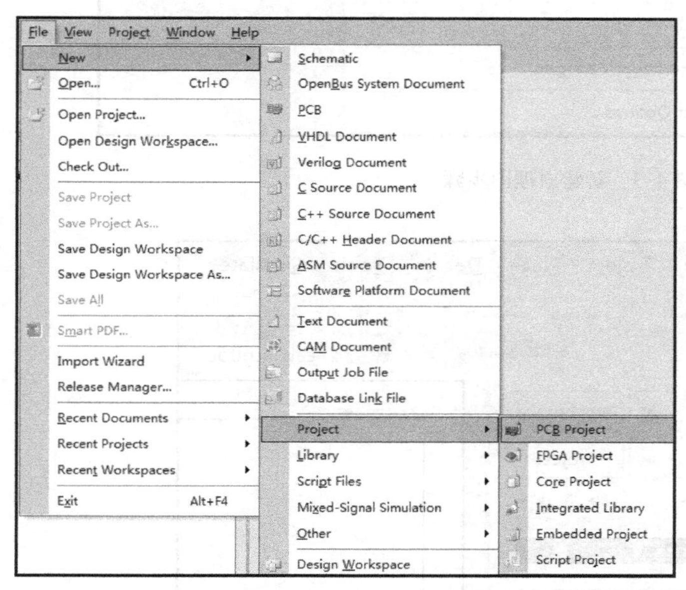

图 4-1　创建工程文件步骤

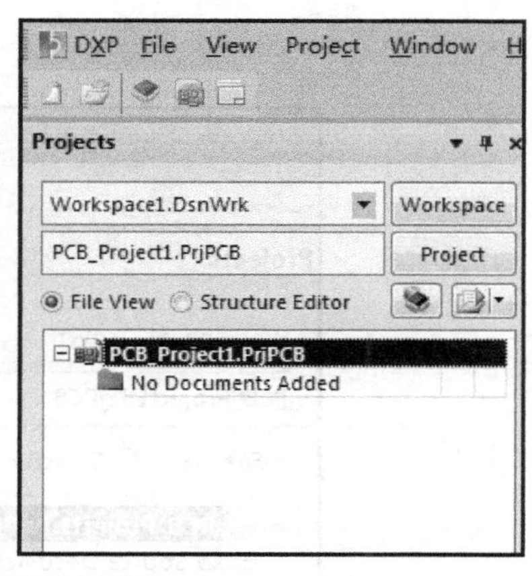

图 4-2　建立新的工程文件

4.1.1　新建原理图

在工程文件名称处单击鼠标右键，执行菜单命令【Add New to Project】→【Schematic】，如图 4-3 所示。随后系统将弹出如图 4-4 所示的对话框，表示原理图文件新建完成。

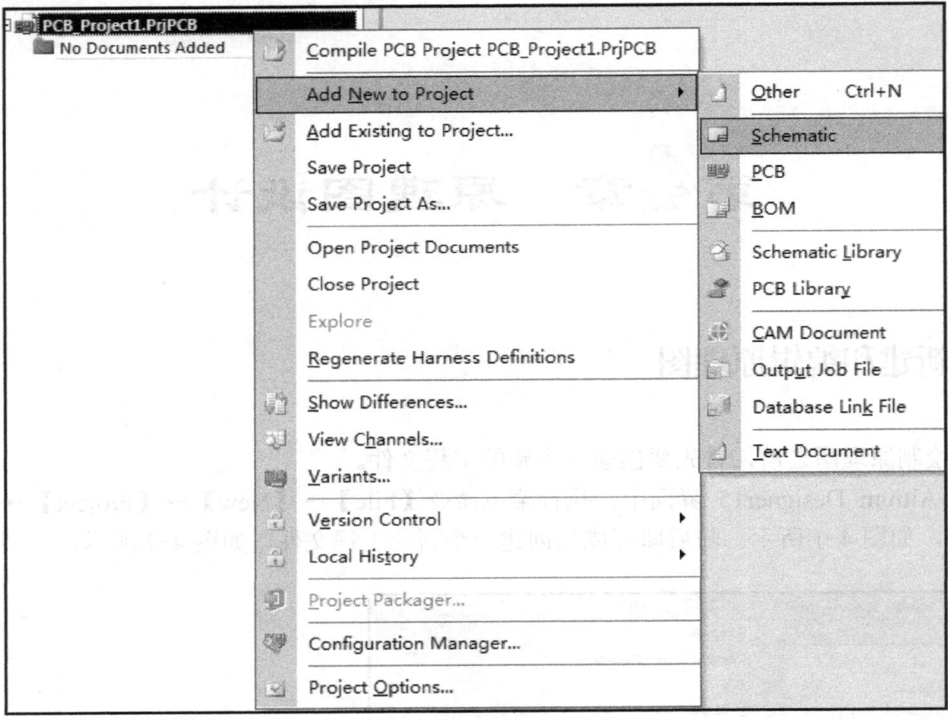

图 4-3　新建原理图步骤

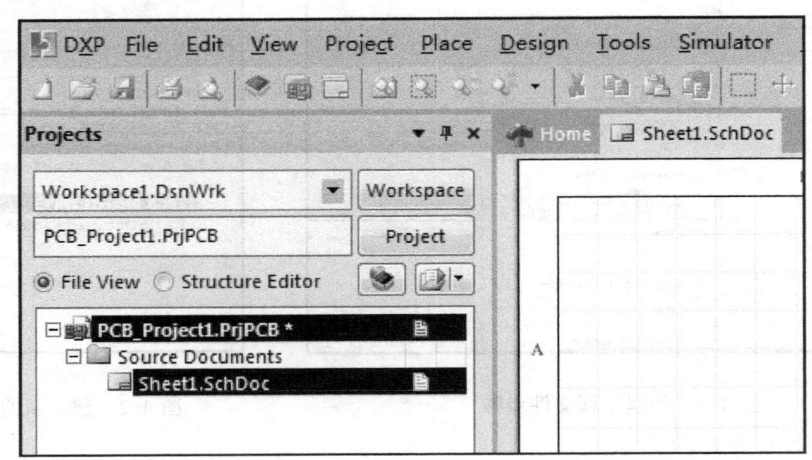

图 4-4　建立新的原理图文件

4.1.2　编辑原理图

在原理图处单击鼠标右键，执行菜单命令【Save】或【Save As...】，如图 4-5 所示，即可以对当前原理图进行重命名并保存操作，如图 4-6 所示。

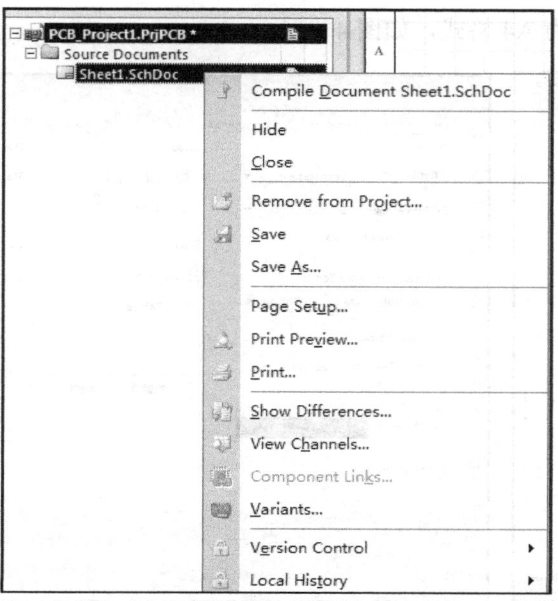

图 4-5　选中原理图后右键菜单

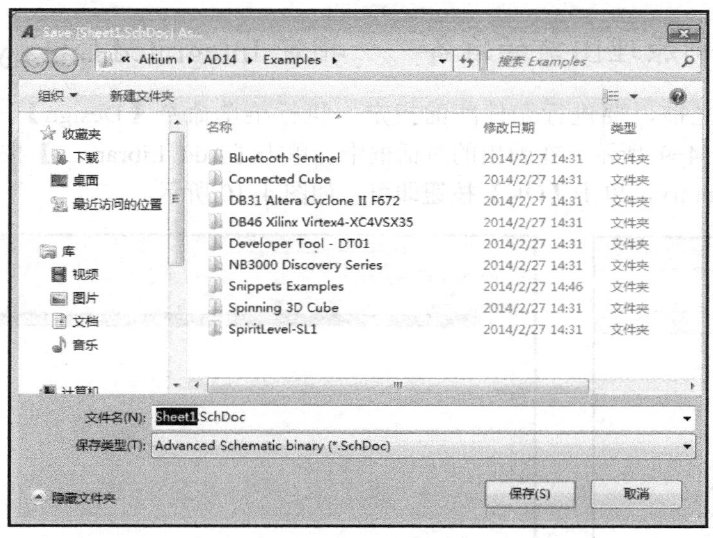

图 4-6　原理图保存路径选择

4.1.3　原理图设置

在绘制原理图前，要在格点和原理图页面进行设置。执行菜单命令【Design】→【Document Options...】，如图 4-7 所示。在弹出的对话框中，可以设置“Snap”和“Visible”，通常设置为 5 的倍数；原理图页面的大小可根据内容进行调整，设置为 A4，

A3，A2，A1……默认为 A4 格式，如图 4-8 所示。

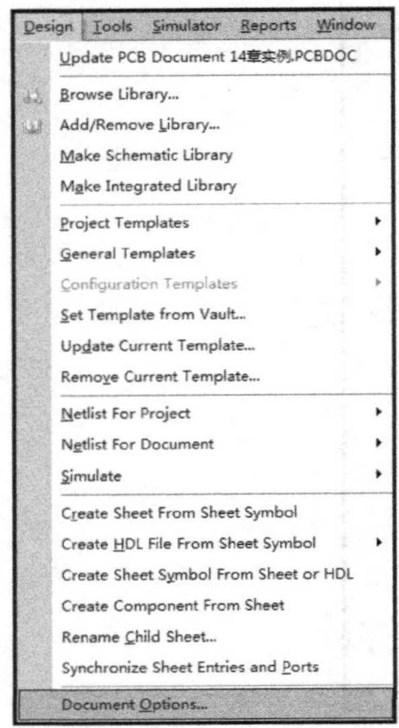

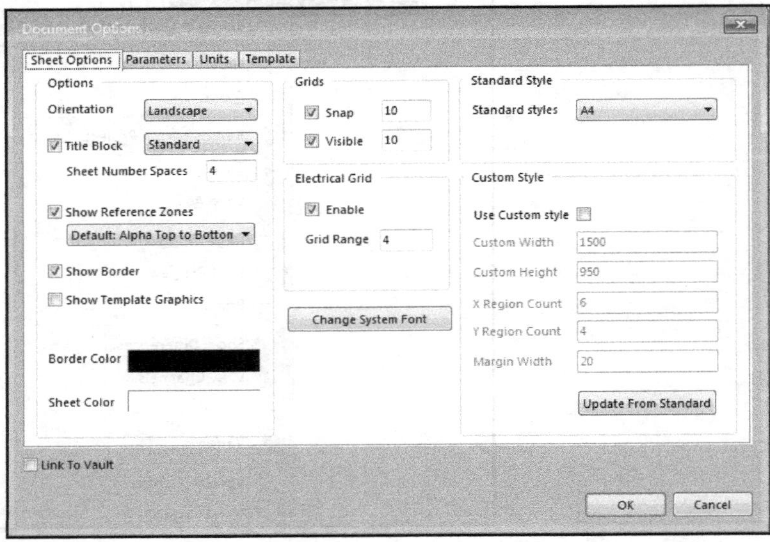

图 4-7　进入"Document Options"对话框　　　　图 4-8　"Document Options"对话框

4.1.4　绘制原理图前的准备——指定 Integrated Library

在调用元件之前，要进行元件库的指定。执行菜单命令【Design】→【Add/Remove Library...】，如图 4-9 所示。在弹出的对话框中，单击【Add Library...】按钮，添加已准备好的 Integrated Library，单击【OK】按钮即可，如图 4-10 所示。

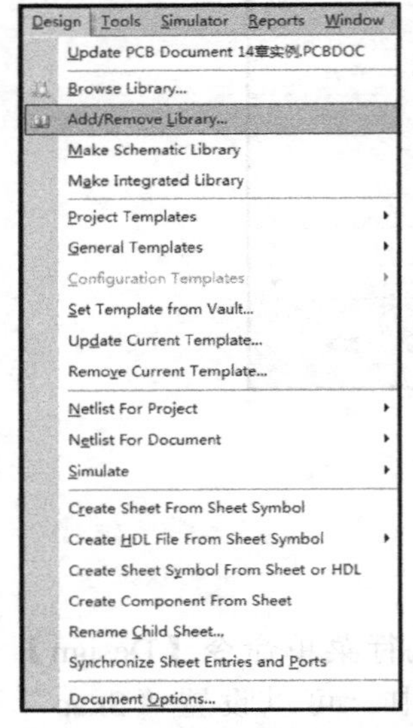

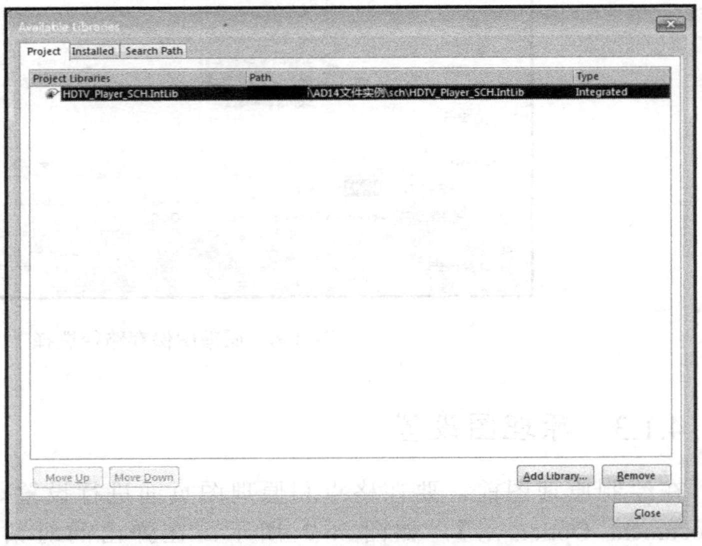

图 4-9　进入添加元件库菜单　　　　图 4-10　添加集成库

4.2 添加元件及属性更改

4.2.1 添加元件

单击 图标，或执行菜单命令【Place】→【Part…】，如图 4-11 所示。弹出【Place Part】对话框，如图 4-12 所示。

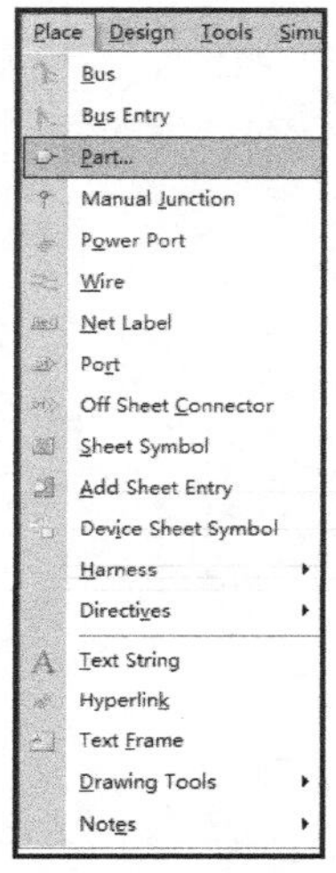

图 4-11 执行放置元件命令

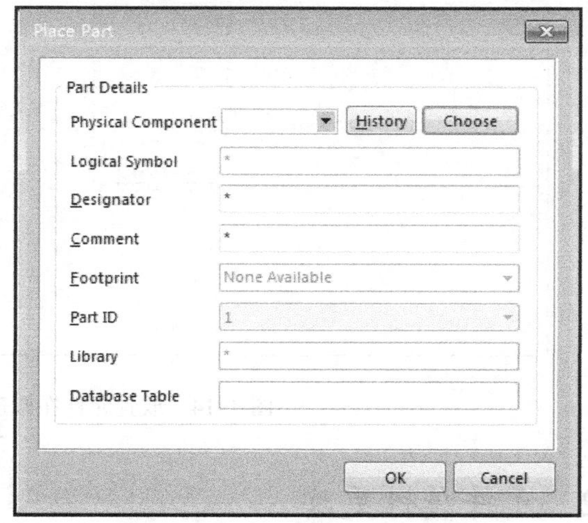

图 4-12 “Place Part”对话框

单击【Choose】按钮即可弹出 Integrated Library 中的所有元件库，挑选所需型号，单击【OK】按钮即可，如图 4-13 所示。

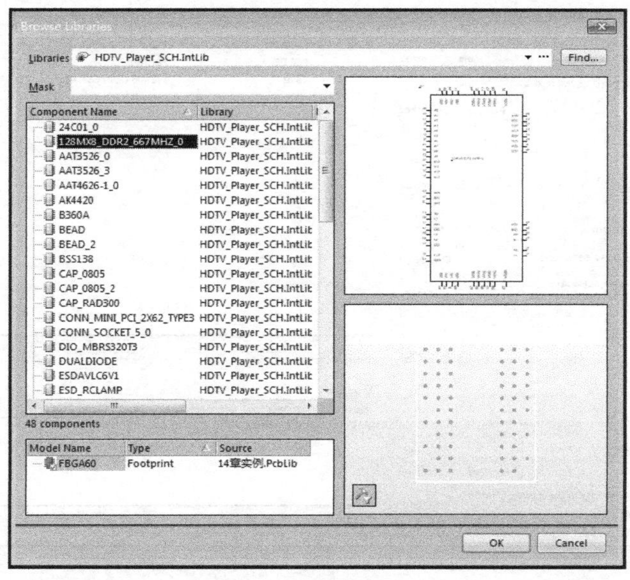

图 4-13 选择元件

在原理图中单击鼠标左键，元件就会放置在鼠标单击的位置处，如图 4-14 所示。

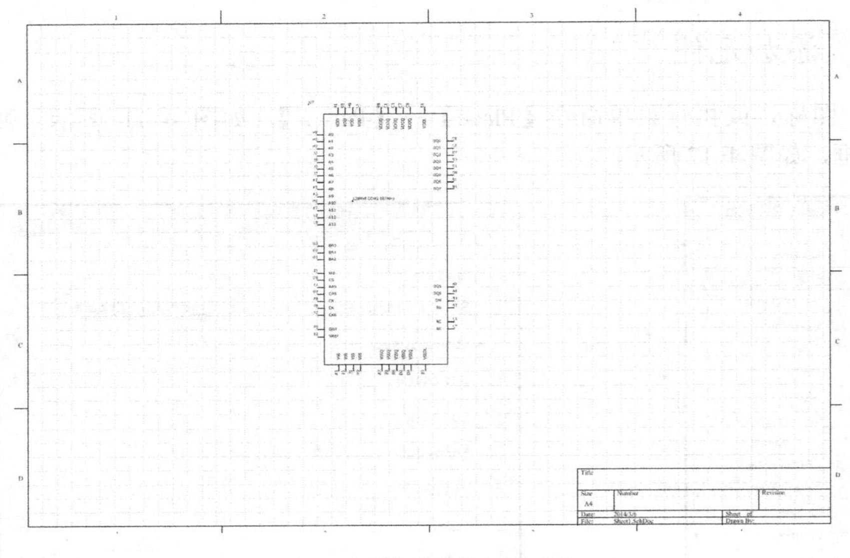

图 4-14　放置元件在原理图

4.2.2　元件属性更改

在放置元件时，元件附着在光标上，按【Tab】键或放置元件后，双击元件即可弹出元件属性对话框，可根据需要更改元件位号等，如图 4-15 所示。

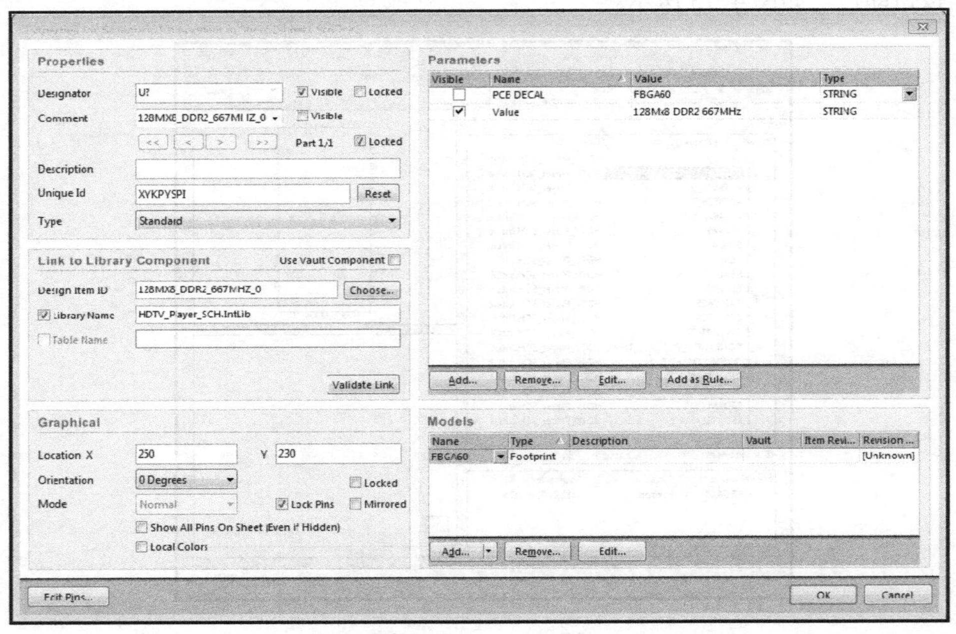

图 4-15　元件属性对话框

4.3 添加电气线及电气属性

4.3.1 绘制电气线（Wire）

单击图标或执行菜单命令【Place】→【Wire】，进入导线连接状态，如图 4-16 所示。其操作步骤如下：

第一步，在原理图中单击一个元件的引脚电气连接点，即开始这条导线的连接。

第二步，光标移动到另一个元件的引脚电气连接点后，再次单击一次左键，结束这条导线的绘制工作。

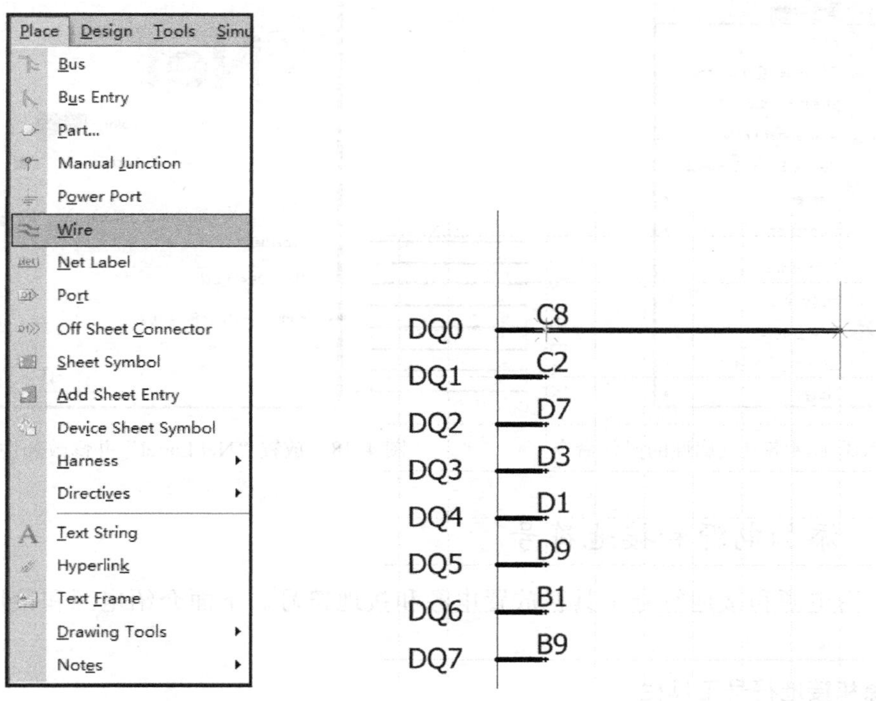

图 4-16　进入和绘制导线工作

注意

结束一条导线的连接后并没有退出导线连接状态，还可继续连接其他元件的导线，如需要退出可单击鼠标右键或按下【Esc】键退出当前状态。在连接导线的过程中，在需要拐弯的地方只需单击一下鼠标左键即可。

4.3.2 添加电气属性（Net Label）

单击图标或执行菜单命令【Place】→【Net Label】，进入添加网络电气属性的操作命令，如图 4-17 所示。

在需要放置“Net Label”标注的引脚电气连接点或导线时，单击鼠标左键进行放置。放置的过程中按下【Tab】键或在放置“Net Label”后双击它即可更改网络电气属性，如图 4-18 所示。

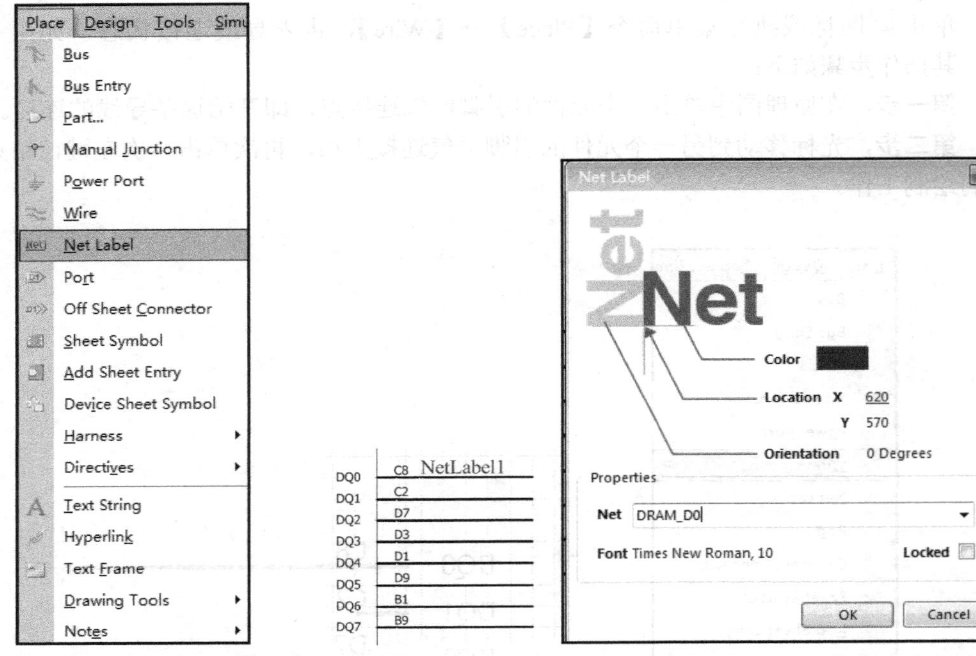

图 4-17　进入添加网络电气属性的操作命令　　　　图 4-18　放置“Net Label”并修改属性

4.3.3　添加电源和接地符号

通常利用电源和接地符号工具栏放置电源和接地符号。下面介绍电源和接地符号工具栏。

1．电源和接地符号工具栏

执行菜单命令【View】→【Toolbars】→【Utilities】，在编辑窗口上出现如图 4-19 所示的工具栏。

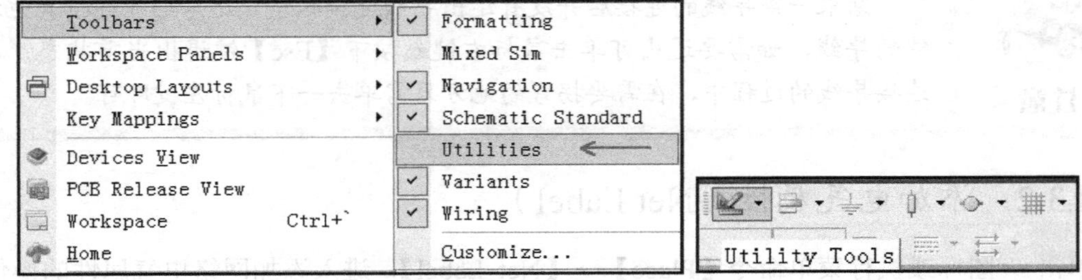

图 4-19　“Utility Tools”工具栏

单击工具栏中的 图标，系统弹出电源和接地符号工具栏菜单，如图 4-20 所示。在这个工具栏菜单中，单击图中的电源和接地图标按钮，可以得到相应的电源和接地符号，方便用户使用。

Place GND power port
Place VCC power port
Place +12 power port
Place +5 power port
Place -5 power port
Place Arrow style power port
Place Wave style power port
Place Bar style power port
Place Circle style power port
Place Signal Ground power port
Place Earth power port

图 4-20 电源和接地符号工具栏菜单

2. 旋转电源和接地符号

放置电源和接地符号主要有 5 种方法：

（1）单击布线工具栏中的图标；

（2）执行菜单命令【Place】→【Power Port】；

（3）在原理图图纸空白区域单击鼠标右键，在弹出的快捷菜单中执行菜单命令【Place】→【Power Port】；

（4）使用电源和接地符号工具栏；

（5）使用快捷键【P+O】。

放置电源和接地符号的步骤如下：

第一步，进入放置电源和接地符号状态，光标变成十字形，同时一个电源或接地符号粘附在光标上；

第二步，在原理图合适的位置单击鼠标左键，即可放置电源或接地符号；

第三步，单击鼠标右键或按【Esc】键退出电源和接地符号放置状态。

3. 设置电源和接地符号的属性

在放置电源和接地符号状态下，按【Tab】键将弹出“Power Port”对话框，或者在放置电源和接地符号完成后，双击需要设置的电源符号或接地符号，如图 4-21 所示。在这个对话框中，可以设置电源和接地符号的颜色、方向、位置、类型及网络名称，如 GND、VCC 等。

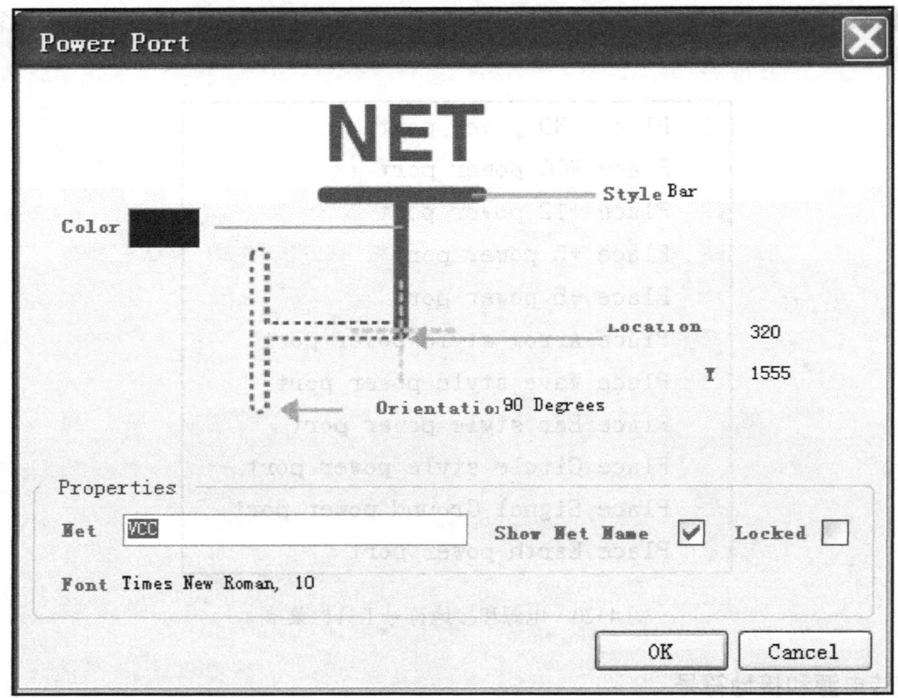

图 4-21 “Power Port”对话框

4.4 总线操作

在大型的数字电路原理图中，许多数据线和地址线等都是多位的，如果每根数据线都用导线连接，原理图界面就会看起来很乱，到处都是导线。使用总线就可以给用户一种清爽和专业的感觉，也有利于用户阅读和分析原理图。

总线连接工具主要有两个，一个是总线主干线，另一个是总线支线。

4.4.1 绘制总线

单击图标或执行菜单命令【Place】→【Bus】，进入总线连接状态。通常总线的起始点要在数据线最靠边的一根线的位置水平线开始，然后使总线主干线与所有的数据线都能水平交叉。其操作步骤是：

第一步，在数据线最靠边的一根线的位置，单击鼠标左键确定总线的起始点。

第二步，光标继续上移或下移，在需要结束的地方再次单击鼠标左键，然后双击两次鼠标右键结束总线主干线的绘制工作。完成后如图 4-22 所示。

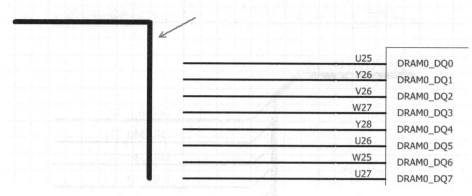

图 4-22　绘制总线操作

提示

在绘制过程中，按空格键可以改变导线的走线方向；按【Shift+空格键】组合键可以改变导线的走线模式。

4.4.2　连接总线

单击图标或执行菜单命令【Place】→【Bus Entry】，进入总线支线连接状态，然后在总线主干线上每根数据线的位置处放置一个总线支线，在放置的过程中按空格键可以改变摆放方向，完成后如图 4-23 所示。

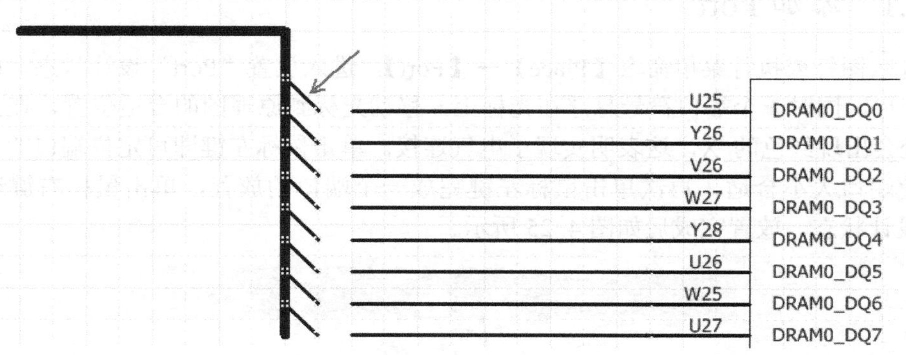

图 4-23　绘制总线支线

4.4.3　总线属性更改

单击图标或执行菜单命令【Place】→【Net Label】，进入放置 Net Label 状态。在放置过程中按【Tab】键或放置好“Net Label”后双击即可更改总线属性。然后再将数据线依次连接到总线支线上，完成后如图 4-24 所示。

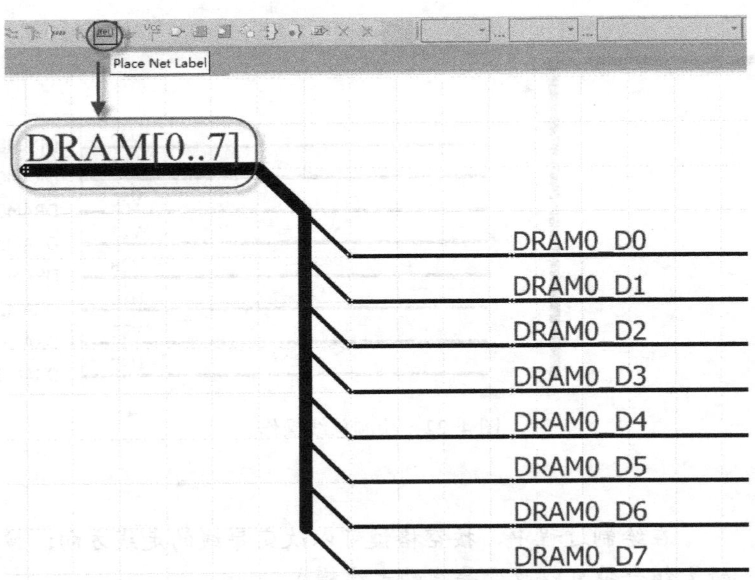

图 4-24　总线属性更改及完成总线连接

4.5　Port 端口操作

在设计原理图时，通过放置相同网络标号的输入/输出端口，也可以表示一个电路网络与另一个电路网络的电气连接关系。Port（端口）是层次化原理图设计中不可缺少的组件。

4.5.1　添加 Port

单击图标或执行菜单命令【Place】→【Port】，进入放置“Port”设计状态，此时光标变成十字形，同时一个端口符号悬浮在光标上，移动光标到原理图的合适位置，在光标和导线相交处会出现红色的 X，这表明实现了电气连接。单击鼠标左键即可定位端口的一端，移动鼠标使端口大小合适，再次单击鼠标左键完成一个端口的放置，单击鼠标右键退出放置“Port”设计状态，放置完成后如图 4-25 所示。

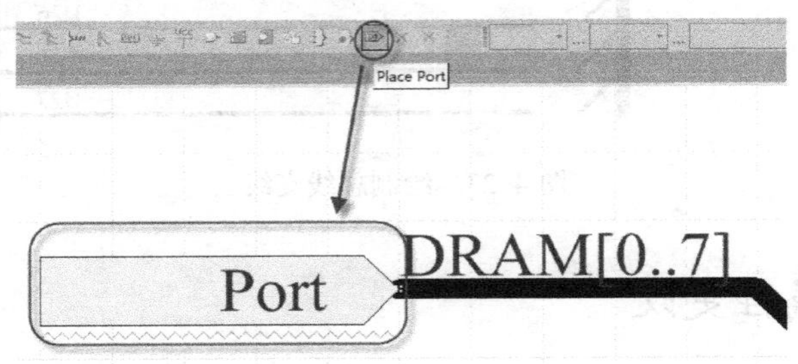

图 4-25　添加“Port”操作

4.5.2 Port 端口属性更改

放置“Port”的过程中，按【Tab】键，或放置好 Port 后双击，即可更改 Port 属性，并将 Port 放置到总线上，如图 4-26 所示。

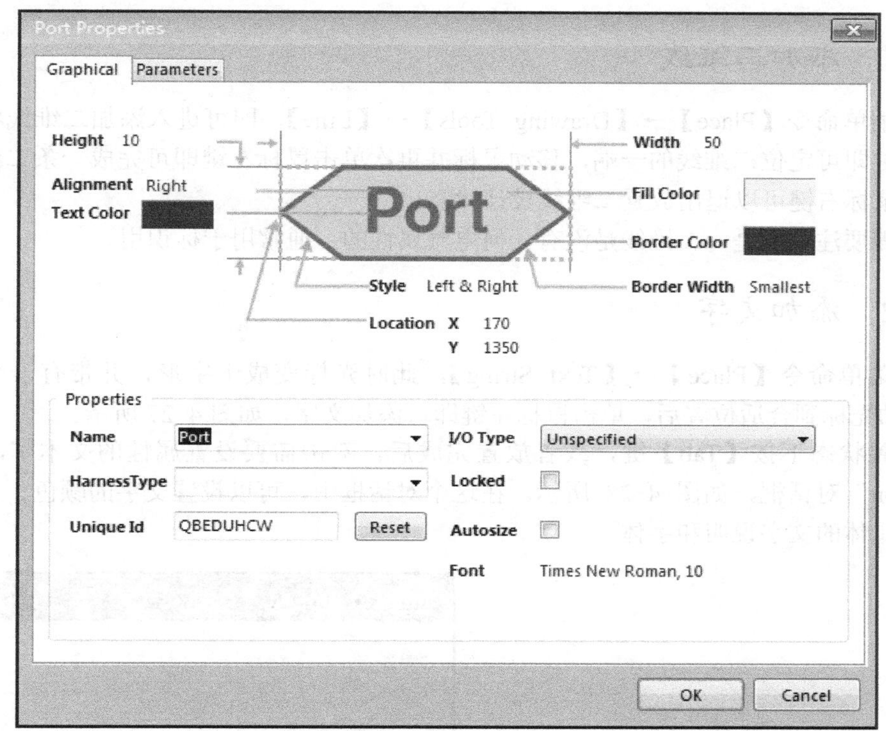

图 4-26 “Port Properties”对话框

“Port Properties”对话框主要包括以下属性设置：

（1）【Height】：用于设置端口外形高度；

（2）【Alignment】：用于设置端口名称在端口符号中的位置，可设置为 Left、Right 和 Center；

（3）【Text Color】：用于设置端口内文本的颜色。单击后面的色块，可以进行设置；

（4）【Style】：用于设置端口的外形。系统默认的设置为 Left&Right；

（5）【Location】：用于定位端口的水平坐标和垂直坐标；

（6）【Width】：用于设置端口的宽度；

（7）【Fill Color】：用于设置端口中的填充颜色；

（8）【Border Color】：用于设置端口边界的颜色；

（9）【Name】：用于定义端口的名称，具有相同名称的端口在电气意义上是连接在一起的；

（10）【I/O Type】：可以定义端口的 I/O 类型，如未确定、输入、输出、双向类型。

4.6 添加二维线和文字

在绘制原理图的时候，为了增加原理图的可读性，设计者会在原理图的关键位置添加二维线和文字说明。

4.6.1 添加二维线

执行菜单命令【Place】→【Drawing Tools】→【Line】，即可进入添加二维线状态。单击鼠标左键即可定位二维线的一端，移动鼠标并再次单击鼠标左键即可完成一条二维线的绘制，单击鼠标右键可以退出放置二维线设计状态。

这里需要注意的是：二维线是没有任何电气属性的，通常用于标识用。

4.6.2 添加文字

执行菜单命令【Place】→【Text String】，此时光标变成十字形，并带有一个文本字Text。移动光标到合适位置后，单击鼠标左键即可添加文字，如图 4-27 所示。

在放置状态下按【Tab】键，或者放置完成后，双击需要设置属性的文本字，将弹出“Annotation”对话框，如图 4-28 所示。在这个对话框中，可以设置文字的颜色、位置、定位，以及具体的文字说明和字体。

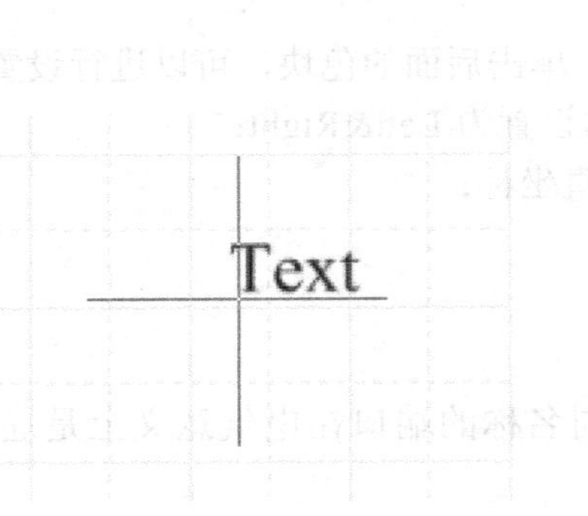

图 4-27　放置文本字

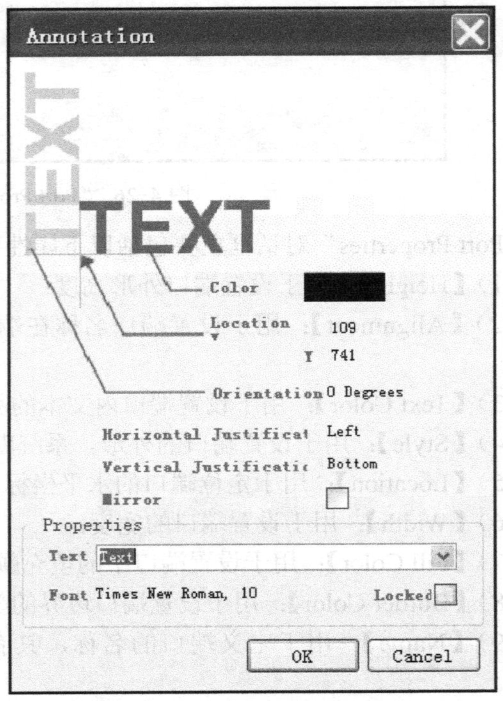

图 4-28　“Annotation”对话框

4.6.3　添加文本框

如果设计者需要在原理图中添加大量文字说明时，需要使用文本框。执行菜单命令【Place】→【Text Frame】，此时光标变成十字形。单击鼠标左键确定文本框的一个顶点，然后移动光标到合适位置，再次单击鼠标左键确定文本框对角线上的另一个顶点，完成文本框的放置，如图4-29所示。

在放置状态下按【Tab】键，或者放置完成后，双击需要设置属性的文本框，将弹出"Text Frame"对话框，如图4-30所示。在这个对话框中，可以设置文字颜色、位置，以及具体的文字说明和字体等。

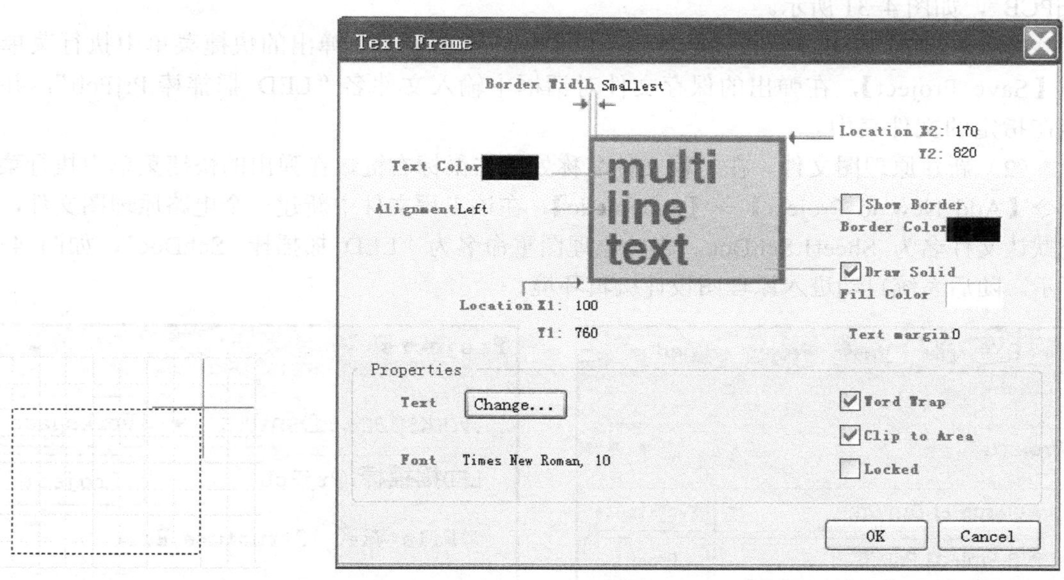

图4-29　放置文本框　　图4-30　"Text Frame"对话框

4.7　放置NO ERC检查测试点

放置NO ERC测试点的目的是让系统在进行电气规则检查时，忽略对某些节点的检查。例如，系统默认输入型引脚必须连接，但实际上某些输入型引脚不连接也是常事，如果不放置NO ERC测试点，那么系统在编译时就会生成错误信息，并在引脚上放置错误标记。

单击布线工具栏中的 × 图标，或执行菜单命令【Place】→【Directives】→【Generic No ERC】，光标变成十字形，并且在光标上粘附一个红叉，将光标移动到需要放置NO ERC的节点上，单击鼠标左键完成一个NO ERC检查测试点的放置。

4.8　上机实例

通过前面章节的学习，相信用户对Altium Designer15的原理图编辑环境和原理图编辑器的使用有了一定的了解，并能够完成一些简单原理图的绘制工作。这一节将通过具体的实例讲述完整的绘制电路原理图的步骤。同时为便于读者自学，在 www.dodopcb.com 的读者专区附赠全部实例文件及视频讲解，也可邮件联系编者索取，编者邮箱为 26005192 @qq.com。

4.8.1 LED 摇摇棒原理图设计实例

（1）新建工程文件。在 Altium Designer15 界面中，执行菜单命令【File】→【New】→【Project】→【PCB Project】，创建一个新的工程文件，默认名称为“PCB_Project1.PrjPCB”，如图 4-31 所示。

在工程文件 PCB_Project1.PrjPCB 上单击鼠标右键，在弹出的快捷菜单中执行菜单命令【Save Project】，在弹出的保存文件对话框中输入文件名“LED 摇摇棒.PrjPcb”，并保存在指定的文件夹中。

（2）新建原理图文件。在工程文件名称处单击鼠标右键，在弹出的快捷菜单中执行菜单命令【Add New to Project】→【Schematic】。在该工程文件中新建一个电路原理图文件，系统默认文件名为 Sheet1.SchDoc。将此原理图重命名为“LED 摇摇棒. SchDoc”，如图 4-32 所示。随后系统自动进入原理图设计编辑环境。

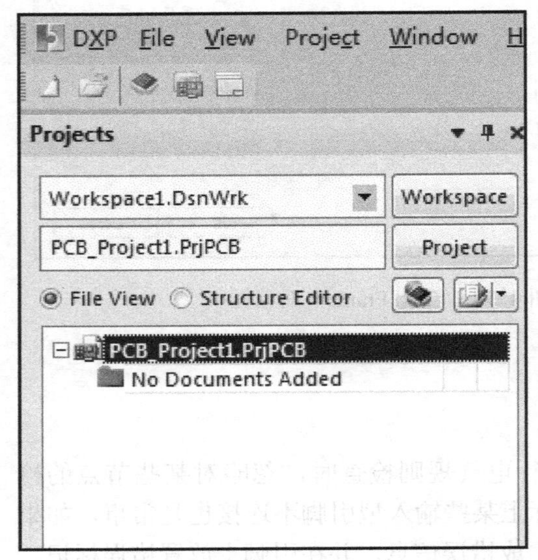

图 4-31　建立新的工程文件

图 4-32　建立新的原理图文件

（3）加载元件库。单击原理图编辑环境右侧的“Library”面板，弹出如图 4-33 所示的“Libraries”对话框，在该对话框中单击【Libraries…】按钮，系统将弹出如图 4-34 所示的可用库对话框。在该对话框中单击【Install…】按钮，打开相应的选择库文件对话框，在该对话框中选择并加载库文件“LED 摇摇棒.IntLib”。

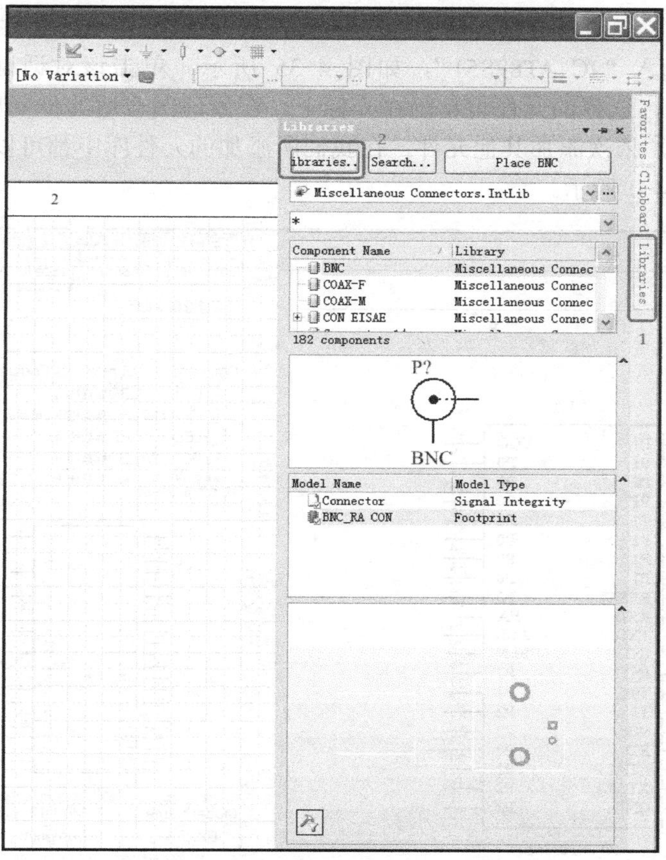

图 4-33 “Libraries”对话框

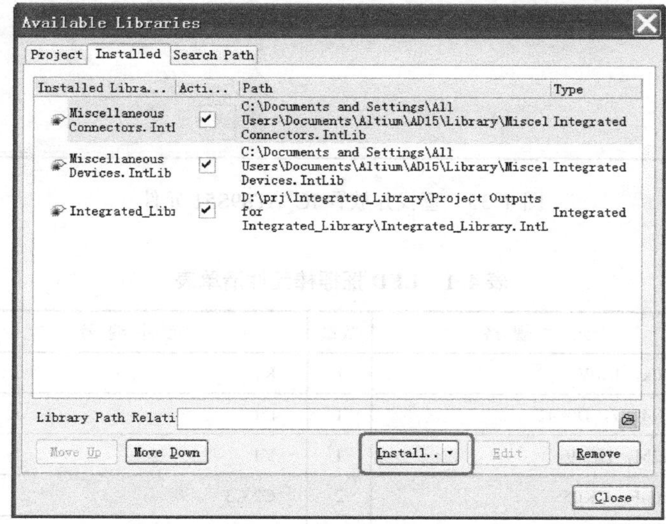

图 4-34　加载元件库

（4）放置元件。在图 4-33 所示的“Libraries”对话框，在当前元件库“LED.IntLib”中，在过滤框中输入“IC_AT89S51”，如图 4-35 所示。单击该对话框右上角的【Place IC_AT89S51】按钮，选择的元件将粘附在光标上，在原理图合适的位置单击鼠标左键进行放置。同样的操作，依次添加其他元件，在我们所添加的元件库中都可以找到。LED 摇摇棒元件清单表如表 4-1 所示。

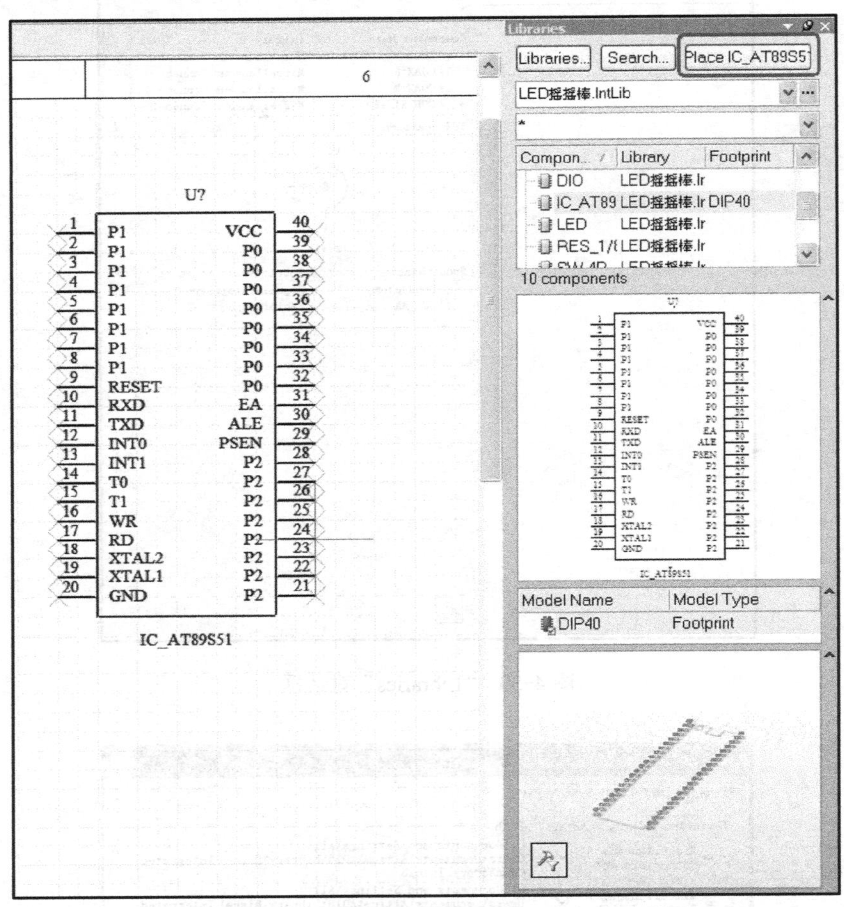

图 4-35　查找并放置 IC_AT89S51 元件

表 4-1　LED 摇摇棒元件清单表

序号	名　称	元 件 规 格	数量	元 件 编 号	所在元件库名称
1	电阻	10k，1/8W	1	R1	RES1_1/8W
2	二极管	IN4007，D0-41	1	D1	DIODE
3	晶振	12M，HC49	1	Y1	XTAL
4	瓷片电容	30pF，CK05	2	C2 C3	CAP
5	瓷片电容	104，CK05	2	C4 C5	CAP

续表

序号	名　称	元 件 规 格	数量	元 件 编 号	所在元件库名称
6	发光二极管	ϕ5mm，红色	16	D2、D3、D4、D5、D6、D7、D8、D9、D10、D11、D12、D13、D14、D15、D16、D17	LED
7	单片机	AT89S51 DIP40	1	U1	IC_AT89S51
8	IC 座	40pin 2.54mm 间距	1		
9	电解电容	10μF/16V	1	C1	CAP+
10	轻触开关	6*6*5	1	K1	SW-4
11	电源开关	自锁六脚开关	1	K2	SW-6
12	针座	2pin 2.0mm 间距	1	J1	CN-2.0-2P
13	PCB	覆铜板，长 220mm×宽 31mm，板厚 1.6mm	1		
14	电池盒	三节 7 号	1		

（5）设置元件属性。放置好元件之后，再对各个元件的属性进行设置，包括元件的参考编号、型号、封装形式等。双击元件即可打开元件属性设置对话框，如图 4-36 所示。其他元件的属性设置可以参考前面章节，这里不再重复描述。设置好元件属性的原理图如图 4-37 所示。

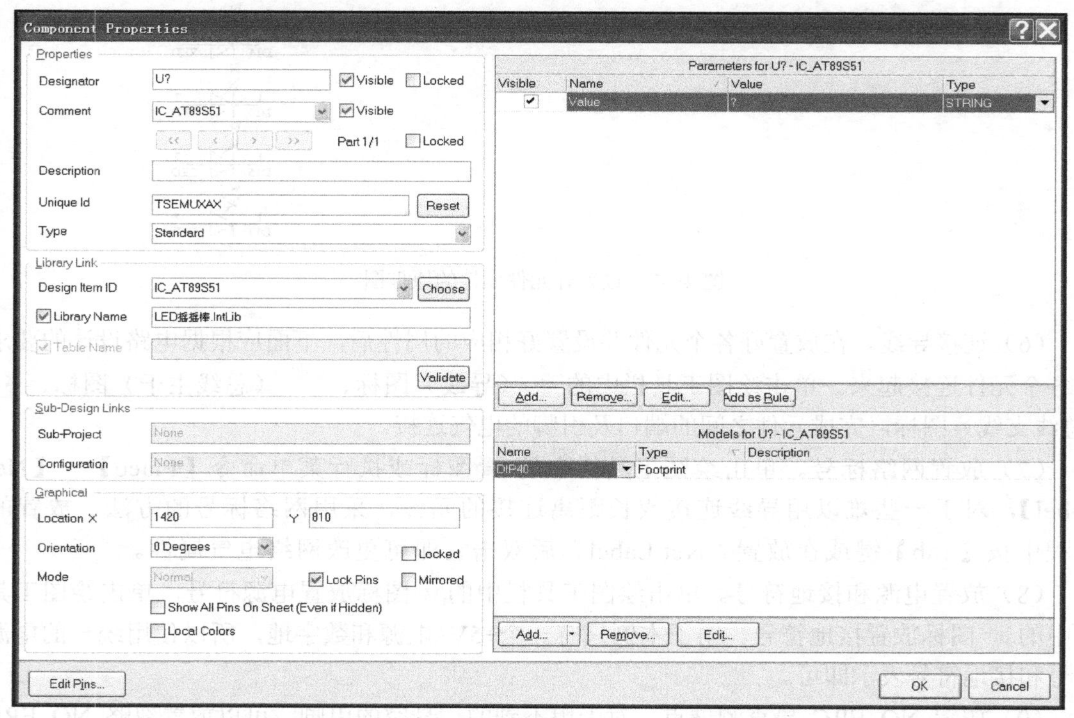

图 4-36　元件属性设置对话框

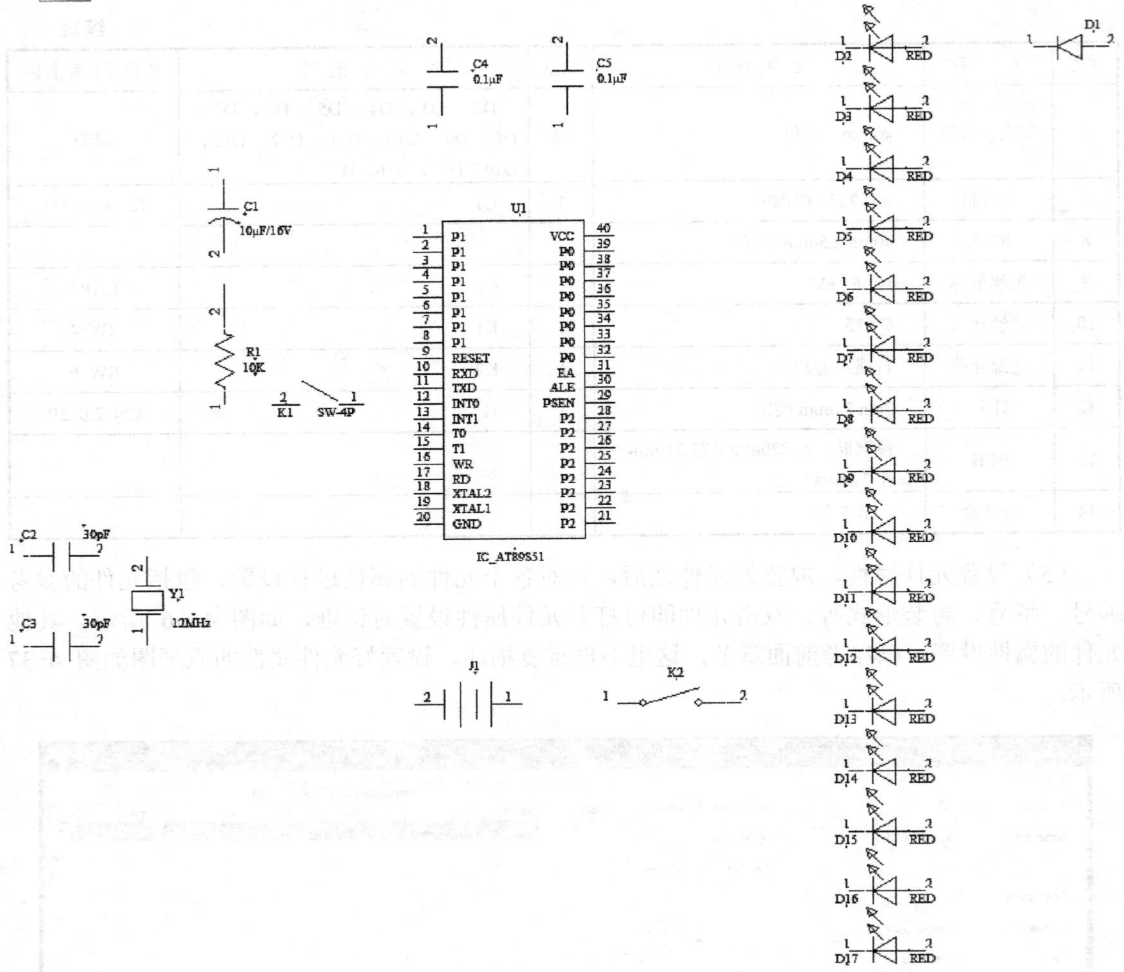

图 4-37　设置好元件属性的原理图

（6）连接导线。在放置好各个元件并设置好相应的属性后，下面应根据电路设计的要求把各个元件连接起来。单击绘图工具栏中的 （导线）图标、 （总线主干）图标、 （总线支线）图标，完成元件之间的端口及引脚的电气连接。

（7）放置网络标号。单击绘图工具栏中的 图标或执行菜单命令【Place】→【Net Label】，对于一些难以用导线连接或长距离连接的元件，采用网络标号的方法。放置的过程中按【Tab】键或在放置“Net Label”后双击它即可更改网络电气属性。

（8）放置电源和接地符号。单击绘图工具栏中的 图标放置电源符号，单击绘图工具栏中的 图标放置接地符号。由于本例只有一个+5V 电源和数字地，所以使用统一的电源符号和接地符号表示即可。

（9）放置 NO ERC 检查测试点。对于用不到的、悬空的引脚，可以放置忽略 NO ERC 检查测试点，让系统忽略对此处的 ERC 检查，不会产生错误报告。

（10）编译原理图。原理图绘制完成后，需要进行电气规则检查，这将在后面的章节中通过教程和实例进行详细介绍。

至此，LED 摇摇棒原理图绘制完成，如图 4-38 所示。

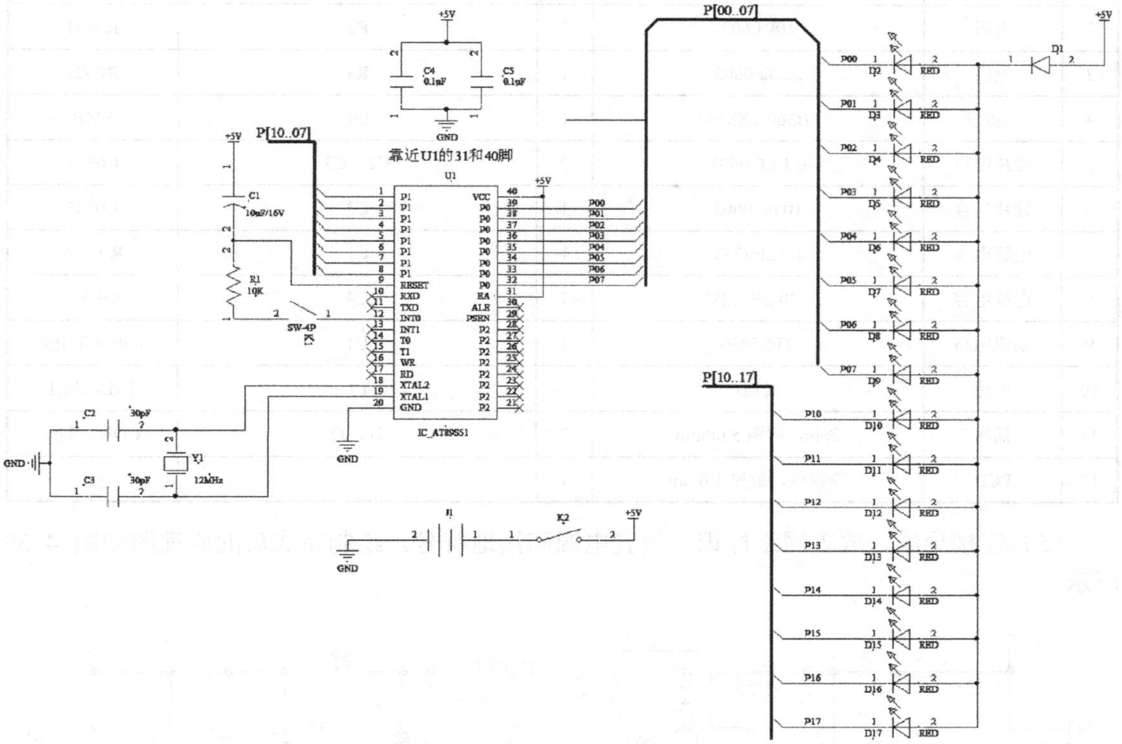

图 4-38　LED 摇摇棒原理图

4.8.2　TPS5430 电源电路设计实例

（1）新建工程文件。执行菜单命令【File】→【New】→【Project】→【PCB Project】，创建一个新的工程文件并改名为“TPS5430.PrjPCB”保存在指定的文件夹中。

（2）新建原理图文件。在工程文件名称处单击鼠标右键，在弹出的快捷菜单中执行菜单命令【Add New to Project】→【Schematic】。在该工程文件中新建一个电路原理图，文件重命名为“TPS5430. SchDoc”。随后系统自动进入原理图设计编辑环境。

（3）加载元件库“TPS5430.IntLib”。

（4）放置元件和设置元件属性。在库面板中查找并单击该对话框右上角的【Place】按钮，选择的元件将粘附在光标上，在原理图合适的位置单击鼠标左键进行放置。同样的操作，依次添加其他元件。TPS5430 元件清单表如表 4-2 所示。

表 4-2　TPS5430 元件清单表

序号	名　称	元 件 规 格	数量	元 件 编 号	所在元件库名称
1	电阻	100k/NC 0603	1	R1	R0603
2	电阻	10k 0603	1	R2	R0603
3	电阻	3.24k 0603	1	R3	R0603
4	二极管	B360A SMB	1	D1	SMB
5	瓷片电容	0.1 μF 0603	2	C2、C5	C0603
6	瓷片电容	10 nF 0603	1	C3	C0603
7	电解电容	4.7 μF /25V	1	C1	RB.3/.6
8	电解电容	220 μF /12V	1	C4	RB.3/.6
9	集成电路	TPS5430	1	U1	SOIC8-THER
10	电感	22μH	1	L1	IND-22uH
11	插座	2pin，间距 5.08mm	2	J1、J2	CON2_5.08
12	PCB	覆铜板，板厚 1.6mm	1		

（5）连接导线、放置网络标识、放置电源和接地符号。绘制完成后的原理图如图 4-39 所示。

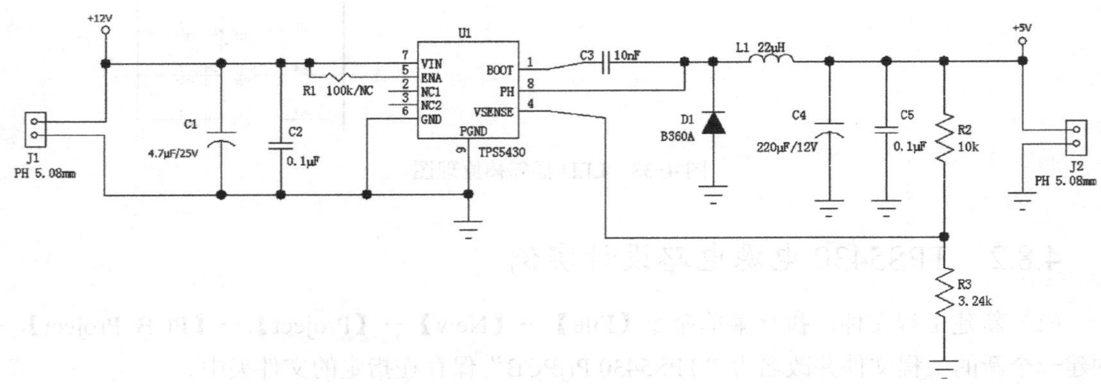

图 4-39　完成的 TPS5430 原理图

通过前面两个原理图绘制实例的学习，相信用户可以了解绘制电路原理图的完整步骤。对于后面两个实例，这里不再讲述具体步骤，只给出提示步骤，用户可参考前面所讲进行操作，从而达到巩固和练习的目的。同时为便于读者自学，在 www.dodopcb.com 的读者专区附赠全部实例文件及视频讲解，也可邮件联系编者索取，编者邮箱为 26005192@qq.com。

4.8.3　电子万年历原理图设计实例

本实例以 AT89C51 单片机为控制器，以串行时钟日历芯片 DS1302 记录日历和时间，它可以对年、月、日、时、分、秒进行计时，还具有闰年补偿等多种功能。万年历采用直观的数字显示，可以在 LED 上同时显示年、月、日、周、时、分、秒，还具有时间校准等功能。其原理图设计步骤如下：

（1）新建一工程文件，并命名为“电子万年历.PrjPCB”；

（2）新建一原理图文件，并命名为“电子万年历.SchDoc”，同时进入原理图编辑界面；

（3）加载元件库“电子万年历.IntLib”；

（4）查找并放置元件，并编辑元件属性；

（5）连接导线、放置网络标识、放置电源和接地符号及忽略 DRC 检查测试点。绘制完成的电路图如图 4-40 所示。

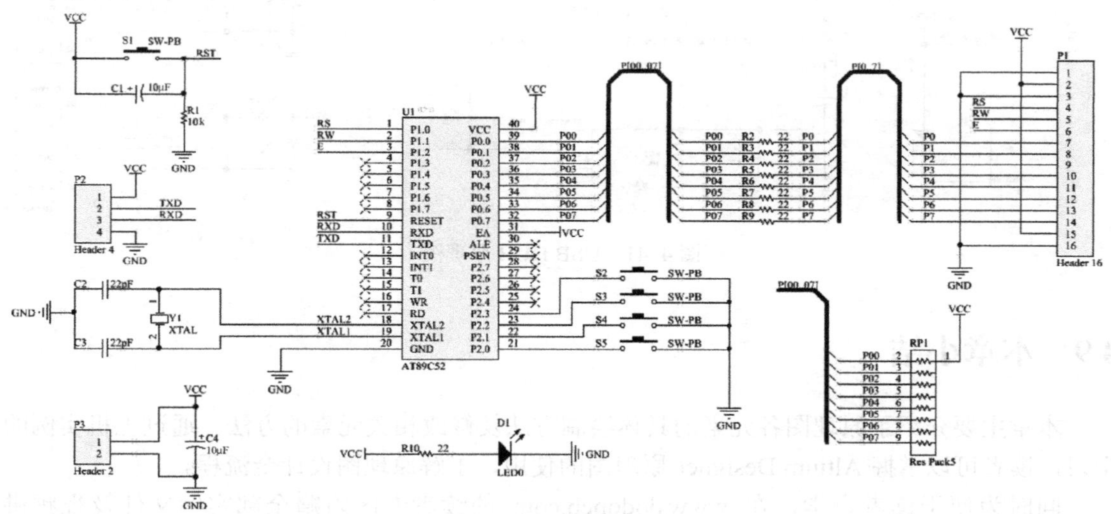

图 4-40　电子万年历原理图

4.8.4　USB HUB 原理图设计实例

USB HUB 是一种可以将一个 USB 接口扩展为多个（通常为 4 个），并可以使这些接口同时使用的装置。其原理图设计步骤如下：

（1）新建一工程文件，并命名为“USB HUB.PrjPCB”；

（2）新建一原理图文件，并命名为“USB HUB.SchDoc”，同时进入原理图编辑界面；

（3）加载元件库“USB HUB.IntLib”；

（4）查找并放置元件，并编辑元件属性；

（5）连接导线、放置网络标识、放置电源和接地符号、忽略 DRC 检查测试点及文本说明。绘制完成的电路图如图 4-41 所示。

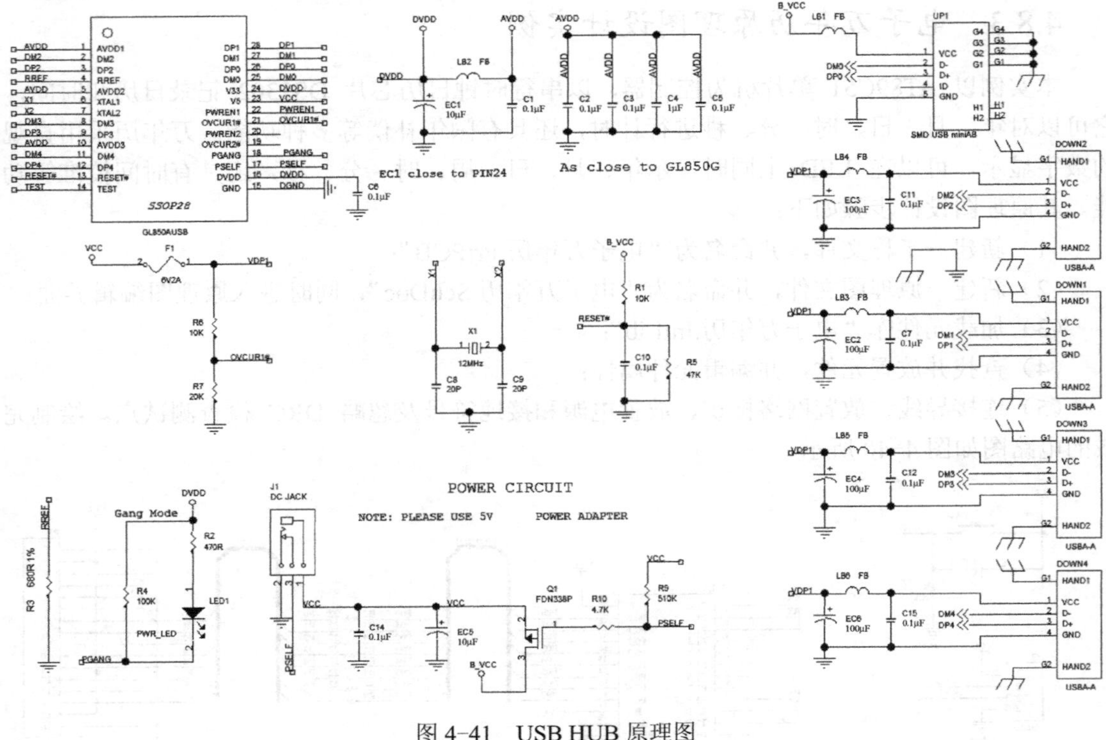

图 4-41　USB HUB 原理图

4.9　本章小结

本章主要介绍了原理图各元素的具体绘制方法及修改相关元素的方法。通过上机实例的学习，读者可以掌握 Altium Designer 原理图的使用，了解原理图设计全流程。

同时为便于读者自学，在 www.dodopcb.com 的读者专区附赠全部实例文件及视频讲解。也可邮件联系编者索取，编者邮箱为 26005192@qq.com。

第5章 原理图验证与输出

5.1 原理图设计验证

在使用 Altium Designer15 进行电路设计的过程中，需要对工程进行编译（即电气规则检查）。在编译工程的过程中，系统会根据用户的设置，对整个工程进行检查。编译结束后，系统会提供相应的报告信息，如网络构成、原理图层次、设计错误报告类型分布信息等。

5.1.1 原理图设计验证设置

编译前首先要对工程选项进行设置，以确定在编译时系统所需的工作和编译后系统的各种报告类型。编译项目参数设计包括错误检查参数、电气连接矩阵、比较器设置、ECO 生成、输出路径、网络表选项和其他项目参数的设置。

执行菜单命令【Project】→【Project Options…】，如图 5-1 所示。系统弹出“Options for PCB Project”对话框，在该对话框中可以对原理图错误验证进行设置（一般使用默认设置即可），如图 5-2 所示。

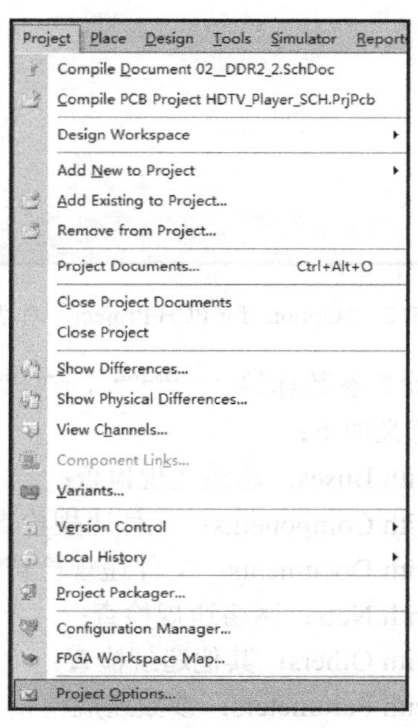

图 5-1 进入“Project Options”设置

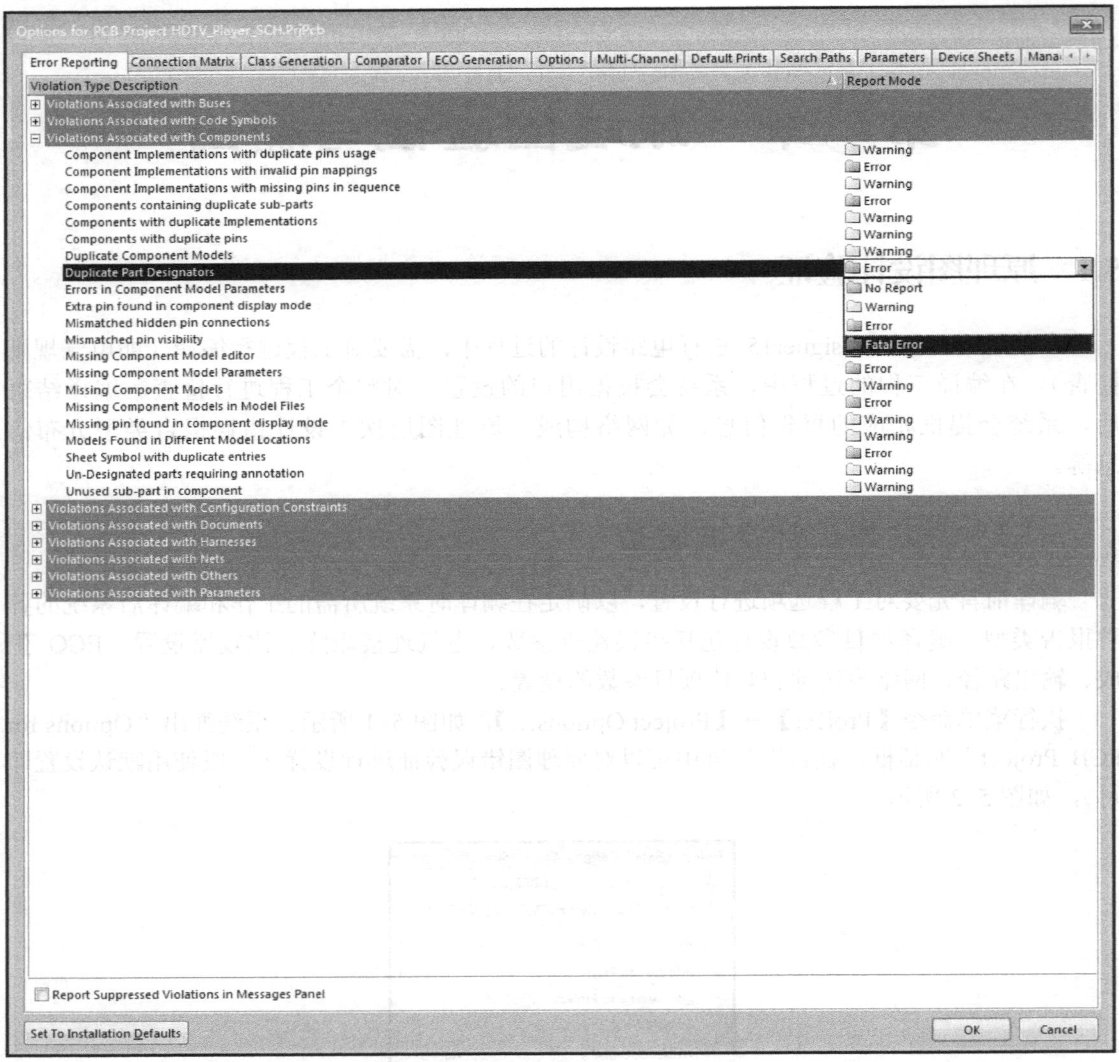

图 5-2 “Options for PCB Project”对话框

在该对话框中，单击错误检查参数标签 Error Reporting ，在 Error Reporting 设置窗口中可以设置报告类型。其中主要参数项目的意义如下：

（1）Violations Associated with Buses：总线违规检查；

（2）Violations Associated with Components：元件违规检查；

（3）Violations Associated with Documents：文件违规检查；

（4）Violations Associated with Nets：网络违规检查；

（5）Violations Associated with Others：其他违规检查；

（6）Violations Associated with Parameters：参数违规检查。

在右侧的“Report Mode”栏中列出了对应的报告类型，共有 4 种报告类型：Warning

（警告）、Error（错误）、Fatal Error（严重错误）、No Report（不报告）。单击某个报告类型，可以在弹出的下拉列表中更改该报告类型，如图 5-3 所示。

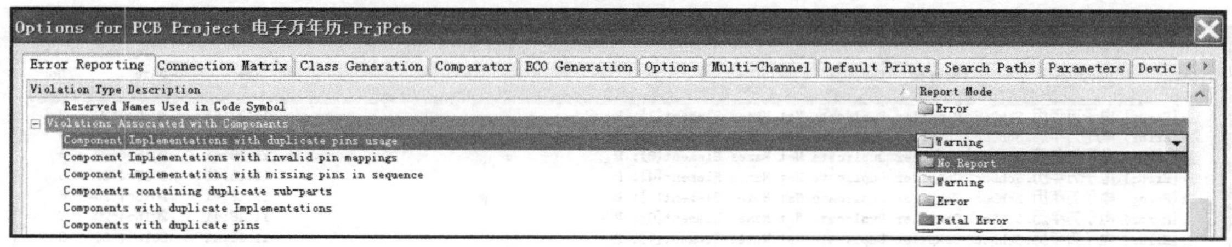

图 5-3 更改报告类型

在该对话框中的其余标签栏，按照编者的设计经验，一般按照默认设置即可。故此不进行讲述。

5.1.2 原理图设计验证编译

执行菜单命令【Project】→【Recompile PCB Project 电子万年历.PrjPcb】，可以对原理图错误进行验证，如图 5-4 所示。

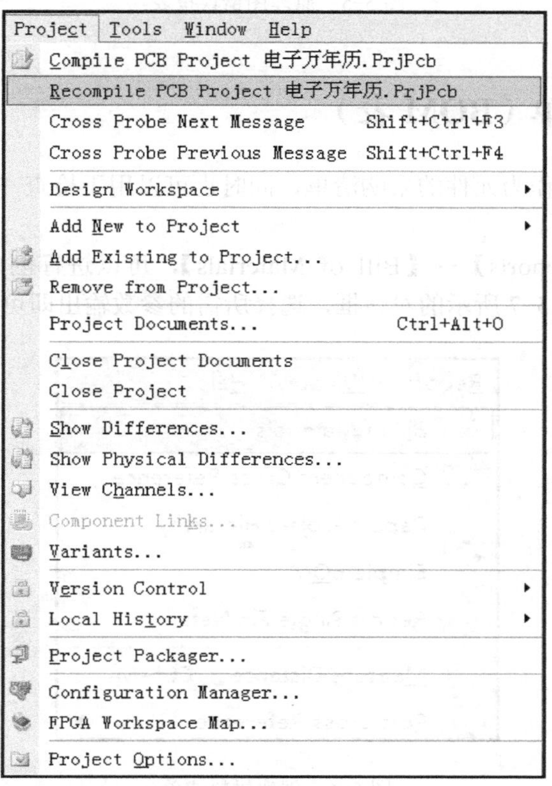

图 5-4 编译原理图

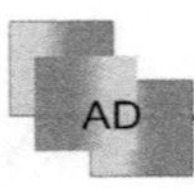

原理图验证完成即可弹出如图 5-5 所示的对话框，双击错误即可精确定位到错误处，便于对错误进行修改。

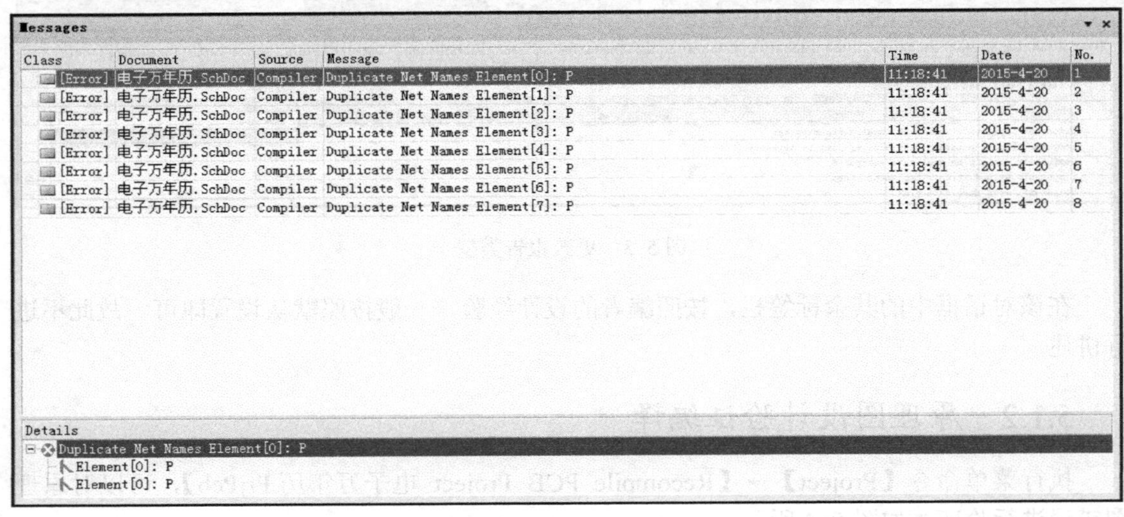

Messages
Class | Document | Source | Message | Time | Date | No.
[Error] 电子万年历.SchDoc Compiler Duplicate Net Names Element[0]: P 11:18:41 2015-4-20 1
[Error] 电子万年历.SchDoc Compiler Duplicate Net Names Element[1]: P 11:18:41 2015-4-20 2
[Error] 电子万年历.SchDoc Compiler Duplicate Net Names Element[2]: P 11:18:41 2015-4-20 3
[Error] 电子万年历.SchDoc Compiler Duplicate Net Names Element[3]: P 11:18:41 2015-4-20 4
[Error] 电子万年历.SchDoc Compiler Duplicate Net Names Element[4]: P 11:18:41 2015-4-20 5
[Error] 电子万年历.SchDoc Compiler Duplicate Net Names Element[5]: P 11:18:41 2015-4-20 6
[Error] 电子万年历.SchDoc Compiler Duplicate Net Names Element[6]: P 11:18:41 2015-4-20 7
[Error] 电子万年历.SchDoc Compiler Duplicate Net Names Element[7]: P 11:18:41 2015-4-20 8
Details
Duplicate Net Names Element[0]: P
Element[0]: P
Element[0]: P

图 5-5　原理图错误报表

5.2　创建材料清单（BOM 表）

材料清单可以用来作为元件的采购清单，同时也可以用于检查 PCB 中的元件封装信息是否正确。

执行菜单命令【Reports】→【Bill of Materials】，可以进行创建材料清单的操作，如图 5-6 所示。弹出如图 5-7 所示的对话框，选择所需的参数输出即可。

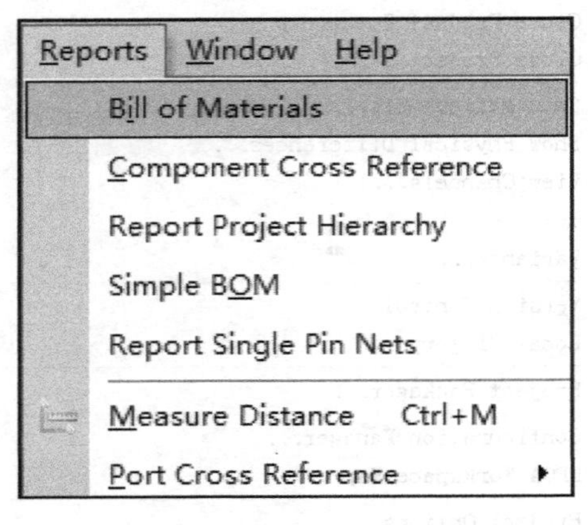

图 5-6　创建材料清单

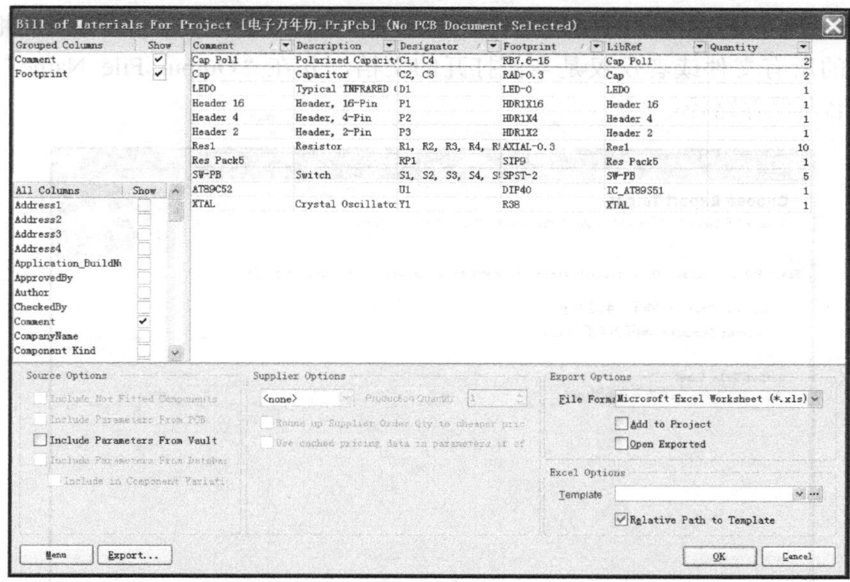

图 5-7　材料清单参数设置对话框

5.3　创建智能 PDF 格式的原理图

PDF 文档是一种广泛应用的文档格式，将原理图导出成 PDF 格式可以方便设计者之间参考交流。执行菜单命令【File】→【Smart PDF…】，可以创建智能 PDF 格式的原理图，如图 5-8 所示。

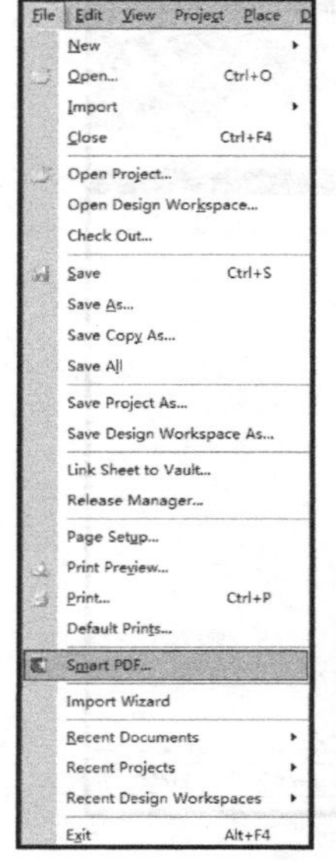

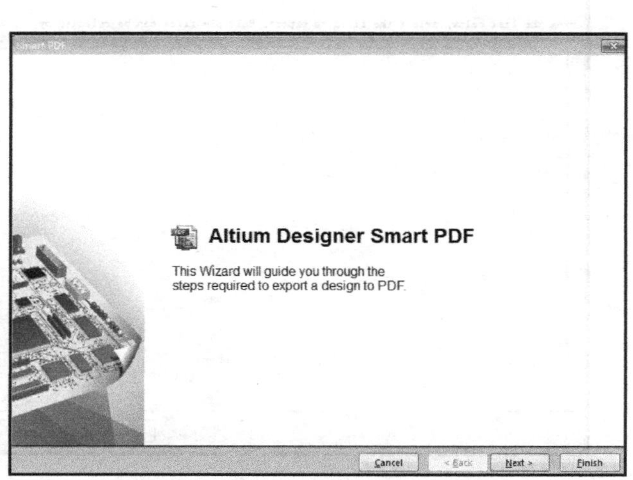

图 5-8　执行【Smart PDF】菜单命令

单击【Next】按钮进入 PDF 转换目标设置界面，如图 5-9 所示。在该对话框中可以选择该工程中的所有文件或者仅仅是当前打开的文档，并在“Output File Name”栏中输入 PDF 的文件名及保存路径。

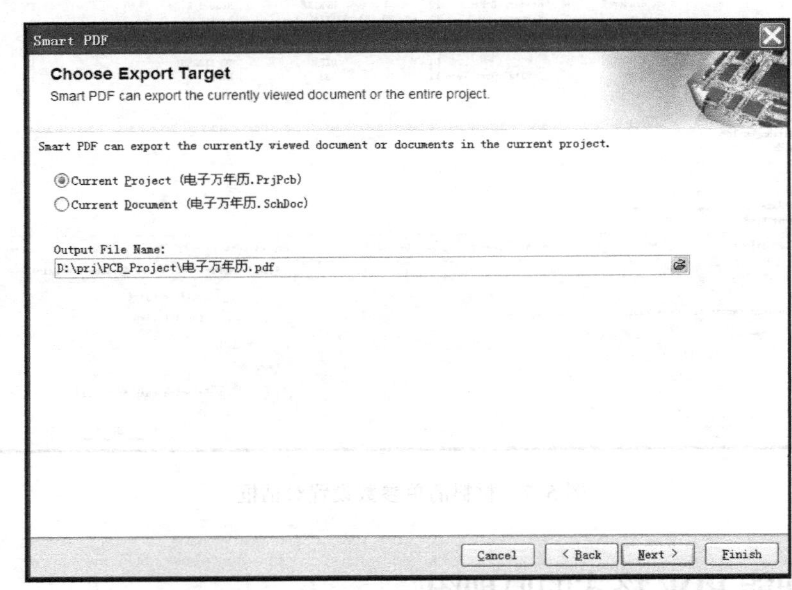

图 5-9　选择 PDF 保存路径

单击【Next】按钮进入 PDF 转换目标设置界面，如图 5-10 所示。对目标文件进行选择。如果有多个文件，在选取的过程中可以按住【Ctrl】键或【Shift】键进行选择。

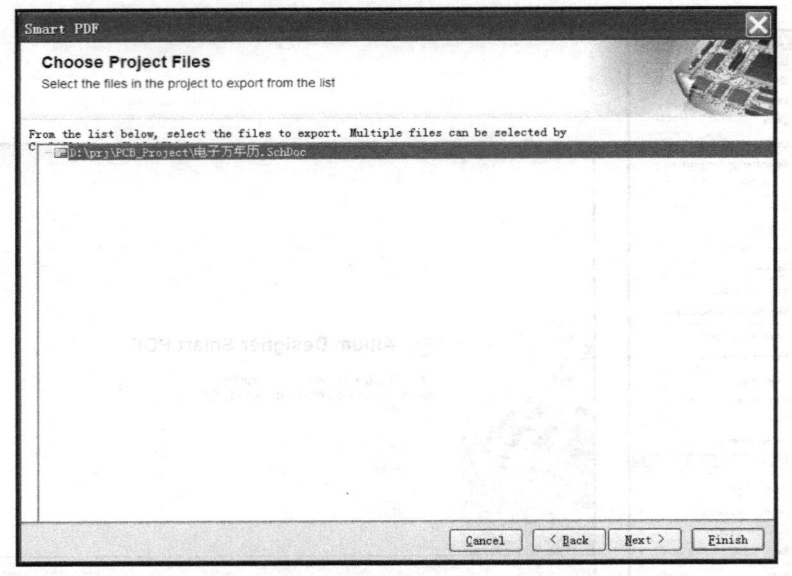

图 5-10　选择项目文件

单击【Next】按钮，进入如图 5-11 所示的对话框，在该对话框中设置是否需要导出材料清单。

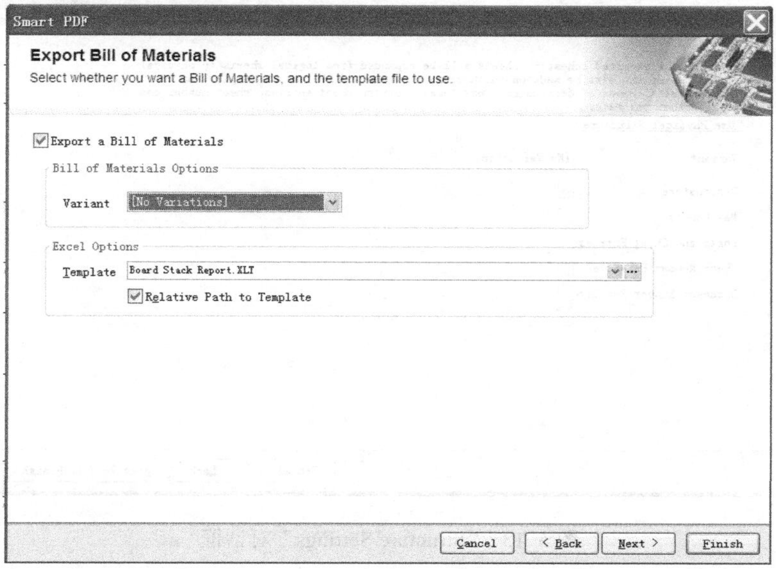

图 5-11　是否导出材料清单对话框

单击【Next】按钮，进入如图 5-12 所示的 PDF 附加选项设置对话框，在该对话框中根据需要设置一些选项，一般保持默认设置即可。

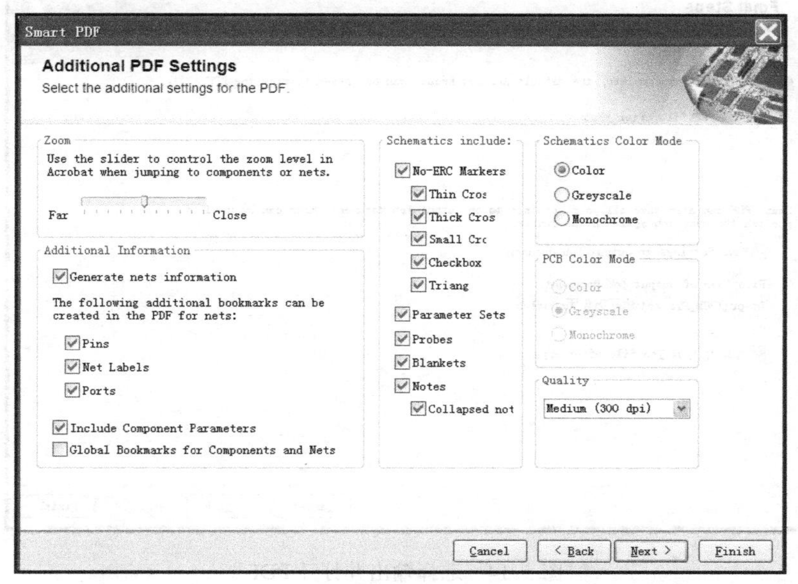

图 5-12　PDF 附加选项设置对话框

单击【Next】按钮，进入如图 5-13 所示的对话框，选择 PDF 使用结构。

Smart PDF
Structure Settings
Select the structure to use for the PDF.
Structure
If checked, the exported schematic sheets will be expanded from logical sheets to physical sheets. A choice can also be made on which variant to use and whether to display the expanded physical names of designators, net labels, ports, sheet entries, sheet number and document number parameters.
Use Physical Structure
Variant [No Variations]
Designators
Net Labels
Ports and Sheet Entries
Sheet Number Parameter
Document Number Paramet
Cancel < Back Next > Finish

图 5-13 “Structure Settings”对话框

单击【Next】按钮，进入如图 5-14 所示的对话框。可以选择完成后是否打开 PDF 或将此次导出 PDF 的设置进行保存。用户可以根据需要进行选择。

Smart PDF
Final Steps
Select whether to open the PDF and whether to save your settings to an Output Job document
Once the export is complete, the default Acrobat Reader can be opened to view the PDF.
Open PDF file after expo
Smart PDF can also save all your settings to an Output Job document which can be used to publish the same job again in the future.
Save Settings to Output Job docume
File Name of Output Job Document:
D:\prj\PCB_Project\电子万年历.OutJob
Open Output Job file after ex
Cancel < Back Next > Finish

图 5-14 选择输出并打开 PDF

单击【Next】按钮，完成 PDF 文件的导出，系统会自动打开生成的 PDF 文档，如图 5-15 所示。

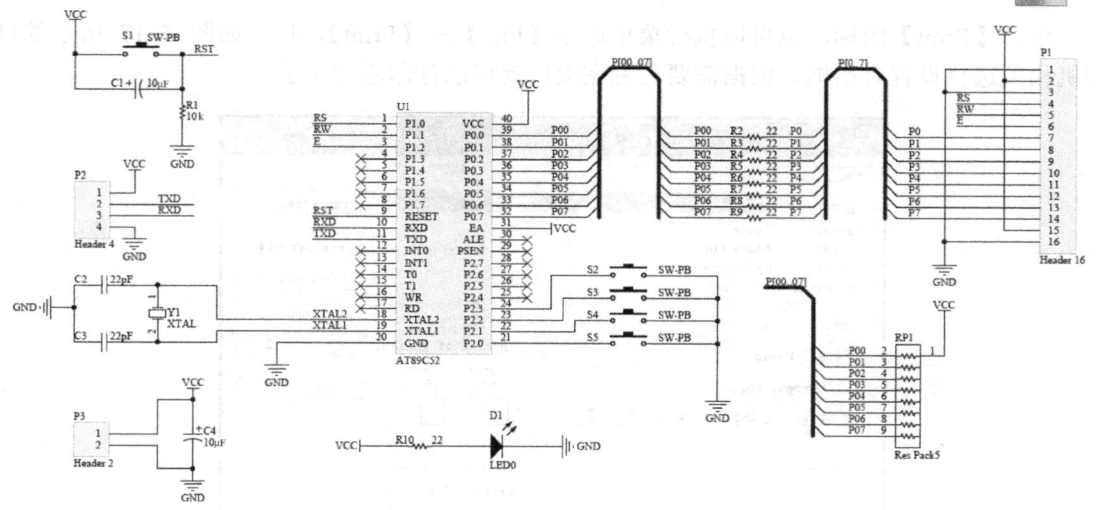

图 5-15　导出的 PDF 文件

5.4　打印原理图

原理图设计完成后可以通过打印机输出，便于技术人员参考或交流。

执行工具栏中的 图标，系统会以默认的设置打印原理图。如果用户需要按照自己的方式打印原理图，则需要设置打印的页面。执行菜单命令【File】→【Page Setup】，弹出如图 5-16 所示的原理图打印属性设置对话框。在该对话框中可以设置纸张大小和打印方式等参数，在此不做详细讲述。

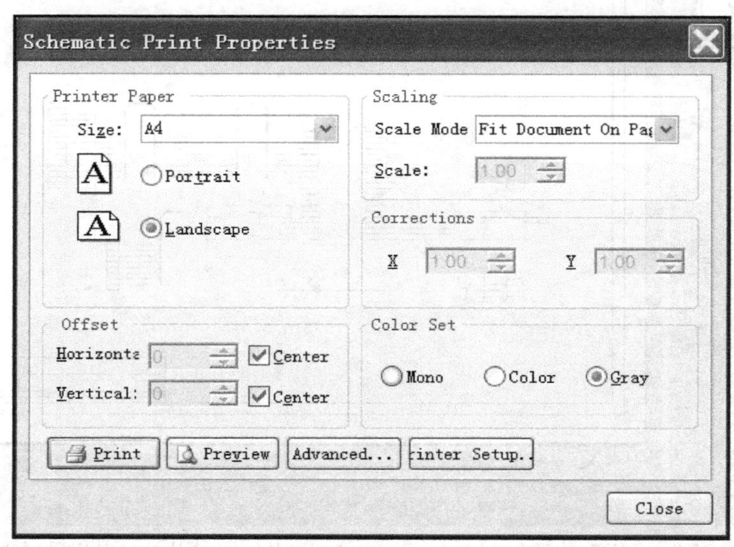

图 5-16　原理图打印属性设置对话框

单击【Print】图标，也可以执行菜单命令【File】→【Print】，打开如图 5-17 所示的打印机相关选择设置对话框。根据需要设置完成后就可以打印原理图了。

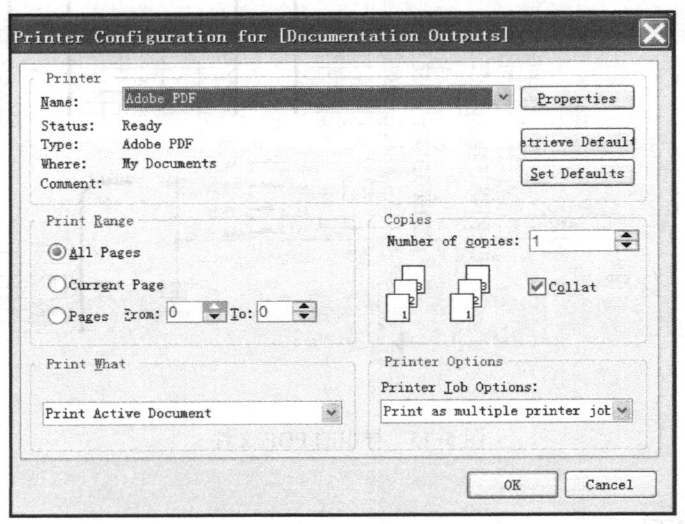

图 5-17 打印机相关选择设置对话框

但在打印之前最好预览一下打印的效果，执行菜单命令【File】→【Page Preview】，或单击工具栏中的 图标，弹出如图 5-18 所示的打印预览窗口。

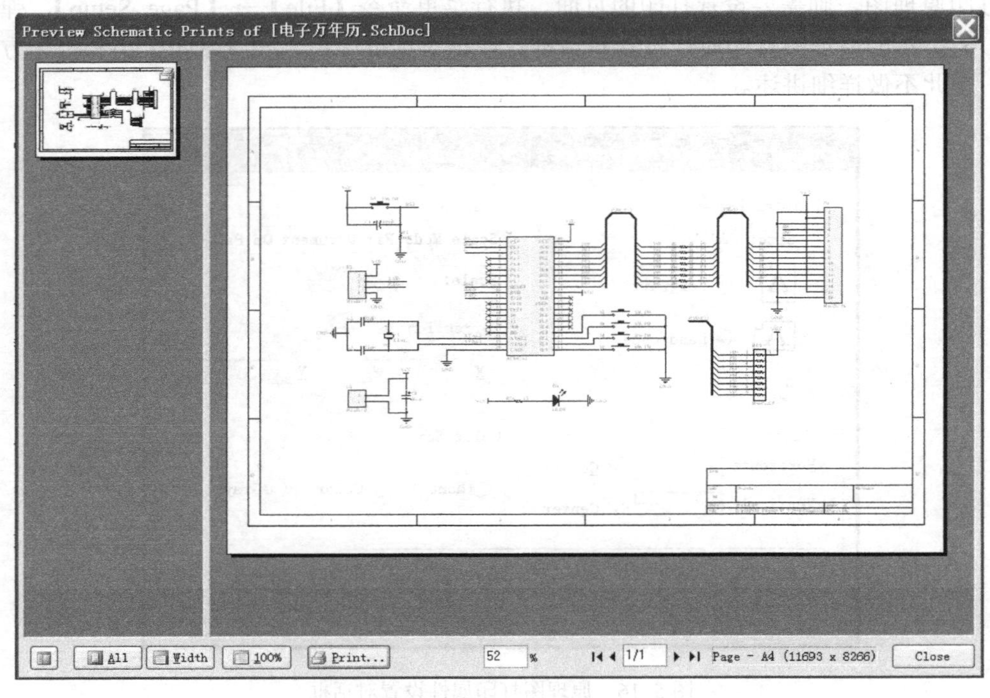

图 5-18 打印预览窗口

预览窗口的左侧是微缩图显示窗口，当有多张原理图需要打印时，均会在这里微缩显示；右侧则是打印预览窗口，整张原理图在打印纸上的效果将在这里形象地显示出来。

如果原理图预览的效果与理想的效果一样，用户就可以执行菜单命令【File】→【Print】进行打印了。

5.5　本章小结

本章重点介绍了原理图的验证方法，并介绍了输出材料清单、智能 PDF 和打印原理图的方法。通过学习，读者应具备原理图验证及报告输出的能力。

第6章　PCB 用户界面

6.1　用户界面介绍

PCB 编辑界面与原理图编辑界面基本上是一样的，大概分为菜单栏、工具栏、活动面板、编辑工作区域、系统面板等主要部分，如图 6-1 所示。

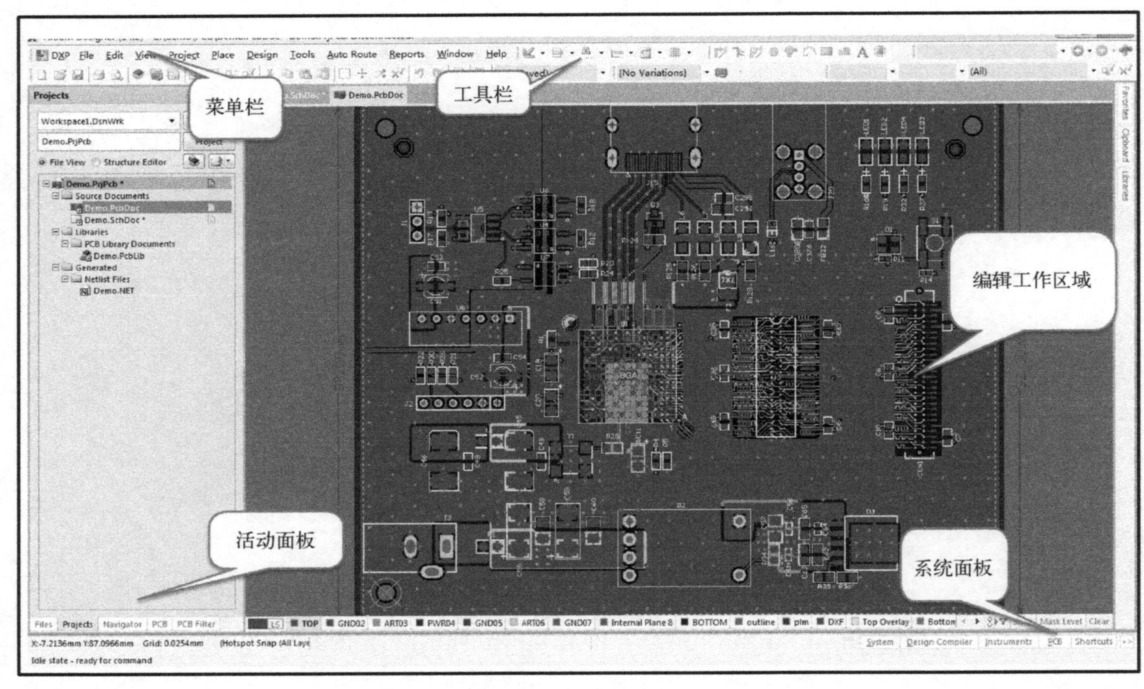

图 6-1　PCB 界面介绍

6.2　快捷键设置

6.2.1　系统默认快捷键

在整个项目过程中，PCB 的设计工作是耗时相对较多的，如果读者能够熟练地将快捷键应用到设计当中，从而提高设计效率。Altium Designer 软件中，菜单栏带有下划线的字母为这个功能命令的快捷键，如【P】为打开放置菜单栏，组合键【P+V】为放置过孔命令，

如图 6-2 所示（注意所有的快捷键使用都是要基于英文输入法状态下的）。

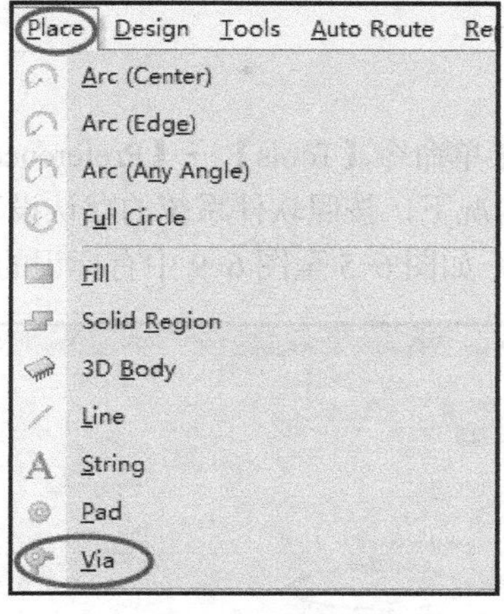

图 6-2　系统默认快捷键

6.2.2　用户自定义快捷键

如果读者不习惯使用系统默认的快捷键，或者想提高操作速度，可以根据自己的设计习惯自定义快捷键。较快的自定义方法为：在对应的命令菜单栏下按住【Ctrl】键，然后单击命令，弹出快捷键设置对话框，输入需要设置的快捷键，如图 6-3 和图 6-4 所示。这里建议读者在设计快捷键的时候，尽量不要与原来的快捷键冲突，从而两套快捷键都能正常使用。

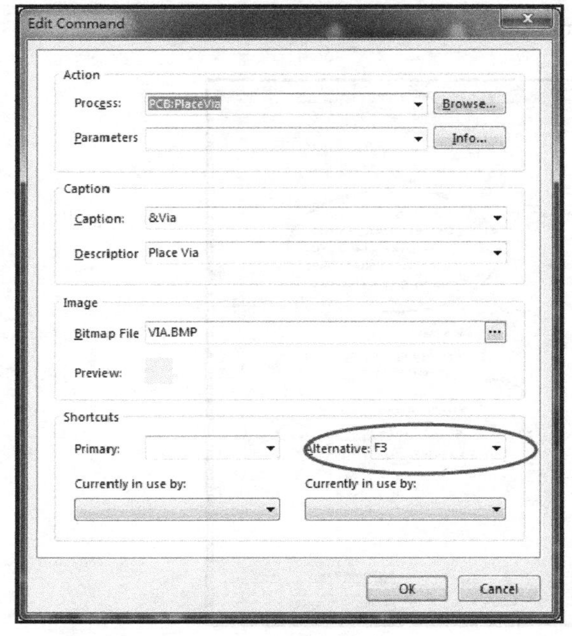

图 6-3　自定义快捷键图

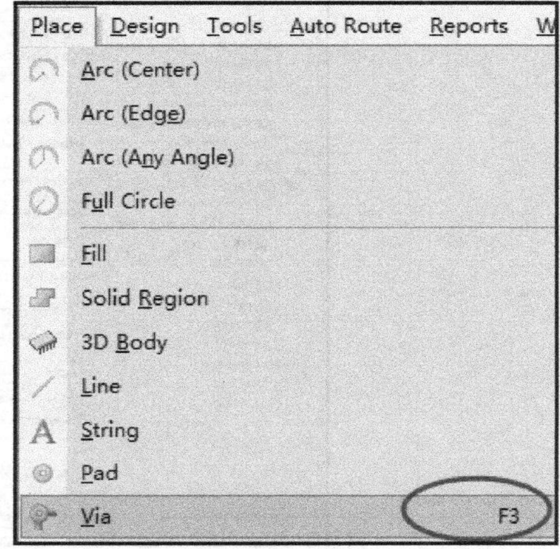

图 6-4　显示已自定义快捷键

6.3 常用设计参数的设置

1．“Preferences”选项卡

在 PCB 编辑窗口下，执行菜单命令【Tools】→【Preferences】，打开 PCB 常规环境参数设置界面，如图 6-5 所示。一般情况下，按照软件系统的默认设置也是可行的，当然读者也可根据自己的一些设计习惯进行修改，如图 6-5 至图 6-9 中有标识的部分均为有修改的部分。

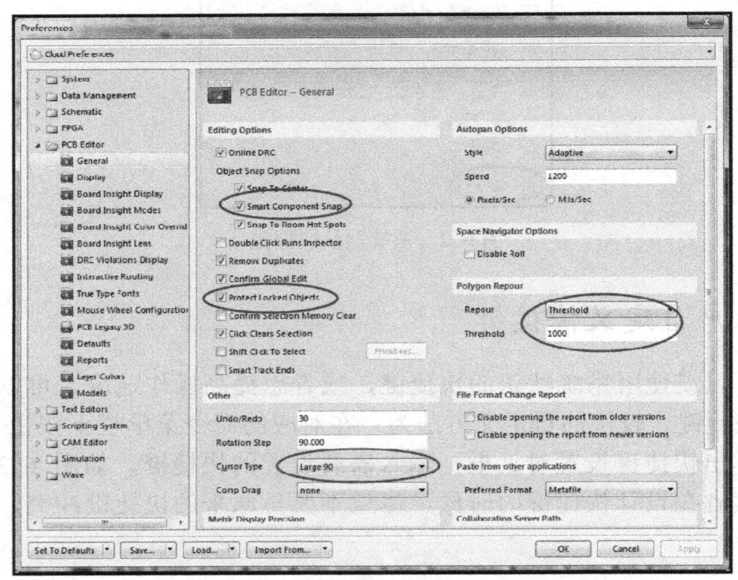

图 6-5 “General”设置参考界面

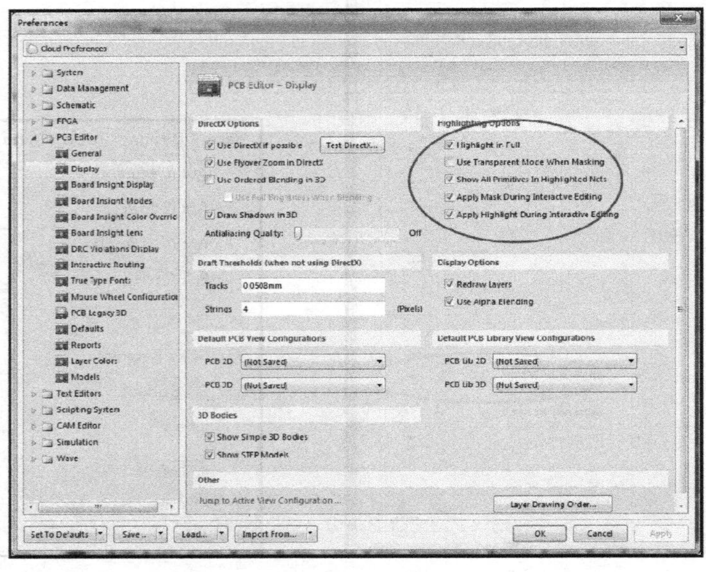

图 6-6 “Display”设置参考

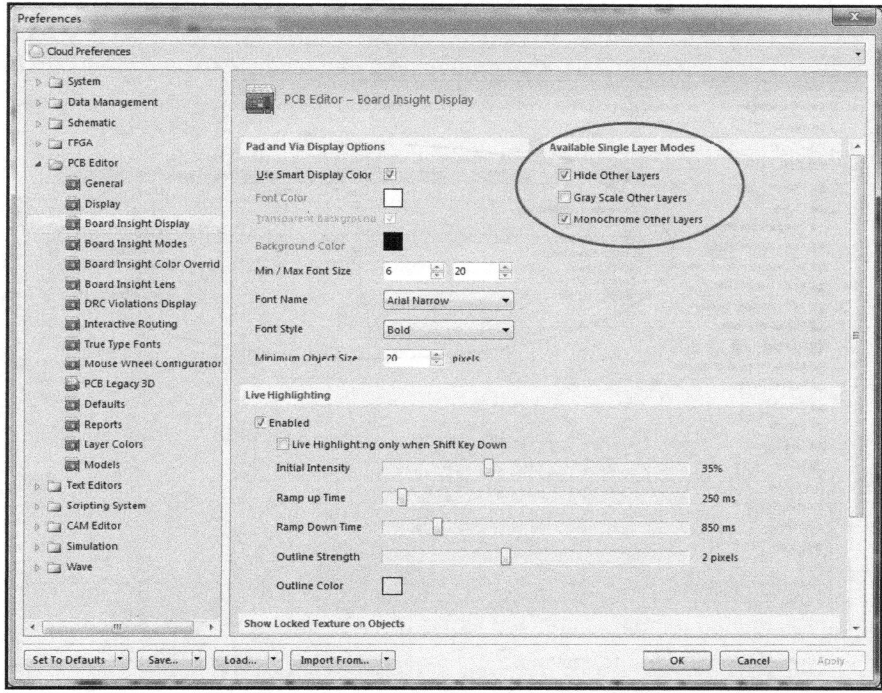

图 6-7 “Board Insight Display”设置参考界面

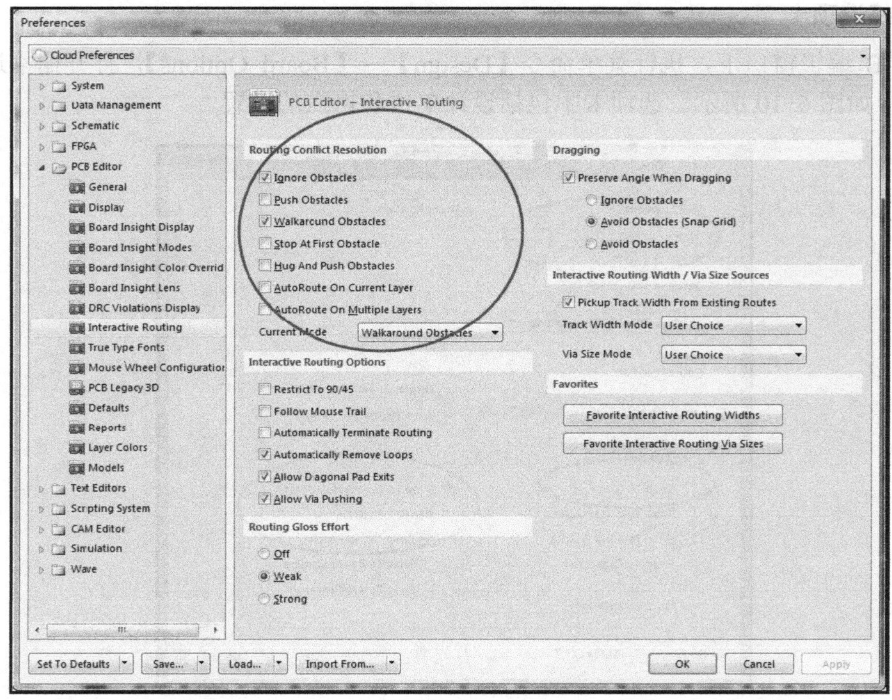

图 6-8 “Interactive Routing”设置参考界面

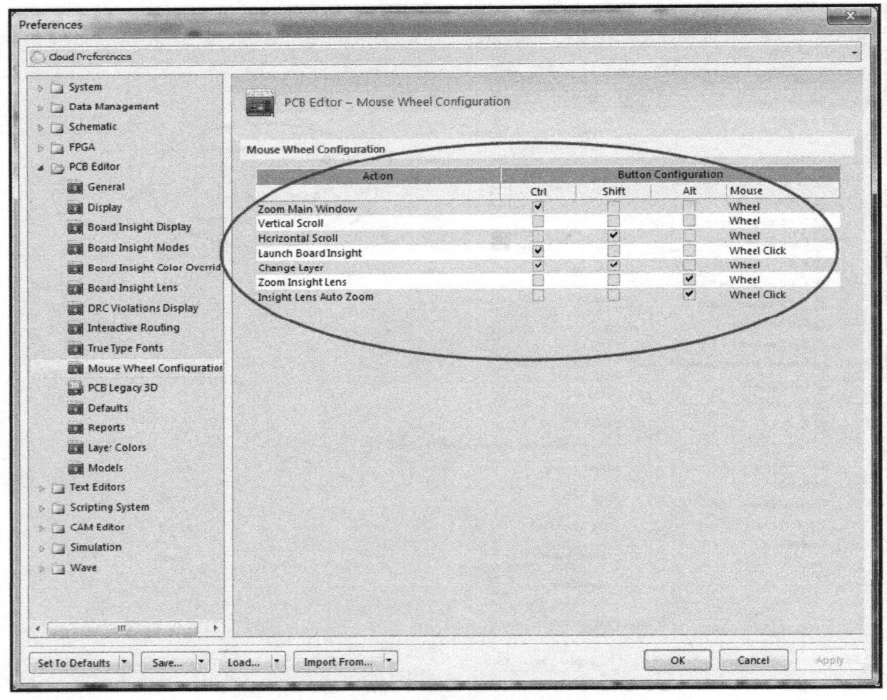

图 6-9　鼠标滚轴设置参考界面

2. 栅格选项卡

在 PCB 编辑窗口下，执行菜单命令【Design】→【Board Options】，打开栅格选项卡设置对话框，如图 6-10 所示。选项卡中包括设计单位和格点的设置。

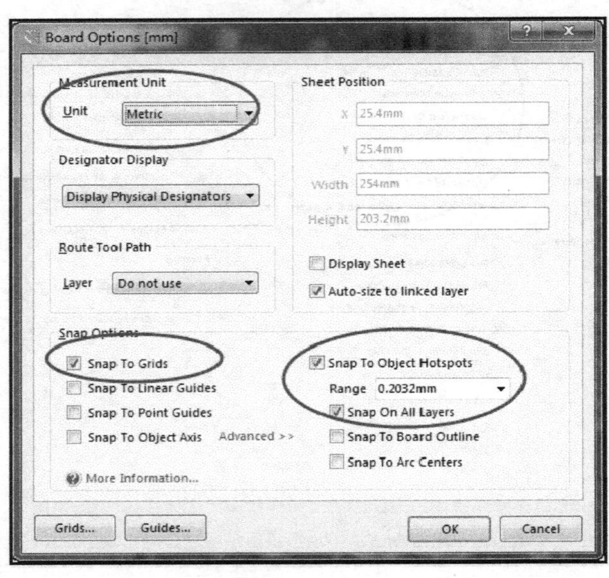

图 6-10　栅格选项卡设置对话框

单击【Grids…】按钮进入格点设置，可新建立一个“Cartesian Grid”进行区域格点的设置，如图 6-11 所示。

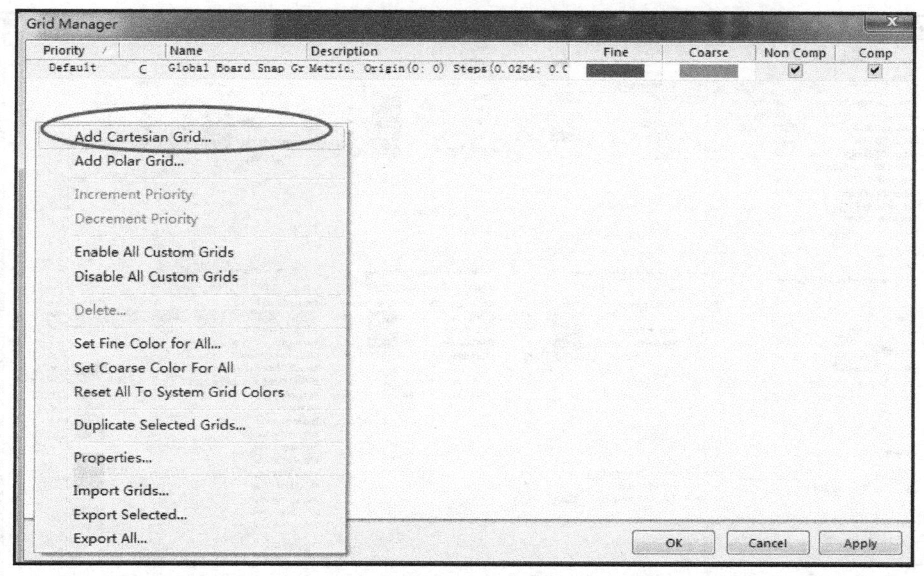

图 6-11　栅格选项卡设置

如图 6-12 所示，可以定义区域格点的大小及区域等信息。

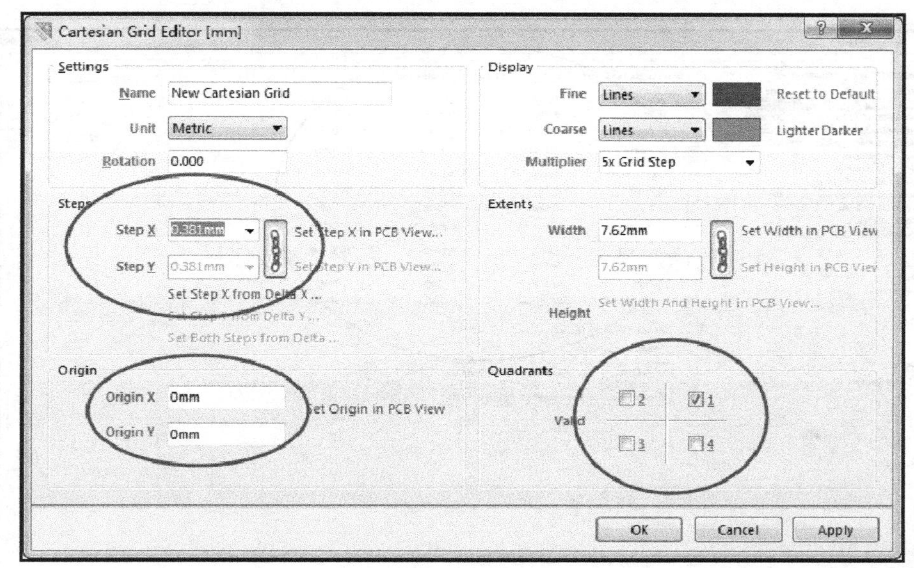

图 6-12　区域栅格大小设置

3. 显示设置

在 PCB 编辑窗口下，按【L】键弹出显示设置窗口，这里主要包含了层颜色及显示设

置、属性状态设置等，如图 6-13 至图 6-15 所示。通过不同层的颜色搭配和开闭状态，使 PCB 显示得更加直观清晰。

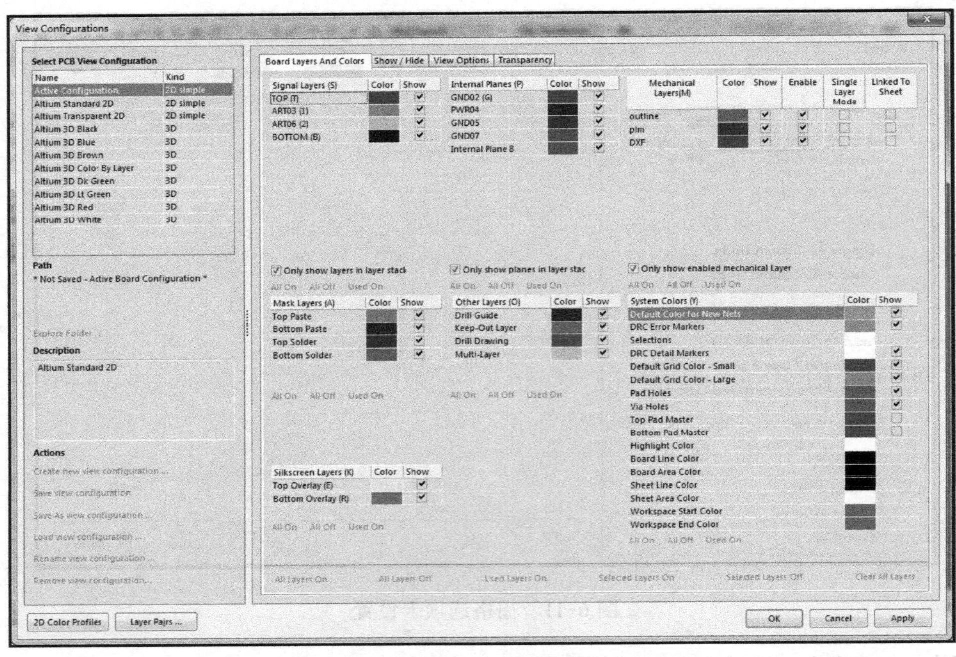

图 6-13 层颜色与使能管理界面

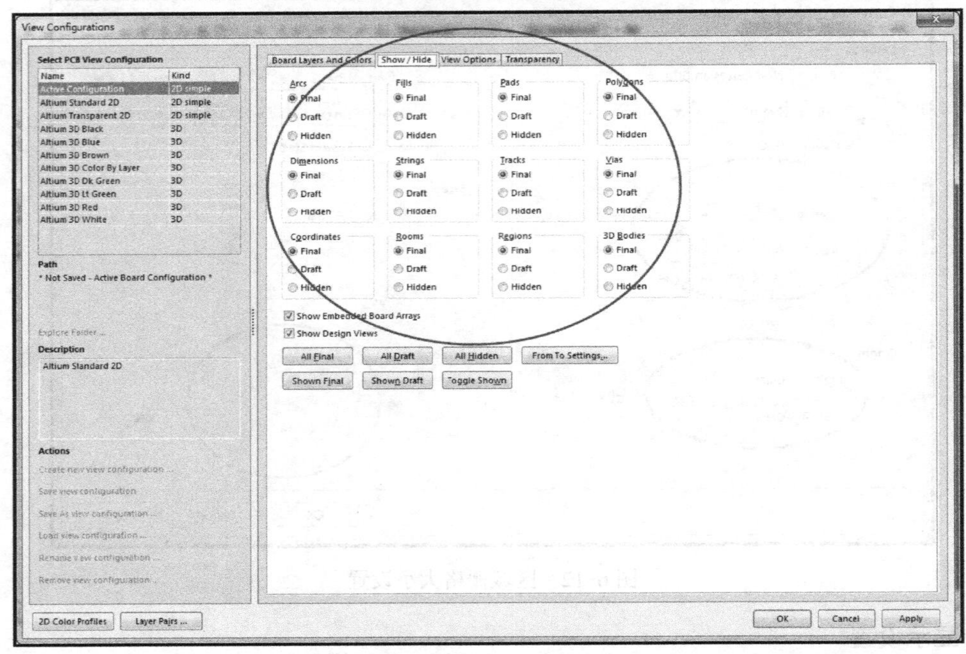

图 6-14 PCB 各元素属性状态设置（Final、Draft、Hidden）

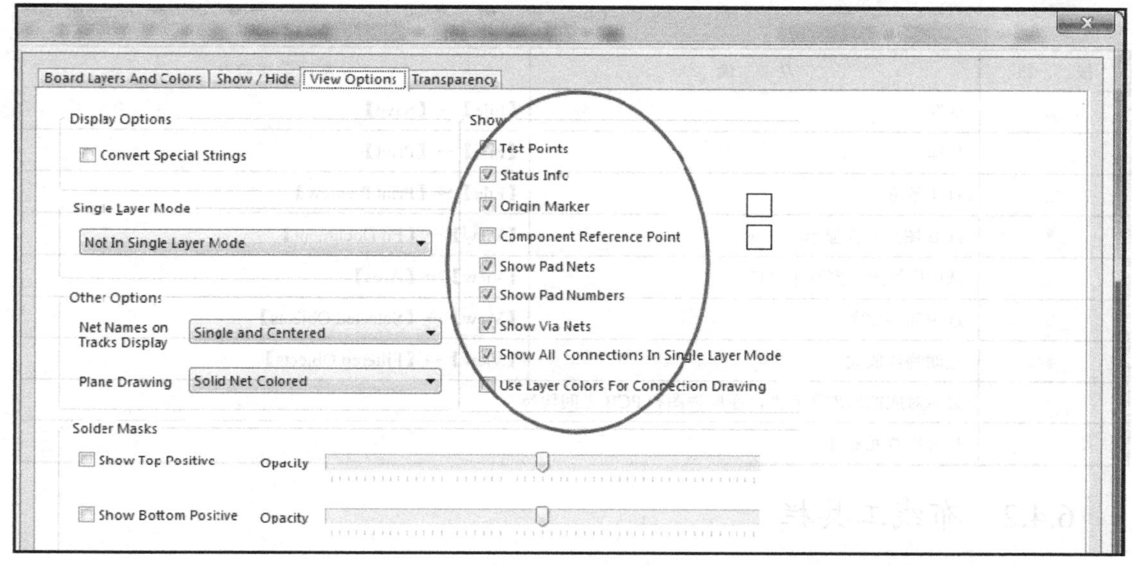

图 6-15　其他元素的显示状态设置

6.4　PCB 设计工具栏

Altium Designer15 的 PCB 图编辑环境中，提供了 4 个工具栏：主工具栏、标准工具栏、布线工具栏和实用工具栏。其中，实用工具栏又可分为元件位置调整工具栏、查找选择工具栏和尺寸标注工具栏，用户可以根据工具命令快速方便地进行 PCB 图编辑操作。

6.4.1　标准工具栏

“PCB Standard”（PCB 标准）工具栏提供了缩放、选取对象等命令按钮，如图 6-16 所示。执行菜单命令【View】→【Toolbars】→【PCB Standard】，可以显示或隐藏该工具栏。

图 6-16　PCB 标准工具栏

表 6-1 列出了该工具栏中各个按钮的功能。

表 6-1　PCB 标准工具栏按钮功能

按　钮	功　能	对应菜单命令
	新建文件	【File】→【New】
	打开文档	【File】→【Open】

续表

按　钮	功　能	对应菜单命令
	保存	【File】→【Save】
	打印	【File】→【Print】
	打印预览	【File】→【Print Preview】
	PCB 图形文件显示	【View】→【Fit Document】
	选中区域放大到整个窗口	【View】→【Area】
	选中部件放大	【View】→【Selected Objects】
	过滤物体放大	【View】→【Filtered Objects】
	显示对应的原理图元件，在原理图和 PCB 之间切换	
	打开库查元器件	

6.4.2　布线工具栏

布线工具栏用于进行各种电气操作，如图 6-17 所示。执行菜单命令【View】→【Toolbars】→【Wiring】，可以显示或隐藏该工具栏。

图 6-17　布线工具栏

表 6-2 列出了该工具栏中的各个按钮的功能。

表 6-2　布线工具栏按钮功能

按　钮	功　能	对应菜单命令
	交互式布线	【Place】→【Interactive Routing】
	总线布线	【Place】→【Interactive Multi-Routing】
	差分对布线	【Place】→【Interactive Differential Routing】
	放置焊盘	【Place】→【Pad】
	放置过孔	【Place】→【Via】
	边缘法放置圆弧	【Place】→【Arc(edge)】
	放置矩形填充	【Place】→【Fill】
	放置多边形覆铜	【Place】→【Polygon Plane】
	放置字符串	【Place】→【String】
	放置元件	【Place】→【Component】

6.4.3　实用工具栏

执行菜单命令【View】→【Toolbars】→【Utilities】，可以显示或隐藏如图 6-18 所示的

实用工具栏。

（1）绘图工具按钮 。Altium Designer15 提供了功能完备的绘图工具按钮，如图 6-19 所示，可以方便地在 PCB 上放置直线、圆弧、圆、坐标、原点、标准尺寸等，从而进一步完善 PCB 图。

图 6-18 实用工具栏

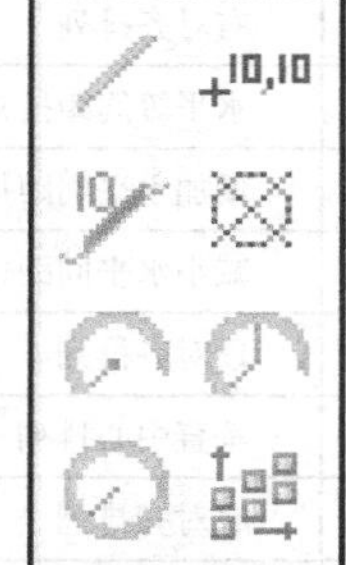

图 6-19 绘图工具按钮

表 6-3 列出了绘图工具栏中各个按钮的功能。

表 6-3 绘图工具栏按钮功能

按 钮	功 能	按 钮	功 能
	放置直线		放置坐标
	放置标准尺寸		设置原点
	中心法放置圆弧		边缘法放置圆弧
	放置圆		阵列式粘贴

（2）调准工具按钮 。该按钮的功能是可以方便地将对象按照要求对齐，从而使 PCB 布局进一步完善，如图 6-20 所示。

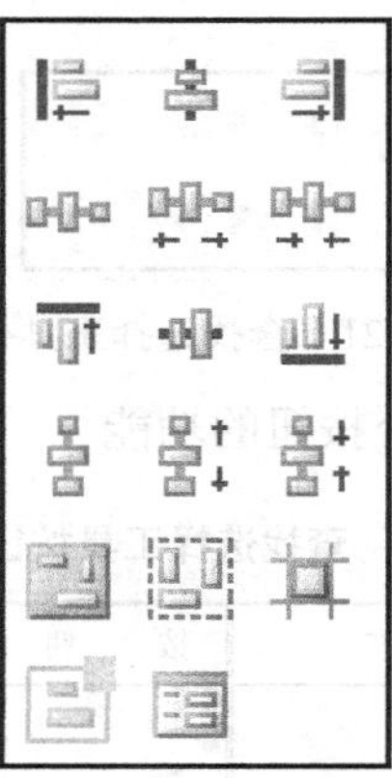

图 6-20 调准工具栏

表 6-4 列出了调准工具栏中各个按钮的功能。

表 6-4　调准工具栏按钮功能

按　钮	功　能
	左对齐排列
	水平中心排列
	右对齐排列
	水平等间距排列。在最左和最右元件之间等间距分布选中的元件，其垂直距离不变
	增加水平间距排列。用指定的元件放置网格的距离，增加元件参考点之间的水平间距
	减小水平间距排列。用指定的元件放置网格的距离，减小元件参考点之间的水平间距
	顶对齐排列
	垂直中心排列
	底对齐排列
	垂直等间距排列。在最上和最下元件之间等间距分布选中的元件，其水平距离不变
	增加垂直间距排列。用指定的元件放置网格的距离，增加元件参考点之间的垂直间距
	减小垂直间距排列。用指定的元件放置网格的距离，减小元件参考点之间的垂直间距
	选定空间内部排列，将属于该空间的元件排列在该空间内部。执行该命令按钮，然后单击空间，属于该空间的元件就会在空间内部排列
	区域内部排列，在指定的矩形内排列选中的元件。执行该命令，然后单击定义的矩形一角，移动指针再单击矩形的对角，选中的元件将排列在该矩形框内
	移动至网格。移动元件到最近的网格点
	建立元件联合。选中需要放置在一起的元件，执行该命令，元件联合即可建立。 移动联合内的任意一个元件，该联合内的所有元件都保持相互之间的互联关系
	元件排列命令

（3）查找选择工具按钮 。用来查找所有标记为“Selection”的电气符号(Primitive)，以供用户选择。这种方式使用户既能在选择的属性中查找，也能在选择的元件中查找，如图 6-21 所示。

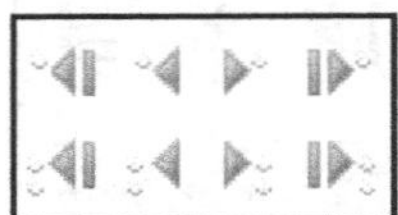

图 6-21　查找选择工具按钮

表 6-5 列出了查找选择工具中各个按钮的功能

表 6-5　查找选择工具按钮功能

按　钮	功　能	按　钮	功　能
	跳转到第一个基本图对象		跳转到选择的第一组对象
	跳转到前一个基本图对象		跳转到选择的前一组对象
	跳转到后一个基本图对象		跳转到选择的下一组对象
	跳转到最后一个基本图对象		跳转到选择的最后一组对象

（4）放置尺寸按钮 。利用该按钮可以方便地在 PCB 图上进行各种方式的尺寸标注，如图 6-22 所示。

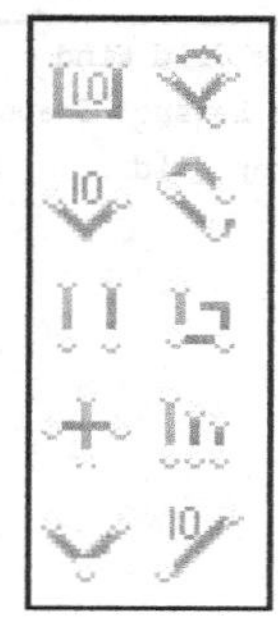

图 6-22　放置尺寸工具按钮

表 6-6 列出了放置尺寸工具各个按钮的功能。

表 6-6　放置尺寸工具按钮功能

按　钮	功　能	按　钮	功　能
	放置直线尺寸标注		放置角度尺寸标注
	放置半径尺寸标注		放置前导标注
	放置数据尺寸标注		放置基线尺寸标注
	放置中心尺寸标注		放置直线式直径尺寸标注
	放置直径尺寸标注		放置标准尺寸

（5）放置 Room 空间按钮 。该按钮用来放置各种形式的 Room 空间，如图 6-23 所示。

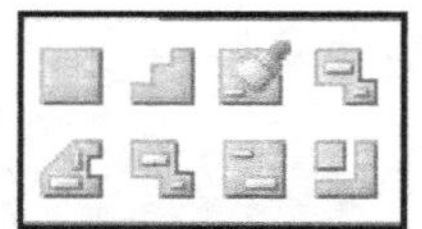

图 6-23　放置尺寸工具按钮

表 6-7 列出了放置 Room 空间工具中各个按钮的功能。

表 6-7　放置 Room 空间工具按钮功能

按　钮	功　能	按　钮	功　能
	放置矩形 Room 空间		根据元件创建非直角 Room 空间
	放置多边形 Room 空间		根据元件创建直角 Room 空间
	复制 Room 空间		根据元件创建矩形 Room 空间
	根据元件创建直角 Room 空间		分割 Room 空间

（6）网络按钮 ▦。用于切换网格、设定网络尺寸，以满足 PCB 图的设计要求，如图 6-24 所示。

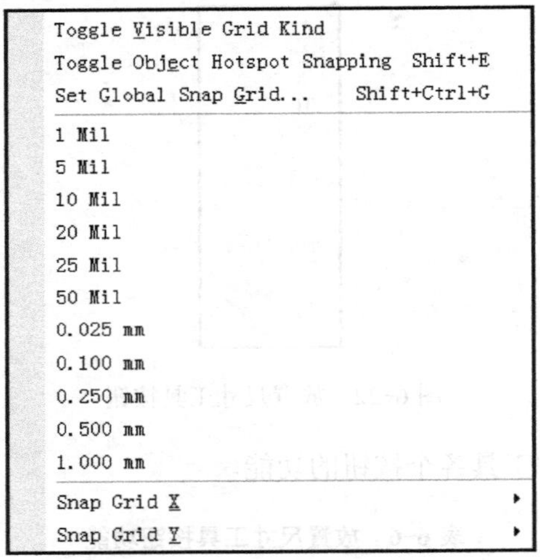

Toggle Visible Grid Kind
Toggle Object Hotspot Snapping　Shift+E
Set Global Snap Grid...　Shift+Ctrl+G
1 Mil
5 Mil
10 Mil
20 Mil
25 Mil
50 Mil
0.025 mm
0.100 mm
0.250 mm
0.500 mm
1.000 mm
Snap Grid X ▸
Snap Grid Y ▸

图 6-24　网络按钮

6.5　本章小结

本章介绍了 Altium Designer 平台中 PCB 设计的工作窗口界面、常用的软件环境设置和 PCB 设计工具栏，使读者掌握了对 PCB 设计平台的常规设置及运用。

第7章　PCB设计和输出

印制电路板（PCB）设计是从原理图变成一个具体产品的必经之路。Altium Designer 印制电路板设计的具体流程如图 7-1 所示。

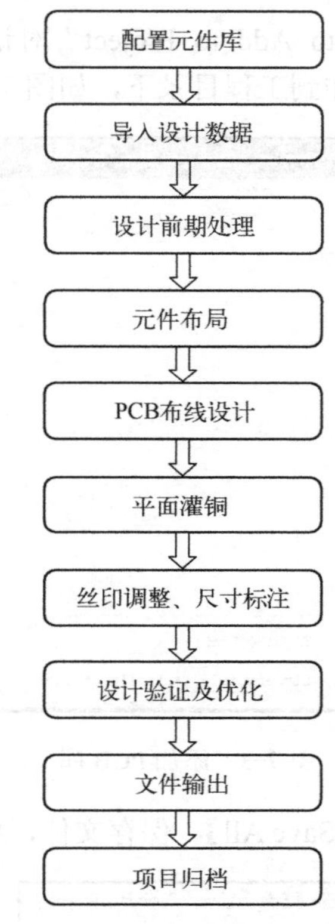

图 7-1　印制电路板设计流程图

7.1　配置库文件

在根据原理图生成 PCB 文件之前，需要先配置库文件。对于每个工程而言，库文件都是唯一存在的。保证工程文件目录下有且只有唯一正确的库文件，即可保证生成的 PCB 文件封装的正确性。配置库文件有两种方法：配置 PCB 元件库和配置集成元件库。

配置集成元件库将在后面章节进行详细介绍。下面先介绍配置 PCB 元件库的操作步骤。

（1）打开工程文件，并右键单击工程目录，在弹出的快捷菜单中执行菜单命令【Add Existing to Project…】，如图 7-2 所示。

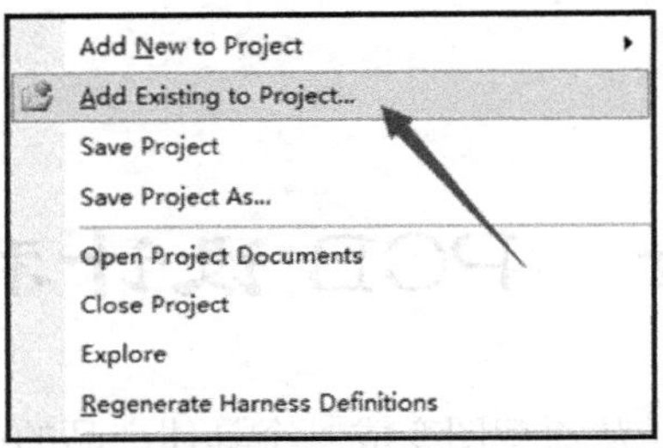

图 7-2　执行添加文件操作

（2）弹出“Choose Documents to Add to Project”对话框，找到项目对应的 PCB 库文件，单击【打开】按钮即可将库添加到工程目录下，如图 7-3 所示。

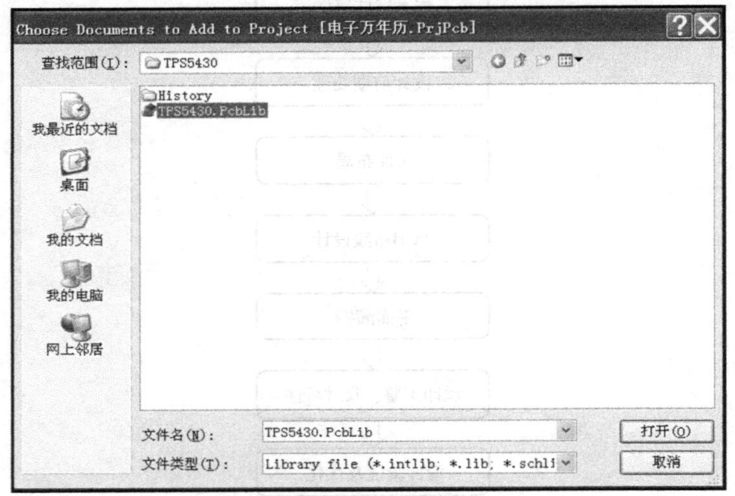

图 7-3　添加 PCB 库

（3）执行菜单命令【File】→【Save All】，保存文件，如图 7-4 所示。

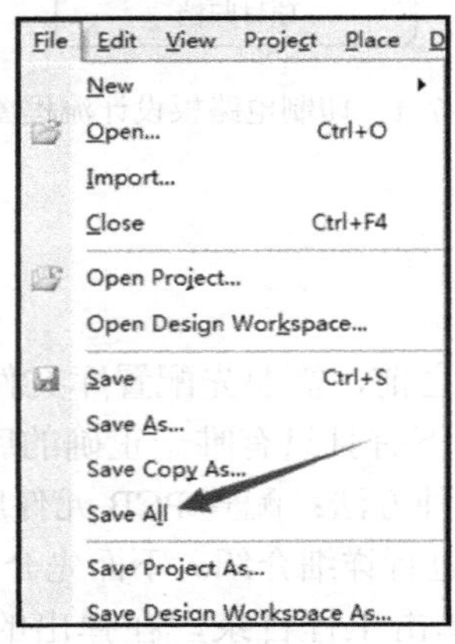

图 7-4　保存工程

7.2　导入设计数据

导入数据前，先新建一个空白的 PCB 文件，并保证此 PCB 被加入工程。打开工程文件后，执行菜单命令【File】→【New】→【PCB】，即可新建一个空白的 PCB 文件，如图 7-5 所示。

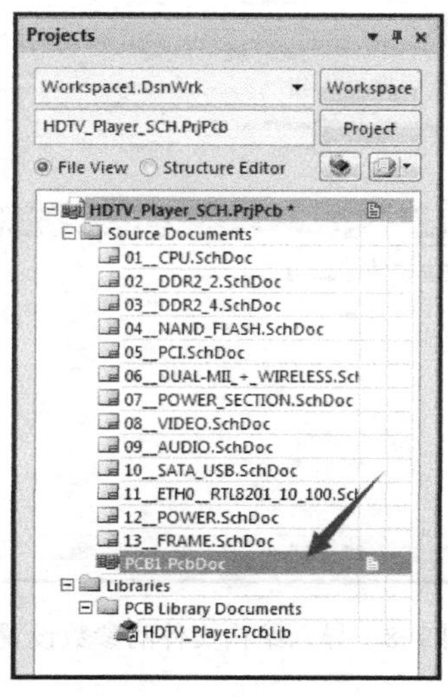

图 7-5　新建空白 PCB 文件

7.2.1　导入结构图确定板框

第一步：导入结构图。Altium Designer 支持直接导入.dxf 和.dwg 格式的文件。执行菜单命令【File】→【Import】，如图 7-6 所示。弹出“Import File”对话框，将输入文件格式选定为“AutoCAD（*.DXF；*.DWG）”，选中需要导入的结构文件，单击【打开】按钮，如图 7-7 所示。

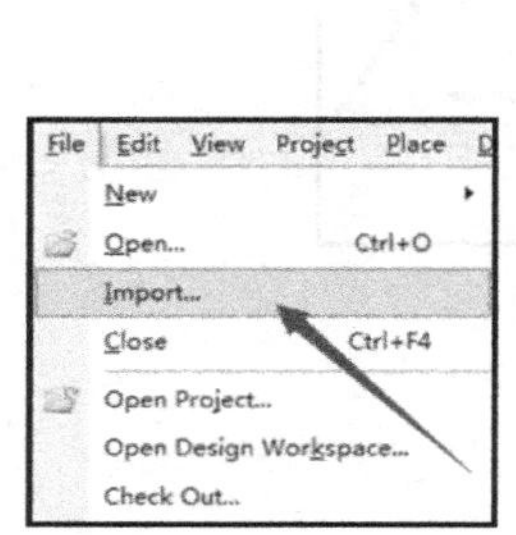

图 7-6　【Import】命令

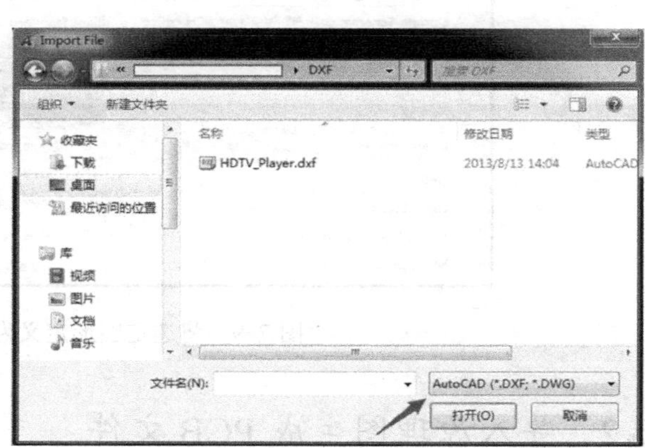

图 7-7　找到结构图文件

在弹出的参数设置栏中，设置好导入比例、图形放置层等，单击【OK】按钮即可导入结构数据，如图 7-8 所示。

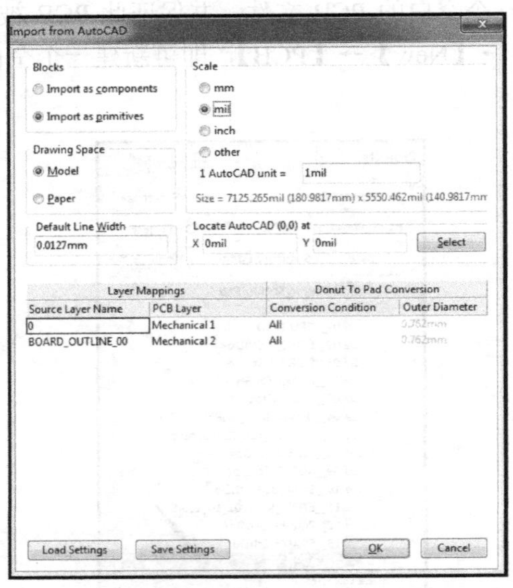

图 7-8 导入结构文件的参数设置

第二步：定义板框。Altium Designer15 提供了一种定义板框的方法，即“Define from selected objects”，将选定目标定义为板框。

对于简单的图形，可以直接执行菜单命令【Place】→【Line】画出图形后定义；对于复杂的图形，则可以在执行完第一步，导入结构图后，将结构数据定义为板框。

具体操作方法为：先在 PCB 中选定组成板框的所有线段，然后执行菜单命令【Design】→【Board Shape】→【Define from selected objects】，即可将选定的图形定义为板框，如图 7-9 所示。

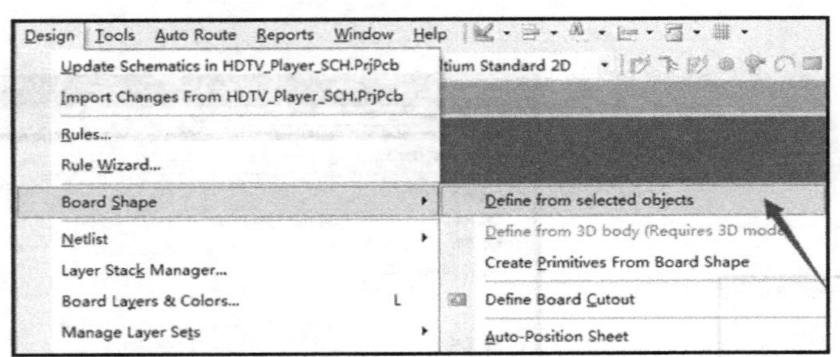

图 7-9 将选定图形定义为板框

7.2.2 导入原理图生成 PCB 文件

导入原理图数据前，必须保证以下几点：

（1）原理图编译无误；

（2）工程中的库文件加载正确；

（3）空白的 PCB 文件和原理图、库均在同一工程目录下；

（4）全部保存。

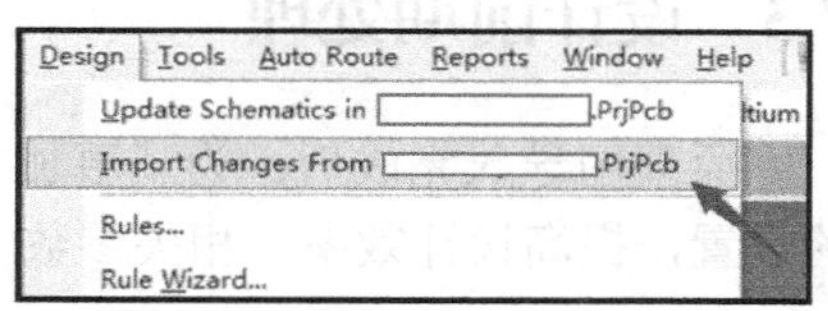

图 7-10　导入原理图信息

打开工程目录下的 PCB 文件，执行菜单命令【Design】→【Import Changes】，如图 7-10 所示。弹出“Engineering Change Order”对话框，可以看到所有需要更新的类别和内容，如图 7-11 所示，通过勾选或不勾选每一项变更内容前方的方框，可以任意调节更新内容，只选择需要更新的项目即可。单击【Execute Changes】按钮，执行更新。

Engineering Change Order

Ena...	Action	Affected Object		Affected Document	Ch...	Done	Message
	Add Components(558)						
✔	Add	C1	To	PCB1.PcbDoc			
✔	Add	C2	To	PCB1.PcbDoc			
✔	Add	C3	To	PCB1.PcbDoc			
✔	Add	C4	To	PCB1.PcbDoc			
✔	Add	C5	To	PCB1.PcbDoc			
✔	Add	C6	To	PCB1.PcbDoc			
✔	Add	C7	To	PCB1.PcbDoc			
✔	Add	C8	To	PCB1.PcbDoc			
✔	Add	C9	To	PCB1.PcbDoc			
✔	Add	C10	To	PCB1.PcbDoc			
✔	Add	C11	To	PCB1.PcbDoc			
✔	Add	C12	To	PCB1.PcbDoc			
✔	Add	C13	To	PCB1.PcbDoc			
✔	Add	C14	To	PCB1.PcbDoc			
✔	Add	C15	To	PCB1.PcbDoc			
✔	Add	C16	To	PCB1.PcbDoc			
✔	Add	C17	To	PCB1.PcbDoc			
✔	Add	C18	To	PCB1.PcbDoc			
✔	Add	C19	To	PCB1.PcbDoc			
✔	Add	C20	To	PCB1.PcbDoc			
✔	Add	C22	To	PCB1.PcbDoc			

图 7-11　工程变更控制栏

当所有的更新内容执行完毕后，单击【Close】按钮，界面转入 PCB 文件。更新成功的项目后方会出现两个绿色的对号，更新失败的项目后方会出现两个红色的叉，并且有错误原因提示，如图 7-12 所示。图中的错误提示为“Footprint Not Found 0603C”，表示在库中没有找到名称为“0603C”的封装。

Engineering Change Order

Ena...	Action	Affected Object		Affected Document	Ch...	Done	Message
✔	Add	C43	To	PCB1.PcbDoc	✖		Footprint Not Found 0603C
✔	Add	C47	To	PCB1.PcbDoc	✔	✔	
✔	Add	C48	To	PCB1.PcbDoc	✔	✔	
✔	Add	C49	To	PCB1.PcbDoc	✖		Footprint Not Found 0603C
✔	Add	C50	To	PCB1.PcbDoc	✔	✔	
✔	Add	C51	To	PCB1.PcbDoc	✔	✔	
✔	Add	C54	To	PCB1.PcbDoc	✖		Footprint Not Found 0805C
✔	Add	C55	To	PCB1.PcbDoc	✔	✔	
✔	Add	C56	To	PCB1.PcbDoc	✔	✔	
✔	Add	C57	To	PCB1.PcbDoc	✔	✔	
✔	Add	C58	To	PCB1.PcbDoc	✖		Footprint Not Found 0603C
✔	Add	C59	To	PCB1.PcbDoc	✖		Footprint Not Found 0805C

图 7-12　更新结果提示

7.3 设计前期处理

原理图导入完成后，为了更加方便快捷地进行 PCB 设计，需要提前做好相关设计参数的设置，提高设计效率。相关参数主要有颜色、原点、叠层、规则。

7.3.1 颜色设置

颜色设置可以让设计师快速辨识 PCB 上分布较广的电气网络，从而有针对性地使用不同的设计方法。颜色设置主要分为层颜色设置和网络颜色设置。

（1）层颜色设置。执行菜单命令【Design】→【Board Layers & Colors】，即可调出“View Configurations”对话框。如图 7-13 所示。

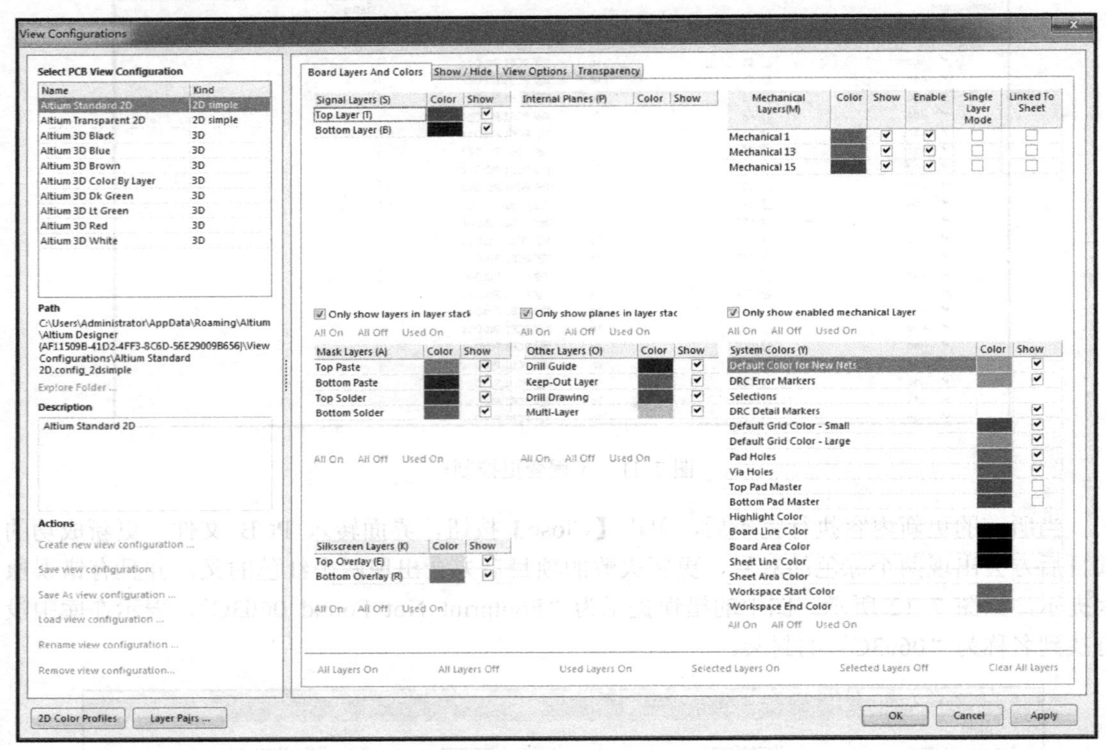

图 7-13 “View Configurations”对话框

单击每一层层名后侧的颜色栏，在弹出如图 7-13 所示的“2D System Colors”对话框中，单击选择右侧的颜色框，即可在弹出的颜色选择器中单击选择不同的颜色进行层颜色设置，如图 7-14 所示。“Previous”表示该层当前颜色，“Current”表示要修改成的颜色。单击【OK】按钮，即可调整层颜色。

（2）网络颜色设置。在 PCB 界面执行菜单命令【View】→【Workspace Panels】→【PCB】→【PCB】，调出 PCB 设置栏。在最上方选择“Nets”，下方选择“〈All Nets〉”，在

下方一栏会调出所有的网络列表，如图 7-15 所示。

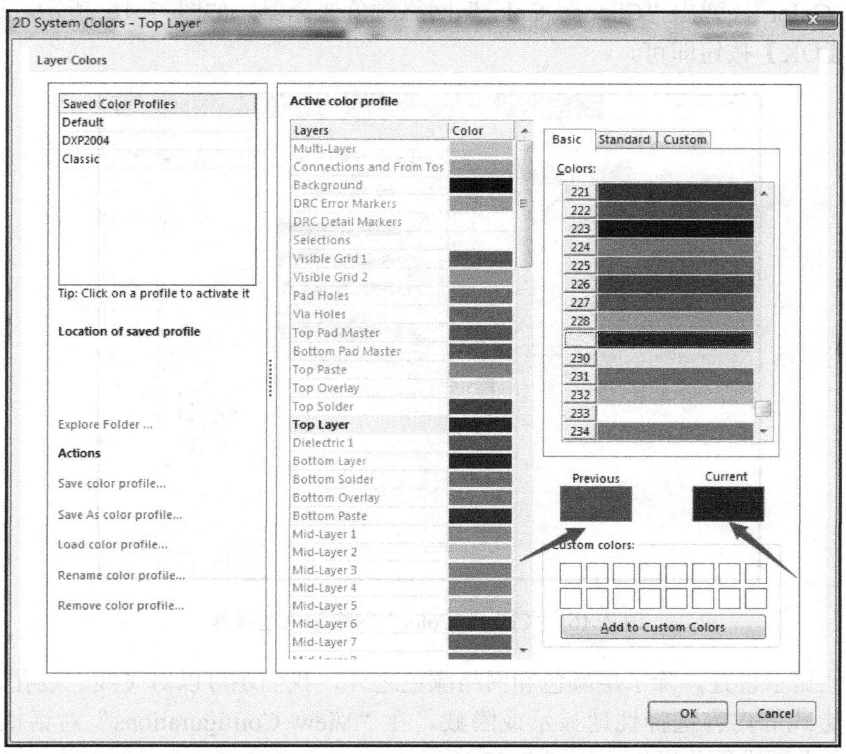

图 7-14　颜色选择器

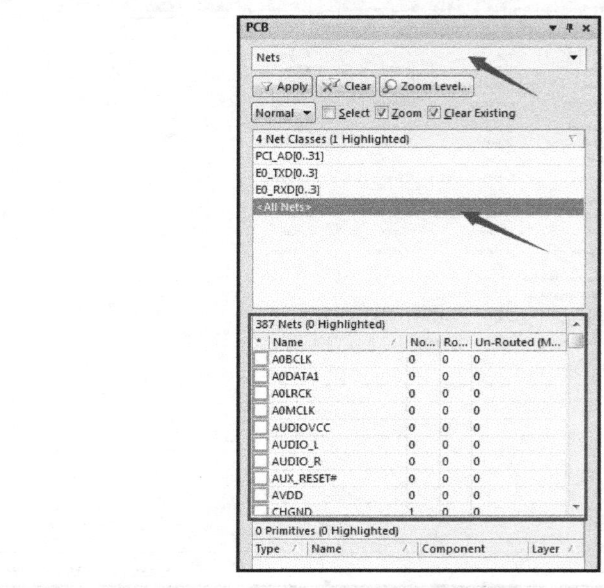

图 7-15　PCB 中所有的网络列表

在网络列表中双击想要设置颜色的目标网络，弹出“Edit Net”对话框，单击选择“Connection Color”，弹出“Choose Color”网络颜色选择器，如图 7-16 所示。选取对应的颜色，单击【OK】按钮即可。

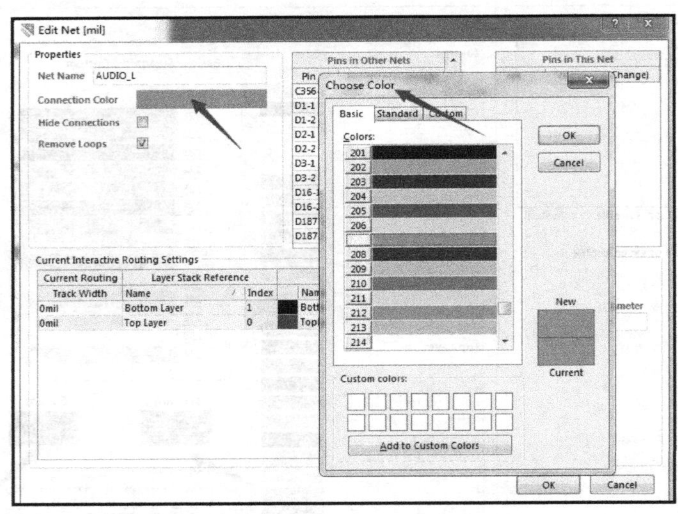

图 7-16 “Choose Color”网络颜色选择器

（3）其他显示设置。除了层颜色和网络颜色之外，我们还可以对飞线、过孔、焊盘、字符、铜皮、走线等内容选择性地显示或隐藏。在“View Configurations”对话框的“Show/Hide”选项卡中可进行此操作，如图 7-17 所示。

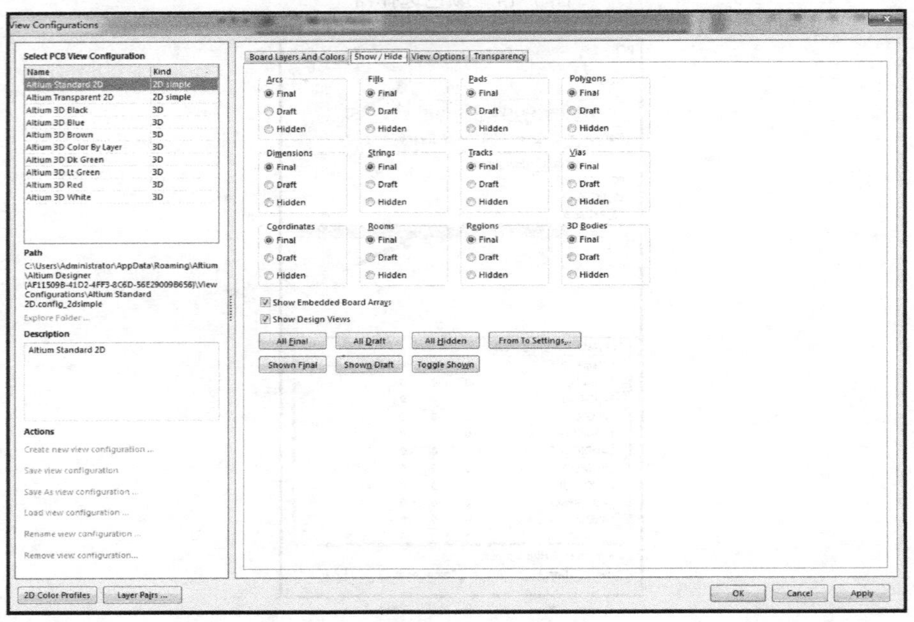

图 7-17 “Show/Hide”选项卡

在此选项卡中，每项内容对应 3 个选择：“Final”表示正常视图；“Draft”表示透明视图；“Hidden”表示该项被隐藏。

7.3.2 原点设置

对于新建的空白 PCB，Altium Designer15 默认该 PCB 的原点位于可操作界面的左下角。为了更方便地进行元件定位等操作，需要重新设置合适的原点。

执行菜单命令【Edit】→【Origin】→【Set】，在板上的任意地方单击，即可将原点设置在此处。例如，我们需要把板框左下角设为原点。

（1）为了更好地捕捉板框左下角的中心点，我们设置鼠标捕捉板框，执行菜单命令【Design】→【Board Options】，在弹出的对话框中，勾选“Snap To Board Outline”，即可在设置原点时让鼠标自动捕捉板框中心，如图 7-18 所示。

（2）执行菜单命令【Edit】→【Origin】→【Set】，找到板框左下角，当鼠标捕捉到板框中心时，鼠标中心变为圆形，如图 7-19 所示。

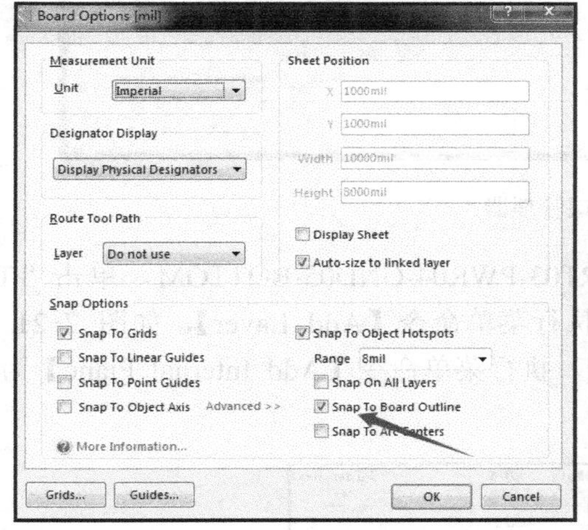

图 7-18 设置捕捉板框

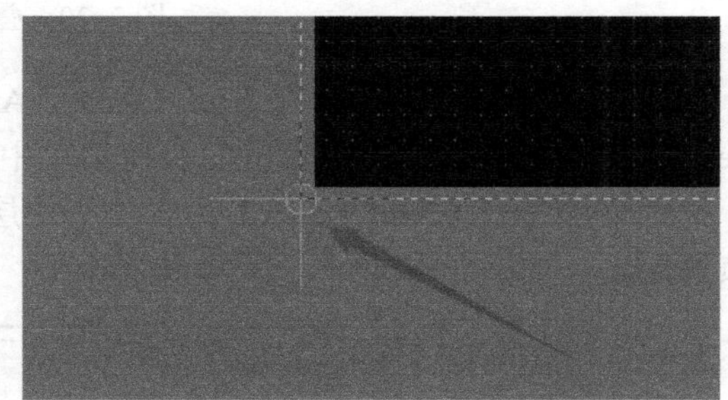

图 7-19 捕捉板框中心

（3）单击该处，即可将原点设置在板框左下角。

7.3.3 叠层设置

随着电子科技的飞速发展，多层板被使用地越来越广泛。“叠层设置”选项可以帮我们方便直观地对叠层定义和对层间间距等参数进行设置。执行菜单命令【Design】→【Layer Stack Manager】，弹出叠层设置对话框，如图 7-20 所示。

Altium Designer15 提供两种叠层显示方式。左侧方框中是直观视图，显示了 PCB 的叠层结构；右侧方框中是叠层的详细参数，包括铜厚、介质厚度、平面层内缩宽度等。

例如，6 层板叠层设置：

（1）新建 PCB 默认层数是双面板。

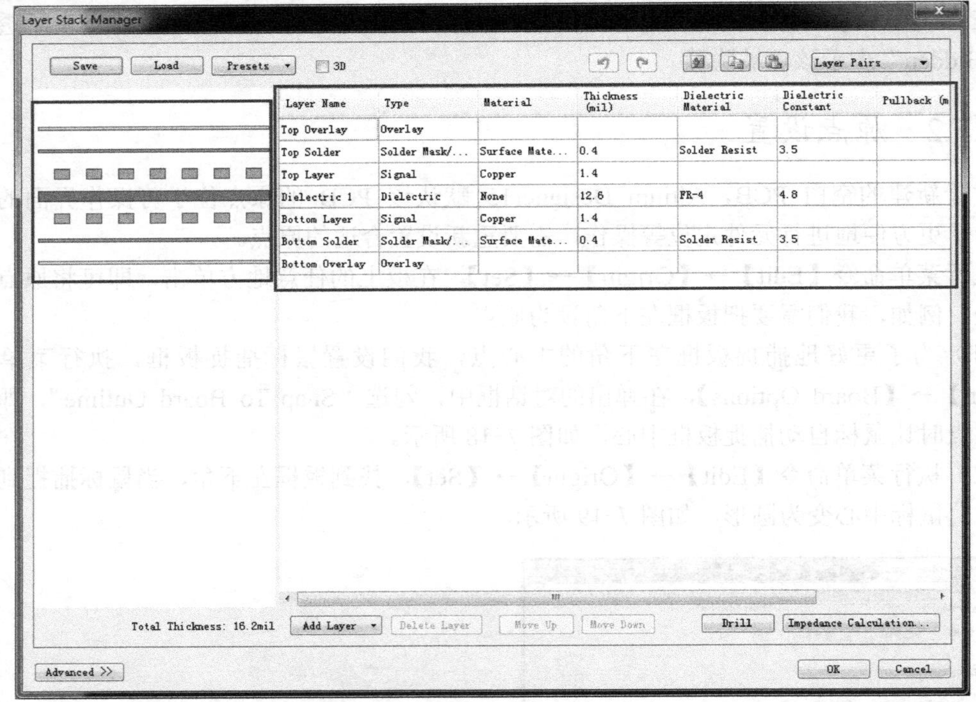

图 7-20　叠层管理器

（2）通用 6 层板叠层为 TOP-GND02-ART03-PWR04-GND05-BOTTOM。单击“Top Layer”，单击鼠标右键，在弹出的快捷菜单中执行菜单命令【Add Layer】，如图 7-21 所示。执行菜单命令【Add Layer】为添加正片层，执行菜单命令【Add Internal Plane】为添加负片层。

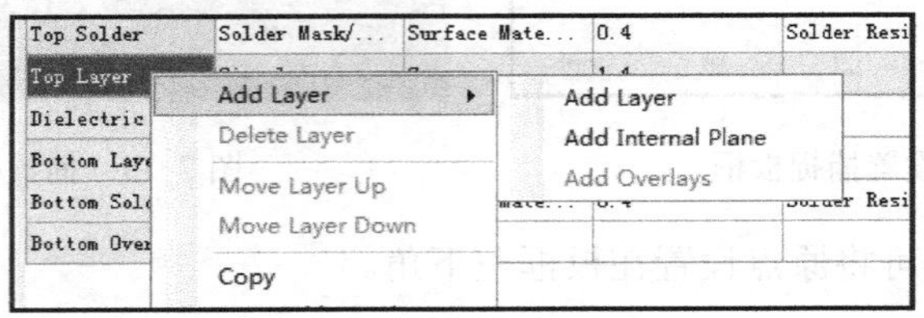

图 7-21　执行菜单命令添加正片或负片

（3）添加完成后，双击层名称，即可为每一层重新命名。完成后如图 7-22 所示（注意，图中并未设置叠层厚度等参数，如有需要，双击参数位置即可自行定义）。

7.3.4　设计规则设置

合理的设计规则，可以有效地保证设计的正确性，提高设计效率。Altium Designer15 提供多种设计规则的设置，常用的有类管理、间距规则、线宽规则、过孔规则、差分间距规则、阻焊开窗规则、平面连接规则、区域规则等。

Layer Name	Type	Material	Thickness (mil)	Dielectric Material	Dielectric Constant	Pullback (m
Top Overlay	Overlay					
Top Solder	Solder Mask/...	Surface Mate...	0.4	Solder Resist	3.5	
TOP	Signal	Copper	1.4			
Dielectric 1	Dielectric	Core	10	FR-4	4.2	
GND02	Internal Plane	Copper	1.417			20
Dielectric 3	Dielectric	Prepreg	5		4.2	
ART03	Signal	Copper	1.417			
Dielectric 5	Dielectric	Core	10		4.2	
PWR04	Internal Plane	Copper	1.417			20
Dielectric 4	Dielectric	Prepreg	5		4.2	
GND05	Internal Plane	Copper	1.417			20
Dielectric 2	Dielectric	Core	10		4.2	
BOTTOM	Signal	Copper	1.4			
Bottom Solder	Solder Mask/...	Surface Mate...	0.4	Solder Resist	3.5	
Bottom Overlay	Overlay					

图 7-22　6 层板叠层设置

1．类管理

由于集成电路的规模越来越大，一个新的 PCB 往往有成千上万的飞线需要处理，将 PCB 中的网络分为若干个类目，可以更加清晰地帮助设计师识别信号流向，降低布线难度。

执行菜单命令【Design】→【Classes】，调出类管理界面。经常使用的是“Net Classes”。

在左侧的类管理树形结构图中，选择“Net Classes”，单击鼠标右键，执行菜单命令【Add Classes】，即可新建一个类。执行菜单命令【Rename Classes】，可对新建的类重命名。右侧的两个选项框中，第一个表示未添加入该类，第二个表示已经添加入该类，如图 7-23 所示。

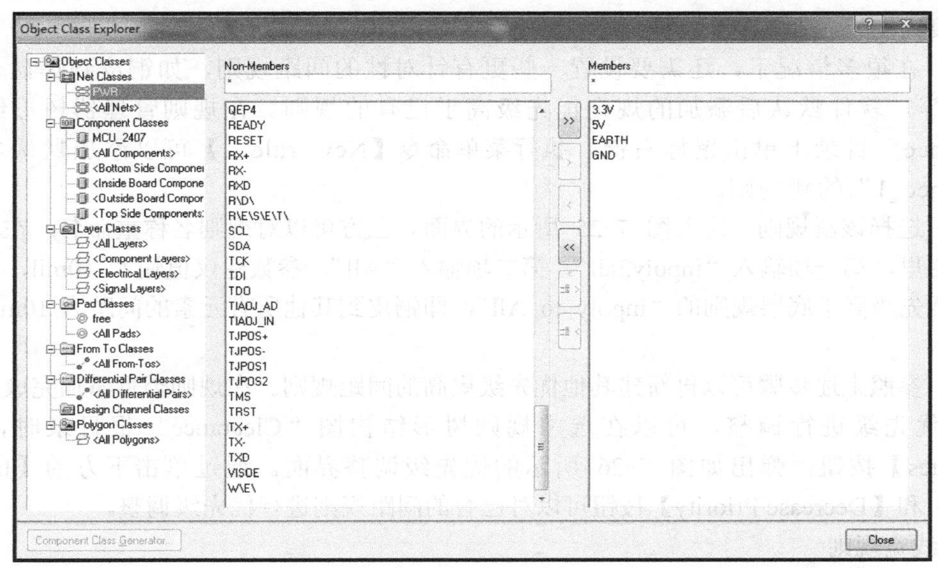

图 7-23　类管理界面

2．规则管理

执行菜单命令【Design】→【Rules】，即可弹出规则设计界面，如图 7-24 所示。Altium Designer15 的规则设置全部由语句完成，所以有必要记住一些常用的规则语句。

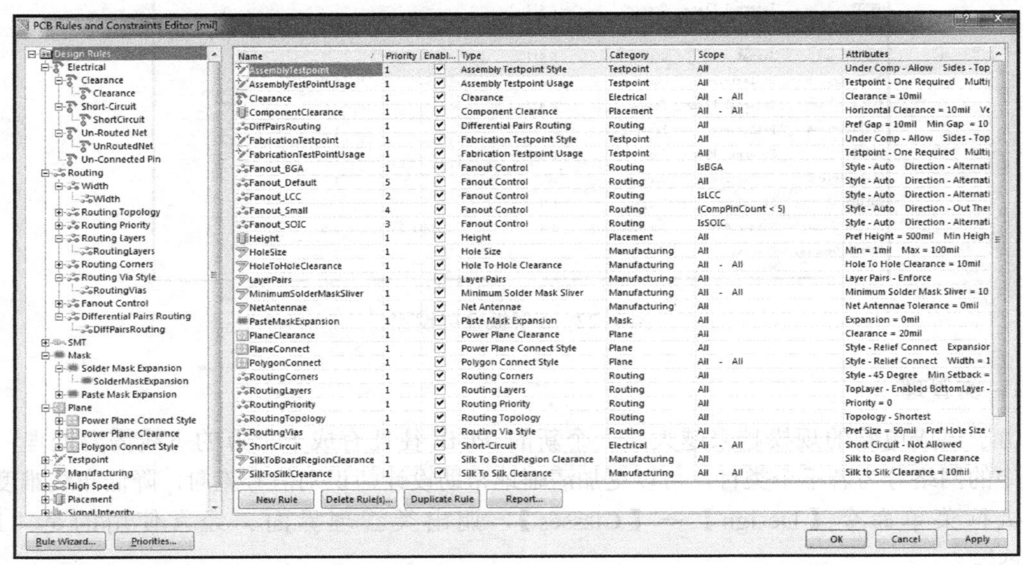

图 7-24 PCB 规则管理器

1）间距规则

（1）在规则管理器左侧树形结构图中选择“Clearance”，即可对间距类规则进行设置。默认的间距规则为最底层规则“All to All”，参数建议值为 5～6mil（可以视整板器件引脚间距和密度而定）。

（2）在很多情况下，还需要设置一些更有针对性的间距规则，如铜皮到焊盘、走线到走线等。软件默认后添加的规则优先级高于已有的规则。在规则管理器树形结构图“Clearance”目录下单击鼠标右键，执行菜单命令【New rule...】可以添加默认名称为“Clearance_1”的新规则。

（3）选择该新规则，进入图 7-25 所示的界面。上方可以对规则名称重命名；在右方规则语言栏里，第一项输入“inpoly2all”，第二项输入“All”，参数建议值输入 10mil，即可新建一项优先级高于底层规则的“inpoly to All”，即铜皮到其他所有元素的间距为 10mil 的新规则。

（4）参照上述步骤可以再新建其他优先级更高的间距规则。在规则类目添加完成后，如果要对优先级进行调整，可以在选中规则树形结构图“Clearance”根目录时，单击【Properties】按钮，弹出如图 7-26 所示的优先级调整界面。通过单击下方的【Increase Priority】和【Decrease Priority】按钮可以对已有的间距规则进行优先级调整。

2）线宽规则

（1）选择规则树形结构图“Width”，软件自带最底层的线宽规则，如图 7-27 所示。

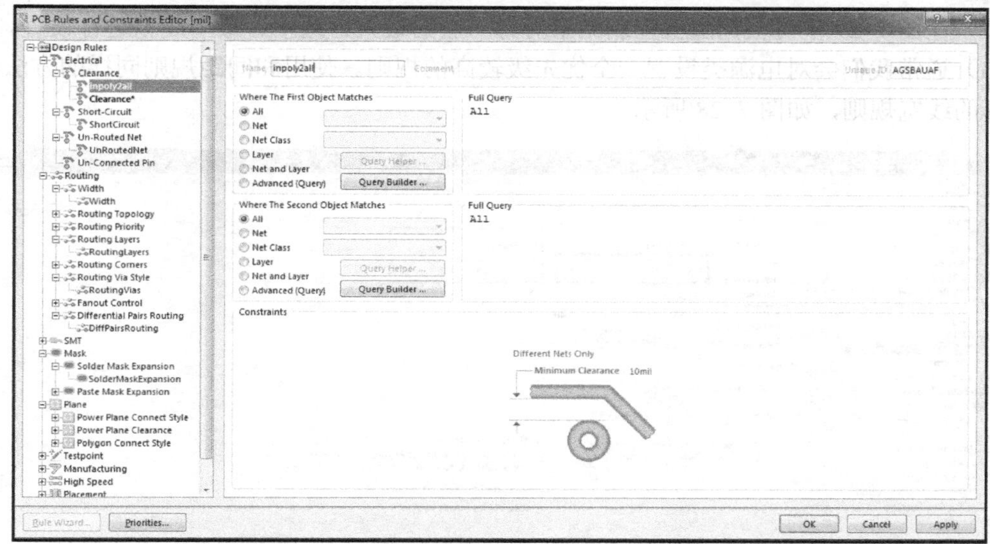

图 7-25 新建间距规则

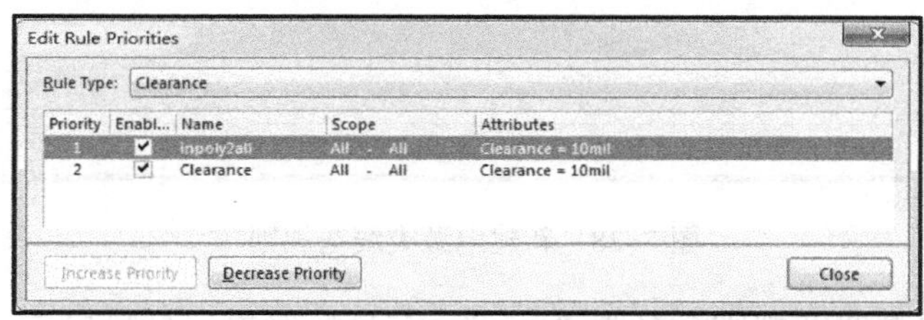

图 7-26 优先级管理器

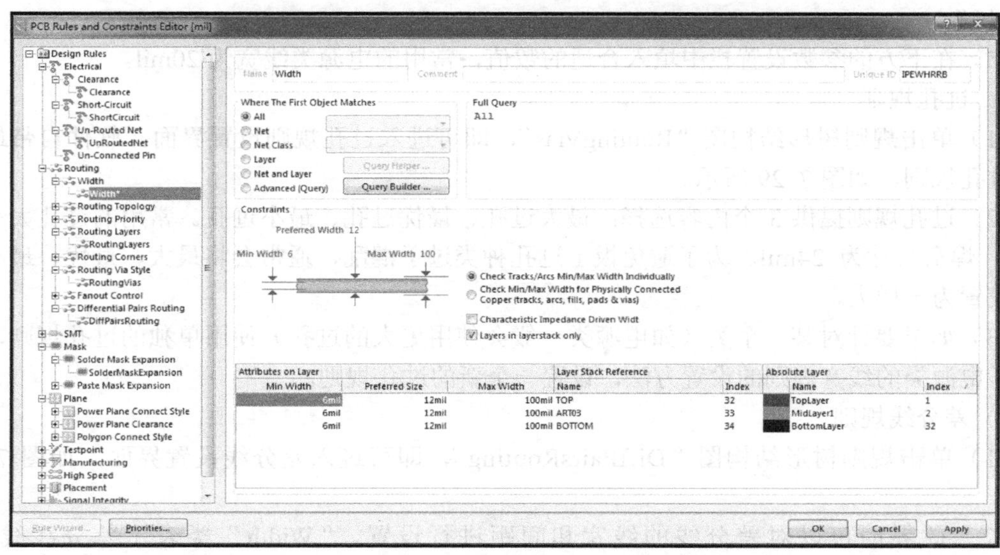

图 7-27 线宽规则

（2）在图 7-27 中可根据阻抗控制结果对每一层的最大、适中、最小线宽进行设置。

（3）通常我们会对电源类设置一个优先级较高的规则。使用和间距规则同样的方法添加一个新的线宽规则，如图 7-28 所示。

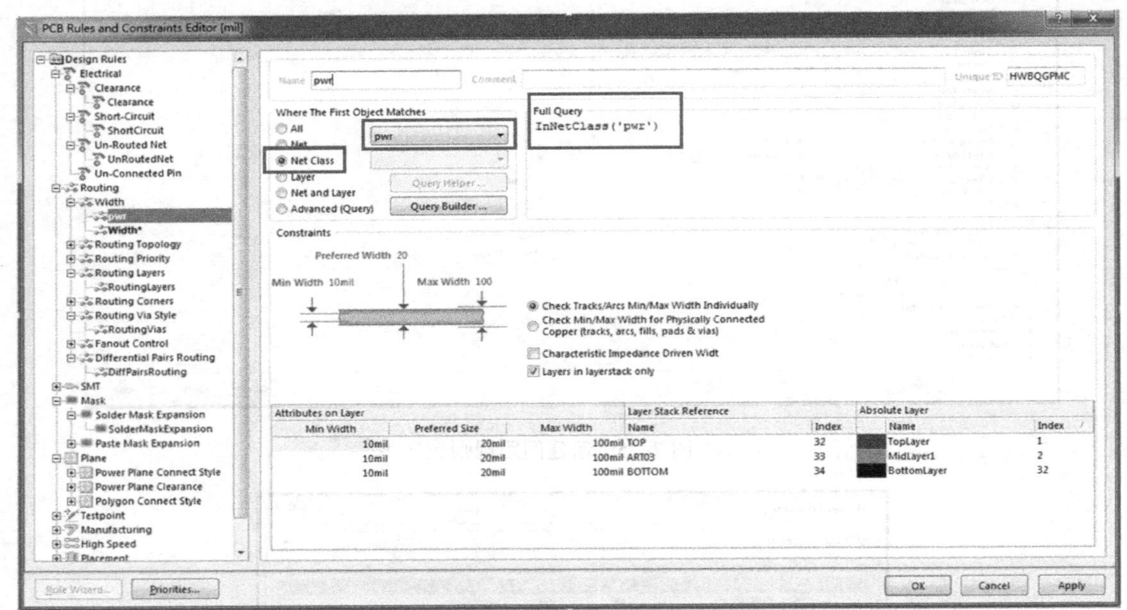

图 7-28　新建电源类线宽规则

（4）将新建的电源线宽规则命名为“pwr”，在目标对象选择栏单击“Net Class”，下拉菜单中即可找到已经建好的类“pwr”，右侧语句编辑栏会自动生成规则语句“InNetClass（‘pwr’）”。

（5）在下方的参数设置栏中填入合适的数值，常用的电源类线宽为 20mil。

3）过孔规则

（1）单击规则树形结构图“RoutingVias”，即可进入过孔规则设置界面。软件自带最底层的过孔规则，如图 7-29 所示。

（2）过孔规则提供 3 个内容选择：最大过孔、最优过孔、最小过孔。常用的过孔大小为 12mil，焊盘尺寸为 24mil。为了避免板上过孔种类过于混乱，通常会将最大、最优、最小过孔均设置为一样大。

（3）如果要针对某一个类（如电源类一般会使用更大的过孔）使用单独的过孔规则，可以参考电源类的线宽规则的设置方法，设置一个新的过孔规则。

4）差分线规则

（1）单击规则树形结构图“DiffPairsRouting”，即可进入差分线设置界面，如图 7-30 所示。

（2）此界面可以对差分线的线宽和间距进行设置。“Width”类表示差分线线宽，“Gap”类表示差分线间距。可以根据阻抗计算结果在不同的层填入不同的线宽和间距值。

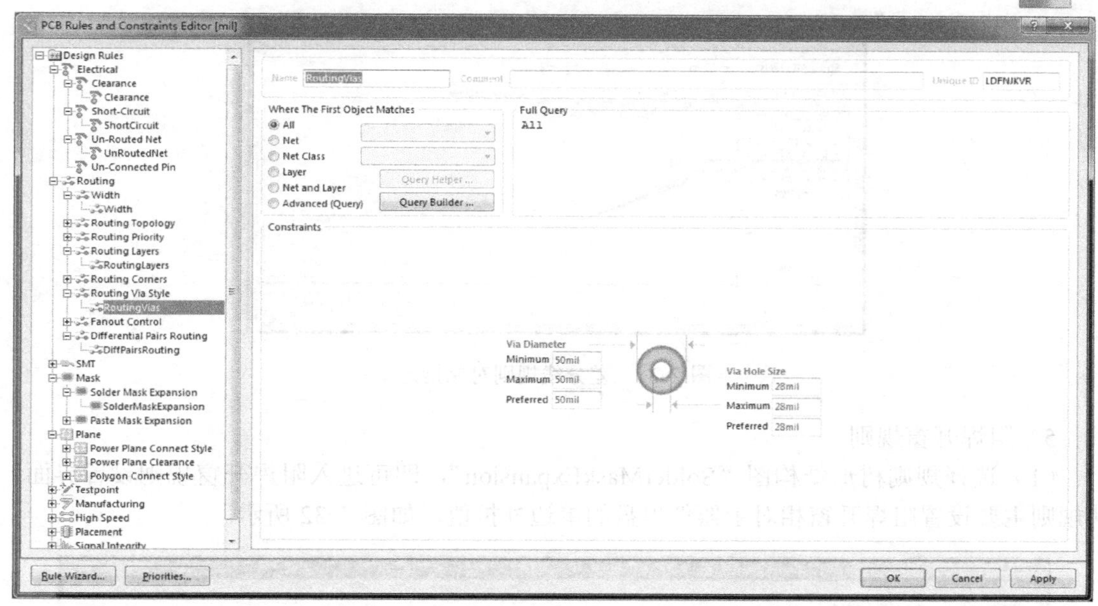

图 7-29　过孔规则

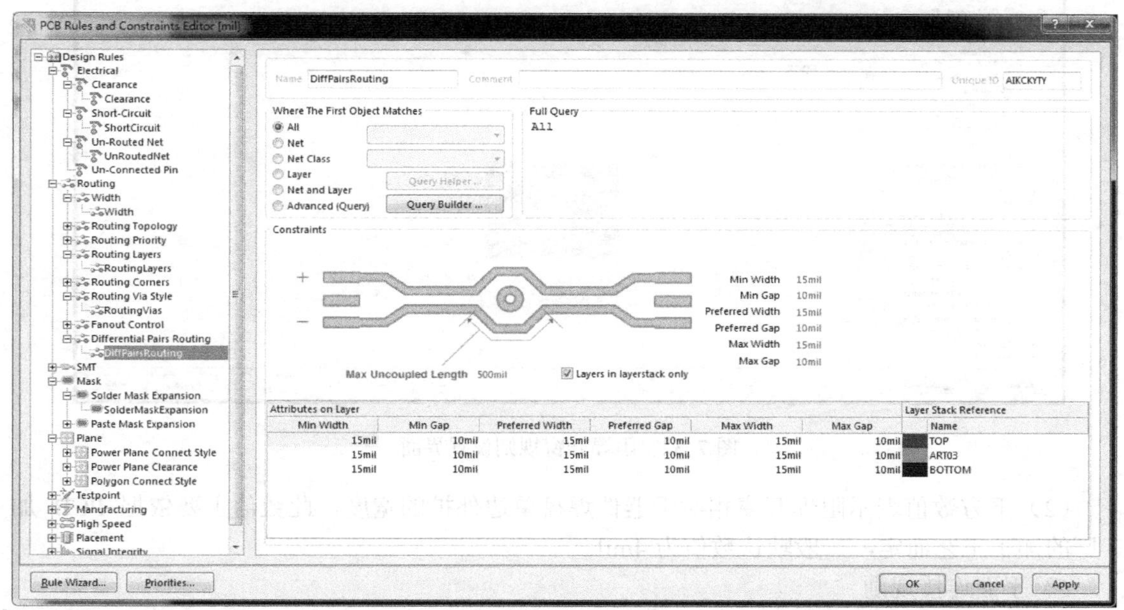

Min Width	Min Gap	Preferred Width	Preferred Gap	Max Width	Max Gap	Name
15mil	10mil	15mil	10mil	15mil	10mil	TOP
15mil	10mil	15mil	10mil	15mil	10mil	ART03
15mil	10mil	15mil	10mil	15mil	10mil	BOTTOM

图 7-30　差分线设置

（3）差分线底层规则的默认对象是所有网络，需要设计师指定规则针对的对象。单击上方目标设置栏的【Query Builder】按钮，即可对规则对象进行指定，如图 7-31 所示。

（4）在弹出的设置栏中，单击下拉菜单，选择“Belong to Differential Pair Class”，即可把差分规则对象设定为系统默认的差分类。

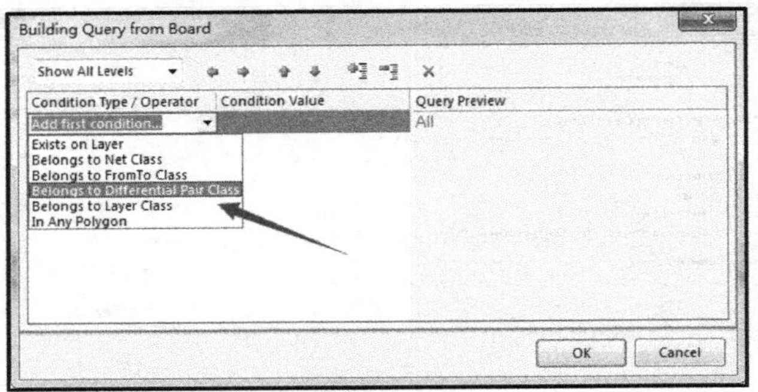

图 7-31　差分线规则对象指定

5）阻焊开窗规则

（1）选择规则树形结构图“SolderMaskExpansion”，即可进入阻焊开窗规则设置界面。此规则主要设置阻焊开窗相对于器件焊盘的单边外扩值，如图 7-32 所示。

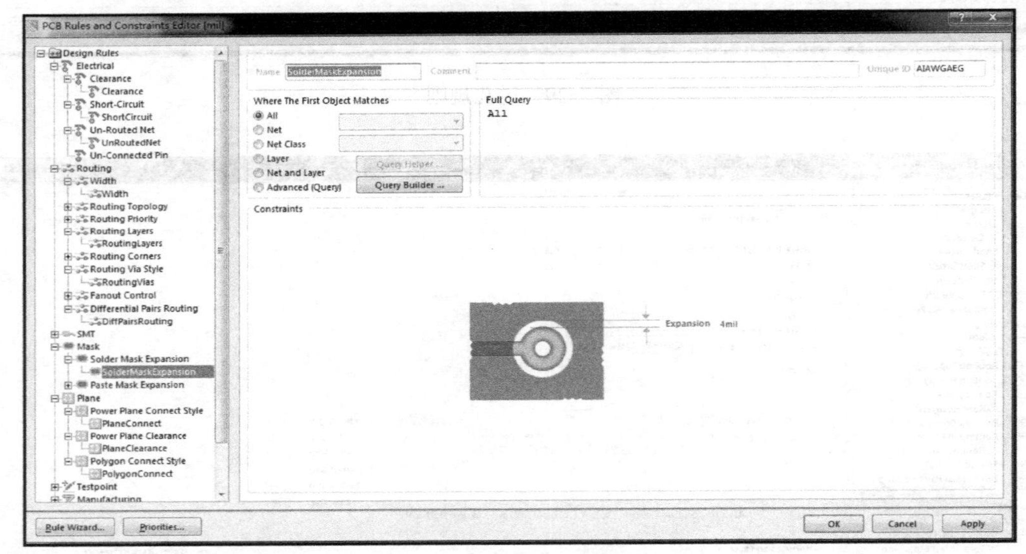

图 7-32　阻焊开窗规则设置界面

（2）下方数值表示阻焊开窗相对于器件焊盘单边外扩的宽度，此数值主要依据 PCB 加工厂的加工工艺而定，一般默认数值为 4mil。

6）平面连接规则

单击规则树形结构图根目录“Plane”，可以看到平面连接规则主要由 3 部分组成：负片层连接属性设置，负片层隔离盘宽度设置，正片层连接属性设置。至于正片层隔离宽度设置，可以直接在间距规则中通过“inpoly to all”语句实现，在此不再赘述。

（1）单击子目录“PlaneConnect”，即可进入负片层连接属性设置界面，如图 7-33 所示。

此界面主要有 4 个参数需要设置。单击“Connect Style”下拉菜单，可以设置焊盘连接方式，通常使用的连接方式是“Relief Connect”，即花焊盘形式；“Conductor Width”参数

表示花焊盘接线宽度，通常使用参数 12～20mil，主要依据焊盘大小而定；“Air-Gap”参数表示花焊盘隔离盘的宽度，通常使用参数 10～12mil，主要依据板上过孔密度而定；“Expansion”参数表示过孔外扩焊盘宽度，通常使用参数 10～12mil，主要依据板上的过孔密度和孔大小而定。

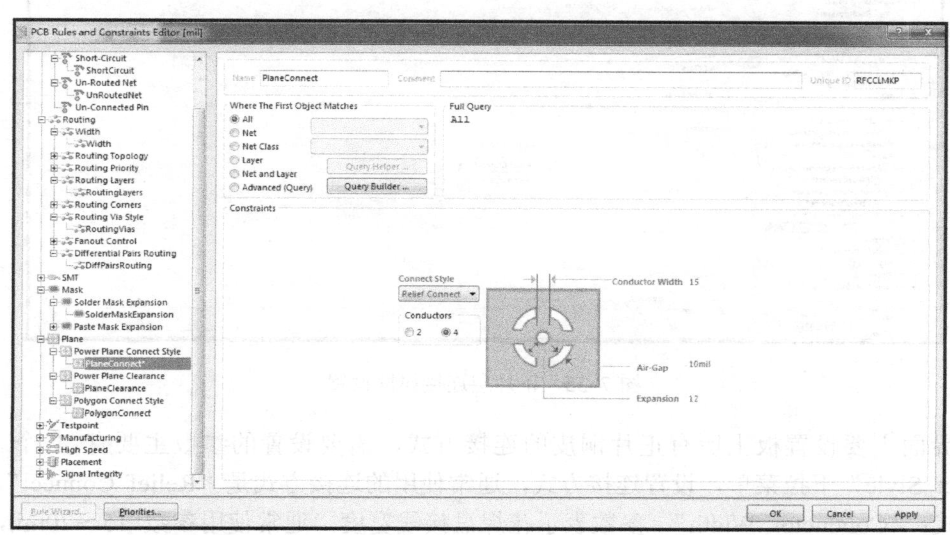

图 7-33　负片层连接属性设置

（2）单击子目录“PlaneClearance”，即可进入负片层隔离盘宽度设置界面，如图 7-34 所示。

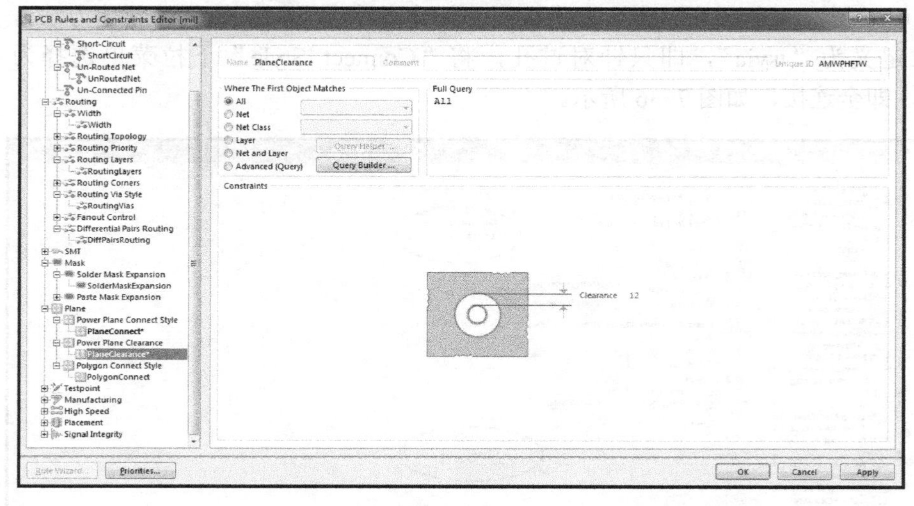

图 7-34　负片层隔离盘宽度设置

此界面只有一个参数需要设置，即负片层的铜皮到孔壁的距离，通常使用参数 10～12mil，主要依据板上的过孔密度和 BGA 区域焊盘间距等因素而定。

（3）单击子目录“PolygonConnect”，即可进入正片层连接属性设置界面，如图 7-35 所示。

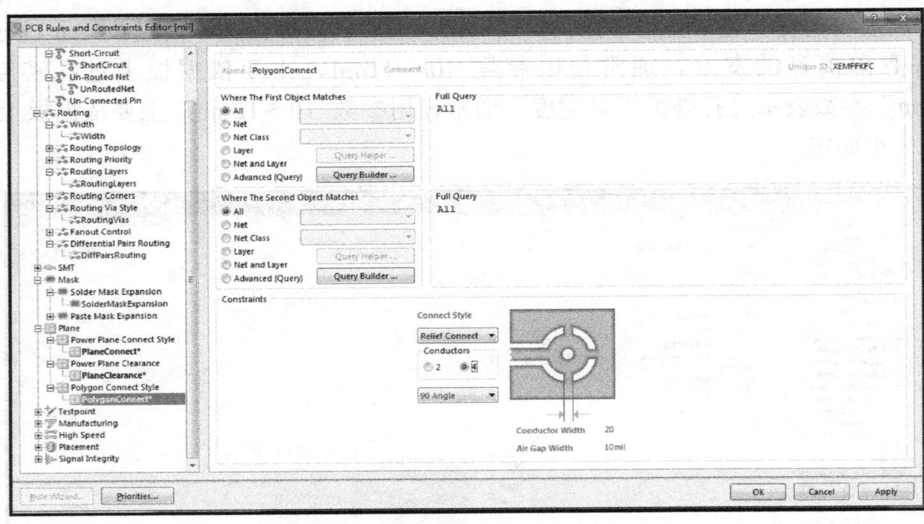

图 7-35　正片层连接属性设置

此界面主要设置板上所有正片铜皮的连接方式，需要设置的参数主要有 3 个。单击“Connect Style”下拉菜单，设置连接方式，通常使用的连接方式是“Relief Connect”，即花焊盘形式；“Conductor Width” 参数表示花焊盘接线宽度，通常使用参数 15～20mil，主要依据焊盘的大小而定；“Air-Gap Width”参数表示花焊盘隔离盘的宽度，通常使用参数 10～12mil，主要依据板上的焊盘密度而定。

根据不同的板子情况，有时需要针对过孔再设置一个正片连接规则，将过孔定义为全连接。此时可以新建一个正片层连接方式规则（新建方法参考间距规则的新建方法），将规则应用对象定义为“isvia”，即只针对过孔，将“Connect Style”下拉菜单选择为“Direct Connect”，即全连接，如图 7-36 所示。

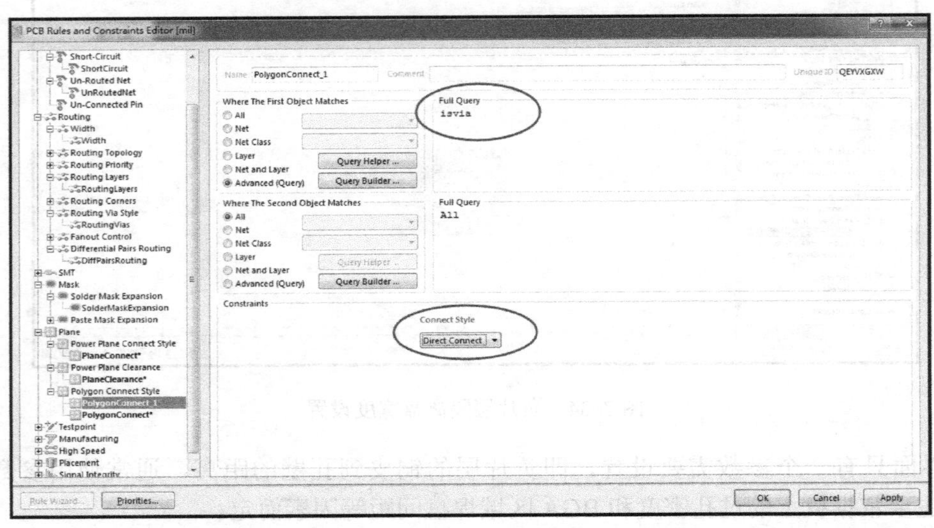

图 7-36　过孔的正片铜皮连接规则设置

7）区域规则

随着 PCB 的规模越来越大，整板只应用统一的规则变得越来越难以应对复杂的设计，这时设置更有针对性的区域规则，可以大大提高设计的可行性和便利性。

（1）执行菜单命令【Design】→【Rooms】→【Place Rectangular Room】，在需要区域规则的地方放置一个 room，然后双击该 room，修改名称为“roombga”，如图 7-37 所示。

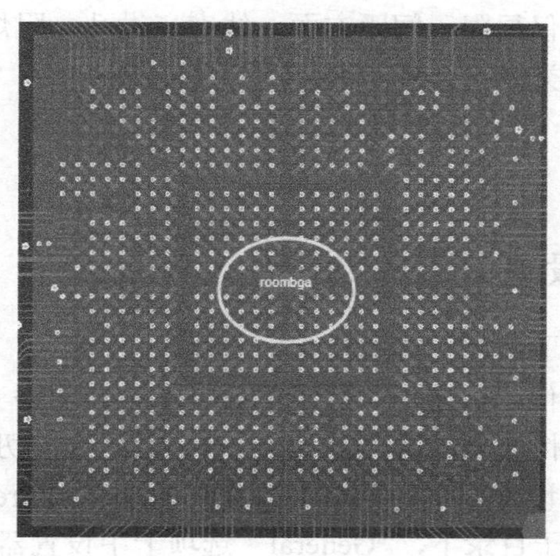

图 7-37　放置 room，定义名称为“roombga”

（2）在规则树形结构图中添加相应的规则。以间距规则为例，原设计中通用间距规则为“All to All”间距 5mil，该 room 区域需使用“All to All”间距 4mil。则设置方法为：

第一步，先设置基础规则“All to All”间距 5mil，设置流程参考前文；

第二步，新建间距规则，优先级高于基础规则，在规则语句中填入“WithinRoom ('roombga')”，下方参数设置栏填入参数 4mil，如图 7-38 所示。

图 7-38　区域规则设置

注意

在填入语句时，一定要保证语句中的 room 名称和之前放置的 room 名称一致，包括大小写也必须一致，否则会导致语句失效。

（3）区域规则的使用不仅局限于间距方面，线宽、过孔、阻焊开窗、铜皮连接等均可以使用，设置方法和间距规则类似。

7.4 元件布局

7.4.1 布局基本设置

Altium Designer15 提供了强大的布局功能。

（1）单位设置。布局单位可以通过执行菜单命令【View】→【Toggle Units】，也可以直接通过键盘命令【Q】在毫米（mm）和微英寸（mil）之间直接切换。

（2）移动器件相关选项设置。执行菜单命令【Tools】→【Preference】，调出系统参数设置界面，在“PCB Editor”子目录下，“General”选项卡中设置器件移动抓取点，如图 7-39 所示。通常使用的是第一项：按器件中心抓取。

（3）格点设置。器件移动格点可以在 PCB 界面中直接使用键盘命令“G”选择适合的格点。与之前版本不同的是，Altium Designer15 取消了器件移动格点和设计格点，将两者合二为一，如图 7-40 所示。格点的大小主要根据 PCB 的器件密度而定，选取适合的格点，可以方便快捷地将器件整齐美观等间距排列，常用的格点为 25Mil。

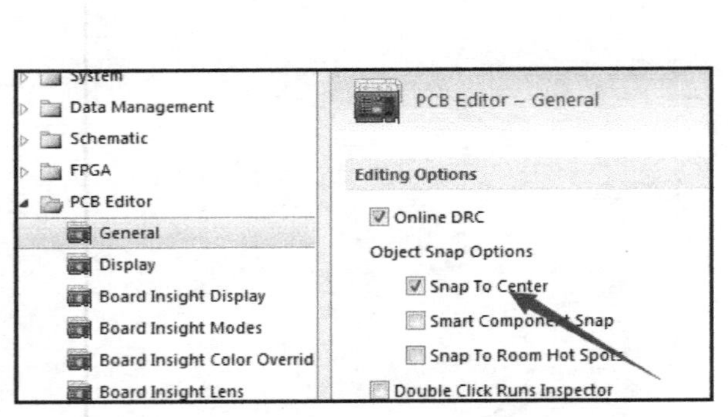

图 7-39　器件移动抓取点设置

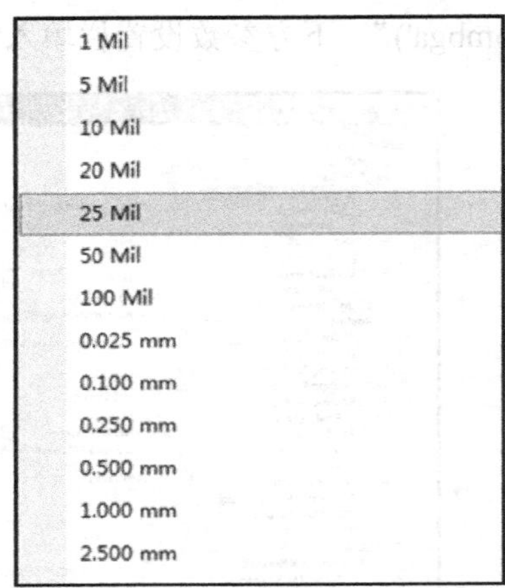

图 7-40　格点设置

7.4.2 布局基本操作

Altium Designer15 提供非常简单易操作的布局命令。

（1）器件移动：直接用鼠标左键拖动器件即可，如图 7-41 所示。

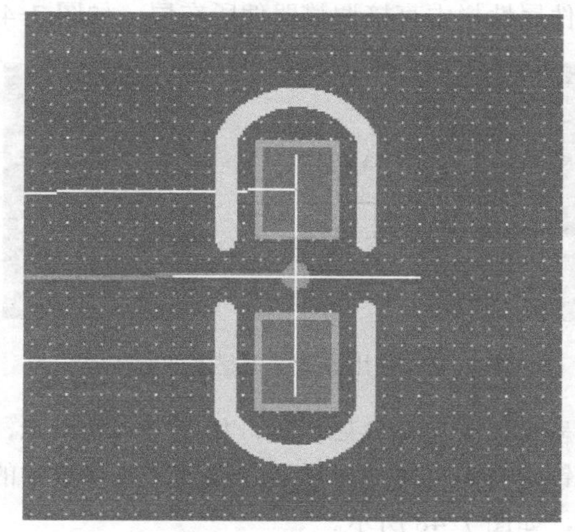

图 7-41　鼠标拖动移动器件

（2）器件旋转：可以在移动器件状态下使用键盘命令空格键进行器件旋转，如图 7-42 所示；也可以双击器件，在弹出的器件属性栏中直接调整器件角度，如图 7-43 所示。

（3）器件以任意角旋转：可以通过调整空格键的旋转步进量实现任意角度旋转，该设置可以通过执行菜单命令【Tools】→【Preference】弹出系统参数设置界面，在“PCB Editor”子目录下找到，也可以同样通过器件属性栏直接调整器件角度，如图 7-44 所示。

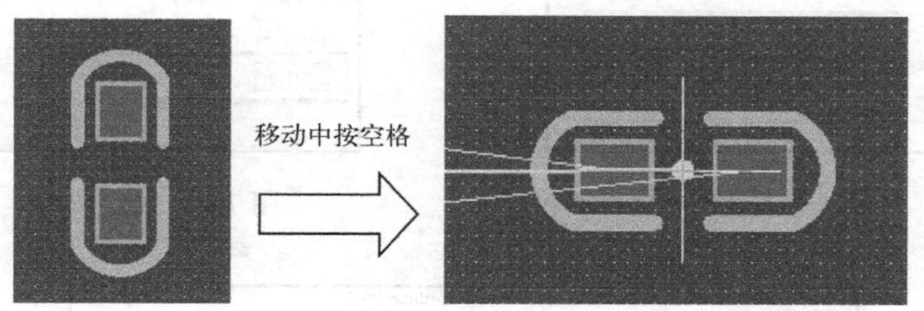

图 7-42　使用快捷键旋转器件

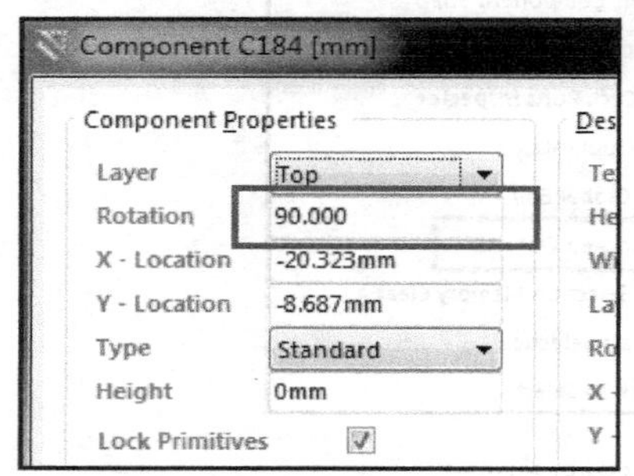

图 7-43　用器件属性调整器件角度

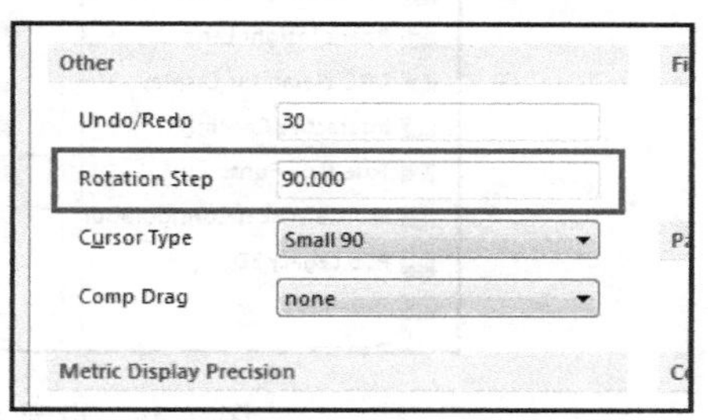

图 7-44　调整空格键步进量

（4）器件翻面：可以在移动器件状态下使用键盘命令“L”，如图 7-45 所示；也可以通过双击器件，在弹出的器件属性栏中直接调整器件所在层，如图 7-46 所示。

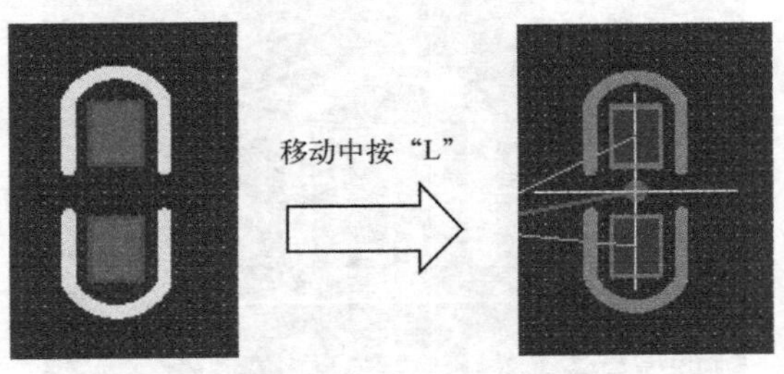

图 7-45　使用快捷键调整器件所在层

（5）锁定器件：双击器件，弹出器件属性栏，如图 7-47 所示，勾选“Locked”属性，即可锁定器件。当器件在锁定状态下时，可以通过设置系统参数中的“保护锁定目标”来设置是否可以选中锁定器件，如图 7-48 所示。

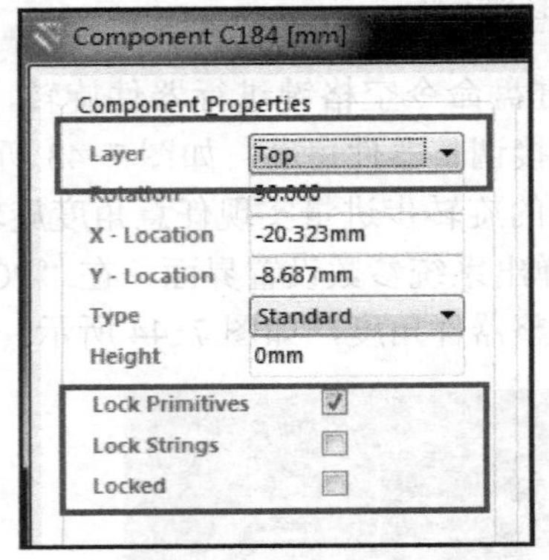

图 7-46　通过器件属性调整器件所在层

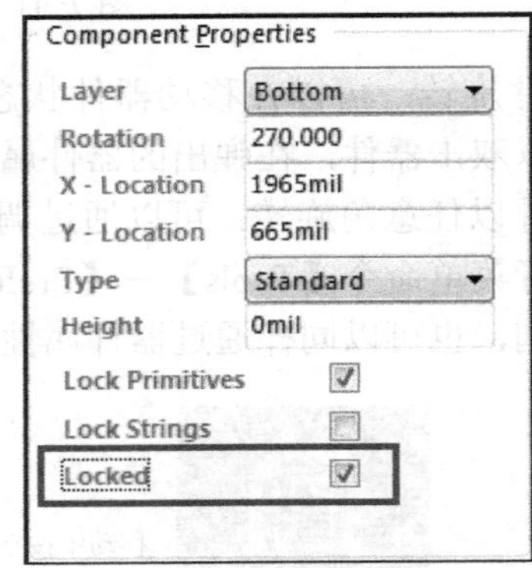

图 7-47　锁定器件

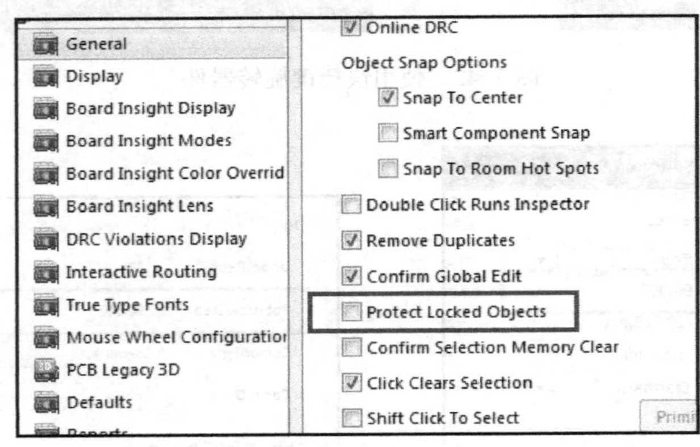

图 7-48　设置“保护锁定目标”

（6）对齐器件：选中需要对齐的器件，执行键盘命令“A”，在弹出的菜单中即可以选

择不同的对齐方式，如图 7-49 所示，也可以直接在菜单中执行图 7-49 右侧的图形命令，实现不同方式的对齐效果。

Align...	
Position Component Text...	
Align Left	Shift+Ctrl+L
Align Right	Shift+Ctrl+R
Align Left (maintain spacing)	Shift+Alt+L
Align Right (maintain spacing)	Shift+Alt+G
Align Horizontal Centers	
Distribute Horizontally	Shift+Ctrl+H
Increase Horizontal Spacing	
Decrease Horizontal Spacing	
Align Top	Shift+Ctrl+T
Align Bottom	Shift+Ctrl+B

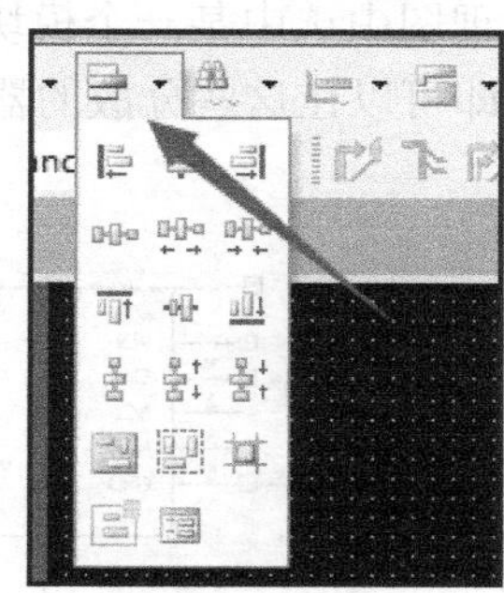

图 7-49　两种器件对齐的方法

（7）器件自动排列：选中要排列的器件，执行图 7-49 右侧菜单命令中的【Arrange Components Inside Area】，即可让选中的器件自动排列，达到图 7-50 中的效果。

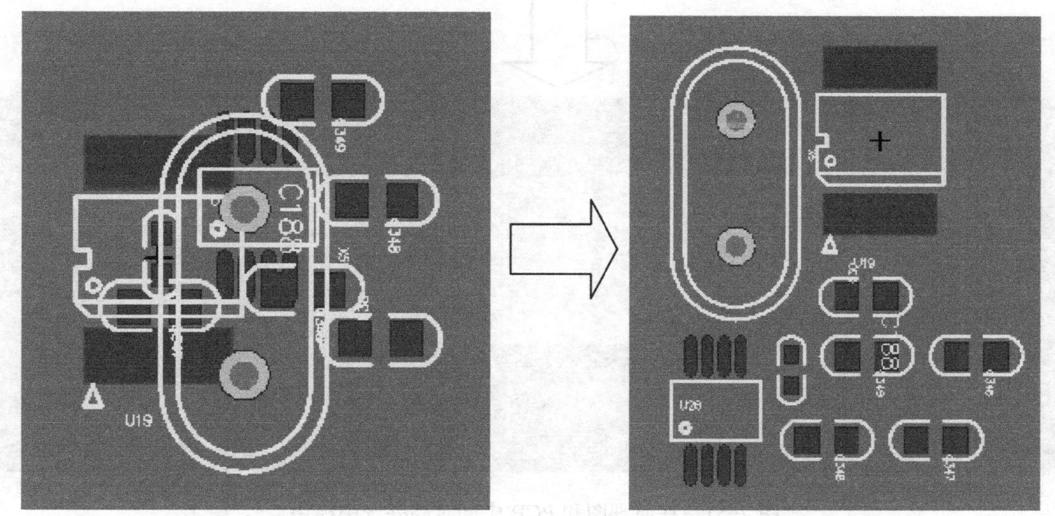

图 7-50　器件自动排列

7.4.3　PCB 与原理图关联的交互式布局

通过将 PCB 文件与原理图进行关联，实现在 PCB 和原理图中的同步选择，可以有效地使用原理图驱动 PCB 布局，使设计师的布局更加准确。

要实现 PCB 和原理图的关联，有几个先决条件：

（1）PCB 和原理图在同一个 Project 下；

（2）PCB 文件中执行菜单命令【Tools】→【Cross Select Mode】，保证处于关联模式下；

（3）原理图文件中执行同样的菜单命令【Tools】→【Cross Select Mode】，保证处于关联模式下；

此时在原理图中选中某一个模块，在 PCB 中会同步高亮起该模块中的所有器件，使用自动排列命令即可以让这些分散的器件自动排列到一起，如图 7-51 所示。

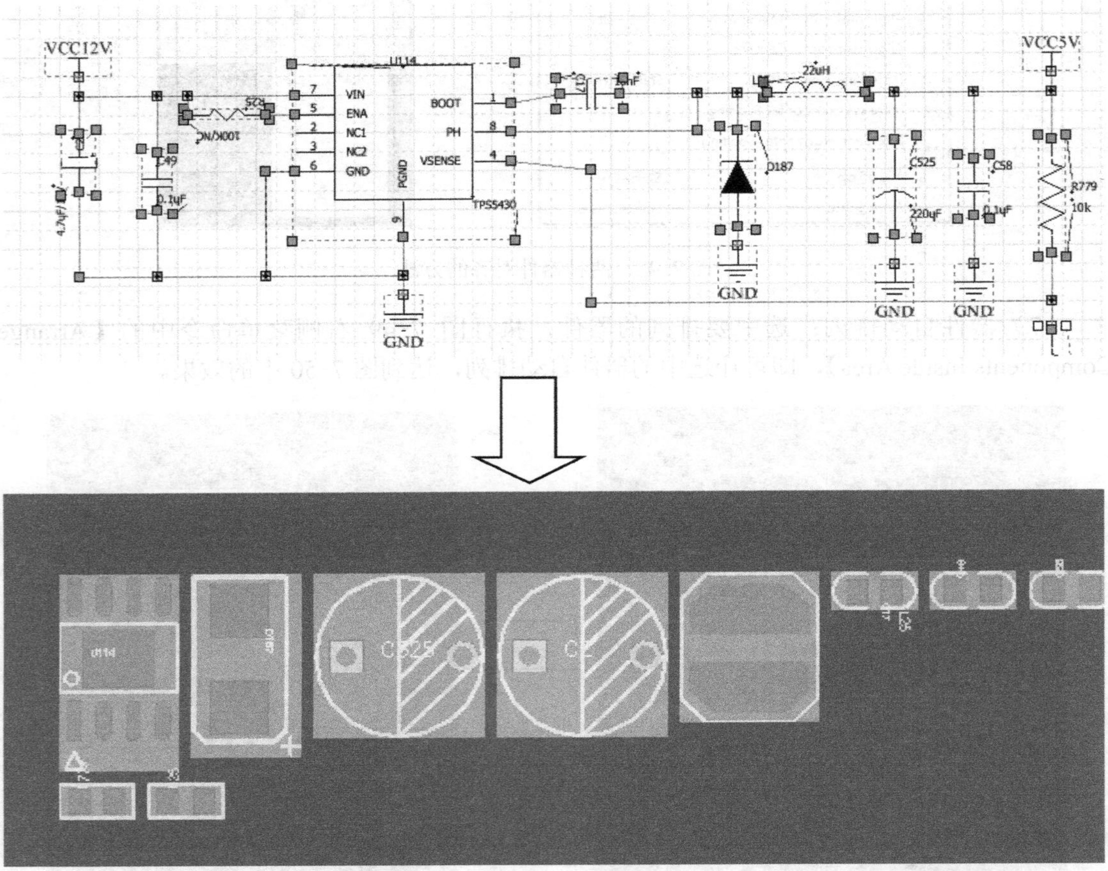

图 7-51　在原理图和 PCB 中同时高亮选中模块

反之也可以实现，即在 PCB 中选中器件后，同时在原理图中也高亮这些器件。

AD 同时也提供了快速定位某一个器件位置的功能。例如，在 PCB 界面下，执行菜单命令【Tools】→【Cross Probe】，此时鼠标变为一个十字形，单击需要查找的目标器件，软件会自动定位到原理图中对应的器件，同时非目标器件会变为灰色，如图 7-52 所示。

反之也可以实现，即在原理图中执行菜单命令【Tools】→【Cross Probe】，同样可以在 PCB 中定位特定器件。

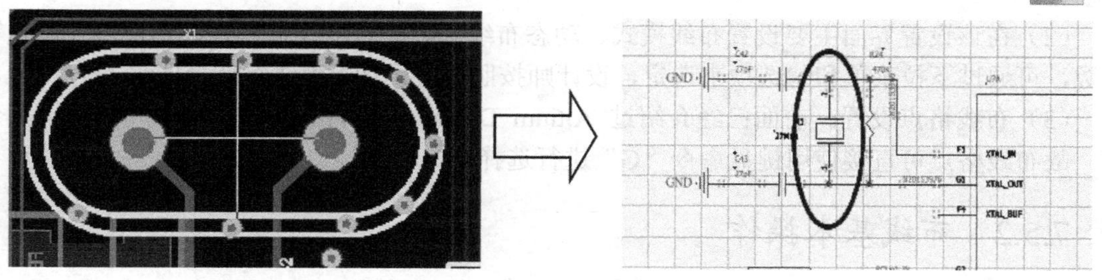

图 7-52　在原理图和 PCB 中同时高亮特定器件

7.5　布线

7.5.1　布线基本设置

在布局完成之后，就要开始布线流程。布线需要做以下相关设置。

（1）执行菜单命令【Tools】→【Preference】，在弹出的系统设置栏中选择“Interactive Routing”，即可进入布线设置界面，如图 7-53 所示。

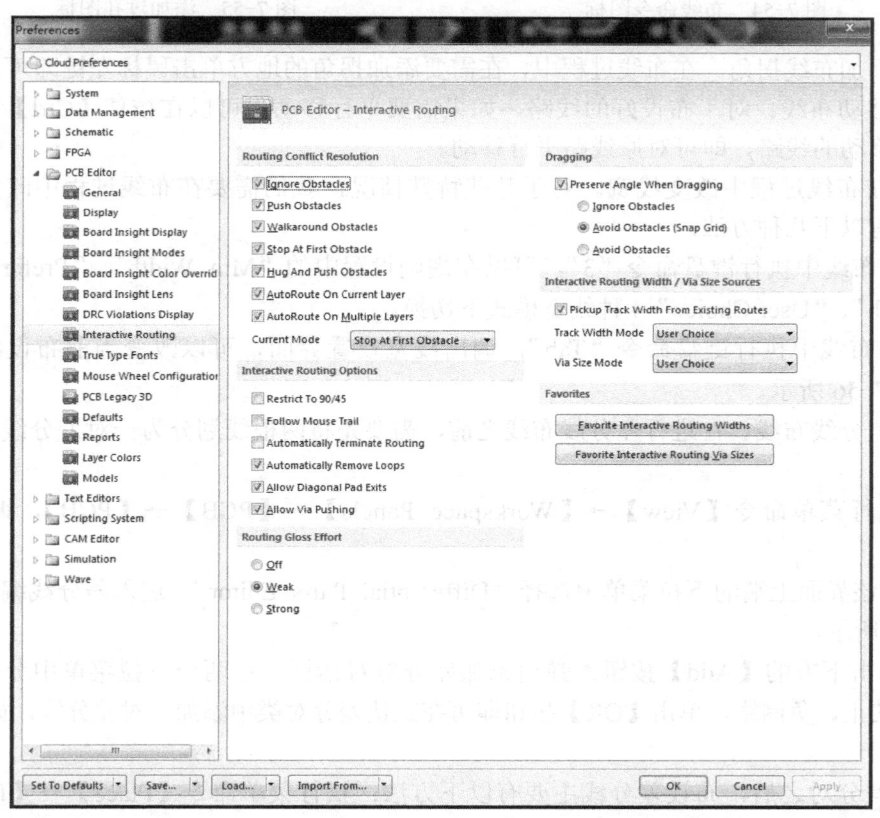

图 7-53　布线设置界面

（2）在该设置界面主要设置布线模式、动态布线参数、布线线宽模式、孔径尺寸模式等参数，可通过下拉菜单和勾选项来选定，设计师按照自身设计习惯进行选择即可。

（3）布线格点设置。前面已经介绍过 Altium Designer15 将布线设计格点和器件格点合并，故布线格点可直接使用键盘命令“G”进行选择。

7.5.2 布线基本操作

（1）布设线路。布设线路主要有以下几种方法：单击如图 7-54 所示的图标；执行鼠标右键命令中的“Interactive Routing”；执行菜单命令【Place】→【Interactive Routing】。

（2）添加过孔。在布线过程中添加过孔主要有以下几种方法：在布线过程中使用键盘命令“2”；在常规模式下单击如图 7-55 所示的图标；执行菜单命令【Place】→【Place Via】。

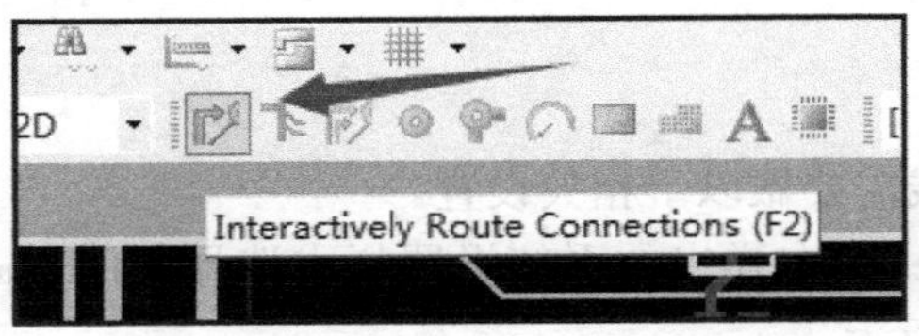

图 7-54 布线命令图标

图 7-55 添加过孔图标

（3）添加布线拐角。在布线过程中，在需要添加拐角的地方单击鼠标左键即可。

（4）移动布线。对于布设好的线路，如果需要平行移动，可以在按住【Ctrl】键的同时拖曳需要移动的线路，即可对原线路平行移动。

（5）在布线过程中改变线宽。对于某些特殊情况，我们需要在布线过程中改变线路宽度，主要有以下几种方法：

① 在布线中执行键盘命令“3”，可以在规则设置中的“Min Width”、“Prefer Width”、“Max Width”、“User Choice” 4 种线宽模式下切换。

② 在布线中执行键盘命令“Tab”，调出线宽设置界面，可以改变当前布设线路的宽度，如图 7-56 所示。

（6）差分线布线。在进行差分线布线之前，需要先将两根线划分为一对差分线。主要方法是：

① 执行菜单命令【View】→【Workspace Panels】→【PCB】→【PCB】，调出 PCB 编辑界面。

② 在该界面上端的下拉菜单中选择“Differential Pairs Editor”，进入差分线编辑界面，如图 7-57 所示。

③ 单击下方的【Add】按钮，弹出添加差分对对话框。在两个下拉菜单中分别找到一对差分对的正、负网络，单击【OK】按钮即可在默认差分对类中添加一对差分线，如图 7-58 所示。

添加差分对之后，布设差分线主要有以下方法：执行菜单命令【Place】→【Interactive Differential Pair Routing】；单击如图 7-59 所示的图标；执行右键命令“Interactive Differential Pair Routing”。

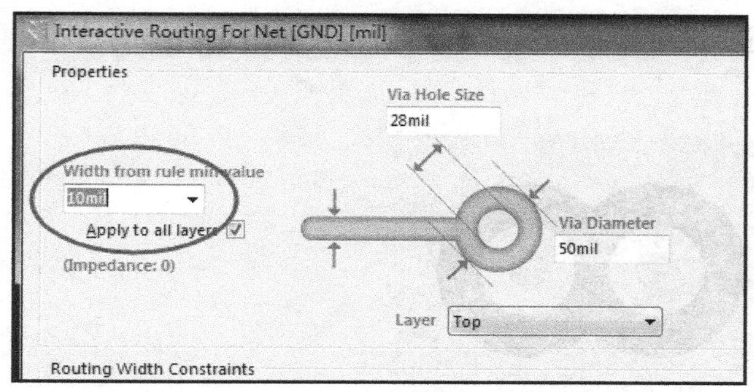

图 7-56 在布线过程中改变当前线路宽度

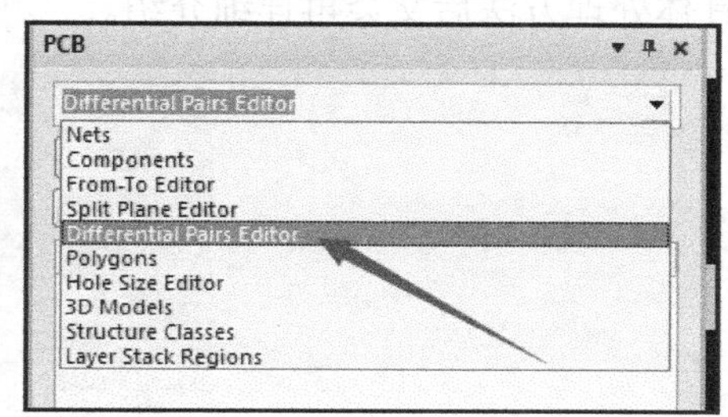

图 7-57 进入差分对编辑界面

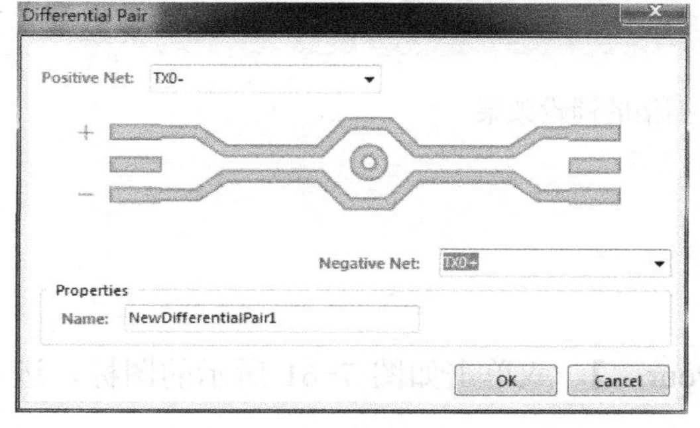

图 7-58 添加差分对

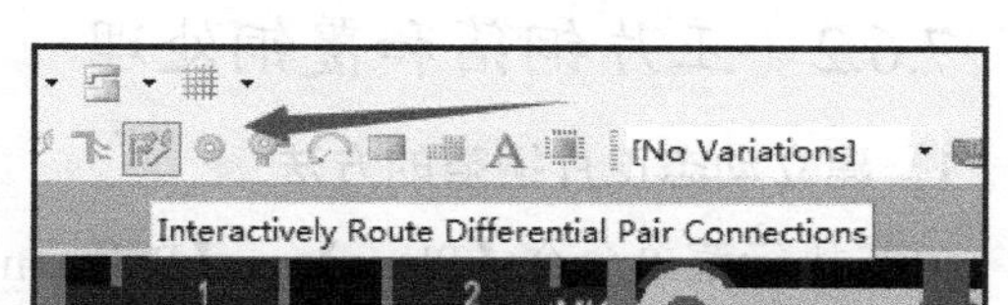

图 7-59 布设差分线菜单图标

7.6 灌铜

7.6.1 灌铜的几种形式和区别

出于加大通流能力、提供阻抗参考、提升散热效果等多方面考虑，经常会用到大面积铺铜的处理方法。Altium Designer15 中主要有以下几个和灌铜关系密切的概念：Fill（静态铜箔）、Polygon Plane（动态正片铜箔）、Power Plane（负片平面层）。这 3 种灌铜形式各有优势，适用于不同的情况。

（1）Fill：静态铜箔，执行菜单命令【Place】→【Fill】或单击 图标放置。Fill 可以把被覆盖区域的所有线路、铜箔、焊盘、过孔全部连接在一起，不会避让，所以此命令的使用必须非常小心，确保被 Fill 覆盖区域是同一网络，否则极有可能会有短路的危险。

（2）Polygon Plane：动态正片铜箔，会根据指定的网络对覆盖区域进行避让，只会连接覆盖区域指定网络的线路、铜箔、焊盘、过孔。动态正片铜箔铺设效果如图 7-60 所示，由于指定了该铜箔为“GND”网络，故只会将“GND”网络的过孔连接，自动避让“VCC3V3”网络的过孔。

（3）Power Plane：负片平面层，要用负片平面层的方法处理铜箔，必须在添加该层时将该层指定为负片层，具体方法在 7.3.3 节叠层设置中已经介绍过，在此不再赘述。在负片层中可以对某个区域或整个层进行网络指定，指定后该处铜箔会自动避让非指定网络的过孔。具体处理方法后文会再详细介绍。

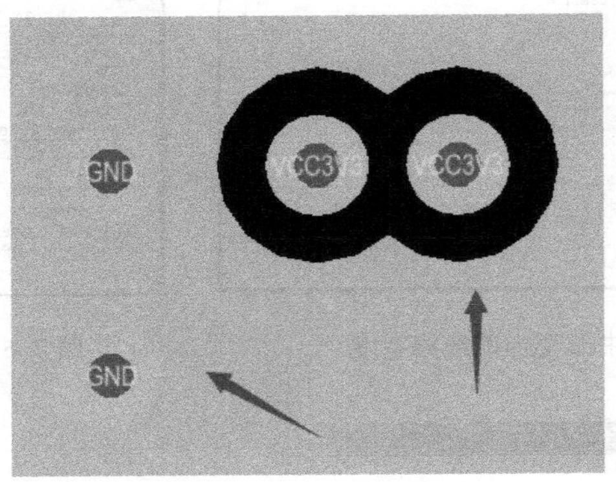

图 7-60　动态正片铜箔的铺设效果

7.6.2　正片铜箔和覆铜处理

1．建立动态正片铜箔的方法

（1）执行菜单命令【Place】→【Polygon Pour...】，或单击如图 7-61 所示的图标，进入正片铜箔绘制状态。

（2）弹出如图 7-62 所示的对话框，在该对话框中进行下列设置：

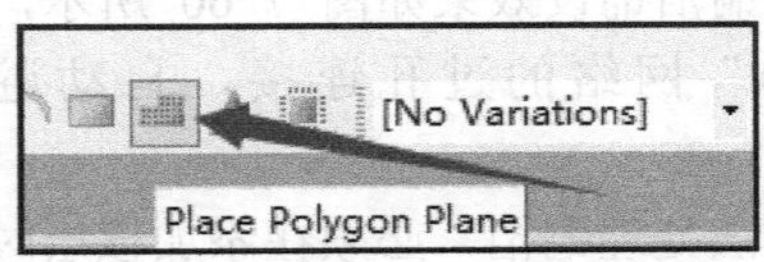

图 7-61　绘制动态正片铜箔图标

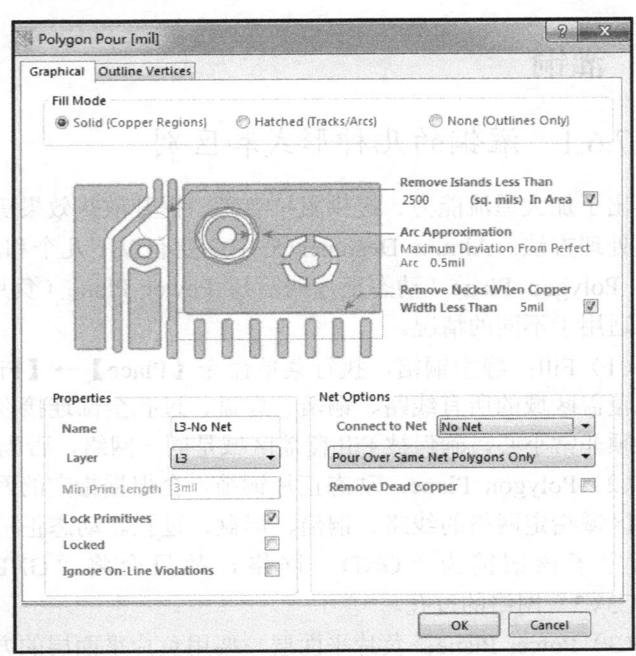

图 7-62　动态正片铜箔的参数设置

① Fill Mode：灌铜方式选择，有 3 种形式，通常使用第一种。

② Remove Necks When Copper Width Less Than：自动去除宽度小于设定值的铜线，一般直接使用默认值即可。

③ Properties：灌铜属性，一般需要设置的是铜箔所在层，通过“Layer”下拉菜单进行调整。

④ Net Options：网络设置，“Connect to Net”下拉菜单可以指定所绘制铜箔的网络，下方的下拉菜单可以设置铜箔连接对象，一般使用“Pour Over All Same Net Objects”，“Remove Dead Copper”选项为去除死铜，通常设置为勾选。

（3）设置完成后单击【OK】按钮，绘制一个多边形的铜箔，即为动态正片铜箔。

2．在动态正片铜箔绘制完成后，经常会需要对其进行修改和重新铺设

（1）修改铜箔边界。执行键盘命令“M”，在弹出的菜单中选择“Polygon Vertices”，鼠标变为十字状态，选择需要修改的铜箔，该铜箔会进入边界修改状态。用鼠标单击需要修改的边界即可直接调整该铜箔的形状。

（2）对铜箔内容修改后重新生成铜箔。如果设计师对铜箔覆盖范围内的线路、铜箔、焊盘、过孔进行了修改，那必须要重新生成铜箔，以免产生短路问题。双击需要修改的铜箔，在弹出的铜箔属性界面直接单击【OK】按钮，重新生成铜箔。

（3）在特定区域将铜箔挖空。执行菜单命令【Place】→【Polygon Pour Cutout】，即进入铜箔挖空区域绘制状态。绘制出需要挖空的区域的外框形状，并重新生成被挖空的铜箔，在铜箔上掏出对应形状的挖空区域如图 7-63 所示。

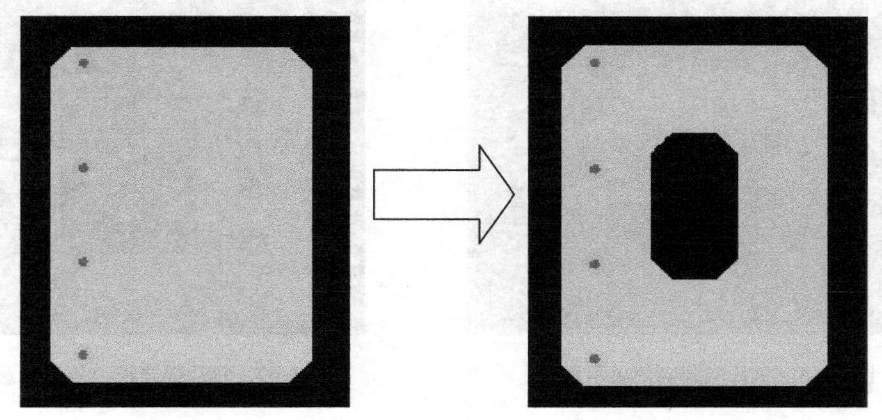

图 7-63　铜箔挖空效果

7.6.3　负片层的平面分割

在叠层设置中定义了负片层属性之后，PCB 中即会包含相应的负片层。

（1）对负片层指定网络。双击该负片层任意区域，在弹出的属性栏下拉菜单中找到需要分配的网络，将该层指定为对应网络，如图 7-64 所示。

（2）对负片层进行分割。当需要在同一个负片层同时划分若干网络的时候，需要对该层进行分割。在负片层执行菜单命令【Place】→【Line】，进入放置分割线界面，执行键盘命令“Tab”，调出分割线线宽设置界面，如图 7-65 所示。通常设置分割线线宽为 20～40mil，主要根据 PCB 尺寸大小和板密度而定。

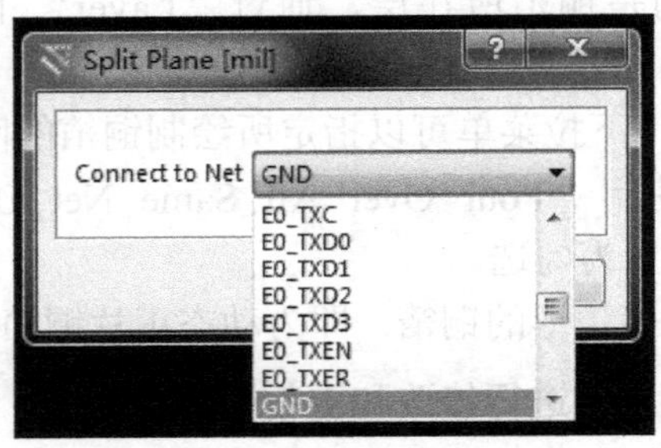

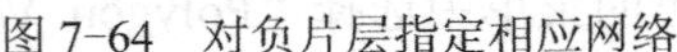

图 7-64　对负片层指定相应网络

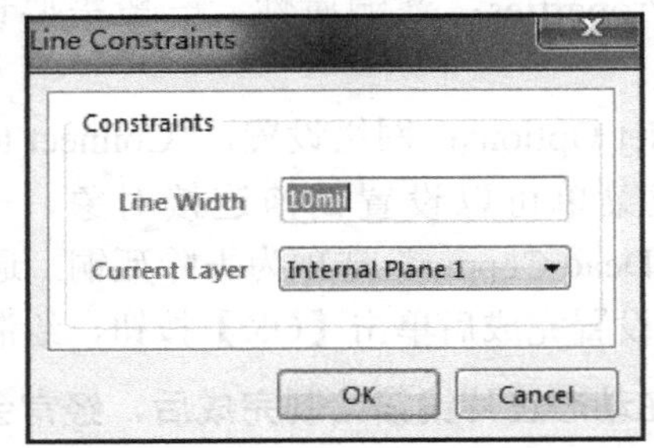

图 7-65　分割线线宽设置

（3）对负片层的分割，要求分割线和板框必须组成一个封闭图形，否则无法正确对负片层进行分割。分别对分割区域指定相应网络，方法参考上述步骤。分割效果如图 7-66 所示。

（4）对负片层设置挖空区域。负片层的挖空方法类似于动态正片铜箔，在相应区域绘制好“Polygon Pour Cutout”图形后，不用运行生成，负片铜箔会实时自动避让。挖空效果如图 7-67 所示。

图 7-66　负片层分割效果示意图

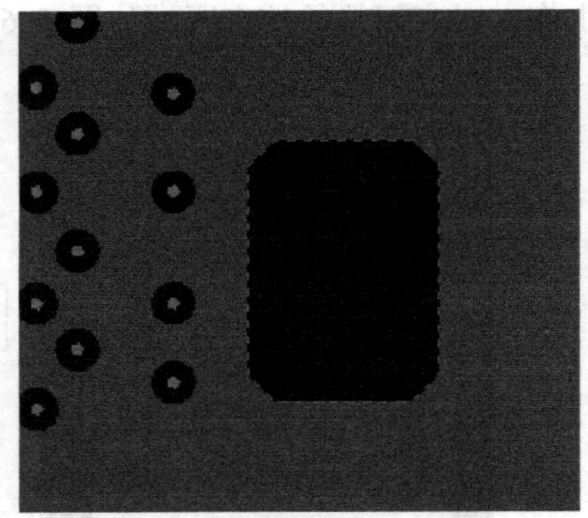

图 7-67　负片铜箔挖空效果示意图

7.7　尺寸标注

执行菜单命令【Place】→【Dimension】，即可在后续的菜单中选择合适的标注形式。如图 7-68 所示。下面介绍常用的线性标注的操作步骤。

（1）执行菜单命令【Place】→【Dimension】→【Linear】，此时鼠标变为十字形；

（2）执行键盘命令“Tab”，弹出线性标注设置菜单，如图 7-69 所示。

在设置界面的每个下拉菜单中选择需要调整的项目，如标注所在层、显示单位、显示格式、精确度、标注前缀、后缀等。

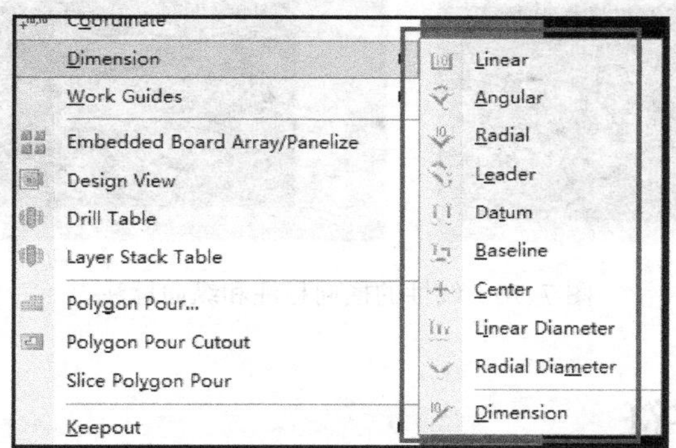

图 7-68　尺寸标注菜单

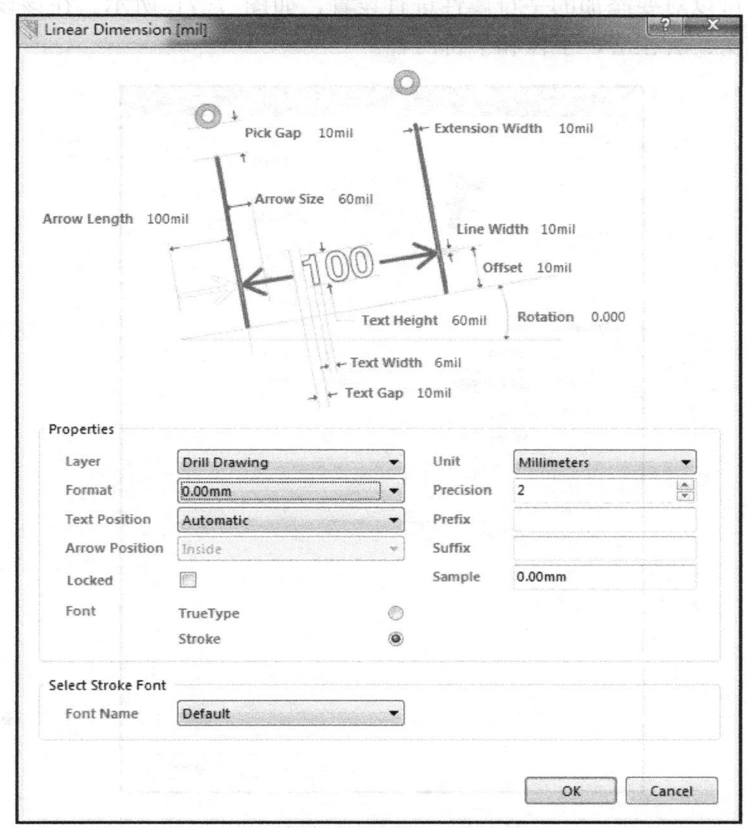

图 7-69　线性标注设置界面

（3）依次选择要测量的两个点，实现线性标注；

（4）如果要实现线性标注方向的横向和纵向切换，可以在执行菜单命令进入测量状态时按空格键。实际测量效果如图 7-70 所示。

图 7-70　线性的横向标注和纵向标注

7.8　添加中英文字符

执行菜单命令【Place】→【String】，在板上放置字符。执行键盘命令“Tab”，调出字符属性设置界面，可以对要添加的字符属性进行设置，如图 7-71 所示。在该设置界面可以设置字符大小、线宽、所在层、字体和字符内容。

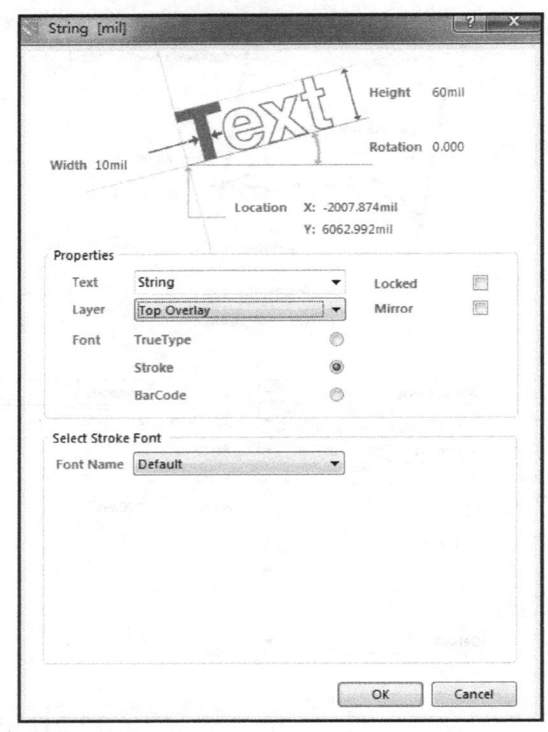

图 7-71　字符属性设置界面

1．添加英文字符

在图 7-71 中的字体栏（Font）中选择默认的“Stroke”字体，即可在“Text”栏中输入任意想要添加的英文字符。

2．添加中文字符

在图 7-71 中的字体栏（Font）中选择“TrueType”字体，即可在下方的“Select Stroke Font”下拉菜单中选择想要的中文字体。在“Text”栏中键入想要添加的中文字符即可。

7.9 设计规则验证

布线完成并不代表一块 PCB 最终的设计完成，设计师必须要根据设计规则对整个设计进行验证，保证连通性、可制造性等条件符合电气性能和加工制造的要求。

进行设计规则验证前，必须保证在规则设置界面内所有需要检查的规则有效。

执行菜单命令【Tools】→【Design Rule Check】，即可调出设计规则检查工具栏。单击工具栏左侧的“Rules To Check”，出现所有可以检查的类目。“Online”表示实时的在线规则，“Batch”表示批处理规则检查。在此我们主要介绍“Batch”项。

7.9.1 间距规则验证

单击“Rules To Check”下方的子规则“Electrical”，即可进入电气间距规则检查界面，如图 7-72 所示。

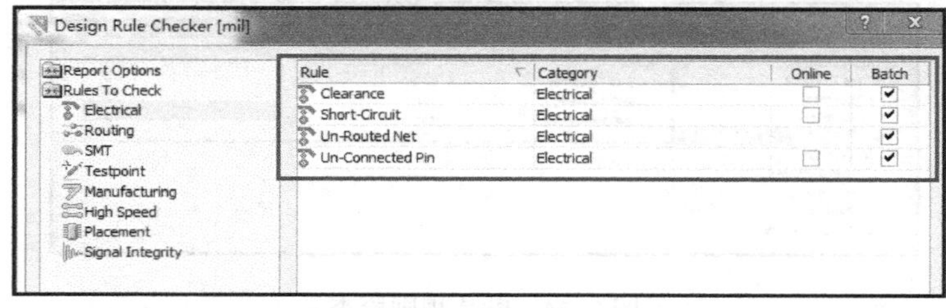

图 7-72 间距规则检查

4 个检查内容，“Clearance”表示设计间距，主要检查依据是设计师设置的间距规则；“Short-Circuit”表示短路检查，非同网络的电气线路有接触，即被视为短路；“Un-Routed Net”和“Un-Connected Pin”表示开路网络和开路引脚，同网络但未连接在一起的电气线路被视为开路。

间距规则检查是 PCB 最基本的规则检查项目。

7.9.2 布线规则验证

单击“Rules To Check”下方的子规则“Routing”，即可进入布线规则检查界面，如图 7-73 所示。

4 个检查内容，“Width”表示线宽规则，主要检查板上布设线路宽度是否符合设计师设置的线宽规则；“Routing Layers”表示布线层，主要检查电气线路是否布设在被允许布设线路的层；“Routing Via Style”表示过孔类型，主要检查板上的过孔是否符合设计师设置的过孔类型；“Differential Pairs Routing”表示差分线规则，主要检查板上的差分线宽度和间距是

否符合设计师设置的差分规则。

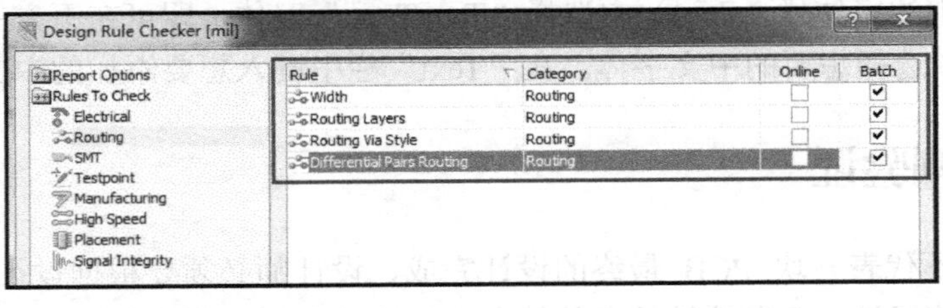

图 7-73　布线规则检查

7.9.3　可制造性验证

“Rules To Check”下方的子规则“SMT”、子规则“Manufacturing”主要检查设计的可制造性。电气性能方面再完美的设计，如果无法被加工制造出来，一切都是空谈。

单击“Rules To Check”下方的子规则“SMT”，即可进入贴片间距规则检查界面，如图 7-74 所示。此项检查中主要涉及贴片焊盘到出线拐角和贴片焊盘到同层铜皮等的间距检查。

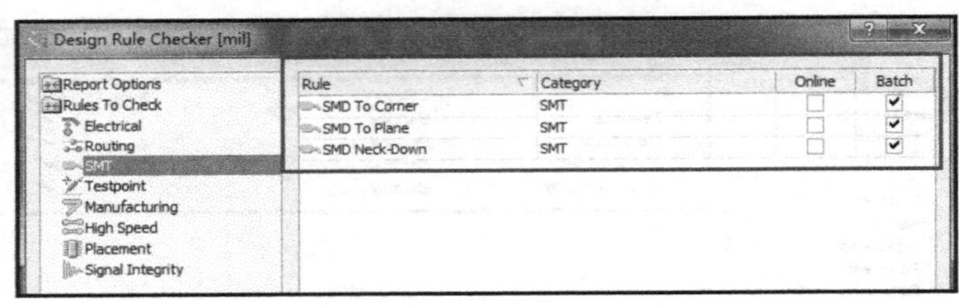

图 7-74　贴片规则检查

单击“Rules To Check”下方的子规则“Manufacturing”，即可进入加工工艺规则检查界面，如图 7-75 所示。此项检查中主要涉及安装孔径、安装孔间距、阻焊桥、丝印上盘、丝印间距和天线线头等规则检查。

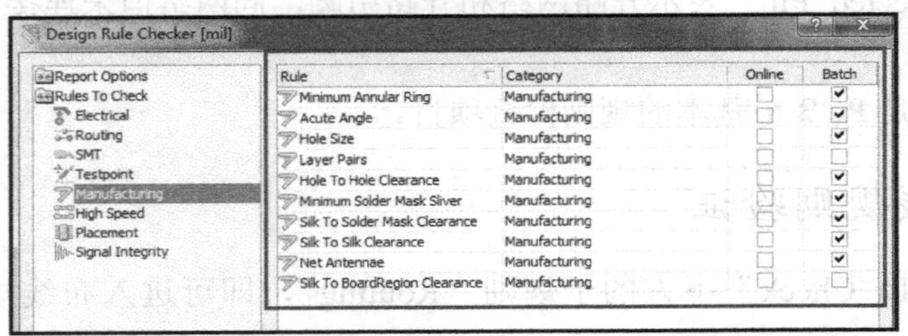

图 7-75　加工工艺规则检查

对可制造性的检查，要结合对应加工厂的工艺能力，在规则设置中设置适当的参数。由于各工厂的加工能力参差不齐，在此不再做过多介绍。

7.10　PCB 文件输出

设计完成的 PCB 文件数据，并不能直接导入制板工艺流程被机器识别。为了连接设计端和工厂端，这就需要将 PCB 设计中的信息转换为工厂可以识别的信息。

一套完整的生产文件，应该包含了光绘文件（又称 Gerber 文件）、钻孔文件、IPC 网表文件（用来核对生成的生产文件和 PCB 是否一致）、贴片坐标文件（用于器件贴装）和装配文件（用于辅助器件贴装）等。

7.10.1　光绘文件输出

对 PCB 进行设计规则检查，无误后即可输出光绘文件。

执行菜单命令【File】→【Fabrication Outputs】→【Gerber Files】，即可调出光绘设置界面。光绘设置主要有 4 项基本内容。

（1）基本设置。如图 7-76 所示，“Units”可以设置光绘单位，“Format”可以设置光绘精度。一般设置为“Inches”、“2:5”。

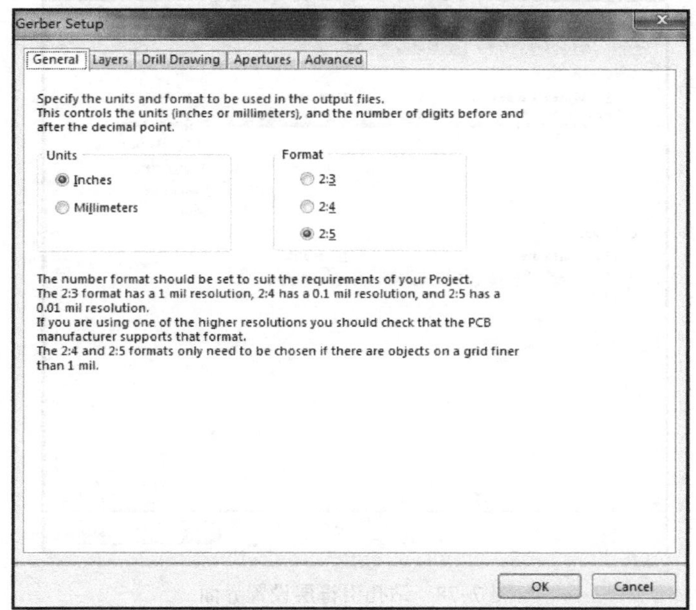

图 7-76　基本设置界面

（2）层设置。如图 7-77 所示，左侧可以对需要生成的层进行选择；下方“Include unconnected mid-layer pads”表示是否需要在内层未连接的过孔上添加焊盘；右侧栏中的层，勾选则表示将此层添加到每一个即将生成的光绘层。

（3）钻孔孔符层设置。如图 7-78 所示，此设置主要针对钻孔孔符层。一般参考图 7-78 中所示的设置方法即可。

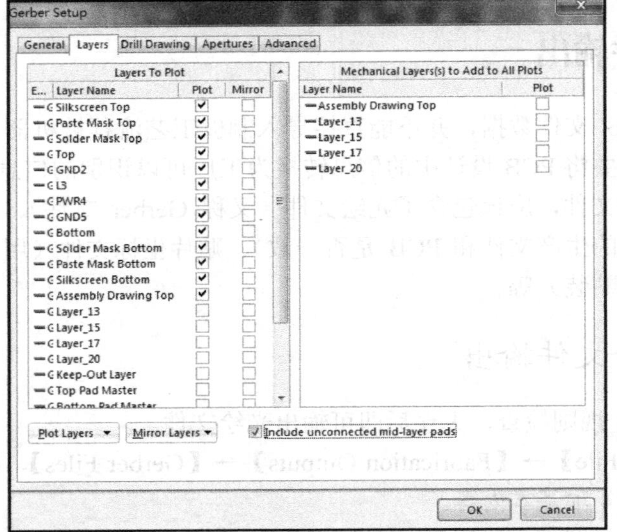

图 7-77　层设置界面

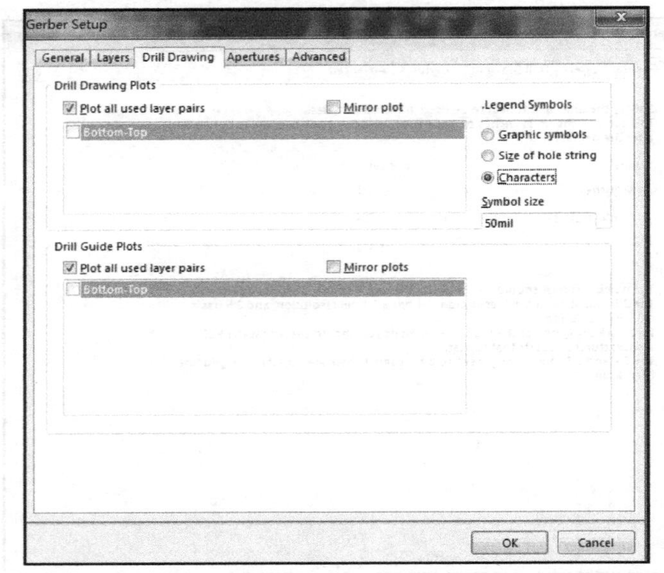

图 7-78　钻孔引符层设置界面

（4）高级设置。如图 7-79 所示，此界面需要主要设置的是菲林的尺寸，即“Film Size”栏。根据经验，一般只需将“X”、“Y”、“Border Size”3 项均增加一个 0 即可，其他项目保持默认。

这些项目均设置完成后，单击【OK】按钮，软件即会自动生成所需的光绘文件。默认的文件输出在项目文件（.PRJDOC）所在的目录下，软件会自动新建一个文件夹，命名为“Project Outputs for ***”。

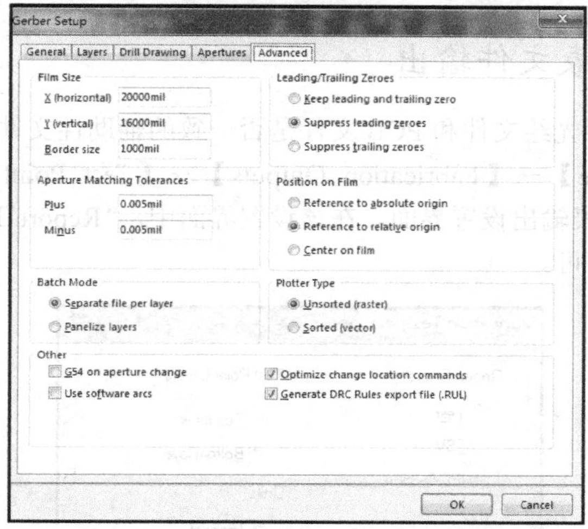

图 7-79　高级设置界面

7.10.2　钻孔文件输出

执行菜单命令【File】→【Fabrication Outputs】→【NC Drill Files】，即可调出钻孔文件输出设置界面，如图 7-80 所示。一般直接按照默认输出即可。

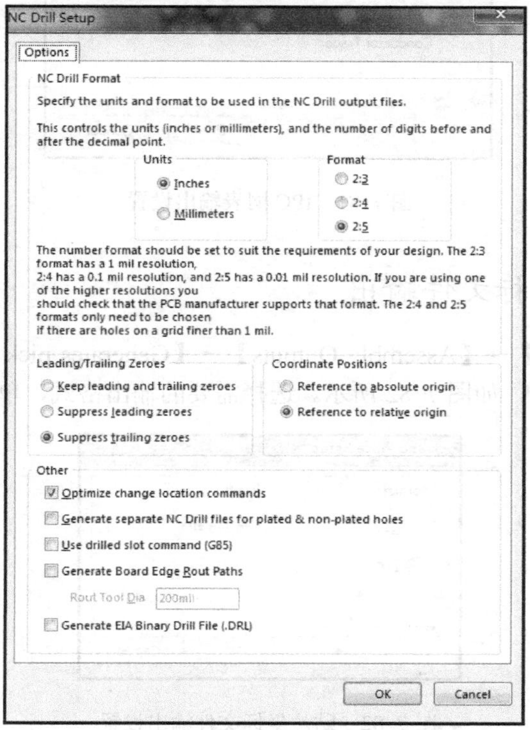

图 7-80　钻孔层设置界面

7.10.3 IPC 网表文件输出

IPC 网表是用来核对光绘文件和 PCB 文件是否一致的辅助性文件。

执行菜单命令【File】→【Fabrication Outputs】→【Test Point Report】，即可调出如图 7-81 所示的 IPC 网表输出设置界面。在该设置界面中，“Report Formats”选择“IPC-D-356A”，其他按照默认即可。

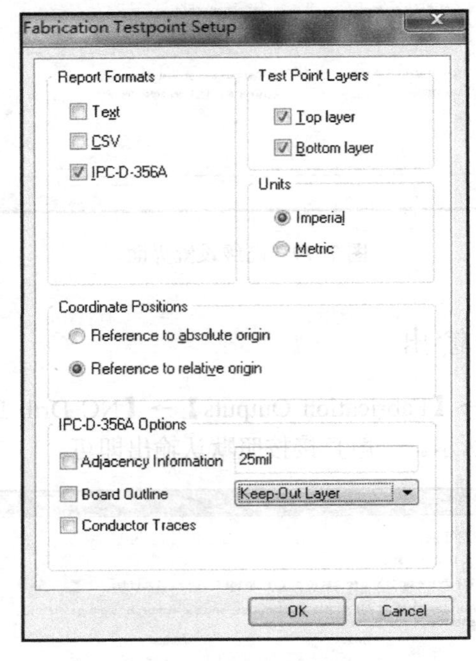

图 7-81 IPC 网表输出设置

7.10.4 贴片坐标文件输出

执行菜单命令【File】→【Assembly Outputs】→【Generates pick and place files】，即可调出贴片坐标文件设置界面，如图 7-82 所示。选择需要的输出格式，单击【OK】按钮即可。

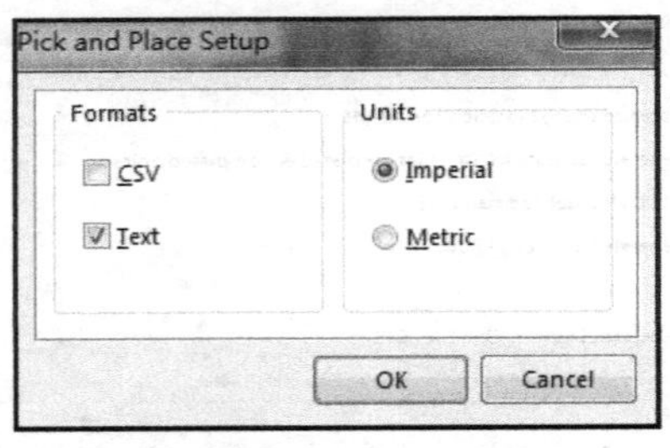

图 7-82 贴片坐标文件输出设置

7.10.5　装配文件输出

执行菜单命令【File】→【Assembly Outputs】→【Assembly Drawings】，即可自动生成装配文件，如图 7-83 所示。

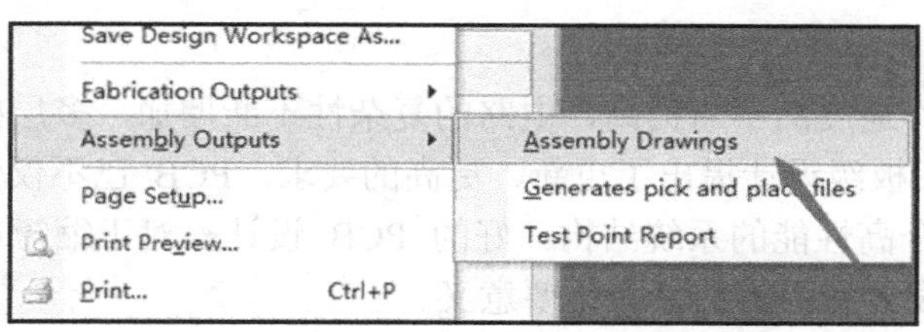

图 7-83　装配文件输出

7.10.6　输出文件的后缀说明

Altium Designer15 输出文件的数量较多，主要用后缀名来区分不同的层。以 1 个 6 层板为例，该 PCB 叠层顺序为 TOP-GND02-ART03-ART04-PWR05-BOTTOM，则详细的对应关系如表 7-1 所示。

表 7-1　输出文件后缀名与对应层关系

输出文件后缀名	对应的层属性	输出文件后缀名	对应的层属性
GTL	顶层	GBP	钢网底层
GP1	第二层（负片）	GTS	阻焊顶层
G1	第三层（正片）	GBS	阻焊底层
G2	第四层（正片）	GTO	丝印顶层
GP2	第五层（负片）	GBO	丝印底层
GBL	底层	GG1	钻孔参考层
GM1	机械一层（板框层）	GD1	孔符层
GTP	钢网顶层	DRL	NC 钻孔层

7.11　本章小结

本章主要介绍了 PCB Layout 设计和输出各个环节的相关设置、操作，Altium Designer15 提供了很多强大实用的操作方法，通过本章介绍，希望用户可以结合自身项目实际情况，对软件的操作能力有较大的提升和帮助。

本章在介绍设计流程时采用了 HDTV 的设计实例。本实例来源于《PADS9.5 实战攻略与高速 PCB 设计》一书，如果读者需要此实例的相关文件，包括原理图、PCB、结构图，可以在 www.dodopcb.com 的读者专区索取，也可邮件联系编者，编者邮箱：PCBTech@yeah.net。

第8章 高速PCB设计进阶

随着集成电路工作速度的不断提高，电路的复杂性不断增加，多层板和高速高密度电路板的出现等都对PCB板级设计提出了更新、更高的要求。PCB已不仅仅是支撑电子元器件的平台，而变成了一个高性能的系统结构。好的PCB设计，对于缩短产品开发周期、增强产品竞争力和节省研发经费等方面具有重要意义。

为了帮助广大PCB设计人员掌握先进的高速PCB设计与开发技术，本章内容主要从PCB实践的角度来分享编者在高速电路PCB设计中的一些经验和设计方法。

8.1 PCB布局原则

8.1.1 PCB布局思路

在PCB设计中，布局是一个重要的环节。布局的好坏将直接影响布线的效果，因此可以认为合理的布局是PCB设计成功的第一步。

布局的方式分为两种。一种是交互式布局，另一种是自动布局。由于编者在平时工作中涉及的产品为高速高密度类型，所以基本上不用自动布局，故不讲述自动布局功能。

在PCB布局过程中，首先，考虑的是PCB尺寸大小。其次放置有结构定位要求的器件，如板边的接插件。然后，根据电路的信号流向及电源流向，对各电路模块进行预布局。最后，根据每个电路模块的设计原则进行全部元器件的布局工作。

8.1.2 特殊元器件的布局原则

在确定特殊元器件的位置时要遵守以下原则：

（1）尽可能缩短调频元器件之间的连线长度。设法减少它们的分布参数和相互间的电磁干扰。易受干扰的元器件不能相互挨得太近，输入元器件和输出元器件应尽置远离；

（2）某些元器件或导线之间可能有较高的电位差，应加大它们之间的距离，以免放电导致意外短路。带强电的元器件应尽量布置在人体不易接触的地方；

（3）重量超过15g的元器件，应当用支架加以固定，然后焊接。那些又大又重、发热量大的元器件不宜装在PCB上，而应装在整机的机箱底板上且应考虑散热问题，热敏元器件应远离发热元器件；

（4）对于电位器。可调电感线圈、可变电容器和微动开关等可调元器件的布局应考虑整机的结构要求；

（5）应留出PCB的定位孔和固定支架所占用的位置。

8.1.3　模块化布局原则

根据电路和功能单元对电路的全部元器件进行布局时，要符合以下原则：

（1）按照电路中各功能单元的位置，布局要便于信号流通并使信号尽可能保持一致方向；

（2）以每个功能单元的核心元器件为中心，围绕它们来进行布局。元器件应均匀、整齐、紧凑地排列在 PCB 上，尽量减少和缩短各个元器件之间的引线连接；

（3）对于调频电路，要考虑元器件之间的分布参数。一般电路应尽可能使元器件平行排列。这样不仅美观，而且焊接容易，易于批量生产；

（4）位于 PCB 边缘的元器件，如果生产时考虑加工艺边，则元器件离 PCB 边缘一般不小于 2mm。如果没有工艺边，则元器件离 PCB 边缘尽量大于 5mm。PCB 面积尺寸大于 200mm×150mm 时，应考虑 PCB 的机械强度。

8.1.4　布局检查

布局后要进行以下严格的检查：

（1）PCB 尺寸标记是否与加工图纸尺寸相符，能否符合 PCB 制造工艺要求；

（2）元器件在二维、三维空间上有无冲突；

（3）元器件布局是否疏密有间、排列整齐；是否全部放置完毕；

（4）需要经常更换的元器件能否方便地更换；插件板插入设备是否方便；

（5）热敏元器件与发热元器件之间是否有适当的距离；

（6）调整可调元器件是否方便；

（7）在需要散热的地方；是否安装了散热器；空气流动是否通畅；

（8）信号流向是否通畅且互连最短；

（9）插头、插座等与机械设计是否矛盾；

（10）线路的干扰问题是否有所考虑。

8.1.5　布局间距

（1）SOJ、QFN、PLCC 表面贴转接插座与其他元器件的间距是否大于等于 3 mm；

（2）BGA 与其他元器件的间距是否大于等于 3mm（最好是 5mm）；

（3）PLCC、QFP、SOP 各自之间和相互之间的间距是否大于等于 2.5 mm；

（4）PLCC、QFN、SOJ 与 Chip、SOT 之间的间距是否大于等于 2 mm；

（5）QFP、SOP 与 Chip、SOT 之间的间距是否大于等于 1mm；

（6）Chip、SOT 各自之间和相互之间的间距是否大于等于 0.3mm。

8.2　PCB 布线原则

在 PCB 设计中，布线是完成产品设计的重要步骤，可以说前面的准备工作都是为它而做的。在整个 PCB 中，以布线的设计过程限定最高、技巧最细、工作量最大。PCB 布线有单面布线、双面布线及多层布线。布线的方式也有两种：自动布线和交互式布线。在自动布线之前，可以用交互式预先对要求比较严格的线进行布线，输入端与输出端的边线应避免相邻平行，以免产生反射干扰。必要时应加地线隔离，两相邻层的布线要互相垂直，平行容易产生寄生耦合。

8.2.1 电源、地线的处理

即使在整个 PCB 中的布线完成得都很好，但由于电源、地线的考虑不周而引起的干扰，会使产品的性能下降，有时甚至影响产品的成功率。所以对电源线、地线的布线要认真对待，把电、地线所产生的噪声干扰降到最低限度，以保证产品的质量。

对每个从事电子产品设计的工程人员来说，都明白地线与电源线之间的噪声所产生的原因，现只对降低式抑制噪声做以下表述：

（1）在电源、地线之间加上去耦电容；

（2）尽量加宽电源、地线宽度，最好是地线比电源线宽，它们的关系是地线>电源线>信号线，通常信号线宽为低速板 10～12mil，一般高速板 5～6.5mil，高速高密度板 4～5mil，局部最细宽度可达 3mil（如 0.5mm Pitch 的 BGA 器件）。

（3）用大面积铜层作为地线用，在印制板上把没被用上的地方都与地相连接作为地线用。或是做成多层板，电源和地线各占用一层。

8.2.2 数模混合电路的共地处理

现在有许多 PCB 不再是单一功能电路（数字或模拟电路），而是由数字电路和模拟电路混合构成的。因此在布线时就需要考虑它们之间互相干扰问题，特别是地线上的噪声干扰。数字地、模拟地与保护地要分开，并且要保持 2.5mm 间距；数字地、模拟地保持 1mm 间距。

数字电路的频率高，模拟电路的敏感度强。对信号线来说，高频的信号线尽可能远离敏感的模拟电路器件；对地线来说，整个 PCB 对外界只有一个结点，所以必须在 PCB 内部处理数、模共地的问题。而在板内部，数字地和模拟地实际上是分开的，它们之间互不相连，只是在 PCB 与外界连接的接口处（如插头等）。数字地与模拟地有一点短接，请注意，只有一个连接点。也有在 PCB 上不共地的，这由系统设计决定。

8.2.3 载流设计

单板上通常有很多电源转换芯片，它们给各单元模块的正常工作提供了源源不断的电源供给，这部分网络通常需要通过较大电流。按照 IPC-2221 标准，通常 1 oz 的铜厚，温升 10℃的条件下，在理想的状态下，12mil 可以通过 1A 的电流。我们应结合加工误差和余量考虑，可以按表层 20mil 可通过 1A 的电流、内层减半的原则来设计。详细可登录 www.eda365.com 的 eda365 实验室版块下载计算工具。

8.2.4　热焊盘设计

在大面积的接地（电）中，常用元器件的引脚与其连接，对连接引脚的处理需要进行综合考虑，就电气性能而言，元器件引脚的焊盘与铜面全连接为好，但对元器件的焊接装配就存在一些不良隐患，如：焊接需要大功率加热器；容易造成虚焊点。所以兼顾电气性能与工艺需要，做成十字花焊盘，称为热隔离（Heat Shield），俗称热焊盘（Thermal）。这样，可使在焊接时因截面过分散热而产生虚焊点的可能性大大减少。

8.2.5　格栅化布线法

在许多 CAD 系统中，布线是依据网格系统决定的，网格即我们常说的栅格。网格过密，通路虽然有所增加，但步进太小，图场的数据量过大，这必然对设备的存储空间有更高的要求，同时也对像计算机类电子产品的运算速度有极大的影响。而有些通路是无效的，如被元器件腿的焊盘占用的或被安装孔、定们孔所占用的等。网格过疏，通路太少，对布通率的影响极大。所以要有一个疏密合理的网格系统支持布线的进行。

标准元器件两腿之间的距离为 0.1 英寸（2.54mm），所以网格系统的基础一般就定为 0.1 英寸（2.54 mm）或小于 0.1 英寸的整倍数，如 0.05 英寸、0.025 英寸、0.02 英寸等。

在设计高速板时，通常使用线宽的倍数来作为网格，如 5mil 的走线，我们可以使用 2.5mil、5mil、10mil 的网格。

8.2.6　布线检查

布线设计完成后，需认真检查布线设计是否符合设计者所制定的规则，同时也需确认所制定的规则是否符合印制板生产工艺的需求，一般检查有以下几个方面：

（1）线与线、线与元器件焊盘、线与贯通孔、元器件焊盘与贯通孔、贯通孔与贯通孔之间的距离是否合理，是否满足生产要求；

（2）电源线和地线的宽度是否合适，电源与地线之间是否紧耦合（低的波阻抗），在 PCB 中是否还有能让地线加宽的地方；

（3）对于关键的信号线是否采取了最佳措施，如长度最短、加保护线、输入线及输出线被明显分开；

（4）模拟电路和数字电路部分是否有各自独立的地线；

（5）后加在 PCB 中的图形（如图标、注标）是否会造成信号短路；

（6）对一些不理想的线形进行修改；

（7）在 PCB 上是否加有工艺线，阻焊是否符合生产工艺的要求，阻焊尺寸是否合适，字符标志是否压在元器件焊盘上，以免影响电装质量；

（8）多层板中的电源地层的外框边缘是否缩小，如电源地层的铜箔露出板外容易造成短路。

8.3　元器件自动扇出

一些大型的芯片，如 BGA 之类的芯片，在布线之前可以用软件的自动扇出功能使该元器件预先在每个焊盘上拉出一段线或自动添加过孔。

（1）执行菜单命令【Design】→【Rule】，进入规则设置对话框，本例需要扇出 BGA 芯片，因此在规则列表中找到“Fanout Control”规则，如图 8-1 所示。

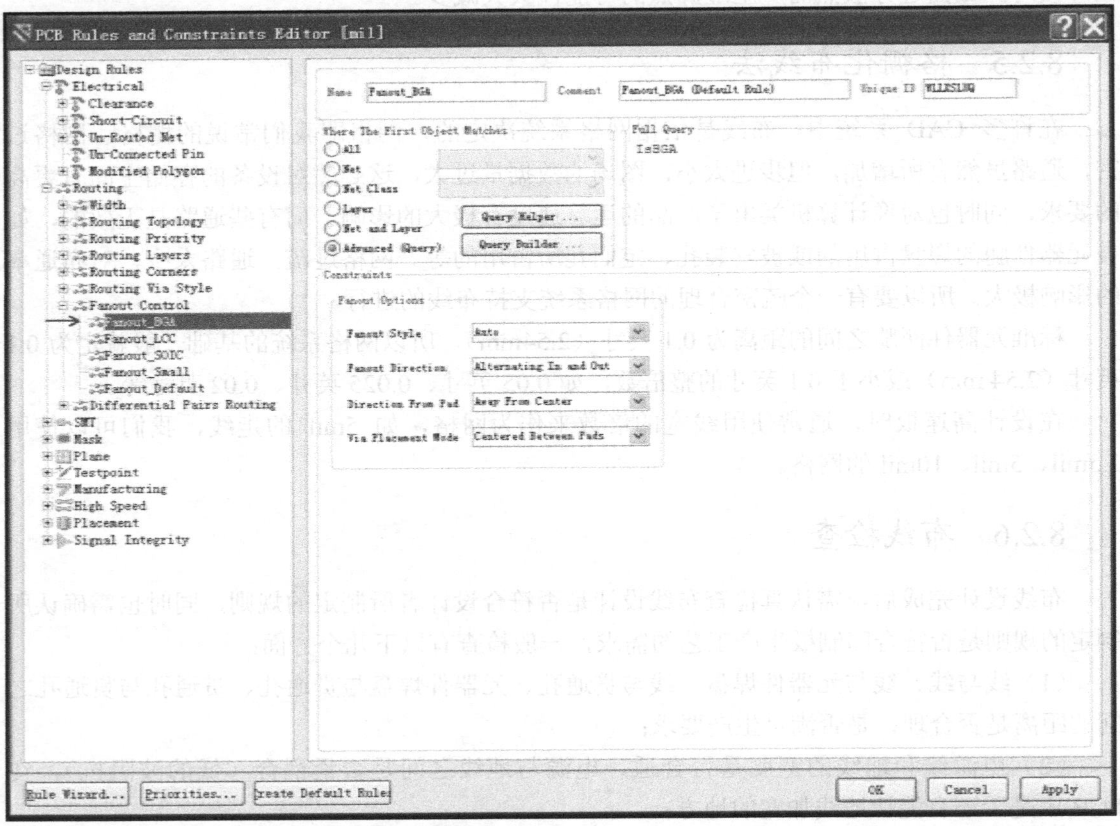

图 8-1　Fanout 规则设置

在该规则中主要设置：

① Fanout Style：扇出形状；

② Fanout Direction：扇出方向；

③ Direction From Pad：从焊盘出线方向；

④ Via Placement Mode：过孔放置模式。

（2）在 PCB 上单击要扇出的 BGA 元器件，单击鼠标右键，在弹出的菜单中执行菜单命令【Component Actions】→【Fanout Component】，即可开始扇出该元器件，如图 8-2 所示。扇出后的元器件如图 8-3 所示。

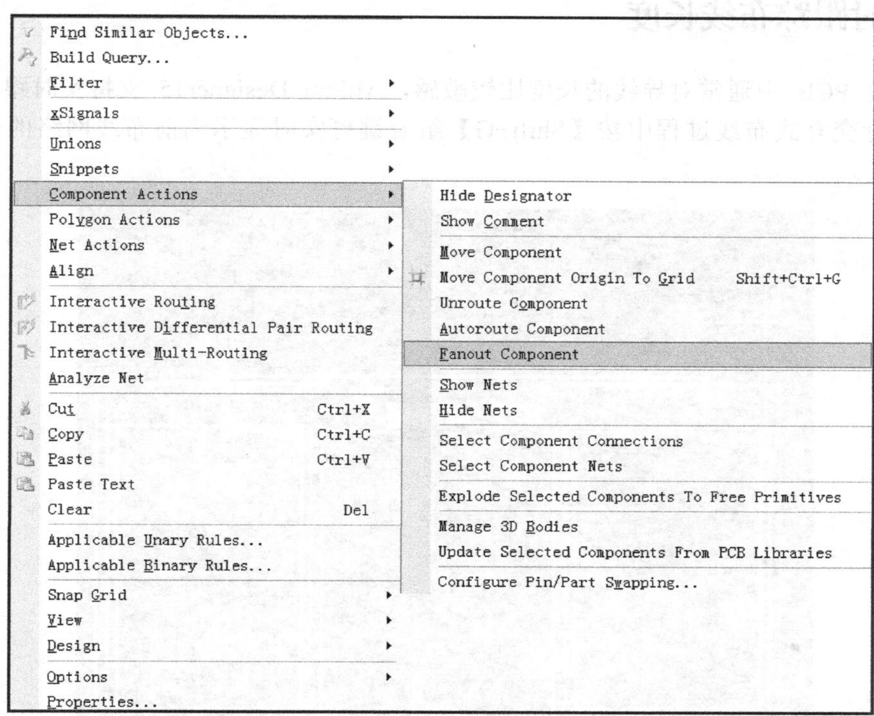

图 8-2　Fanout Component 操作

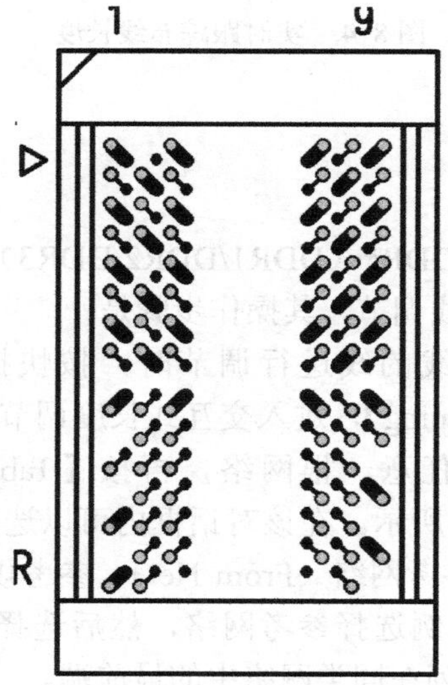

图 8-3　扇出后的 BGA 芯片

8.4 实时跟踪布线长度

在高速 PCB 中通常对导线的长度比较敏感，Altium Designer15 支持实时跟踪布线长度。在进行交互式布线过程中按【Shift+G】组合键可实时显示当前布线网络的长度，如图 8-4 所示。

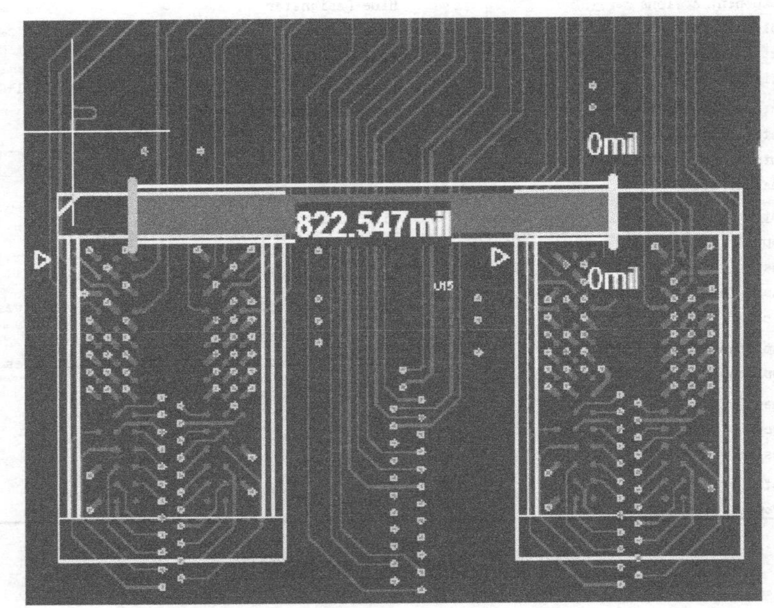

图 8-4　实时跟踪布线长度

8.5 等长布线

在高速 PCB 设计时，通常 DDR*（DDR1/DDR2/DDR3）和一些总线需要布成等长线，Altium Designer15 同样支持等长线调节，其操作步骤是：

（1）选中需要进行等长布线的线进行调节时，按快捷键【T+R】或执行菜单命令【Tools】→【Interactive Length Tuning】，进入交互式长度调节状态。

（2）单击要调节的网络的任意一根网络，再按【Tab】键进入属性，弹出“Target Length”参数对话框，如图 8-5 所示。在该对话框内可以选择 3 种方式对网络长度进行约束，分别是：手动（Manual）、参考网络（From Net）、参考规则（From Rules）。“Style 参数可以选择蛇形线的倒角形式，本例选择参考网络，然后选择同类网络中最长的一根导线约束，通常软件会自动将最长的线列在同类网络中的最前端。

（3）单击【OK】按钮，然后拖动光标，当前被选中的网络将会用蛇形线开始调节，可按【Shift+G】组合键显示调节的长度，如图 8-6 所示。

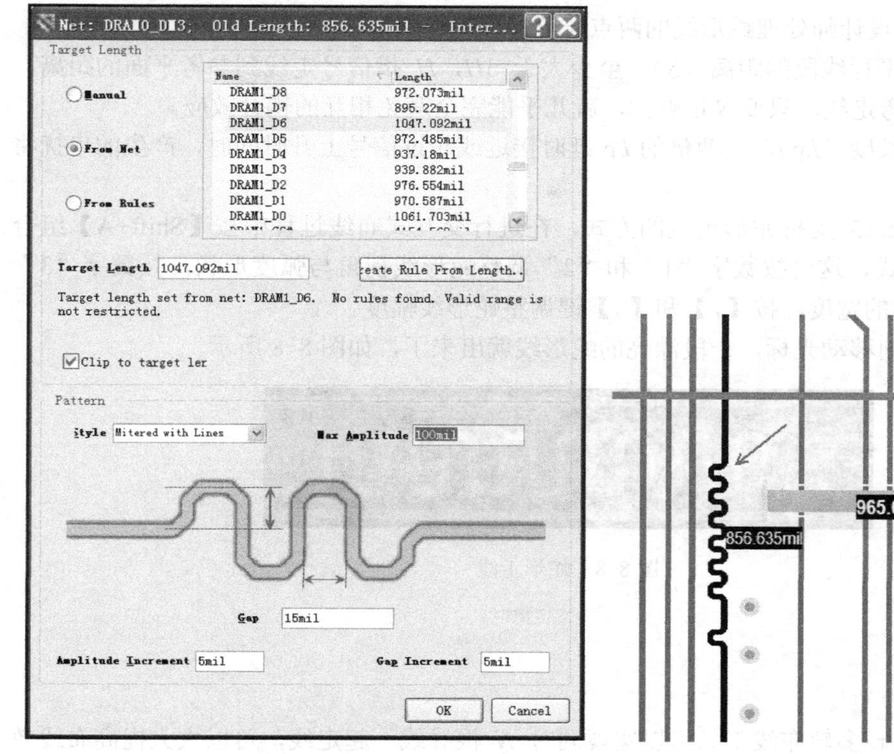

图 8-5　等长设置

图 8-6　等长布线

8.6　蛇形布线

蛇形线是布线过程中常用的一种走线方式，其主要目的是为了调节延时满足系统时序设计要求。在实际设计中，为了保证信号有足够的保持时间，或减小同组信号之间的时间偏移，往往不得不故意进行绕线。例如，DDR*（DDR1/DDR2/DDR3）中的 DQS 与 DQ 信号组要求要严格等长以降低 PCB skew，这时就要用到蛇形线。蛇形线的模型如图 8-7 所示。其中最关键的两个参数就是平行耦合长度（*L*p）和耦合距离（*S*）。

但是，设计者应该有这样的认识：信号在蛇形走线上传输时，相互平行的线段之间会发生耦合，呈差模形式，*S* 越小，*L*p 越大，则耦合程度也越大。可能会破坏信号质量，改变传输延时。

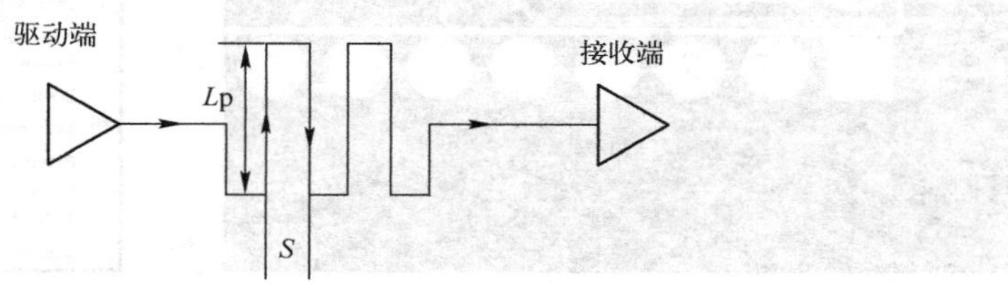

图 8-7　蛇形线的模型

下面给出 PCB 设计师处理蛇形线的两点建议：

（1）尽量增加平行线段的距离（*S*），至少大于 3*H*，*H* 指信号走线到参考平面的距离。通俗的说就是绕大弯走线，只要 *S* 足够大，就几乎能完全避免相互的耦合效应。

（2）减小耦合长度（*L*p），当两倍的 *L*p 延时接近或超过信号上升时间时，产生的串扰将达到饱和。

Altium Designer15 支持蛇形走线的方式，在进行交互式布线过程中按【Shift+A】组合键进入蛇形走线模式，这时按数字“1”和“2”调整蛇形线拐角与弧度形状，按数字“3”和“4”调整蛇形线的宽度，按【,】和【。】键调整蛇形线幅度。

按照走线的方向移动光标，一段漂亮的蛇形线就出来了，如图 8-8 所示。

图 8-8　蛇形走线

8.7　多轨布线

Altium Designer 多轨布线工具可以实现同时 *N* 根导线一起走线，可以大大提高布线效率。其操作步骤如下：

（1）按住【Shift】键，然后每单击一个网络焊盘将选中一个布线网络，利用此方法选中多根要布线的网络，或按住【Ctr】键，然后用鼠标框选要布线的网络，如图 8-9 所示。

（2）执行菜单命令【Place】→【Interactive Multi-Routing】，或单击快捷栏上其对应的快捷图标，进入多路布线状态，如图 8-10 所示。

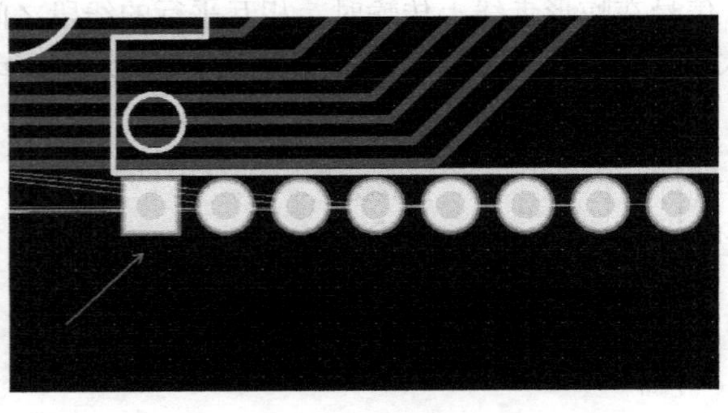

图 8-9　选中多个网络

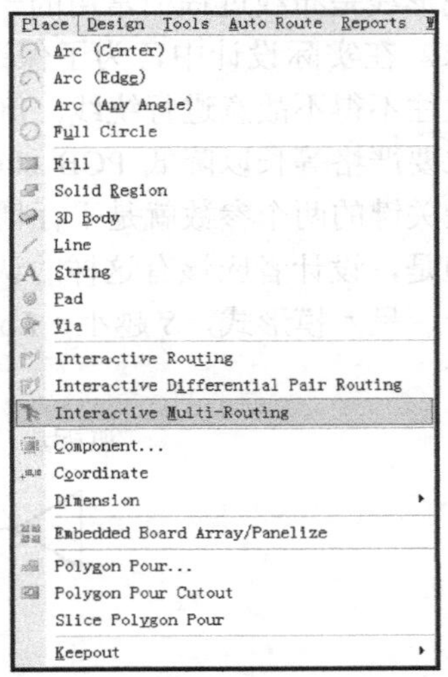

图 8-10　进入多路布线

（3）在被选中网络的任意一个焊盘上单击，再拖动光标，这时被选中的网络将开始同时走线，如图 8-11 所示。在这个过程中，可按【,】和【。】键调整走线的间距，也可以集体打孔换层。

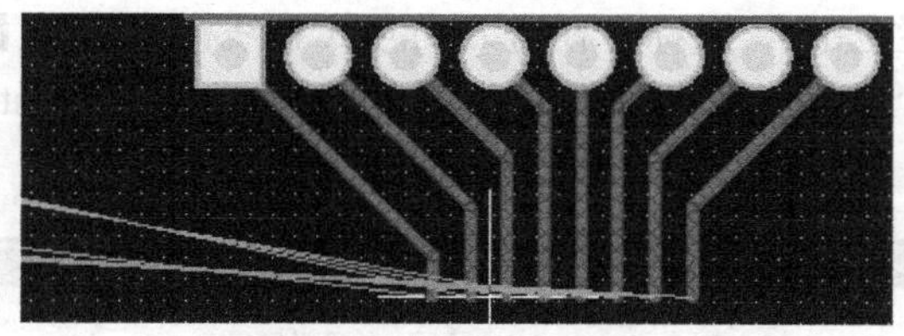

图 8-11　多路布线

8.8　智能循边布线

智能循边布线是利用 Altium Designer 提供的在线 DRC 功能，在进行交互式布线时，采取紧靠原则，实现走线的紧密、整齐和美观。下面以 CPU 和 LED 的连接为例，演示智能循边布线的步骤。

（1）设置走线间距规则为 10mil；

（2）执行菜单命令【Tools】→【Preferences】→【PCB Editor】→【Interactive Routing】，在右侧打开的编辑对话框中选取交互式布线冲突解决方案“Routing Conflict Resolution”的靠近并推挤走线“Hug and Push Conflict Object”选项，实现智能循边布线的设置。

（3）单击布线工具栏上的图标，在已完成布线的焊盘旁单击，再往左下方移动，随着光标的移动，软件会提供不同的走线路径建议，如图 8-12 所示。

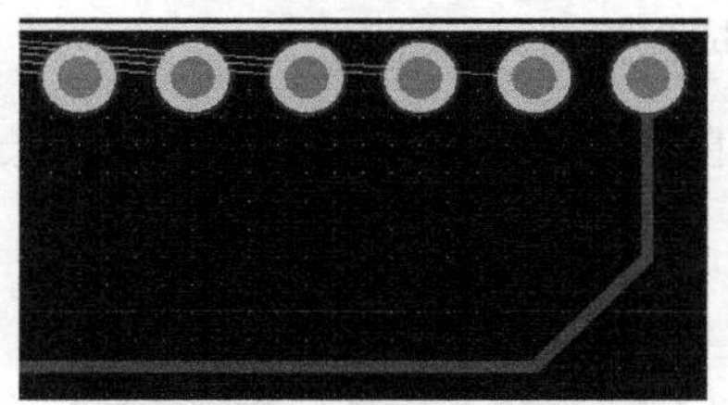

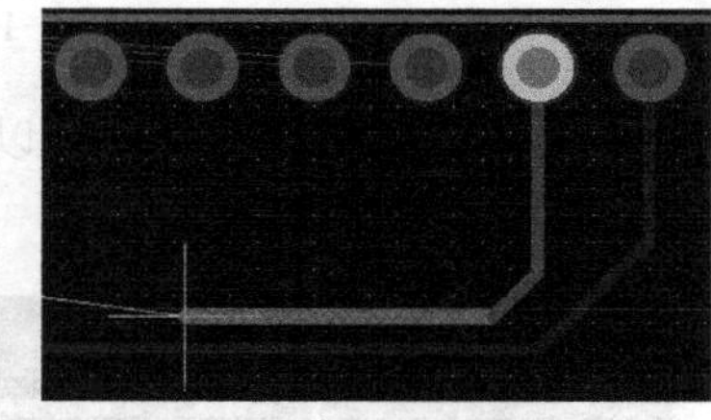

图 8-12　智能循边布线操作

（4）若要改变软件所提供的建议路径，可以移动光标，将光标不断靠近参考线，软件会再次给出紧靠参考线的走线路径。

（5）如果想要修改已走的线，可以按【Backspace】键，每按下一次，走线将会被恢复一段。

8.9　推挤式布线

一些高密度板走线非常紧凑，如果在布线时有些网络被别的网络挡住布线路径，这时可以采用挤推布线的模式，将会使得布线绝处逢生。其操作步骤如下：

（1）设置走线间距和走线规则。设置方法与智能循边布线的步骤（1）类似，读者可以参考完成。

（2）单击布线工具栏上的 图标，在进入交互式布线模式时按【Tab】键进入如图 8-13 所示的属性对话框，在“Current Mode”参数项中选择“Push Obstacles”模式，然后单击【OK】按钮退出设置。

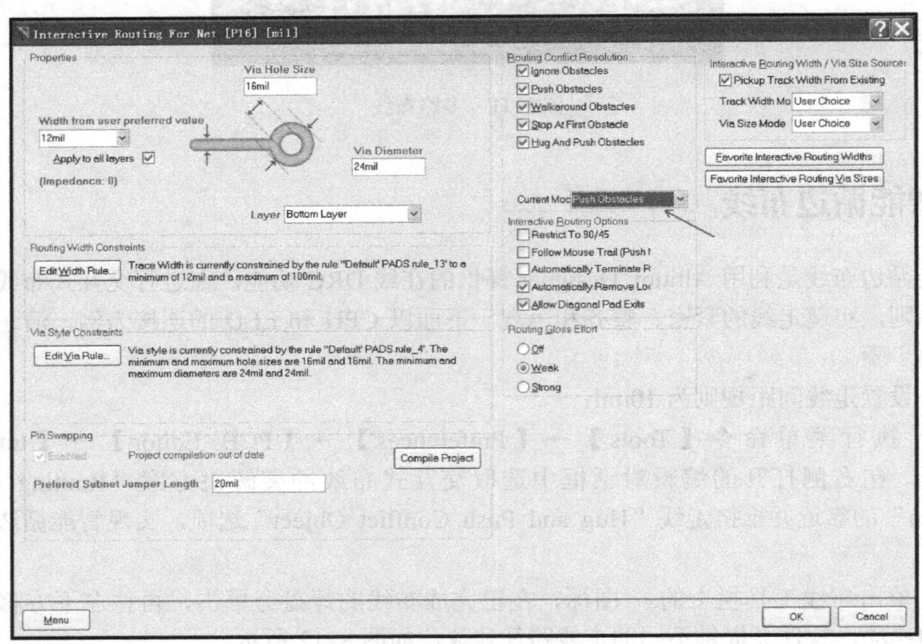

图 8-13　推挤设置

（3）这时将进入推挤布线模式，它可以帮你自动移开遮挡的导线或过孔，让最新网络能有走线的空间，如图 8-14 所示。

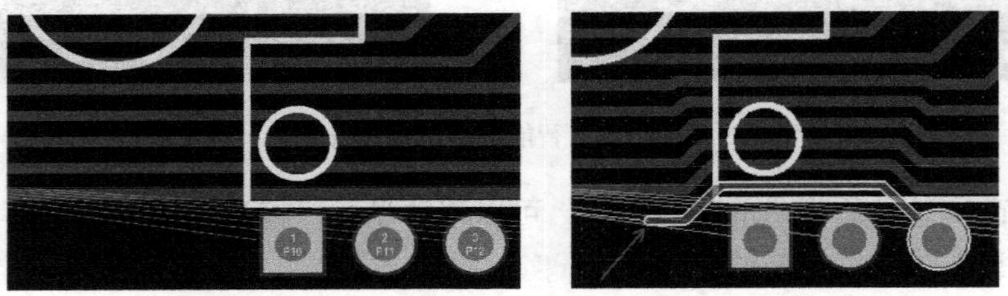

图 8-14　推挤布线操作

8.10　智能环绕布线

智能环绕布线是利用 Altium Designer 提供的智能走线功能，在走线时自动避开障碍

物，找出一条最近的走线路径。下面介绍其操作步骤：

（1）设置走线间距和走线规则，设置方法与智能循边布线的步骤（1）类似，读者可以参考完成。

（2）单击布线工具栏上的图标，在进入交互式布线模式时按【Tab】键进入如图 8-12 所示的属性对话框，在“Current Mode”参数项中选择“Walkaround Obstacles”模式，然后单击【OK】按钮退出设置，如图 8-15 所示。

（3）在要布线的焊盘处单击，继续移动光标，软件自动描绘出建议路径，如图 8-16 所示。如果要改变软件所提供的建议路径，可以移动光标或按空格键。

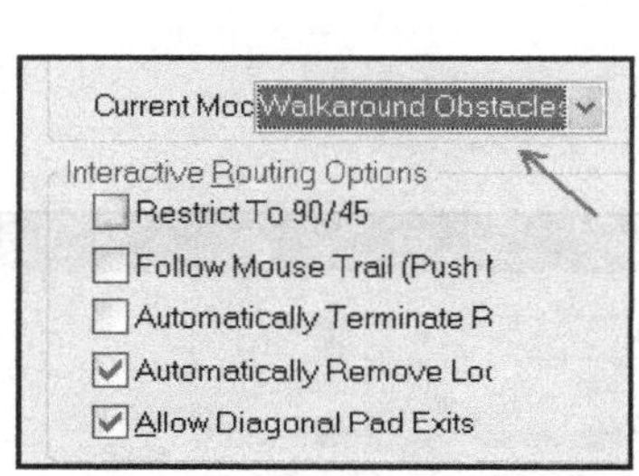

图 8-15　推挤设置

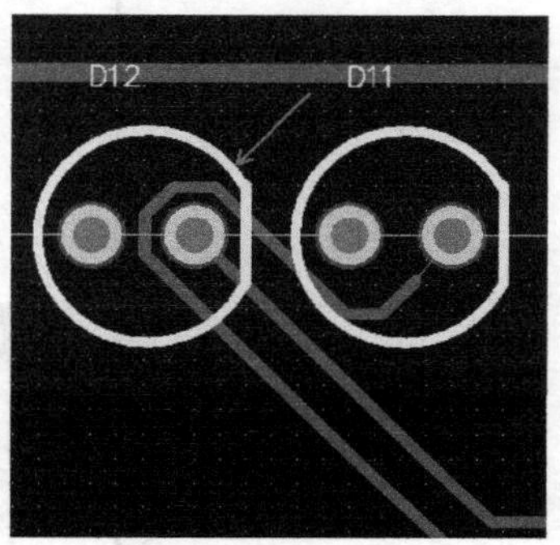

图 8-16　智能环绕布线

8.11　差分对布线

在 Altium Designer 中，差分线的定义既可以在原理图中实现，也可以在 PCB 中实现，下面对这两种定义方法分别进行介绍。

8.11.1　在原理图中定义差分线

（1）打开 USB HUB 工程文件中的原理图文件，执行菜单命令【Place】→【Directives】→【Differential Pair】，进入放置差分对指示记号状态，这时按【Tab】键可以打开差分线属性对话框，需要确认“Value”项的值设置为“True”。

（2）在要定义为差分对的“DM1”和“DP1”线路上，放置一个差分对指示记号，如图 8-17 所示。

（3）完成差分对网络的定义后，更新 PCB 文件。

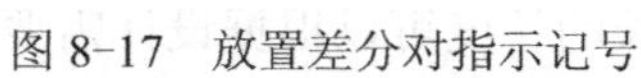

图 8-17　放置差分对指示记号

8.11.2　在 PCB 中定义差分对

（1）打开 USB HUB 工程文件中的 PCB 文件。

（2）在软件的右下角单击 PCB 图标中的“PCB”快捷菜单，然后打开 PCB 面板，在 PCB 面板中选择“Differential Pairs Editor”类型，如图 8-18 所示。

（3）在“Differential Pairs”目录栏单击【Add】按钮进入差分对设置对话框，在“Positive Net”和“Negative Net”栏内分别选择差分对正负信号线，在“Name”栏内输入差分对的名称命名“USB1”，单击【OK】按钮退出设置，如图 8-19 所示。

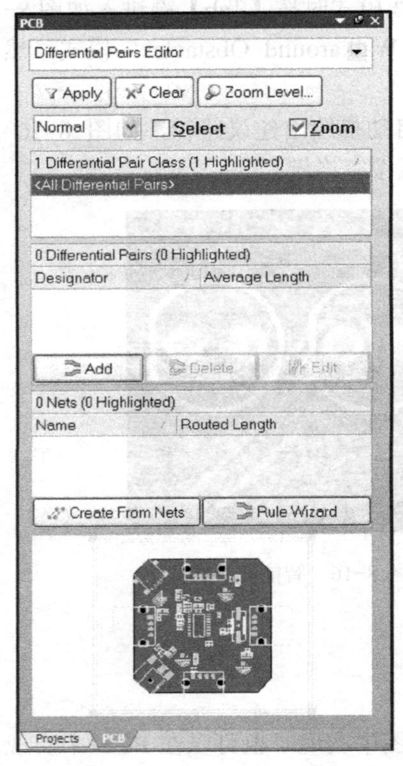

图 8-18　差分对编辑界面

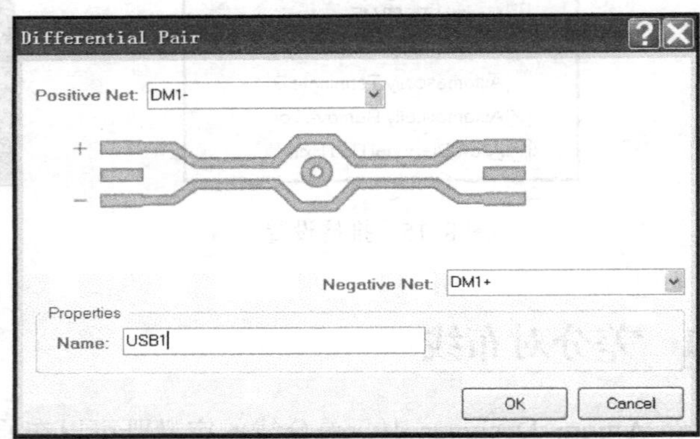

图 8-19　新增差分线对话框

（4）完成设置后，差分对网络呈现灰色的筛选状态。

8.11.3　设置差分对走线规则

完成差分对网络的定义后，在 PCB 差分对编辑器中出现 USB1 的差分对组，如图 8-20 所示。在本实例中，具体讲解使用规则向导来实现差分对的规则设置。

（1）在图 8-19 中，单击规则向导【Rule Wizard】按钮，进入差分对规则向导编辑界面。继续单击【Next】按钮，进入设计规则名称编辑界面，按照默认设置即可。

（2）继续单击【Next】按钮，进入差分对线宽设置界面，如图 8-21 所示。在该界面中可以完成差分线的线宽设置。在本实例中，根据阻抗计算得到线宽为 10mil。

（3）完成差分对线宽的设置后进入差分对等长设计规则设置界面，如图 8-22 所示。等长的长度可以根据设计需要进行设置，也可以在差分线走线完成后再来设置。

（4）完成差分对等长规则的设置后，单击【Next】按钮进入差分对安全间距设置界面，如图 8-23 所示。在本例中，采用 10mil 的走线间距。

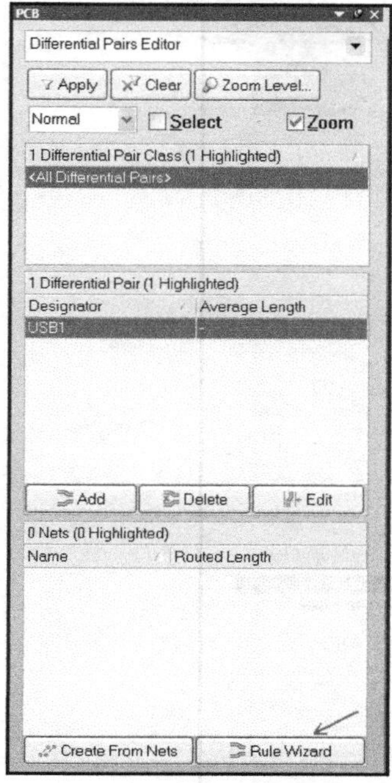

图 8-20　PCB 差分线编辑界面

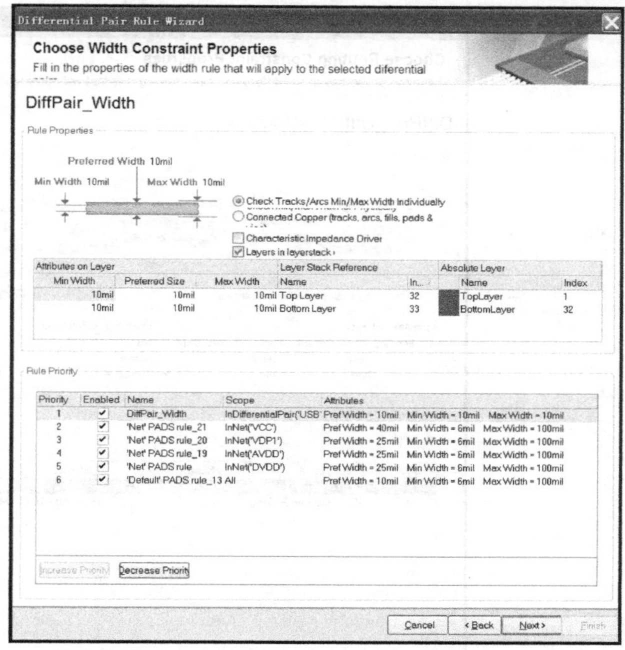

图 8-21　差分对线宽设置界面

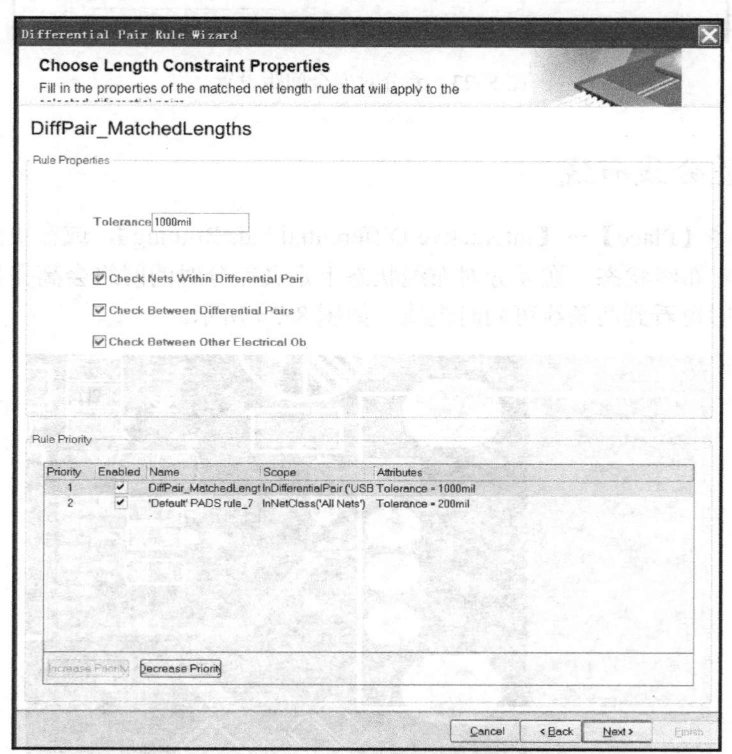

图 8-22　差分对等长规则设置

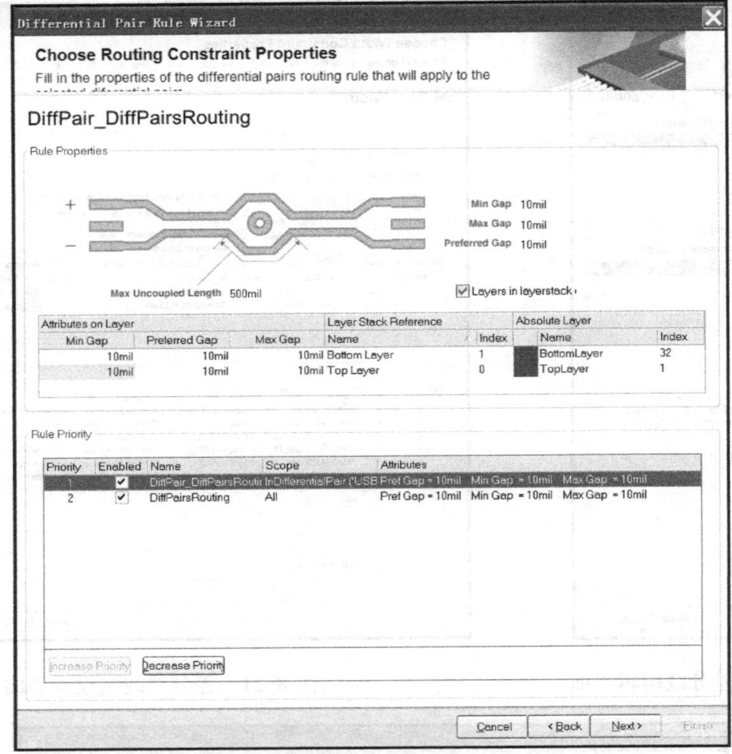

图 8-23　差分对安全间距设置

8.11.4　差分线布线

执行菜单命令【Place】→【Interactive Differential Pair Routing】，或在快捷工具栏内单击图标进入差分对布线状态，在差分对布线状态下定义差分对的网络会高亮显示，单击差分对任意一根网络时可看到两条线可同时走线，如图 8-24 所示。

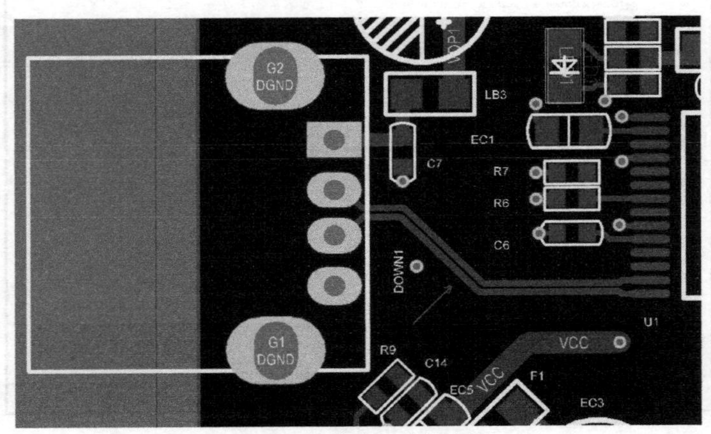

图 8-24　差分对走线实例

8.12　拆线

Altium Designer 提供了操作方便、功能强大的拆线工具，用户可以通过手工方式拆除导线，也可以通过执行菜单命令【Tool】→【Un-Route】完成拆线。

1．手动拆除导线

手动拆除导线的最大优点是，可以通过手动选取需要拆除的导线，自由灵活地进行线路优化，其操作步骤如下：

（1）选取需要拆除的导线。通过单击选取导线，如果需要选取多条导线，可以按【Shift】键并单击来完成，也可以用鼠标直接框选需要拆除的导线，如图 8-25 所示，右键单击鼠标可以取消选取导线。

（2）拆除导线。手动选取需要拆除的导线后，可以将鼠标置于选取的导线上并右击，在弹出的菜单中执行菜单命令【Clear】，如图 8-26 所示。也可以直接按【Delete】键，拆除所选导线。如果在拆线操作中需要撤销操作，可以按快捷键【Ctrl+Z】进行撤销上一步的操作。

图 8-25　框选导线

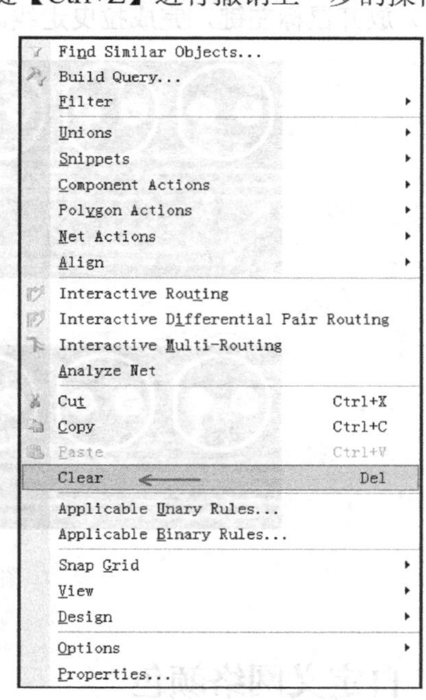

图 8-26　执行菜单命令【Clear】

2．使用拆除命令

Altium Designer 提供各种拆除命令，用于拆除走线。在 PCB 设计环境中，执行菜单命令【Tools】→【Un-Route】，或者按下快捷键【U】，打开导线拆除范围命令，如图 8-27 所示，共有 5 项范围选取命令，选取要拆除导线的范围，即可进行导线拆除操作。各项命令的具体介绍如下。

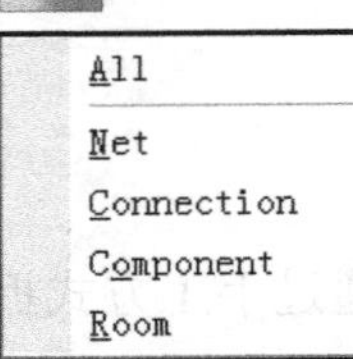

图 8-27　拆线命令菜单

（1）All：拆除整块电路板的导线。
（2）Net：拆除指定网络中的导线。
（3）Connection：拆除指定的连接线，即焊盘间的导线。
（4）Component：拆除指定元器件上的所有导线。
（5）Room：拆除布局空间内的所有导线。

8.13　拉曳走线

在布线过程中，如果感觉已布线路无法让人满意，此时可以使用拉曳走线功能改变原有走线，以得到满意结果为止。拉曳走线的基本方法是“拉、拖、放”，下面具体介绍其操作步骤。

（1）通过鼠标选取需要拉曳的线段，选定后鼠标变为 X 选符号，走线的两端及中间各出现一个控点，在该线段非控点的位置按住鼠标左键不放，向上移动线段，尽量靠近上方的导线。其操作方法如图 8-28 所示。

（2）放开鼠标左键，完成拉曳走线。以同样的方法重复操作，可以快速调整走线。

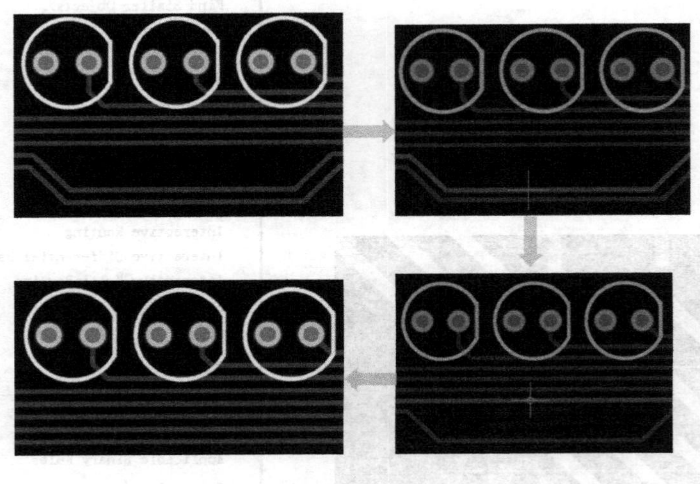
图 8-28　拉曳走线

8.14　自定义网络颜色

Altium Designer 支持改变布线网络的铜皮颜色，在一些大型的板子里需要使用该功能查看各布线网络的拓扑结构及交叉情况，以便进行调整网络布局。

打开 PCB 面板，从中选择“Nets”类型，在“Nets”栏内右键单击要改变网络颜色的网络，如图 8-29 所示。执行菜单命令【Change Net Color】，弹出挑选颜色对话框，在颜色栏内选中一个颜色，单击【OK】按钮即可改变该网络的颜色，再勾选该网络前面的勾选框，可实时显示改变的网络颜色，如图 8-30 所示。

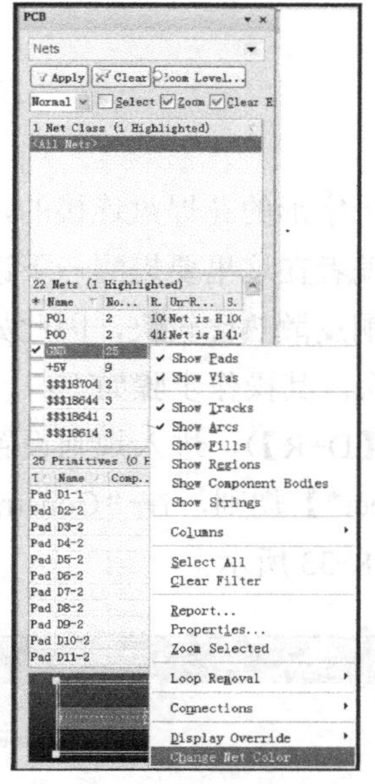

图 8-29　选取需设置颜色的网络

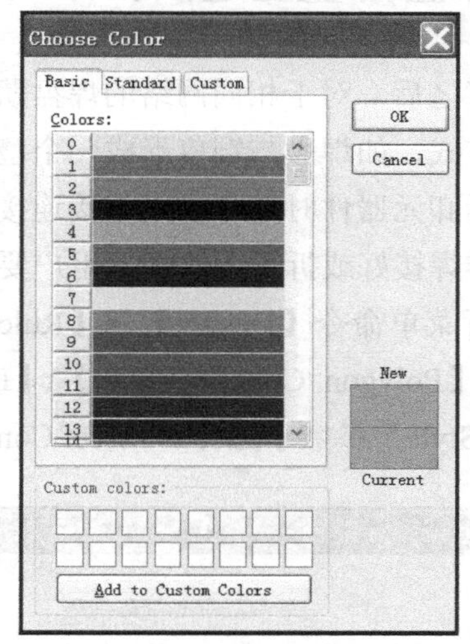

图 8-30　选取颜色

8.15　导线贴铜

导线贴铜可以起到加宽导线和加固铜皮牢固度的作用，通常用于电源模块大电流的输入和输出端信号导线。下面介绍这个功能的操作步骤。

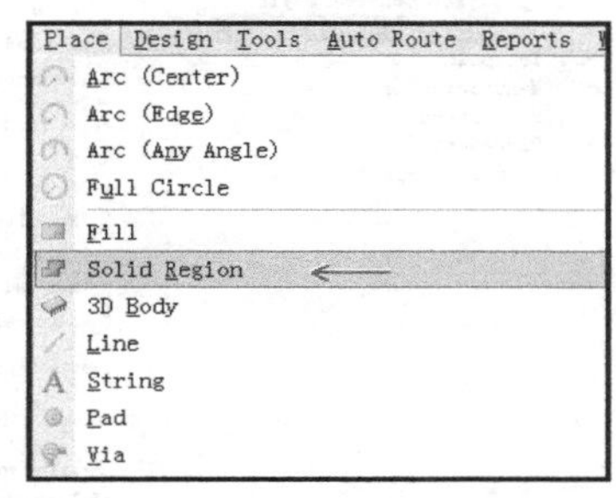

图 8-31　选择多边形填充命令

执行菜单命令【Place】→【Solid Region】，如图 8-31 所示，进入多边形填充状态。然后在要贴铜的布线网络上画出要贴铜的形状，确定后，该多边形自动与当前的网络组合成一个网络，注意不要与其他网络短路。完成后如图 8-32 所示。

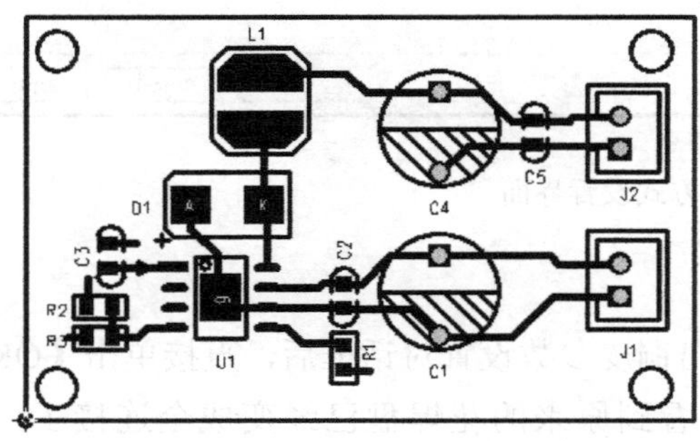

（a）贴铜前

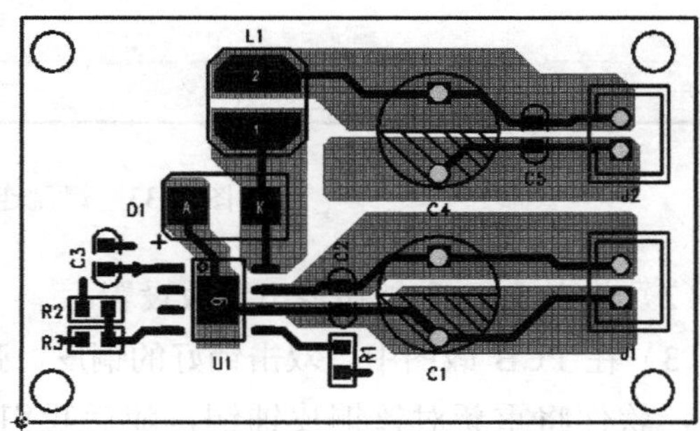

（b）贴铜后

图 8-32　导线前后对比

8.16 热焊盘\焊盘全连接设计

铜皮铺好之后，对于相同网络的焊盘默认连接是以十字形的花焊盘连接的，用户可以修改它的连接方式，如焊盘与铜皮形成一个整体连接。但编者在这里要提醒一下读者，花焊盘在焊接时或拆卸元器件时更容易，直接连接的形式由于铜皮散热比较快，因此如果烙铁温度不够，就很难焊接好或拆下元器件，用户要自行考虑取舍。其操作步骤如下：

（1）执行菜单命令【Design】→【Rules】（快捷键【D+R】），进入规则设置对话框，展开【Plane】\【Polygon Connect Style】\【PolygonConnect*】规则，在“Constrains”参数栏的“Connect Style”参数中选择“Direct Connect”，如图 8-33 所示。

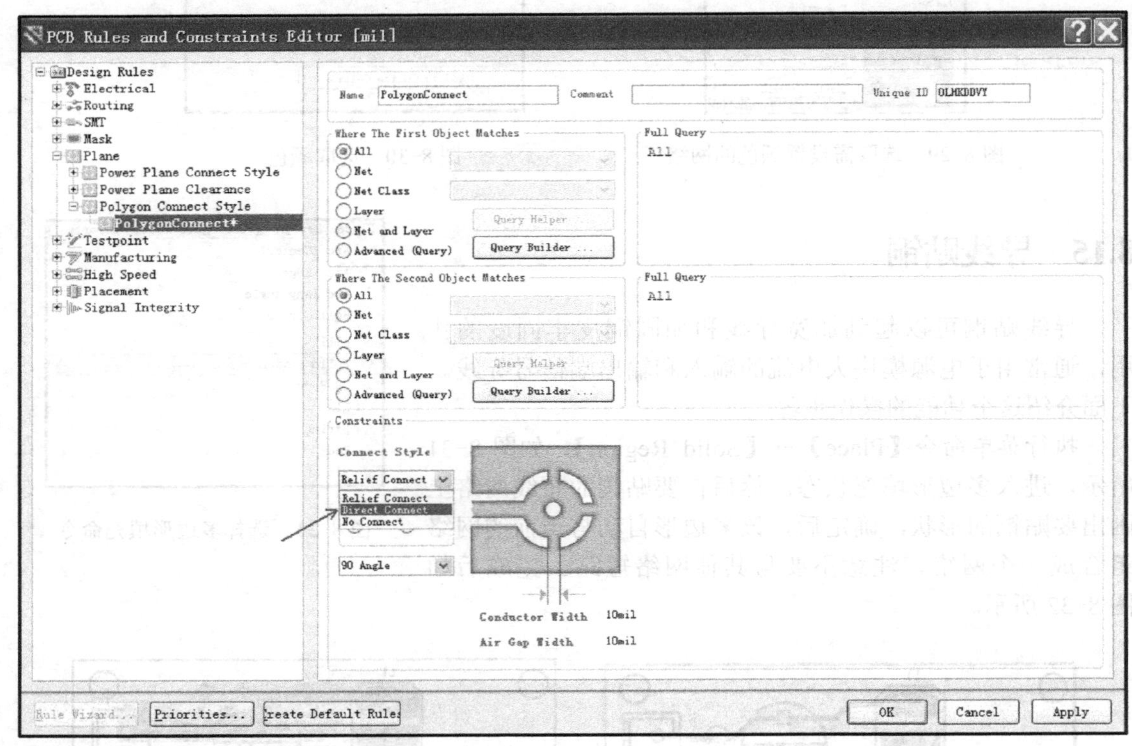

图 8-33 焊盘连接方式设置界面

（2）单击【OK】按钮退出参数设置。

（3）在 PCB 版图中，双击铺好的铜皮，弹出铜皮参数设置对话框后，直接单击【OK】按钮，软件将重新对该铜皮铺铜，随后我们将看到原来的花焊盘已经变成全连接了，如图 8-34 所示。

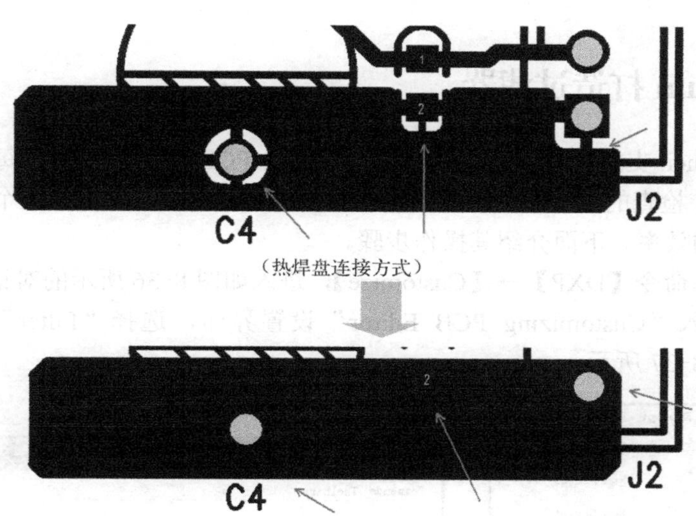

（热焊盘连接方式）

（焊盘全连接方式）

图 8-34 热焊盘和全连接示意

8.17 补泪滴设计

在 PCB 设计时，采用补泪滴连接的最大好处是提高了信号完整性。因为在导线与焊盘尺寸差距较大时，采用补泪滴连接可以使这种差距逐渐减小，以减少信号损失和反射。其操作步骤如下。

执行菜单命令【Tools】→【Teardrops】，进入如图 8-35 所示的泪滴设置对话框，在该对话框中进行必要的各项设置。“Scope”栏中可以设置针对过孔、SMD 焊盘、导线、T 型走线设置是否添加泪滴。

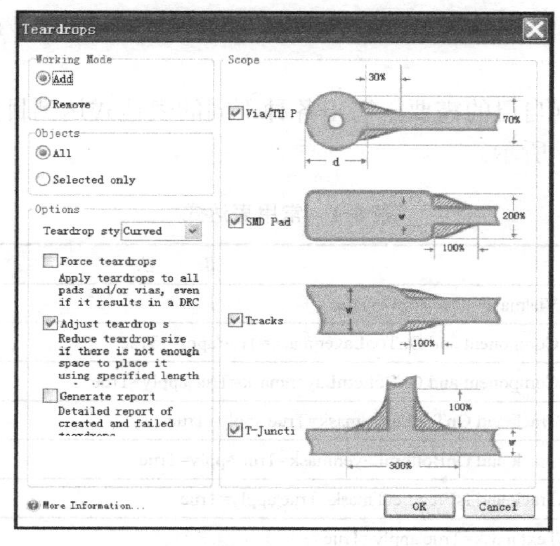

图 8-35 泪滴设置对话框

8.18 为 Altium 打造过滤器

Altium Designer 支持自定义命令。编者在平时的 PCB 设计工作中，每天需要检查多份 PCB 设计文档，在检查的过程中发现如果能单独显示某一层的元器件或某个特定的元素，可以大大提高检查的效率。下面介绍其操作步骤。

（1）执行菜单命令【DXP】→【Customize】，进入如图 8-36 所示的对话框。

（2）随后进入“Customizing PCB Editor”设置界面，选择“Filter”中的“Organize Favorites”，如图 8-37 所示。

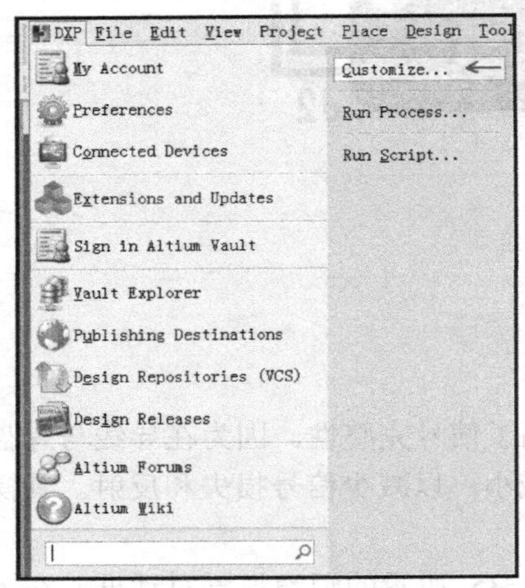

图 8-36 进入 Customize

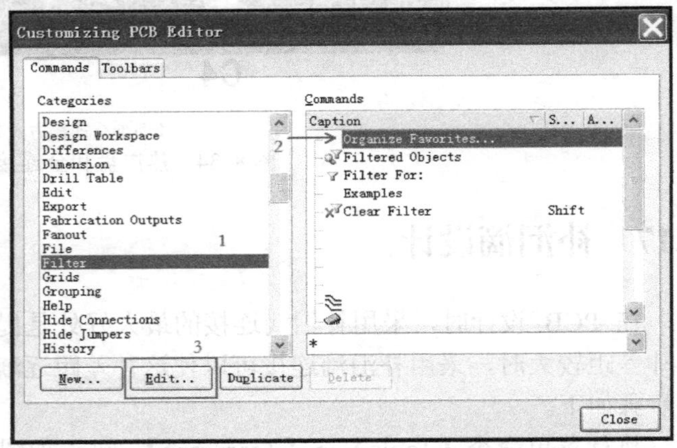

图 8-37 “Customizing PCB Editor”设置

（3）在随后出现的“Edit Command”对话框中输入表达式语法，如图 8-38 所示，如显示顶层器件。在图 8-39 中输入相应的语法“expr=IsComponent and OnTopLayer|mask=True|apply=True”。

另外，大家可以根据自己的需要，写出各种不同的表达式达到目的。

常用表达式如表 8-1 所示。

表 8-1 常用表达式

功　能	语　法
显示过孔	expr=IsVia|mask=True|apply=True
显示顶层器件	expr=IsComponent and OnTopLayer|mask=True|apply=True
显示底层器件	expr=IsComponent and OnBottomLayer|mask=True|apply=True
显示顶层走线	expr=IsTrack and OnTopLayer|mask=True|apply=True
显示底层走线	expr=IsTrack and OnBottomLayer|mask=True|apply=True
显示电气走线	expr=IsTrack and IsElectrical|mask=True|apply=True
显示字符	expr=IsText|mask=True|apply=True
显示电气走线	expr=IsTrack and IsElectrical|mask=True|apply=True

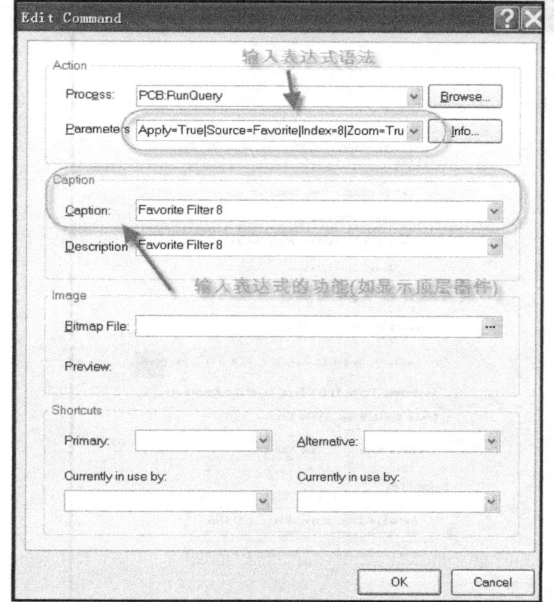

图 8-38 “Edit Command”对话框

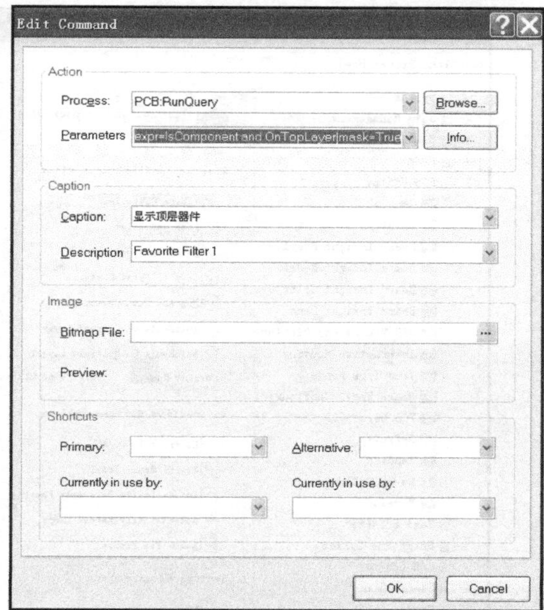

图 8-39 显示顶层器件语法

（4）设置完成后，在 PCB 界面按【Y】键就可以调出过滤器菜单，如图 8-40 所示。

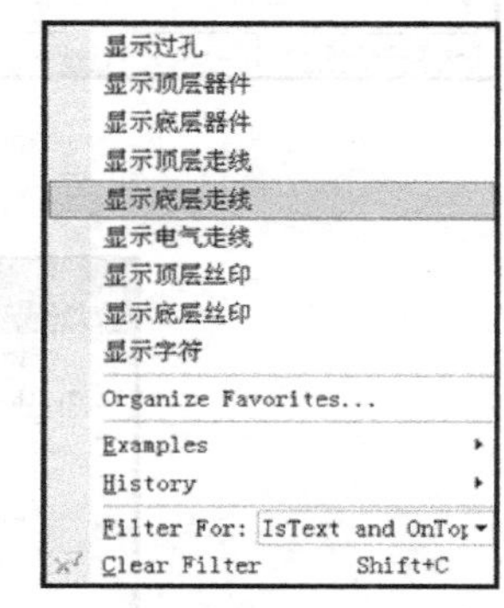

图 8-40 PCB 中调出过滤器菜单

8.19 自定义走线宽度和过孔

Altium Designer 针对高速高密度电路板的复杂版图设计，在交互式布线过程中，提供自定义走线宽度和过孔的功能。用户掌握此操作技巧后，可以有效地提高工作效率。其操作步骤如下：

（1）执行菜单命令【Tools】→【Preferences】→【Interactive Routing】，进入如图 8-41 所示的偏好设置对话框。在该对话框中，用户可以设置偏好的走线线宽和过孔尺寸。

（2）单击 Favorite Interactive Routing Widths 按钮，进入走线宽度偏好设置界面，如图 8-42 所示。在该对话框中可以添加或编辑常用的线宽。用户根据设计需要添加或编辑完成后，单击【OK】按钮即可完成设置。

（3）单击 Favorite Interactive Routing Via Sizes 按钮，进入过孔尺寸偏好设置界面，如图 8-43 所示。在该对话框中可以添加或编辑常用的过孔尺寸。用户根据设计需要添加或编辑完成后，单击【OK】按钮即可完成设置。

（4）完成所有设置后。返回到 PCB 设计界面，在进行交互式设计的过程中，单击焊盘或过孔并按下【Shift+W】组合键，调出线宽选择列表，如图 8-44 所示。

图 8-41　偏好设置对话框

Favorite Interactive Routing Widths

Imperial		Metric		System Units
Width	Units	Width	Units	Units
5	mil	0.127	mm	Imperial
6	mil	0.1524	mm	Imperial
8	mil	0.2032	mm	Imperial
10	mil	0.254	mm	Imperial
12	mil	0.3048	mm	Imperial
20	mil	0.508	mm	Imperial
25	mil	0.635	mm	Imperial
50	mil	1.27	mm	Imperial
100	mil	2.54	mm	Imperial
3.937	mil	0.1	mm	Metric
7.874	mil	0.2	mm	Metric
11.811	mil	0.3	mm	Metric
19.685	mil	0.5	mm	Metric
29.528	mil	0.75	mm	Metric
39.37	mil	1	mm	Metric

Add...　Delete　Edit...　OK　Cancel

图 8-42　线宽偏好设置界面

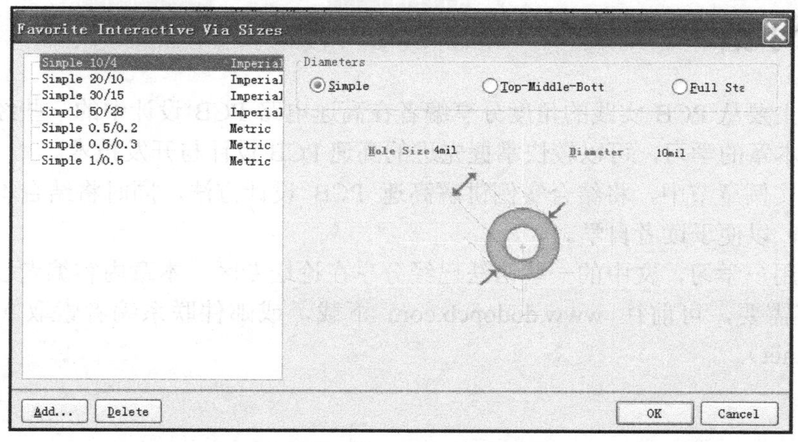

图 8-43　过孔尺寸偏好设置界面

Choose Width

Imperial		Metric		System Units
Width	Units	Width	Units	Units
5	mil	0.127	mm	Imperial
6	mil	0.1524	mm	Imperial
8	mil	0.2032	mm	Imperial
10	mil	0.254	mm	Imperial
12	mil	0.3048	mm	Imperial
20	mil	0.508	mm	Imperial
25	mil	0.635	mm	Imperial
50	mil	1.27	mm	Imperial
100	mil	2.54	mm	Imperial
3.937	mil	0.1	mm	Metric
7.874	mil	0.2	mm	Metric
11.811	mil	0.3	mm	Metric
19.685	mil	0.5	mm	Metric
29.528	mil	0.75	mm	Metric
39.37	mil	1	mm	Metric

☑ Apply To All Layers

图 8-44　线宽选择列表

（5）完成所有设置后。返回到 PCB 设计界面，在进行交互式设计的过程中，单击焊盘或过孔并按下【Shift+V】组合键，调出过孔尺寸选择列表，如图 8-45 所示。

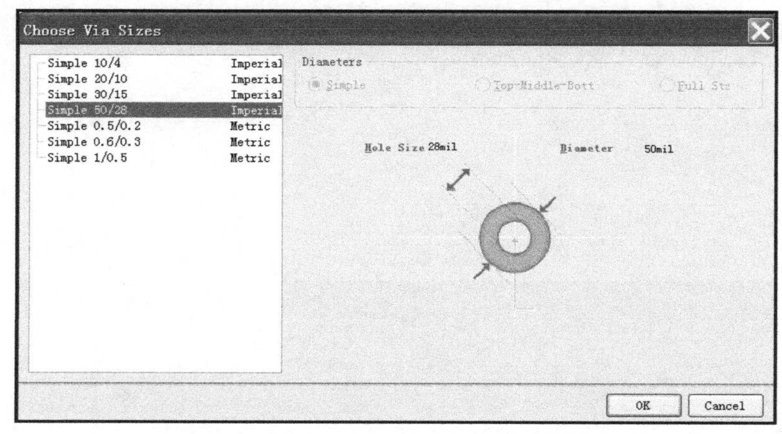

图 8-45　过孔尺寸选择列表

8.20 本章小结

本章内容主要从 PCB 实践的角度分享编者在高速电路 PCB 设计中的一些经验和设计方法。读者通过本章的学习，可以较快掌握先进的高速 PCB 设计与开发技术。

在后续的实例章节中，将结合实例讲解高速 PCB 设计方法，同时将结合本章的操作技巧录制成视频，以便于读者自学。

为了便于用户学习，文中的一些语法已经分享在论坛专区，本章内容编者已录制同步操作视频。如有需要，可前往 www.dodopcb.com 下载，或邮件联系编者索取（编者邮箱：pcbtech@yeah.net）。

第9章　元件集成库设计与管理

9.1　集成库概述

Altium Designer 具有独立的集成库支持设计。在集成库中不仅有原理图中代表元件的符号，还集成 Footprint 封装、电路仿真模块、信号完整性分析模块、3D 模块等模型文件。

集成库具有以下一些优点：集成库便于移植和共享；元件和模块之间的连接具有安全性；集成库在编译过程中会检测错误，如引脚封装对应关系等。

用户可直接对源原理图和 PCB 库进行操作，将其编译进集成库中，这为用户提供了所有可能用到的元件原理图和封装，同时用户还可以附加仿真和信号完整性模型，以及器件的 3D CAD 描述。

在编译集成库时，从源中提取的所有模型合并成一个可移植的单一格式，然后即可部署集成库，用于端设计。使用集成库，用户能够维护源库的完整性，同时为设计师提供访问所有必要器件信息的接口。

9.2　集成元件库操作的基本步骤

Altium Designer 生成一个完整的元件库的基本步骤如图 9-1 所示。

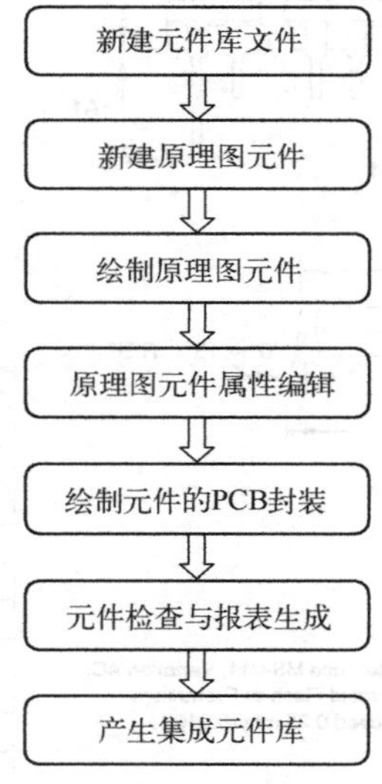

图 9-1　集成元件库操作的基本步骤

第一步，新建元件库文件：创建新的元件库文件，包括元件原理图库和元件 PCB 库。

第二步，添加新的原理图元件：绘制具体的元件，包括几何图形的绘制和引脚属性编辑。

第三步，原理图元件属性编辑：整体编辑元件的属性。

第四步，绘制元件的 PCB 封装：绘制元件原理图库所对应的 PCB 封装。

第五步，元件检查与报表生成：检查绘制的元件，并生成相应的报表。

第六步，产生集成元件库：将元件原理图库和元件 PCB 库集合产生集成元件库。

下面我们以单片机 AT89S51 为例讲解集成元件库的创建工作。图 9-2 和图 9-3 所示分别为 AT89S51 的原理图封装和 PCB 元件封装尺寸。

U1

Pin	Name	Name	Pin
1	P1.0	VCC	40
2	P1.1	P0.0	39
3	P1.2	P0.1	38
4	P1.3	P0.2	37
5	P1.4	P0.3	36
6	P1.5	P0.4	35
7	P1.6	P0.5	34
8	P1.7	P0.6	33
9	RESET	P0.7	32
10	RXD	EA	31
11	TXD	ALE	30
12	INT0	PSEN	29
13	INT1	P2.7	28
14	T0	P2.6	27
15	T1	P2.5	26
16	WR	P2.4	25
17	RD	P2.3	24
18	XTAL2	P2.2	23
19	XTAL1	P2.1	22
20	GND	P2.0	21

IC_AT89S51

图 9-2　单片机 AT89S51 原理图封装元件

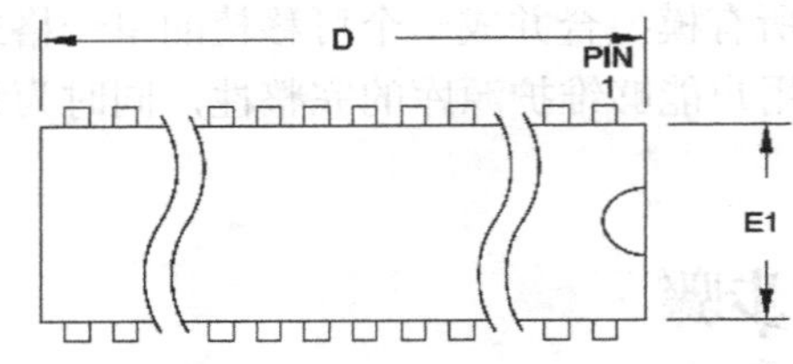

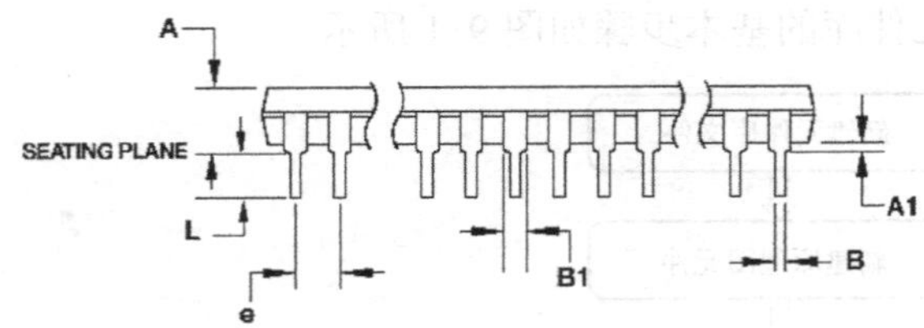

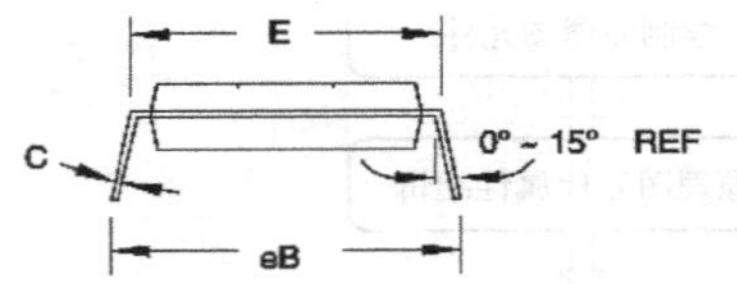

Notes: 1. This package conforms to JEDEC reference MS-011, Variation AC.
2. Dimensions D and E1 do not include mold Flash or Protrusion.
Mold Flash or Protrusion shall not exceed 0.25 mm (0.010").

COMMON DIMENSIONS
(Unit of Measure = mm)

SYMBOL	MIN	NOM	MAX	NOTE
A	–	–	4.826	
A1	0.381	–	–	
D	52.070	–	52.578	Note 2
E	15.240	–	15.875	
E1	13.462	–	13.970	Note 2
B	0.356	–	0.559	
B1	1.041	–	1.651	
L	3.048	–	3.556	
C	0.203	–	0.381	
eB	15.494	–	17.526	
e	2.540 TYP			

图 9-3　单片机 AT89S51 DIP 封装尺寸

9.3 原理图元件库设计

原理图元件库是一个或多个用于原理图绘制的元件符号的集合，通常包含以下信息：

（1）元件符号：一个元件在原理图中的表现形式，主要包含引脚、元件图形、元件属性的内容；

（2）引脚：元件的电气连接点，是电源、电气信号的出入口，它与 PCB 库中元件封装中的焊盘相对应；

（3）元件图形：用于示意性地表达元件实体和原理的无电气意义的绘图元素的集合；

（4）元件属性：元件的标号、注释、型号、电气值、封装、仿真等信息的集合。

原理图库文件的存在形式主要为以下 3 种：

（1）作为某个 PCB 工程中的文件，为 PCB 工程提供元件；

（2）作为独立文件，可在工作区中被任何工程和原理图文件使用；

（3）作为集成库工程中的文件，与其他库文件（如 PCB 库文件、仿真模型文件等）一起被编译成集成库。

在集成库项目下新建一个原理图元件库文件。其操作步骤如下：

执行菜单命令【File】→【New】→【Schematic Library】，系统生成一个原理图库文件，默认名称为 “Schlib1.SchLib”，同时启动原理图库文件编辑器，如图 9-4 所示。

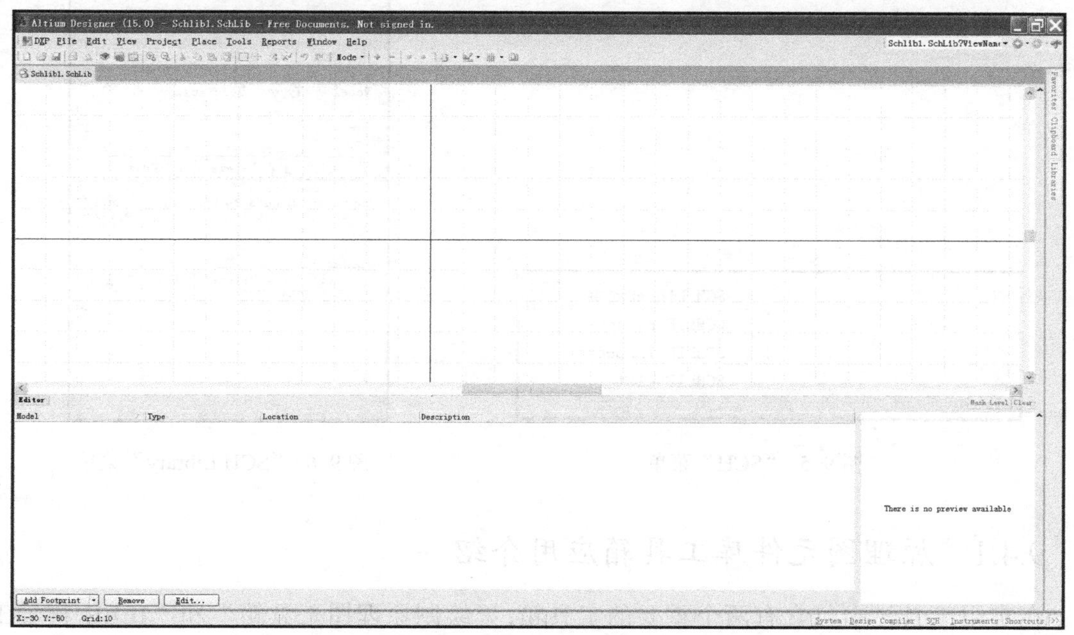

图 9-4 新建的原理图库文件

9.4 原理图元件属性编辑

在原理图元件库编辑环境中编辑元件。单击原理图编辑界面右下角的按钮，或执行菜单

命令【View】→【Workspace Panels】→【SCH】，打开如图 9-5 所示的菜单，在其中选择“SCH Library”选项，打开如图 9-6 所示的面板。

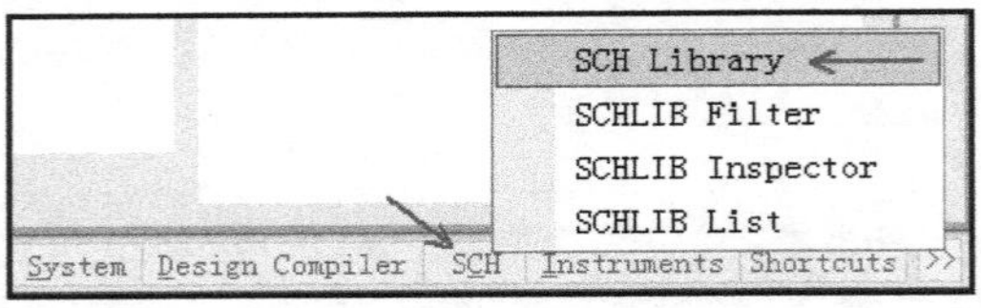

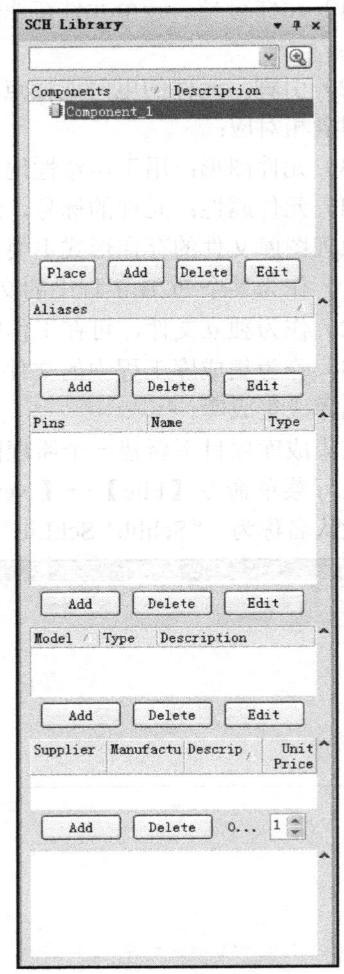

图 9-5 “SCH”菜单

图 9-6 “SCH Library”菜单

9.4.1 原理图元件库工具箱应用介绍

在实用工具栏中包含有两个重要的工具箱：“绘制原理图工具箱”和“IEEE 符号工具箱”。

（1）绘制原理图工具箱：单击图标“ ”会弹出相应的功能按钮，其各个按钮中的功能介绍在【Place】菜单栏下有相对应关系，如图 9-7 所示，主要包括放置直线、文本、引脚等功能。

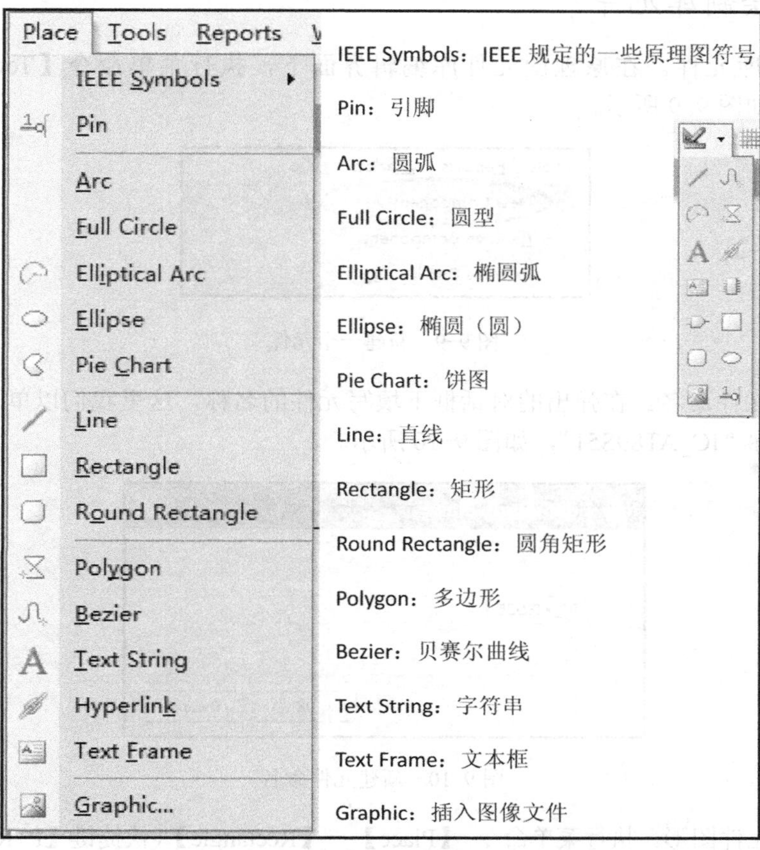

图 9-7　原理图工具箱

（2）IEEE 符号工具箱：单击图标“ ”会弹出相应的功能按钮，该工具箱主要用于放置信号方向、阻抗状态符号和数字电路基本符号等，如图 9-8 所示。

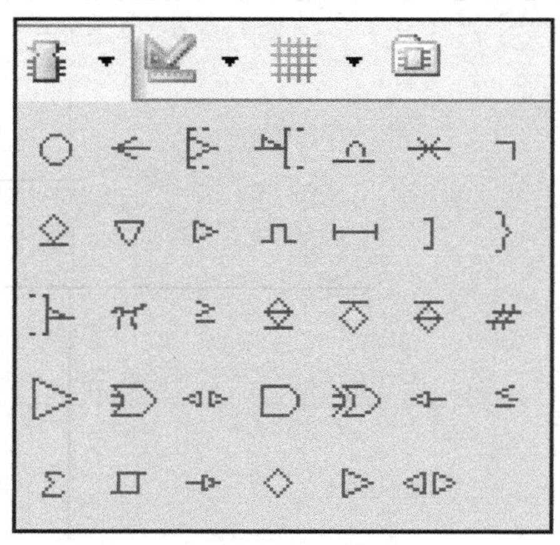

图 9-8　IEEE 符号工具箱

9.4.2 绘制库元件

（1）新建库元件。在原理图元件库编辑界面下，执行菜单命令【Tools】→【New Component】，如图 9-9 所示。

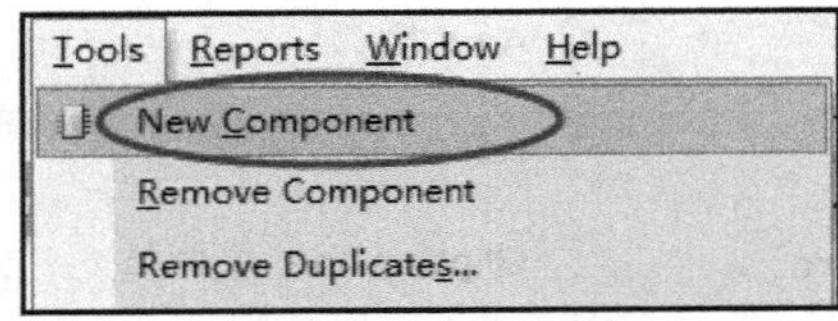

图 9-9　新建一个元件

（2）新建元件命名。在弹出的对话框下填写元件的名称，这里我们以单片机 AT89S51 为例，输入名称“IC_AT89S51”，如图 9-10 所示。

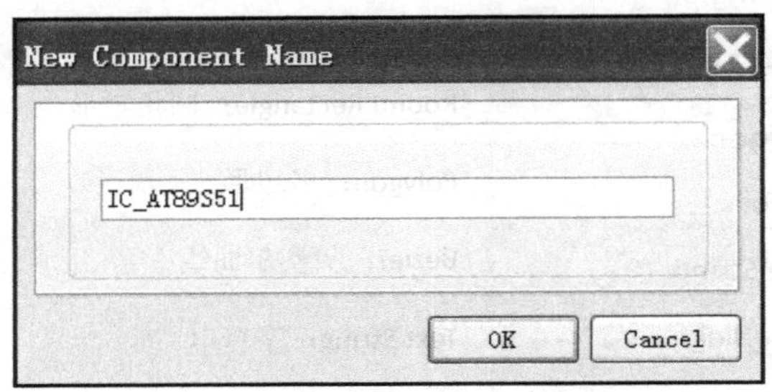

图 9-10　新建元件命名

（3）绘制元件图形。执行菜单命令：【Place】→【Rectangle】（快捷键【P+R】），如图 9-11 所示。这时光标变成十字形，并有一个矩形框图样出现在光标的右上角，如图 9-12 所示。在原理图封装编辑环境中第一次单击鼠标左键可完成矩形框的起点，第二次单击鼠标左键用于确定矩形框的终点，但此时软件并没有结束矩形框的绘制命令，此时如果想结束矩形框的绘制可以单击鼠标右键，或按下键盘的【Esc】键。绘制完成后的矩形框如图 9-13 所示。

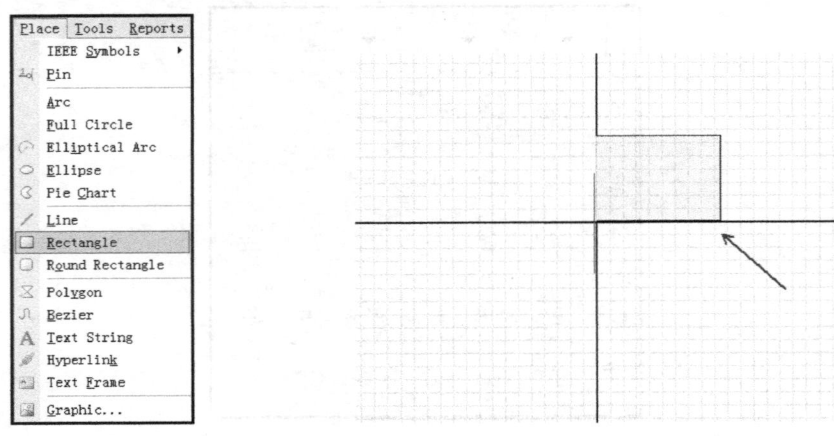

图 9-11　选择绘制矩命令　　　　图 9-12　绘制矩形框

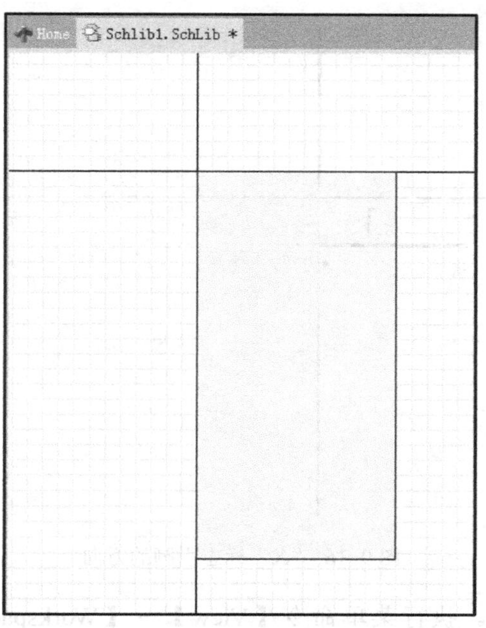

图 9-13　完成的矩形框图形

（4）增加 PIN 引脚。在绘制区域执行菜单命令【Place】→【Pin】，如图 9-14 所示。依次进行添加引脚的操作。完成后如图 9-15 所示。

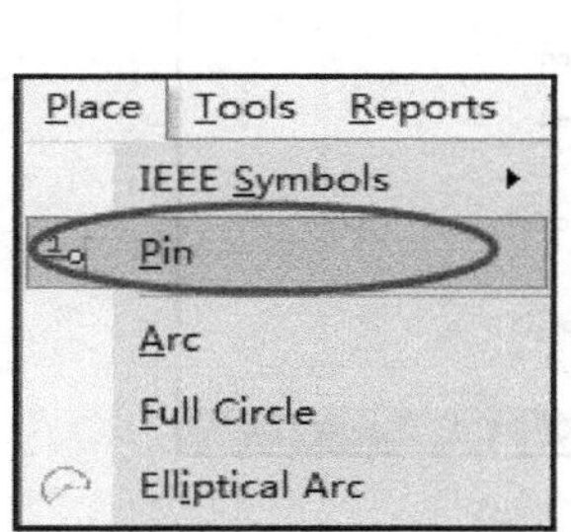

图 9-14　添加元件引脚

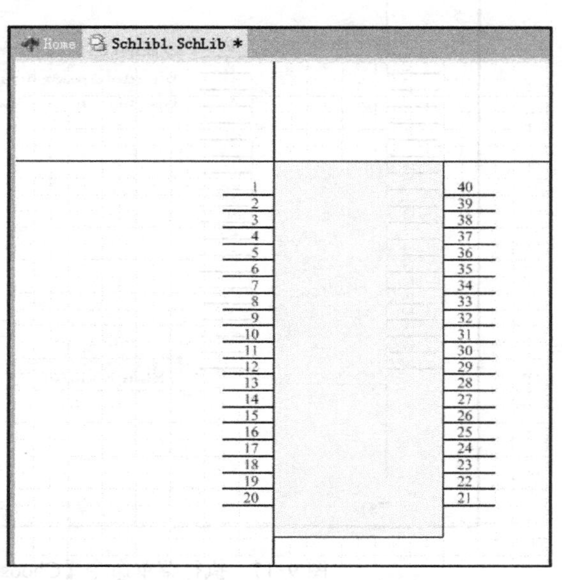

图 9-15　添加元件引脚

这里要特别注意引脚的方向，在放置和移动引脚时，带“X”标志的一端必须朝外，其端点具有电气属性，可以连接到其他网络或引脚上，如图 9-16 所示。

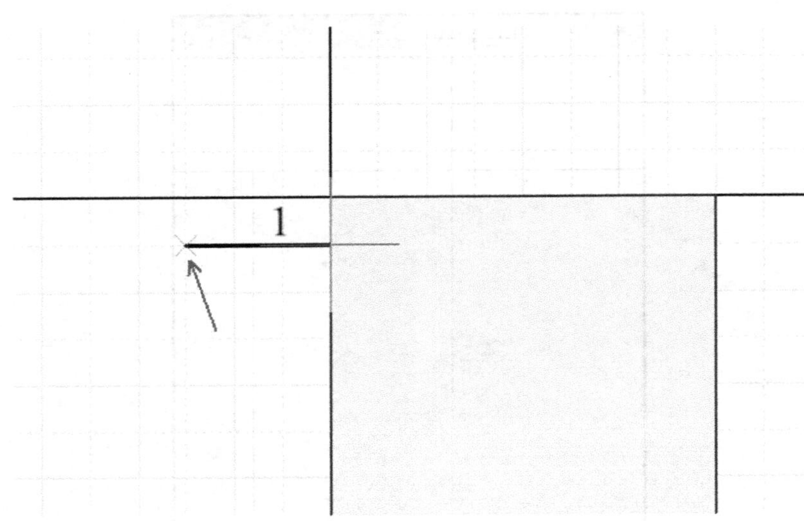

图 9-16 “X”标志引脚的方向

（5）修改 PIN 参数。执行菜单命令【View】→【Workspace Panels】→【SCH】→【SCHLIB List】，打开“SCHLIB List”面板，在面板上单击鼠标右键，然后执行菜单命令【Choose Columns…】，如图 9-17 所示。

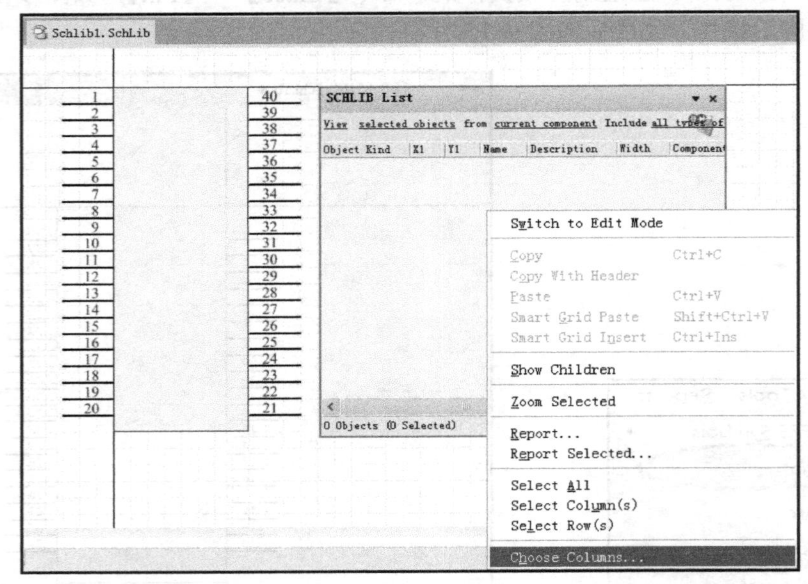

图 9-17 执行菜单命令【Choose Columns…】

进入 Columns 设置界面，本例中只需要显示“Name”和“Pin Designator”这两个参数，单击右边的下拉菜单框选中“Show”，然后再单击【OK】按钮完成设置，如图 9-18 所示。

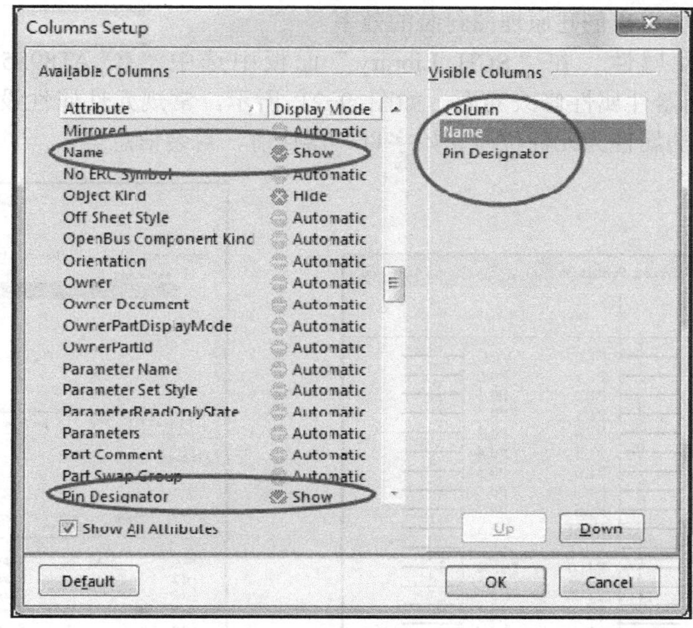

图 9-18　Columns 设置

返回至“SCHLIB List”面板，范围选择为“all objects”，另模式改为“Edit”模式，然后就可以直接从“datasheet”中复制引脚名称，粘贴到相应的引脚上。完成后如图 9-19 和图 9-20 所示。

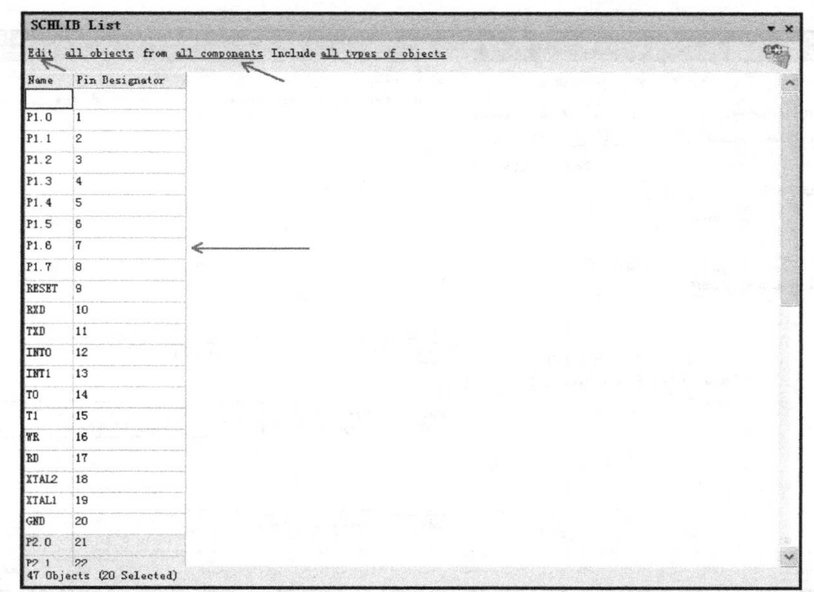

图 9-19　统一修改引脚属性

如果想修改其他的属性，也可以把相应的属性打开，然后在“Edit”模式下直接批量修改即可。这样提高了用户创建原理图封装的效率。

（6）添加元件属性。在“SCH Library”面板中选中“IC_AT89S51”器件，单击【Edit】按钮进入到器件属性修改界面，如图 9-21 所示。常规元件属性设置如图 9-22 所示。一般需要添加的属性为元件位号初始字母、器件值、封装信息等。

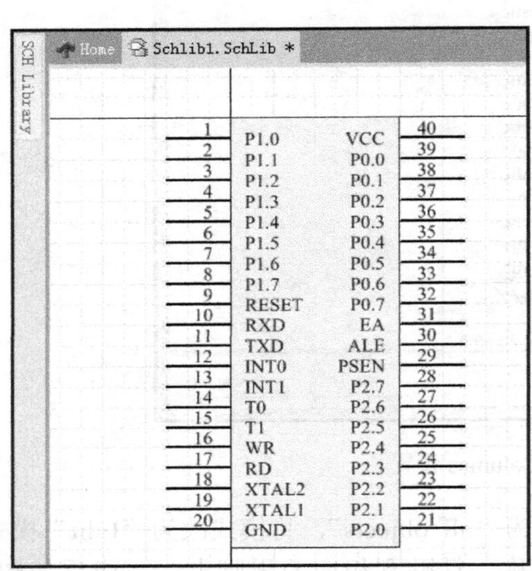

图 9-20　完成引脚属性编辑后的原理图封装

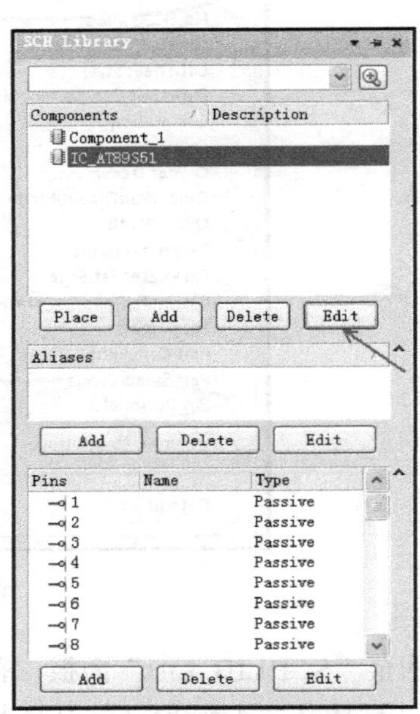

图 9-21　打开元件属性界面

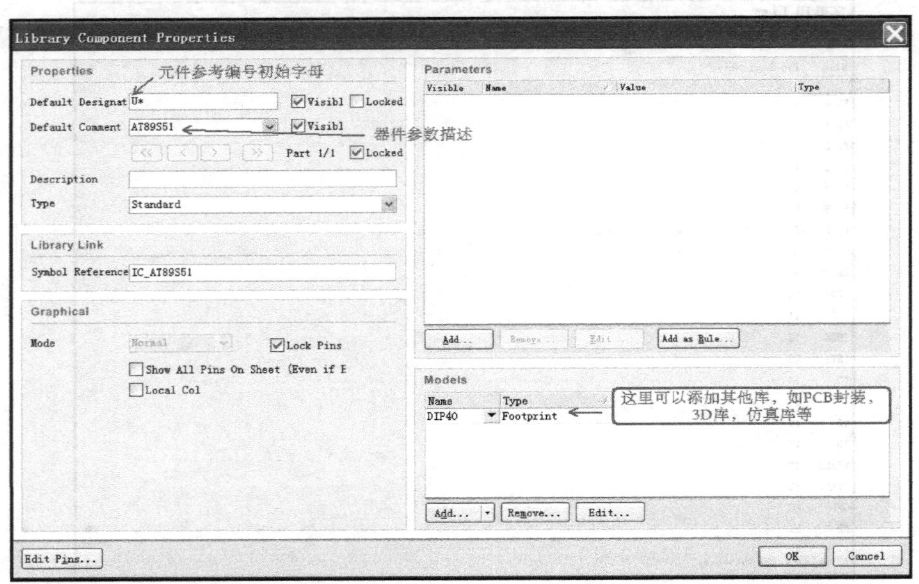

图 9-22　元件属性修改

（7）在图 9-22 所示界面中单击【OK】按钮并保存，完成元件库制作。

9.5　PCB 封装库设计

PCB 封装库设计有两种方法：通过元件向导制作和手工绘制封装。下面以创建 AT89S51 芯片的 PCB 封装为例进行操作步骤讲解。

9.5.1　新建 PCB 库文件

执行菜单命令【File】→【New】→【Library】→【PCB Library】，系统生成一个 PCB 元件库文件，默认名称为“PcbLib1. PcbLib”，同时启动 PCB 封装文件编辑界面，如图 9-23 所示。

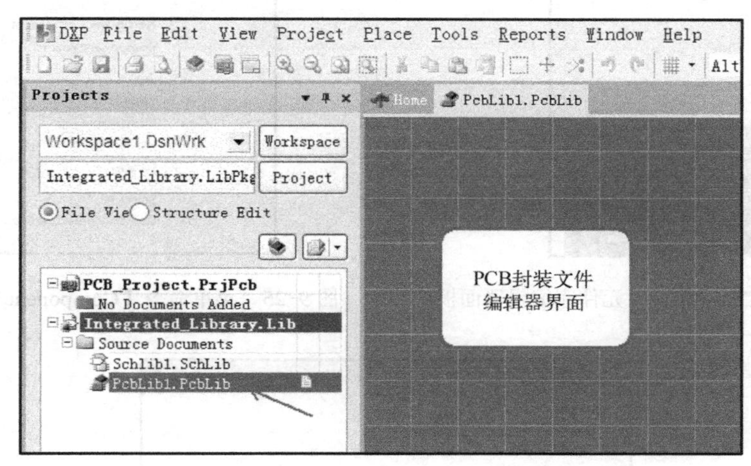

图 9-23　新建 PCB 封装文件

9.5.2　打开 PCB 元件库编辑器

单击 PCB 封装文件编辑界面右下角的按钮，或执行菜单命令【View】→【Workspace Panels】→【PCB】→【PCB Library】，打开“PCB Library”元件库编辑器面板，如图 9-24 所示。

9.5.3　使用元件向导制作元件封装

在“PCB Library”元件库编辑器面板中的“Components”标签下，单击鼠标右键，在弹出的快捷菜单中执行菜单命令【Component Wizard...】，如图 9-25 所示。开始进入 PCB 封装创建向导，并弹出如图 9-26 所示的对话框。

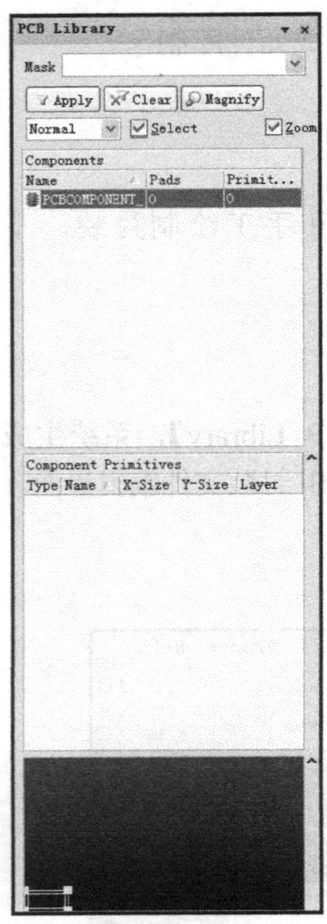

图 9-24 “PCB Library”元件库编辑器面板

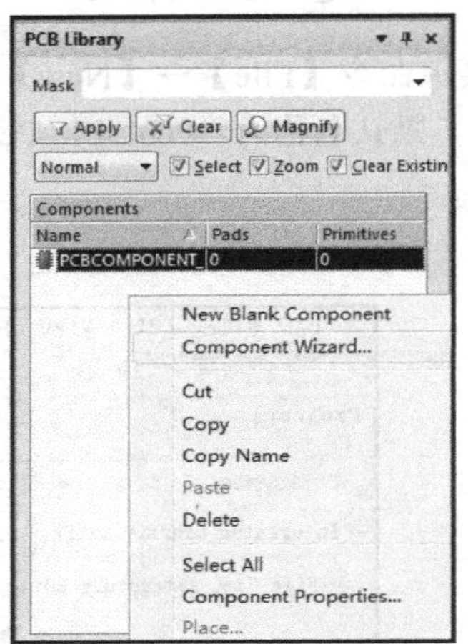

图 9-25 菜单命令【Component Wizard】

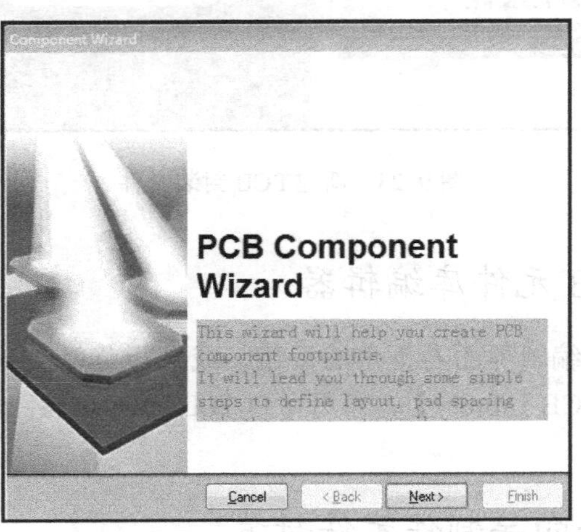

图 9-26 “PCB Component Wizard”对话框

单击【Next】按钮后，弹出“Component patterns”对话框，用户可以根据封装类型进行选择，本例选择“Dual In-line Packages（DIP）”，同时还可以选择 PCB 封装设计的单位，如“Metric（mm）”，如图 9-27 所示。

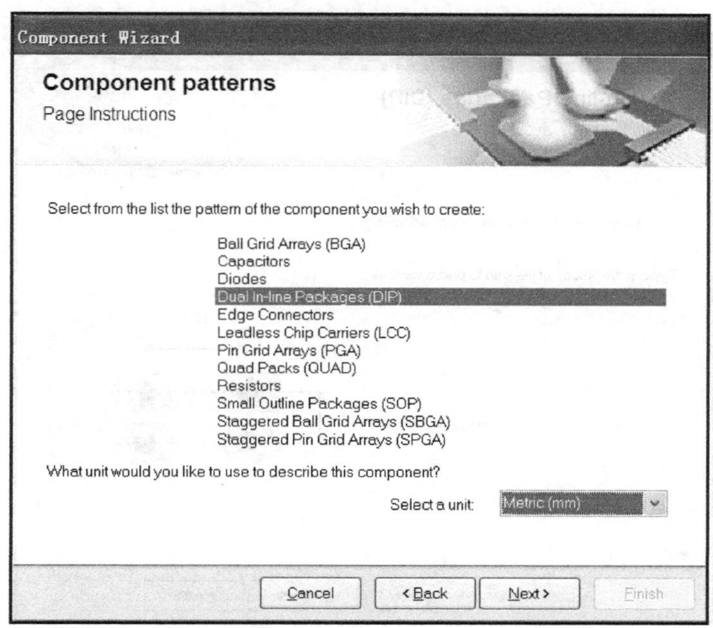

图 9-27　“Component patterns”对话框

继续单击【Next】按钮，在弹出的对话框中进行焊盘参数的设置，如图 9-28 所示。

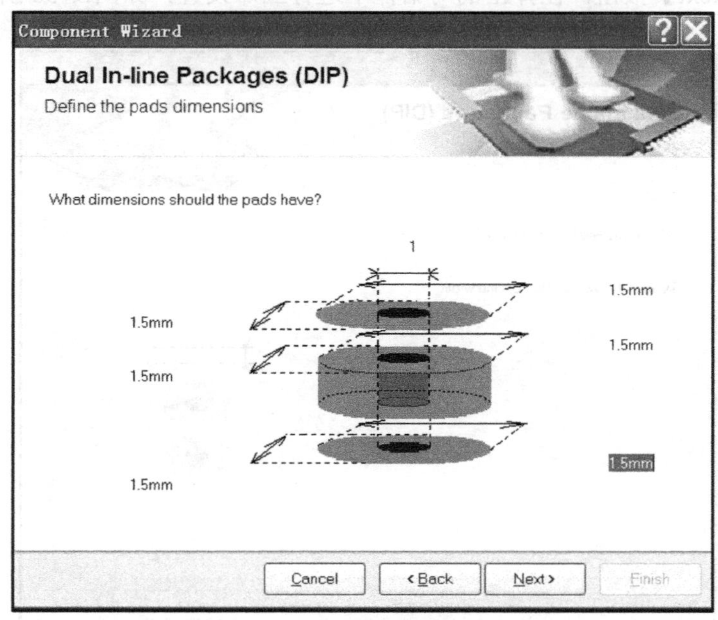

图 9-28　焊盘参数设置

继续单击【Next】按钮，在弹出的对话框中进行焊盘间距和跨距的设置，如图 9-29 所示。

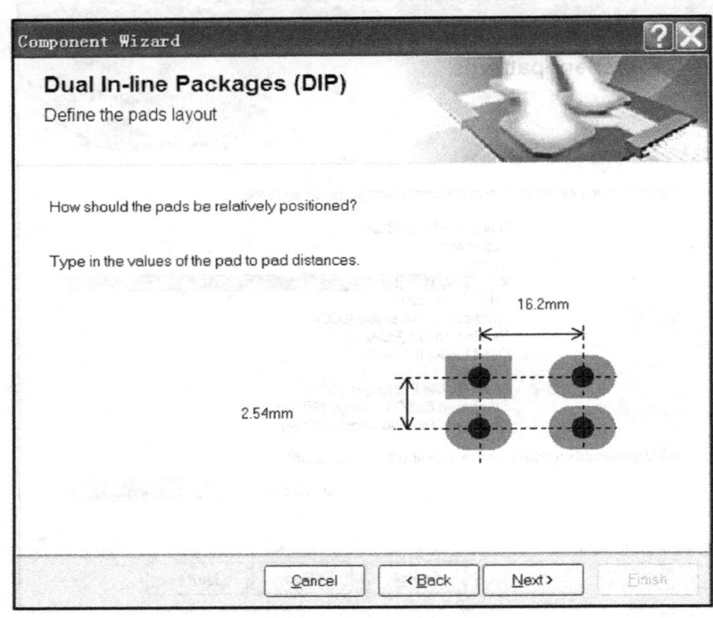

图 9-29　焊盘间距和跨距设置

继续单击【Next】按钮，在弹出的对话框中进行丝印设置，如图 9-30 所示。

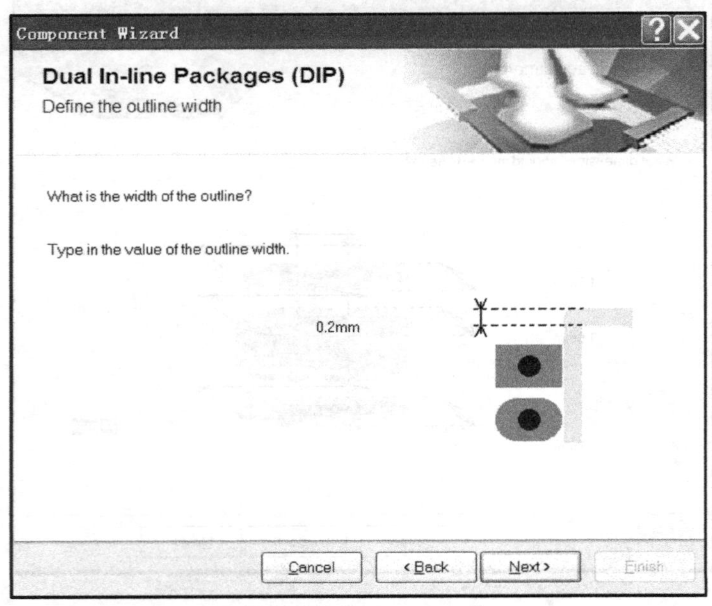

图 9-30　丝印设置

单击【Next】按钮，在弹出的对话框中进行焊盘数量的设置，如图 9-31 所示。

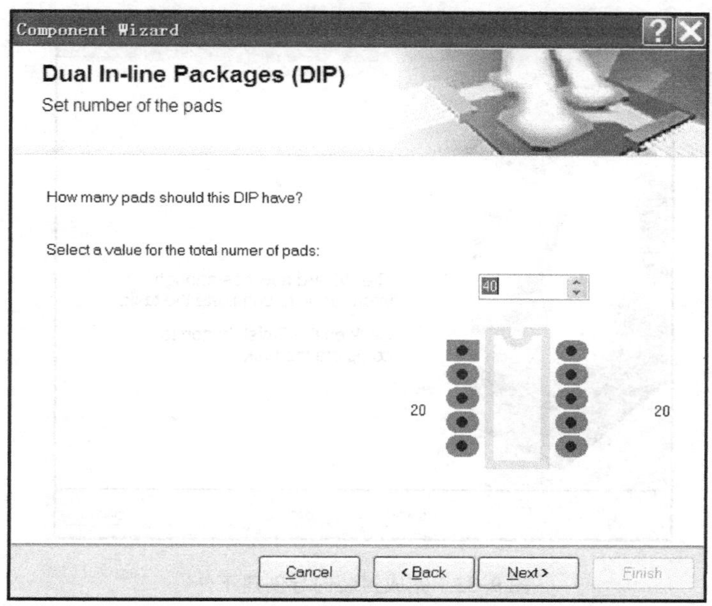

图 9-31　焊盘数量设置

单击【Next】按钮，在弹出的对话框中输入新建 PCB 封装的名称，如 DIP40，如图 9-32 所示。

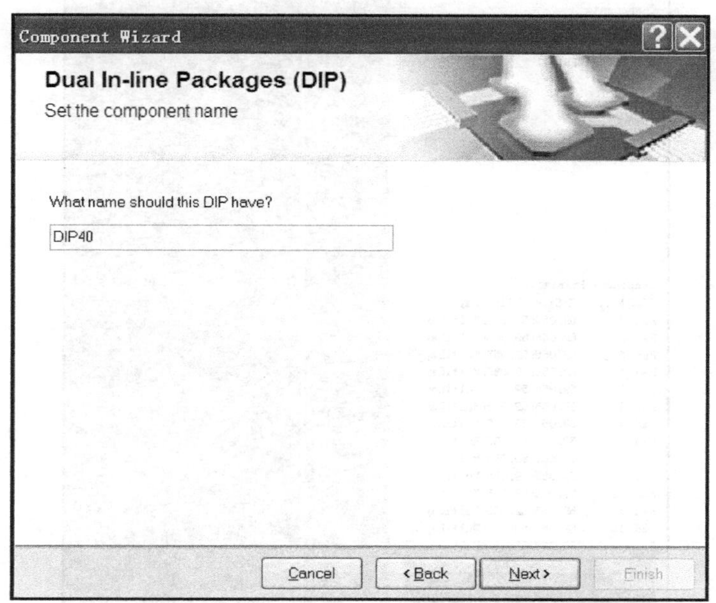

图 9-32　新建 PCB 封装命名

单击【Next】按钮，在出现的对话框中单击【Finish】按钮，完成封装向导创建工作，如图 9-33 所示。完成后的 PCB 封装如图 9-34 所示。

图 9-33　完成封装向导创建工作

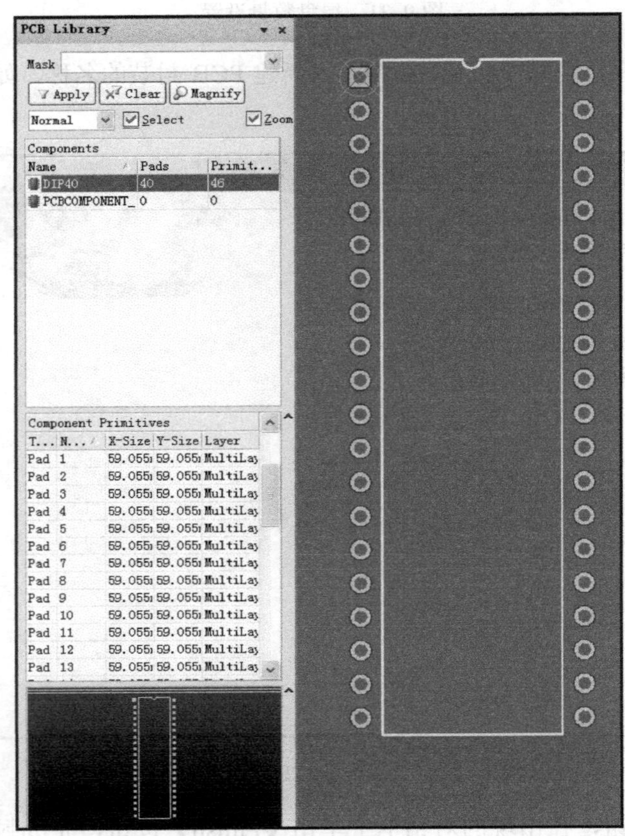

图 9-34　完成 DIP40 封装

9.5.4　手动绘制 PCB 封装

我们以图 9-34 所示的 SOT-223 封装尺寸为例讲解如何手工绘制 PCB 封装。

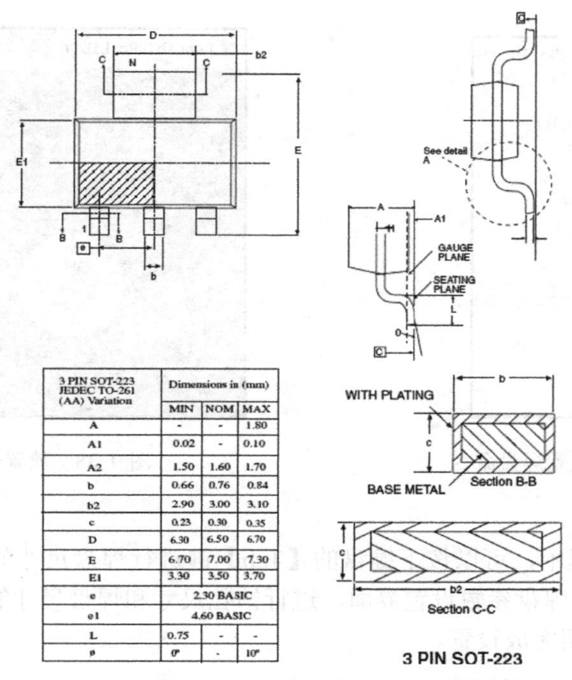

3 PIN SOT-223 JEDEC TO-261 (AA) Variation	Dimensions in (mm)		
	MIN	NOM	MAX
A	-	-	1.80
A1	0.02	-	0.10
A2	1.50	1.60	1.70
b	0.66	0.76	0.84
b2	2.90	3.00	3.10
c	0.23	0.30	0.35
D	6.30	6.50	6.70
E	6.70	7.00	7.30
E1	3.30	3.50	3.70
e	2.30 BASIC		
e1	4.60 BASIC		
L	0.75	-	-
ø	0°	-	10°

图 9-35　SOT-223 封装尺寸

Altium Designer 手工绘制 PCB 封装的操作步骤如下所示。

1）新建焊盘

单击 PCB 封装文件编辑界面右下角的按钮，或执行菜单命令【View】→【Workspace Panels】→【PCB】→【PCB Library】，打开“PCB Library”元件库编辑器面板。

在“PCB Library”元件库编辑器面板中的“Components”标签下，单击鼠标右键，在弹出的快捷菜单中执行菜单命令【New Blank Component】，“Components”标签下即添加了一个新封装“PCBComponent_1”，并进入封装编辑界面。

双击“PCBComponent_1”一栏，即可对封装进行重命名，如图 9-36 所示。

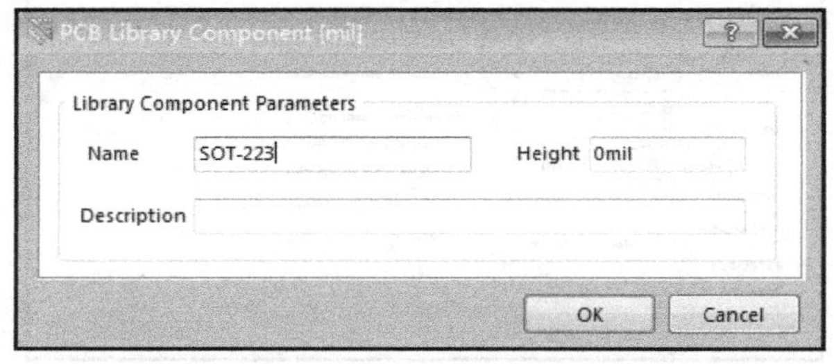

图 9-36　重命名为 SOT-223

执行菜单命令【Place】→【Pad】（快捷键【P+P】），如图 9-37 所示。执行放置焊盘命令，此时，一个焊盘将粘贴在光标处，如图 9-38 所示。将之移动到原点位置并单击左键进行放置。

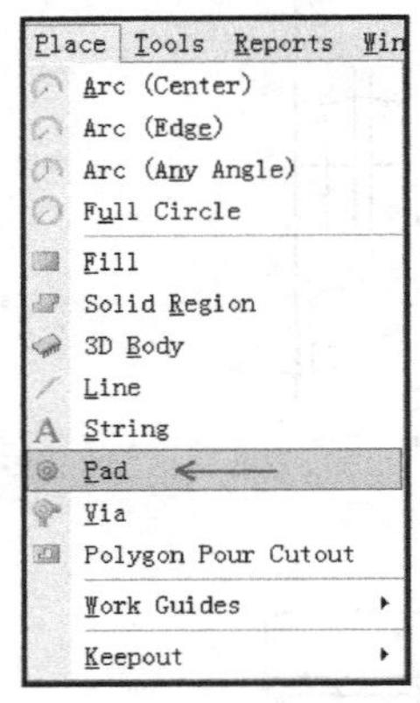

图 9-37　放置焊盘命令

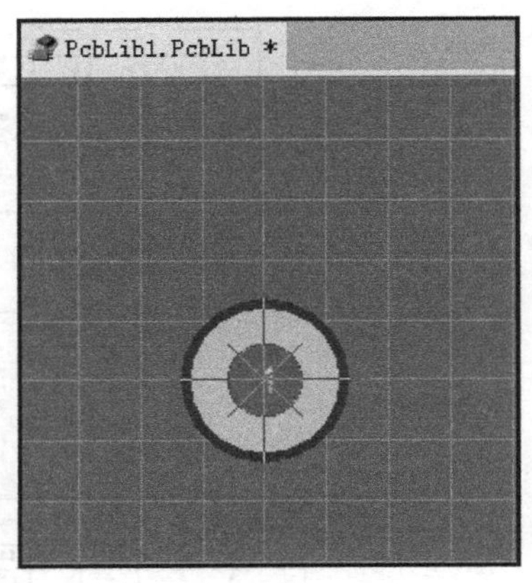

图 9-38　放置焊盘

2）编辑焊盘尺寸

在移动焊盘的过程中，可以按下键盘的【Tab】键进行焊盘尺寸的编辑。也可以在放置焊盘后，双击焊盘进入焊盘参数设置界面，进行钻孔尺寸和焊盘尺寸的设置，如图 9-39 所示，并单击【OK】按钮完成设置。

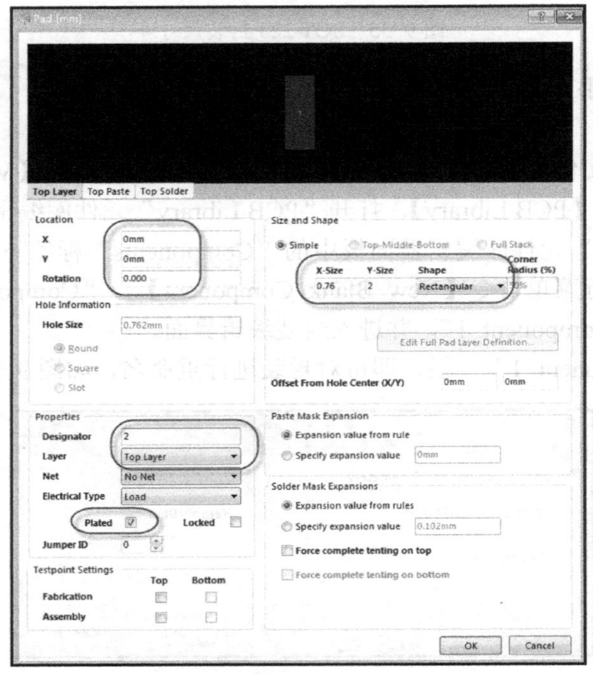

图 9-39　焊盘参数设置

同样，放置大小形状相同的 1 号焊盘和 3 号焊盘，以及上方 4mm×3mm 的 4 号焊盘。

3）设置焊盘之间的间距

将 2 号焊盘放置到原点上，从 datasheet 中获知，1 号焊盘与 2 号焊盘的中心间距参数为 b，可取值为 0.76mm，双击 1 号焊盘，将 1 号焊盘的坐标更改为（-2.3mm，0mm），如图 9-40 所示。

同样，3 号焊盘的坐标更改为（2.3mm，0mm），4 号焊盘坐标更改为（0mm，5mm）。

4）添加丝印

执行菜单命令【Place】→【Line】（快捷键【P+L】），开始放置丝印 2D 线，可以先绘制一个矩形，如图 9-41 所示。

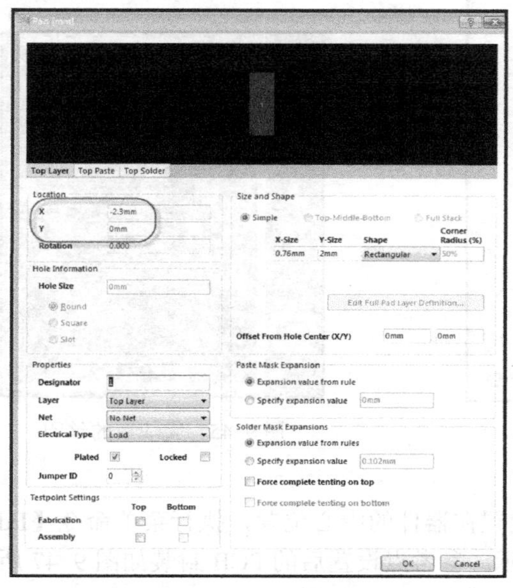

图 9-40　1 号焊盘坐标设置

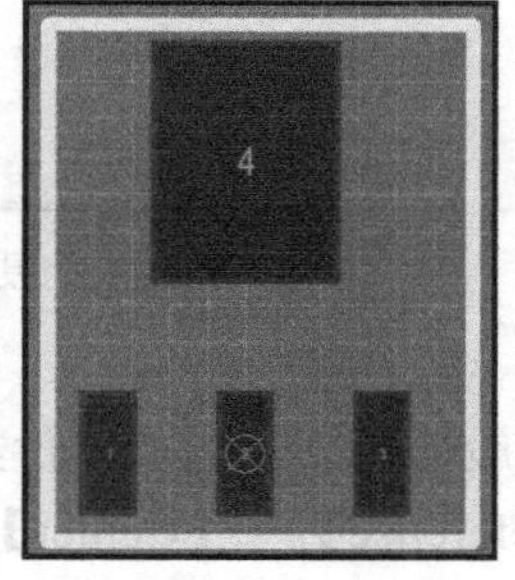

图 9-41　绘制矩形丝印框

双击丝印线，更改丝印线宽、坐标、丝印所在层等，如图 9-42 所示。相同方法更改另外三段丝印，即可完成丝印线的绘制，如图 9-43 所示。

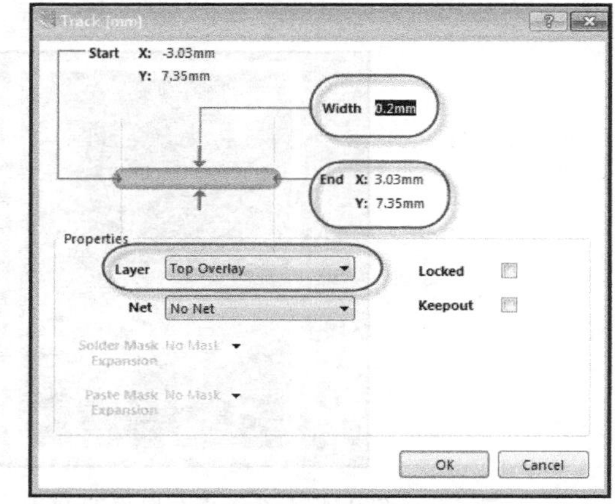

图 9-42　更改丝印线参数

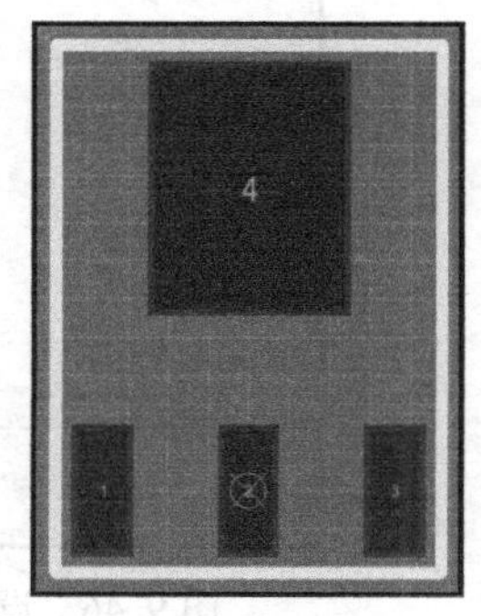

图 9-43　完成丝印线的绘制

5）添加 1 脚标识丝印

很多时候，PCB 封装，通常需要添加 1 脚标识丝印，一般一脚标识可以添加丝印“1”或用“O”来表示，本例讲解添加“O”的方法。

执行菜单命令【Place】→【Full Circle】，开始放置丝印标识，并双击更改丝印的层属性为“Top Overlay”，如图 9-44 所示。单击【OK】按钮即可完成 1 脚标识丝印的添加，添加后如图 9-45 所示。

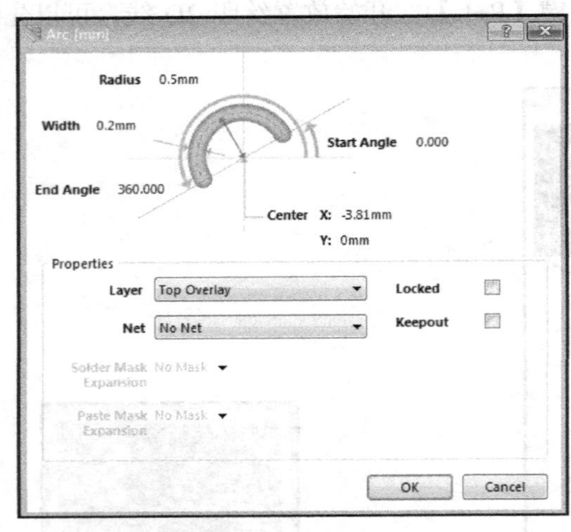

图 9-44　更改丝印

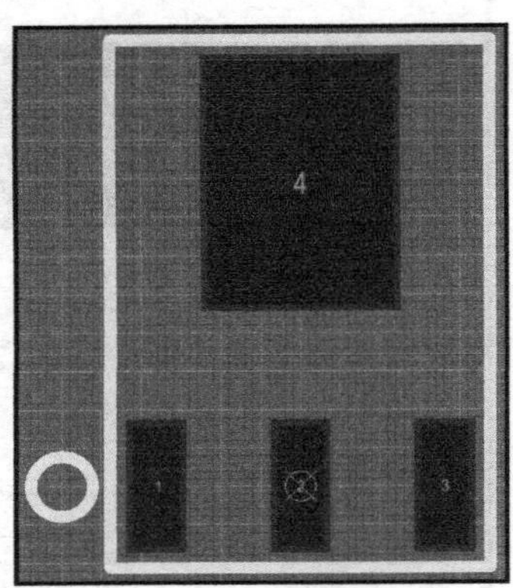

图 9-45　完成后的丝印

6）更改原点参考点

一般情况下，贴片器件封装参考点应设置在器件的中心位置，执行菜单命令【Edit】→【Set Reference】→【Center】，如图 9-46 所示。参考点设置后的 PCB 封装如图 9-47 所示。

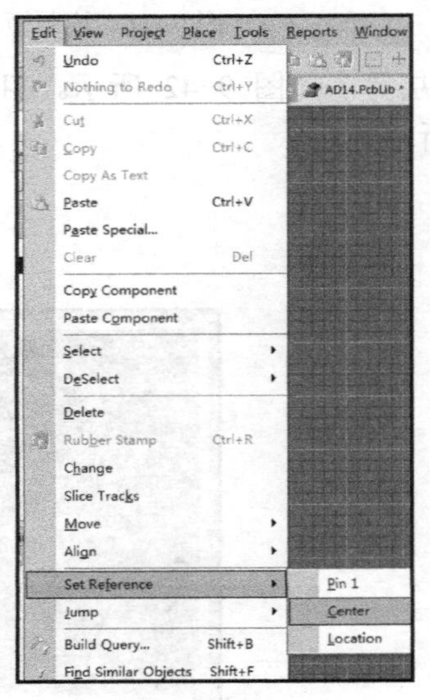

图 9-46　设置参考点

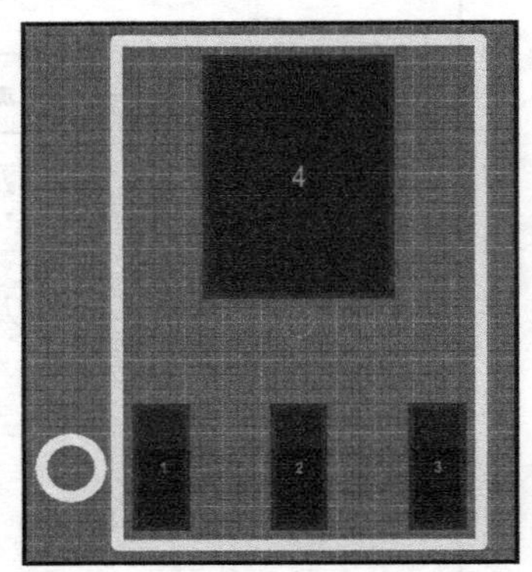

图 9-47　参考点在原点的 PCB 封装

7）执行保存并完成 PCB 封装创建工作

9.6　元件检查与报表生成

在【Reports】菜单中提供了元件封装和元件库封装的一系列报表，通过报表可以了解某个元件封装的信息和元件规则检查，也可以了解整个元件库的信息。执行菜单命令【Reports】即可进入报告菜单，如图 9-48 所示。

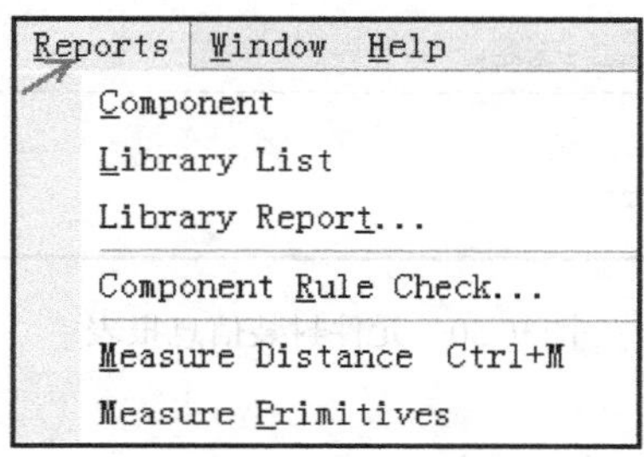

图 9-48　报告菜单

9.6.1　元件信息报表

在“PCB Library”面板的元件封装列表中选中一个元件后，执行菜单命令【Reports】→【Component】，系统将自动生成该元件的信息报表，工作窗口中将自动打开生成的报表，如图 9-49 所示。列表中给出了元件名称、元件所在的元件库、创建日期和时间，并给出了元件封装中各个组成部分的详细信息。

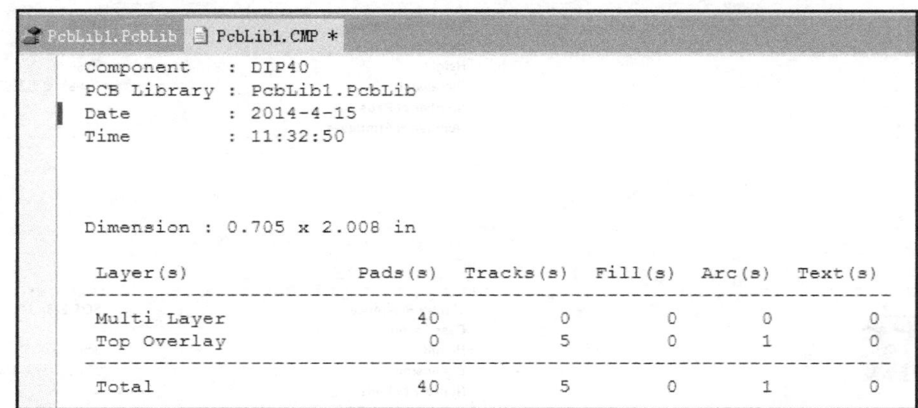

PcbLib1.PcbLib　PcbLib1.CMP *

```
Component   : DIP40
PCB Library : PcbLib1.PcbLib
Date        : 2014-4-15
Time        : 11:32:50

Dimension : 0.705 x 2.008 in
```

Layer(s)	Pads(s)	Tracks(s)	Fill(s)	Arc(s)	Text(s)
Multi Layer	40	0	0	0	0
Top Overlay	0	5	0	1	0
Total	40	5	0	1	0

图 9-49　元件的信息报表

9.6.2　元件封装信息报表

执行菜单命令【Reports】→【Library List】，系统将自动生成该元件库中所有元件的信

息报表，工作窗口中将自动打开生成的报表，如图 9-50 所示。列表中给出了该元件库所有元件的数量、创建日期和时间，并给出了各个元件封装的名称。

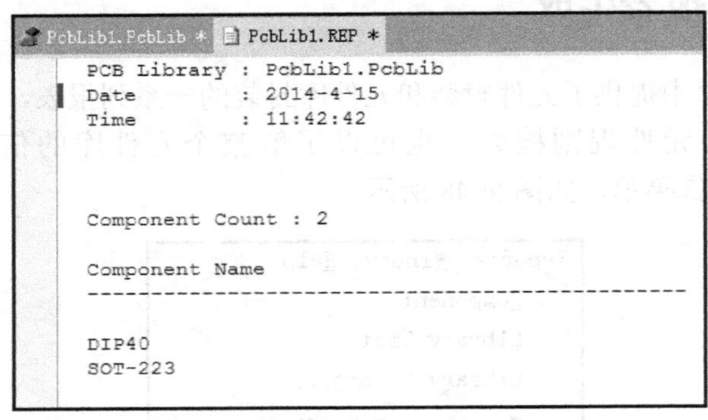

```
PcbLib1.PcbLib *   PcbLib1.REP *
PCB Library : PcbLib1.PcbLib
Date        : 2014-4-15
Time        : 11:42:42


Component Count : 2

Component Name
-----------------------------------------------

DIP40
SOT-223
```

图 9-50　元件封装信息报表

9.6.3　元件封装库信息报表

执行菜单命令【Reports】→【Library List】，系统将自动生成元件封装库信息报表，如图 9-51 所示。报表中列出了封装库所有的封装名称和焊盘及本体尺寸等信息。

Protel PCB Library Report

Library File Name	D:\prj\Integrated_Library\PcbLib1.PcbLib
Library File Date/Time	2014年4月15日 6:05:45
Library File Size	109568
Number of Components	2
Component List	DIP40, SOT-223

Library Reference	DIP40
Description	
Height	0mil
Dimension	704.85mil x 2007.874mil
Number of Pads	40
Number of Primitives	46

Library Reference	SOT-223
Description	
Height	0mil
Dimension	271.654mil x 414.921mil
Number of Pads	4
Number of Primitives	9

图 9-51　元件封装库信息报表

9.6.4　元件封装错误信息报表

Altium Desinger15 提供了元件封装错误的自动检测功能。执行菜单命令【Reports】→【Component Rule Check】，系统将弹出如图 9-52 所示的对话框，在该对话框中可以设置元件符号错误检测的规则。各项规则的描述如下：

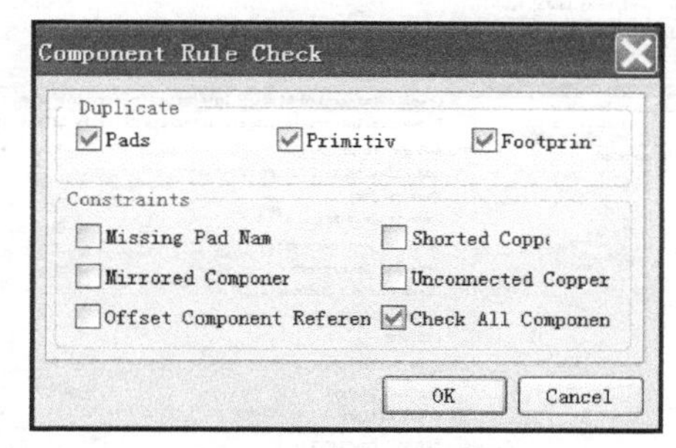

图 9-52　“Component Rule Check”对话框

1）“Duplicate”（重复检查）选项

①“Pads”复选框：检查元件封装中重名的焊盘。

②“Primitive”复选框：检查元件封装中重名的边框。

③“Footprint”复选框：检查元件封装中重名的封装。

2）“Constraints”（约束条件）选项

①“Missing Pad Name”复选框：检查元件封装中是否缺少焊盘名称。

②“Mirrored Component”复选框：检查是否有镜像的元件封装。

③“Offset Component Referent”复选框：检查参考点是否偏离本体。

④“Shorted Copper”复选框：检查是否存在导线短路。

⑤“Unconnected Copper”复选框：检查是否存在未连接铜箔。

⑥“Check All Component”复选框：确定是否检查元件封装库中的所有封装。

保持默认设置，单击【OK】按钮，系统将自动生成元件符号错误信息报表。如图 9-53 所示，表示绘制的所有元件封装没有错误。

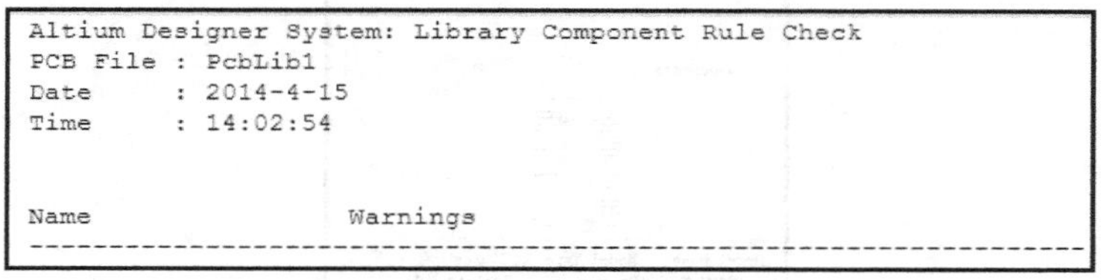

```
Altium Designer System: Library Component Rule Check
PCB File  : PcbLib1
Date      : 2014-4-15
Time      : 14:02:54


Name                 Warnings
-------------------------------------------------------------------
```

图 9-53　元件符号错误信息报表

9.7　产生集成元件库

在左侧“Projects”列表中，右键单击“Integrated_Library.LibPkg”进行编译，在弹出的快捷菜单中执行菜单命令【Compile Integrated Library Integrated Library.LibPkg】，如图 9-54 所示。

完成编译后，在当前项目输出文件夹中就会生成一个集成库“Integrated_Library.IntLib”，如图 9-55 所示。接下来我们就可以在“Library”列表中直接调到这个集成元件库了，如图 9-56 所示。

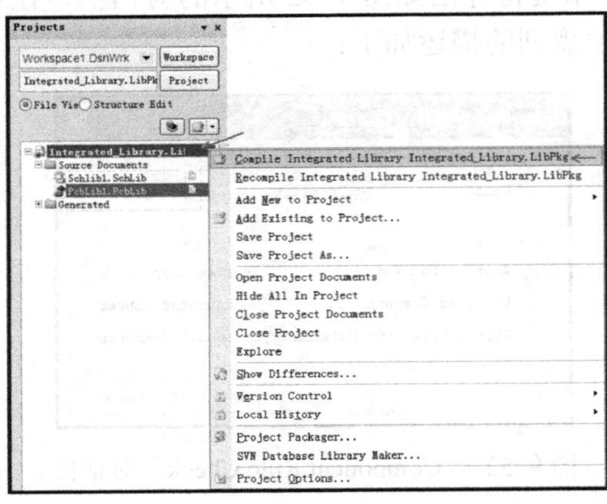

图 9-54　编译集成元件库

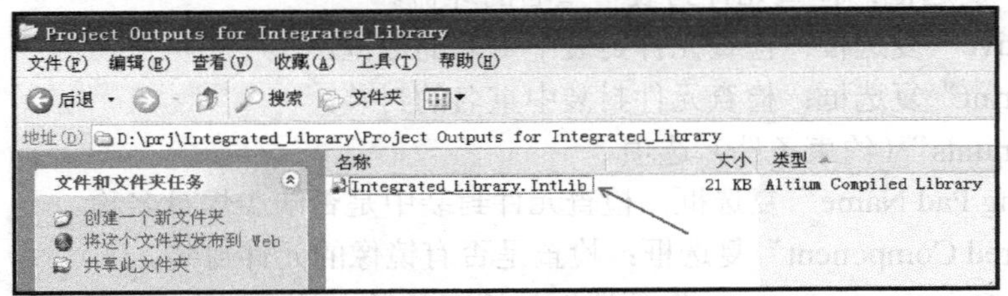

图 9-55　生成集成库

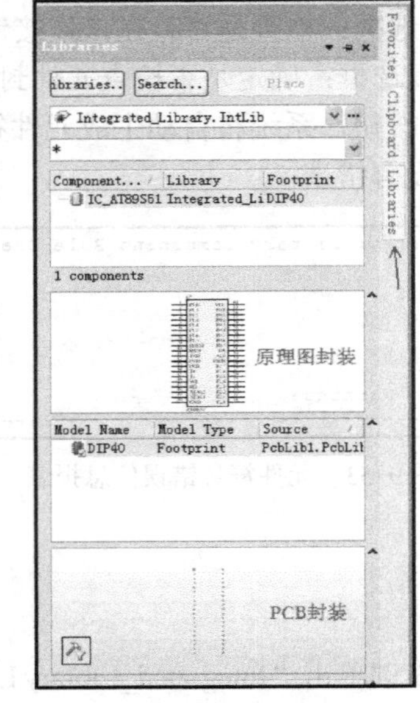

图 9-56　调用生成的集成库

9.8　分解集成元件库

有时候需要对集成库里的分立库文件进行修改，这就需要分解集成库，并单独编辑每一个分立库。分解集成库的步骤如下：

第一步，打开一个集成库“*.IntLib”，出现如图 9-57 所示的对话框，并单击【Extract Sources】按钮，系统会生成一个“*.LibPkg”项目文档，保存这个项目。

第二步，查看“*.IntLib”所在的目录，系统会生成一个以这个集成库文件名命名的文件夹，所有的分立库文件就保存在这个文件夹中，如图 9-58 所示。

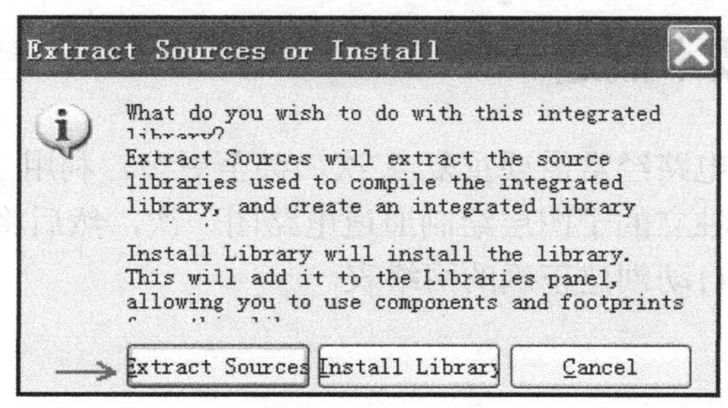

图 9-57　分解集成库

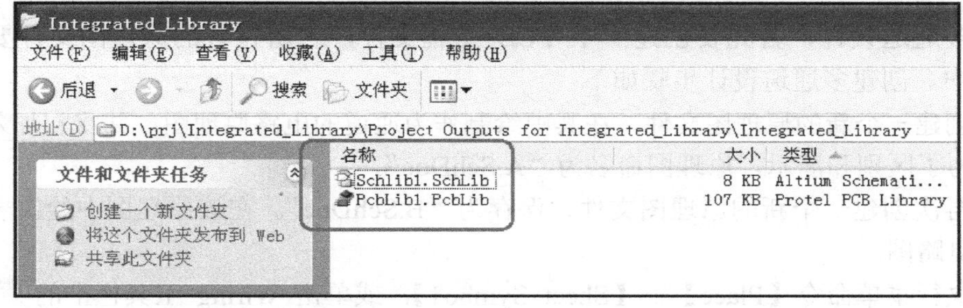

图 9-58　分解后的库文件

9.9　本章小结

本章介绍了 Altium Designer 平台中集成元件库的制作步骤，以及原理图元件库和 PCB 封装的绘制方法，使读者能够快速掌握较复杂的元件库制作方法。

通过本章的学习，读者能够了解集成库与元件库之间的区别和联系，并能够生成元件报表和元件库报表，了解元件和元件库信息。

为了便于读者学习，编者为本书提供了完整的元件库和 3D 库文件，可在随书配送的光盘中获取。如果读者计算机没有光驱，也可以在 www.dodopcb.com 的读者专区进行下载，也可邮件联系编者索取，编者邮箱：26005192@qq.com。

第10章 原理图设计进阶

原理图设计除了基本绘制方法之外，还有一些高级绘制技巧和方法，本章主要内容包括多通道设计和层次化原理图设计。

10.1 多通道设计技术概述

在设计中，某一部分电路经常需要重复 2 次，甚至更多。利用 Altium Designer 的多通道设计支持，只需要作为独立的子图层绘制通道电路图一次，然后将其包括在项目中即可，系统在进行项目编译时会自动创建正确的网络表。

10.2 多通道设计

10.2.1 多通道模块设计

创建多通道设计，首先要创建一个 PCB 工程文件，它所包含的原理图文件要加载到 PCB 工程中。创建多通道设计步骤如下。

（1）创建一个新的原理图文件，在其中绘制作为通道的电路原理图，并将它加入到工程文件中。为了区别和演示，原理图命名为“A.SchDoc”。

（2）再次创建一个新的原理图文件，保存为“B.SchDoc”。在该原理图中绘制一个多通道的方块电路图。

（3）执行菜单命令【Place】→【Sheet Symbo1】，或单击 Wiring 工具栏上的图标，放置方块电路图，如图 10-1 所示。

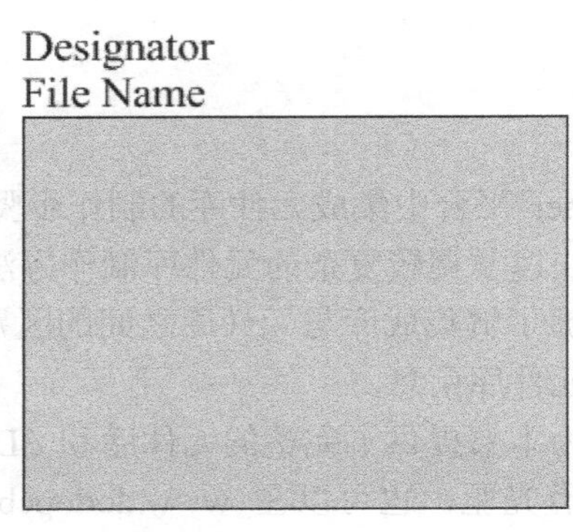

图 10-1 方块电路图

（4）双击方块电路图，弹出“Sheet Symbol”（多通道设计属性）对话框，如图 10-2 所示。

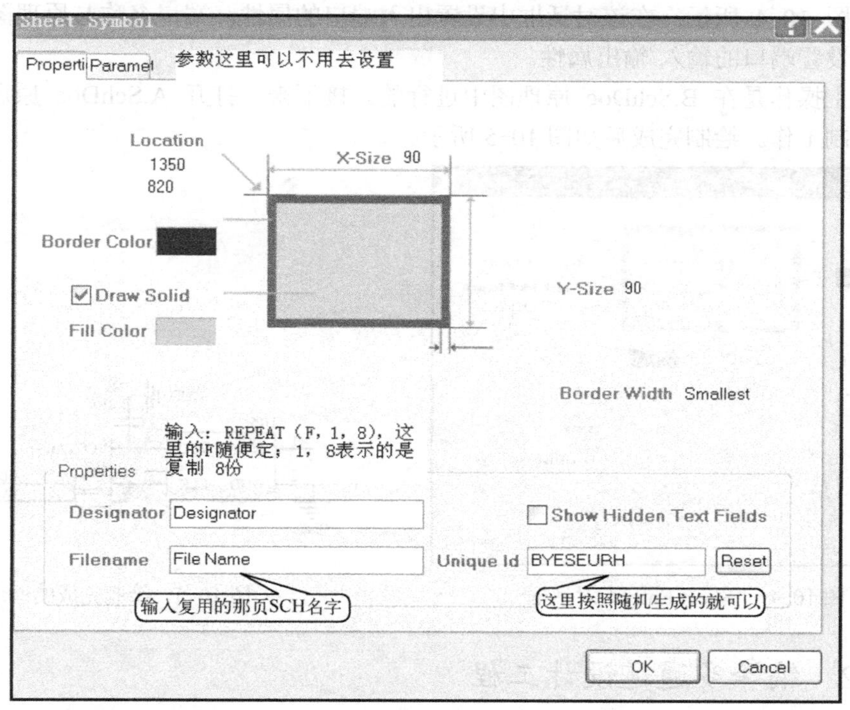

图 10-2 “ Sheet Symbol ” 对话框

①“Designator”：在文本框中用 Repeat 语句添加所需要的通道个数。Repeat 语句的格式为“Sheet Symbol Designator ,First Instance, Last Instance”。如 Repeat(F,1,8)，F 为图表符;1 和 8 表示需要复制 8 份。

②“Filename”：输入想要添加的文件名称。输入复用的那页 SCH 的名字。

（5）设置后单击【OK】按钮，将得到多通道电路方块图，如图 10-3 所示。

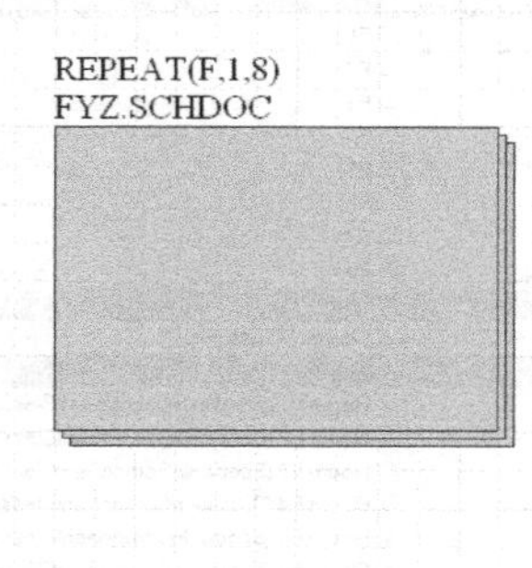

图 10-3　多通道电路方块图

（6）执行菜单命令【Place】→【Add Sheet Entry】，或者单击 Wiring 工具栏上的图标，放置输入/输出端口，然后双击放置的输入/输出端口，弹出“Sheet Entry”（端口属性）对话框，如图 10-4 所示。在该对话框中设置出入端口的属性，端口名称与原理图中的名称相对应，并设置端口的输入/输出属性。

（7）以上操作是在 B.SchDoc 原理图中进行的。接下来，打开 A.SchDoc 原理图，进行原理图的绘制工作。绘制完成后如图 10-5 所示。

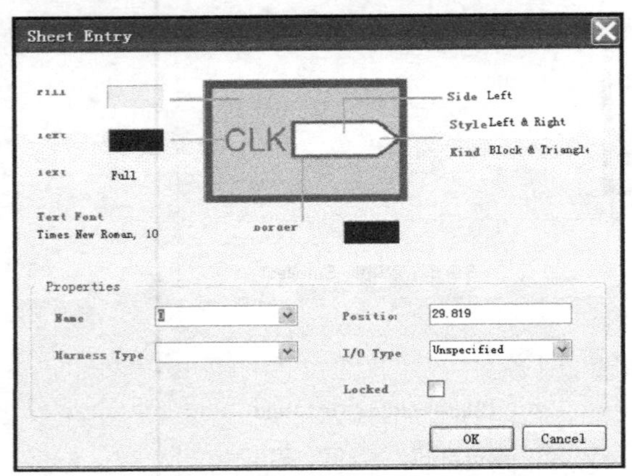

图 10-4 “Sheet Entry”对话框

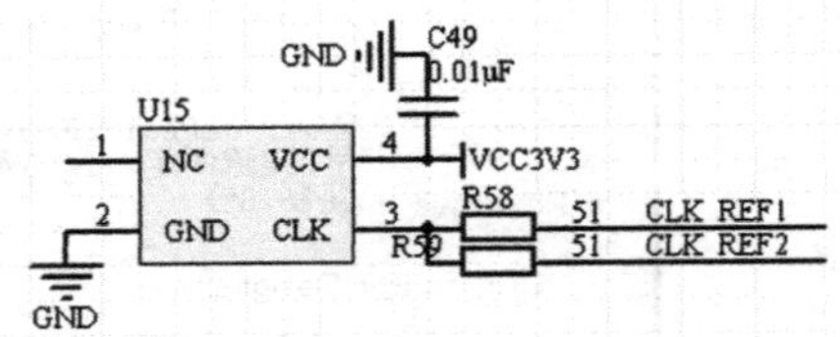

图 10-5 绘制完成的原理图

10.2.2 编译多通道设计工程

要让设计空间的改动生效，需要对设计工程进行编译，其步骤如下：

（1）执行菜单命令【Project】→【Compile PCB Project】，多通道设计在编译的过程中，原理图编辑器中只有一个顶层原理图，但是在设计窗口原理图的底层区域有一些小的标签，每一个通道都有一个标签；

（2）设计编译完成之后，将原理图更新到 PCB 图的工作状态下，执行菜单命令【Design】→【Update PCB】，这个传递过程将自动为每个原理图创建元件组，为每个元件组创建空间，如图 10-6 所示。在空间中对每一组中的元件进行规划，然后准备元件布局。

Add Component Classes(8)			
✔	Add	F1	To
✔	Add	F2	To
✔	Add	F3	To
✔	Add	F4	To
✔	Add	F5	To
✔	Add	F6	To
✔	Add	F7	To
✔	Add	F8	To
Add Channel Classes(1)			
✔	Add	Channel Class [FYZ]	To
Add Rooms(12)			
✔	Add	Room F1 (Scope=InComponentClass('F	To
✔	Add	Room F2 (Scope=InComponentClass('F	To
✔	Add	Room F3 (Scope=InComponentClass('F	To
✔	Add	Room F4 (Scope=InComponentClass('F	To
✔	Add	Room F5 (Scope=InComponentClass('F	To
✔	Add	Room F6 (Scope=InComponentClass('F	To
✔	Add	Room F7 (Scope=InComponentClass('F	To
✔	Add	Room F8 (Scope=InComponentClass('F	To

图 10-6 Update PCB 操作

（3）放置好一个通道，并对这个通道布线后，在 PCB 编辑器的环境中执行菜单命令【Design】→【Rooms】→【Copy Room Formats】，将布局和布线后的通道复制到其他通道上，如图 10-7 所示。

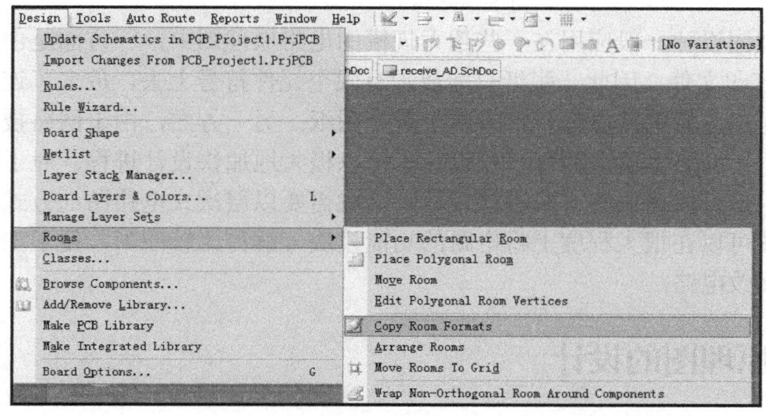

图 10-7　多通道利用操作

（4）将选中的 ROOM 模块拖到其他需要复用的 ROOM 中，即可弹出如图 10-8 所示的对话框。在该对话框中，需要勾选“Apply To Specified Channels”。

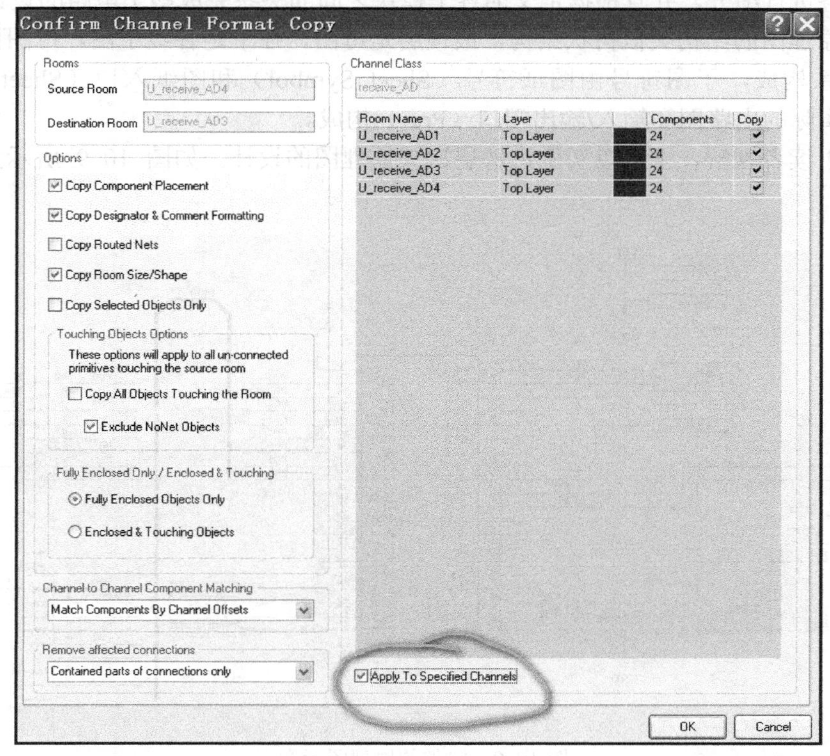

图 10-8　多通道应用选择对话框

（5）完成多通道 PCB 设计的复用。对项目进行检查后，保存归档。

10.3 层次式原理图设计

层次式原理图设计一般应用在一些超大规模的电路原理图中，一方面是由于大多数公司都采用 A4 纸打印文件，因此一张纸只能放置有限个元件符号上去，放多了连好线之后，密密麻麻，根本无法分析电路原理，也不便于查看图纸；另一方面，由于网络技术的普及，对复杂的电路图采用网络多层次并行开发设计，可以极大地加快设计进程。对于较大、较复杂的电路图来说，最好以模块的方式进行设计，这就需要以层次式电路图的方式来管理。绘制层次式的电路图可以在很大程度上将电路的功能模块分解得比较清晰，便于工作人员随时检查电气连接和修改电路。

10.4 层次原理图的设计

10.4.1 层次原理图的设计结构

层次式电路图的设计方法，主要是指将一个较大的设计分为若干功能模块，可以由不同的项目设计人员来完成。层次式原理图设计也可以称为模块化原理图设计，通过模块化电路的设计对任务进行细分，并且根据定义的各个模块之间的关系完成整个电路的设计。

层次式原理图的结构类似树状结构，最顶层是母图，往下是各级子图。母图由子图符号及其连接关系构成，子图符号由图纸符号（Sheet Symbol）和图纸入口（Sheet Entry）构成。子图由实际的电路图和输入/输出端口（Port）构成。

为了便于读者理解，下面以实例讲解层次式原理图的设计。如图 10-9 所示为该实例的原理图。

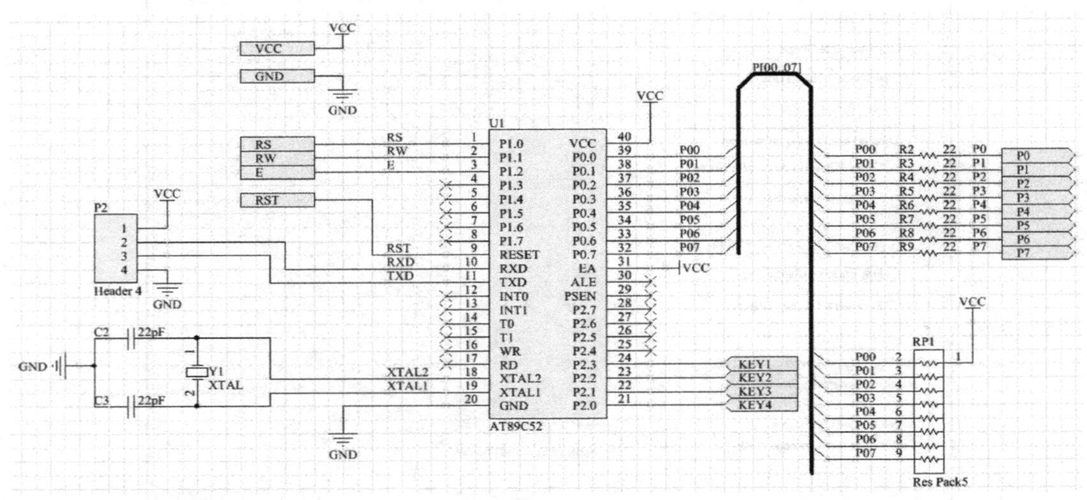

图 10-9　完整的原理图示意

通常可以采用两种方法进行层次原理图设计：

（1）自上而下的层次式原理图设计。自上而下的设计是指先建立一张系统总图，用方块电路代表它的下一层子系统，然后分别绘制各个方块对应的子电路；

（2）自下而上的层次式原理图设计。自下而上的设计是指先建立底层子电路，然后再由这些子原理图产生方块电路图，从而产生上层原理图，最后生成系统的原理总图。

10.4.2 自上而下的层次式原理图设计

1. 设计层次式原理图母图

（1）执行菜单命令【File】→【New】→【Project】，创建一个工程并保存该工程。

（2）执行菜单命令“【File】→【New】→【Schematic】，创建一个原理图文件。本例命名顶层图为“Top_sheet”。

（3）单击 Wiring 工具栏上的“Place Sheet Symbol”图标 ，开始绘制方块电路。方块电路图的绘制方法与以前学过的矩形框的画法一样，放置好 5 个图纸符号后的方块电路图如图 10-10 所示。

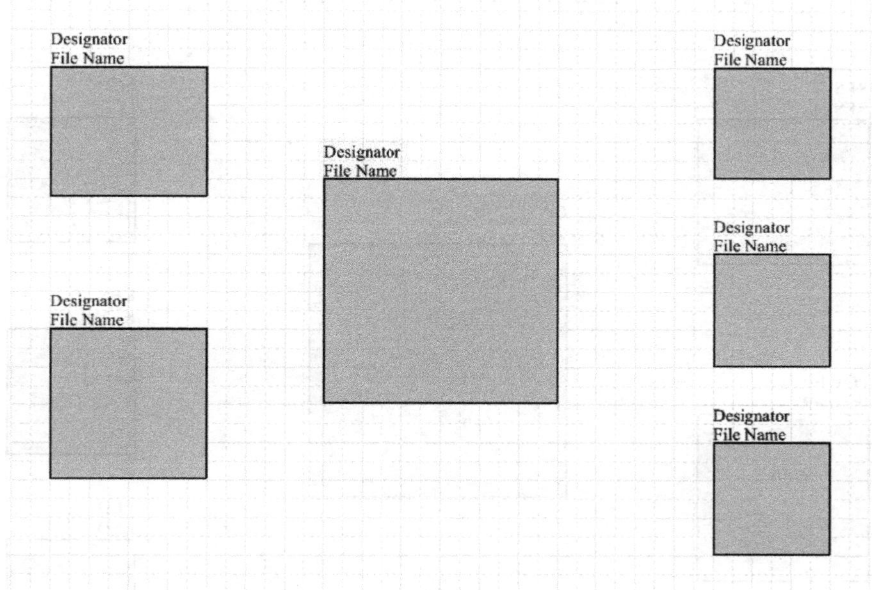

图 10-10 放置好的方块电路图

（4）双击放置好的方块电路图进行属性编辑，弹出“Sheet Symbol”对话框，如图 10-11 所示。在该对话框的“Designator”栏中输入方块电路的符号名称，在“Filename”栏中输入对应的原理图子图的文件名称。这里我们将这两项参 数设成一样，分别将 5 个图纸符号命名为 CPU、RESET、POWER、LED、KEY、LCD，如图 10-12 所示。

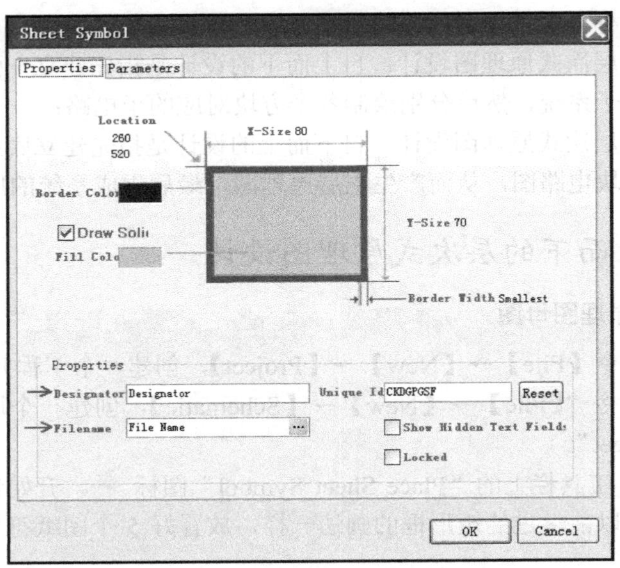

图 10-11 “Sheet Symbol”对话框

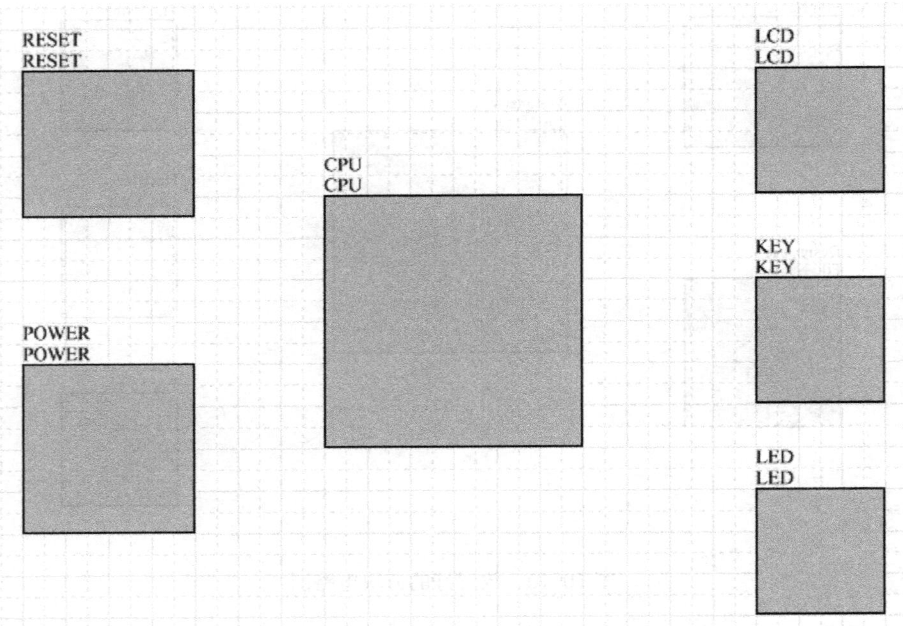

图 10-12 完成方块电路的符号名称

（5）放置端口。单击 Wiring 工具栏上的“Place Sheet Entry”图标放置端口，在放置端口的同时按【Tab】键编辑端口属性。放置好端口的方块电路图如图 10-13 所示。

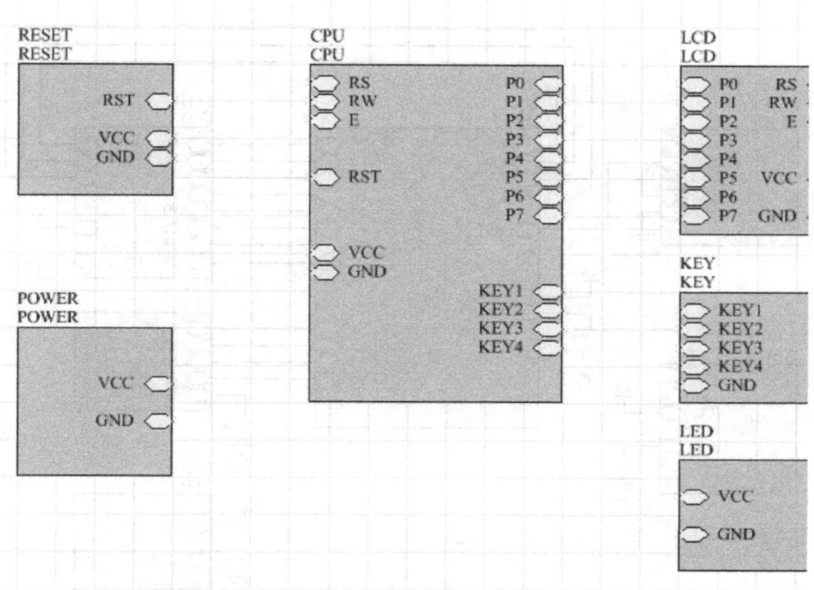

图 10-13　放置好端口的方块电路图

为了美观，我们将每个图纸符号根据设计需要进行调整。单击图纸符号将会在图纸符号四角及中间显示一个控制点，拖动该控制点可以调节其大小，如图 10-14 所示。

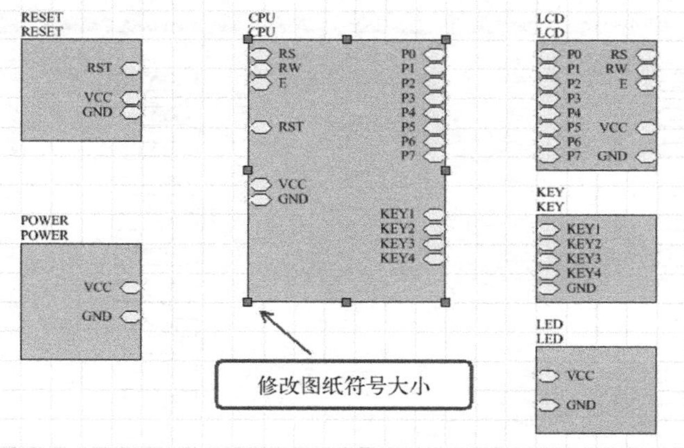

图 10-14　调整图纸符号尺寸

（6）单击“Wiring”工具栏上的绘制导线图标 ≈，连接整个方块电路图。完整的方块电路图如图 10-15 所示。

2．设计层次原理图

（1）执行菜单命令【Design】→【Create Sheet from Symbol】，这时光标变为十字形状，将光标移到其中一个方块电路上并单击，产生的子原理图如图 10-16 所示，新建的原理图上会自动添加图纸符号中放置的网络端口，该端口不能删除，但是可以随意移动。

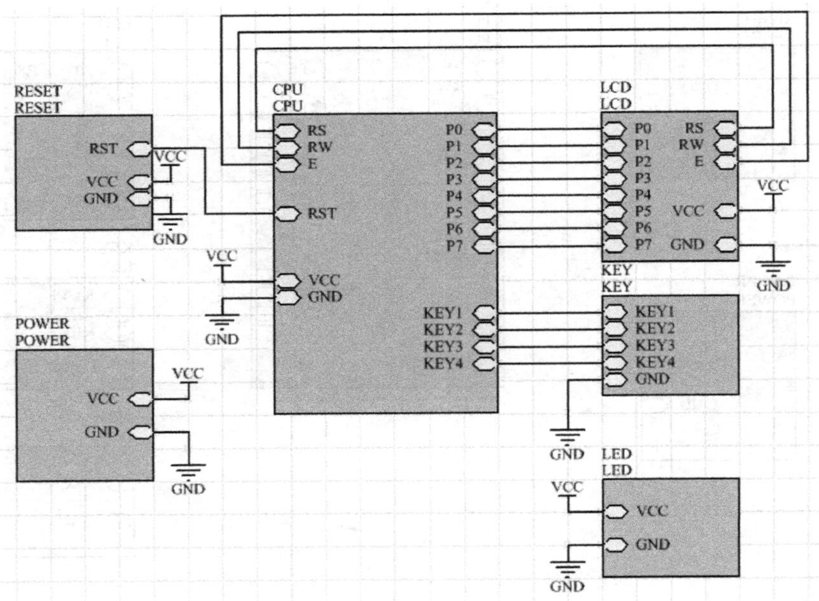

图 10-15　完整的方块电路图

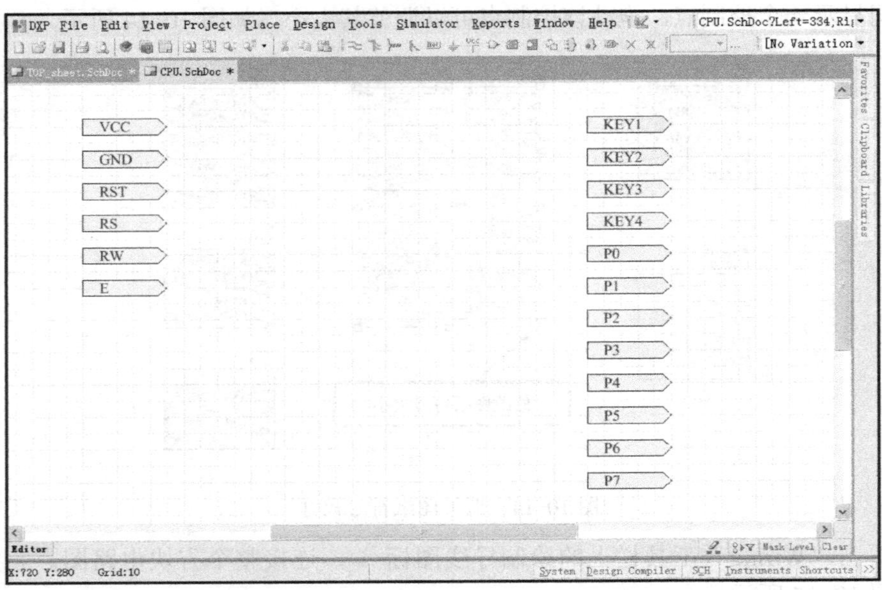

图 10-16　有方块电路产生的子原理图

（2）根据具体的设计，在原理图中画出子原理图的其他部分。绘制好的层次子原理图如图 10-17 所示。

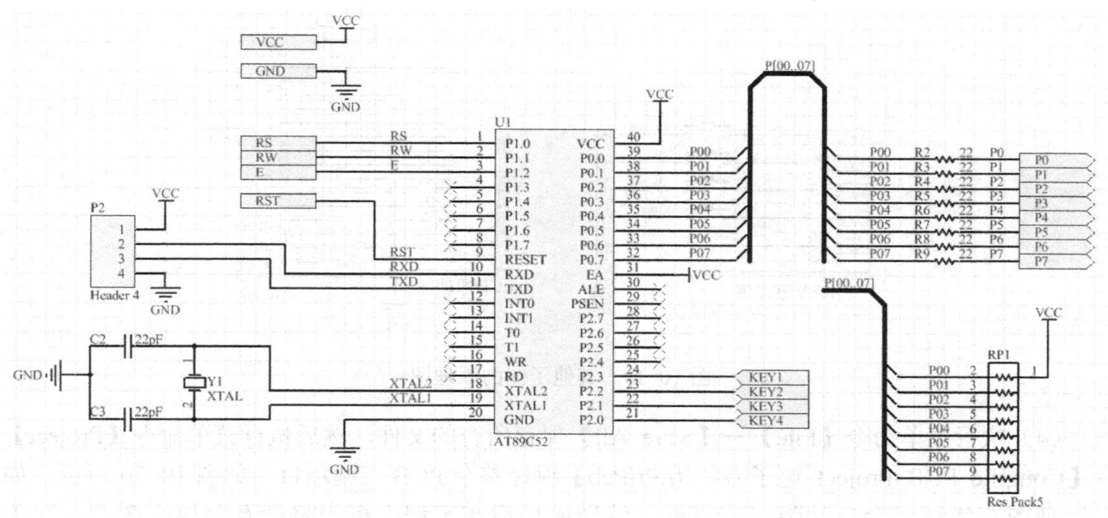

图 10-17　绘制好的层次子原理图

（3）采用相同的方法绘制其他的子原理图。根据前面我们给出的参考图，绘制出其他的子原理图，如图 10-18 和图 10-19 所示。

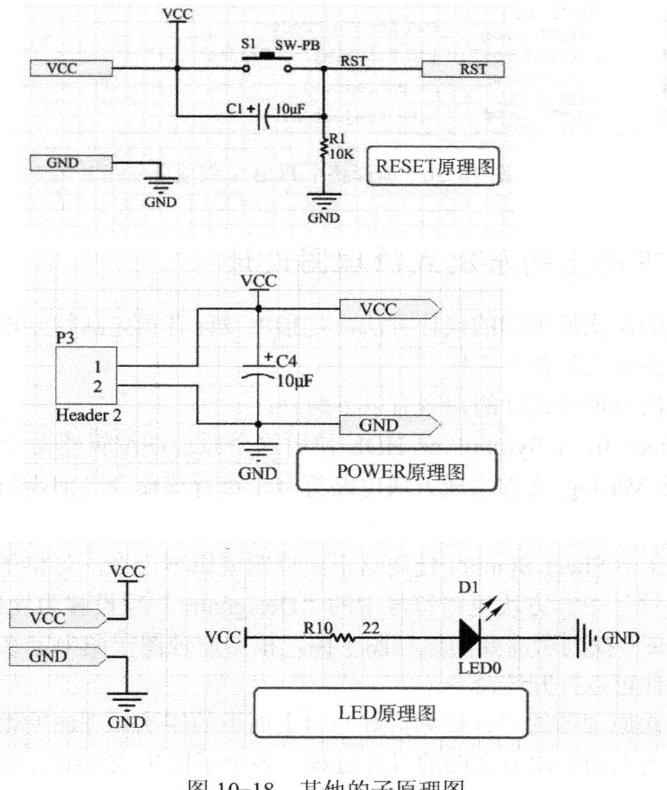

图 10-18　其他的子原理图

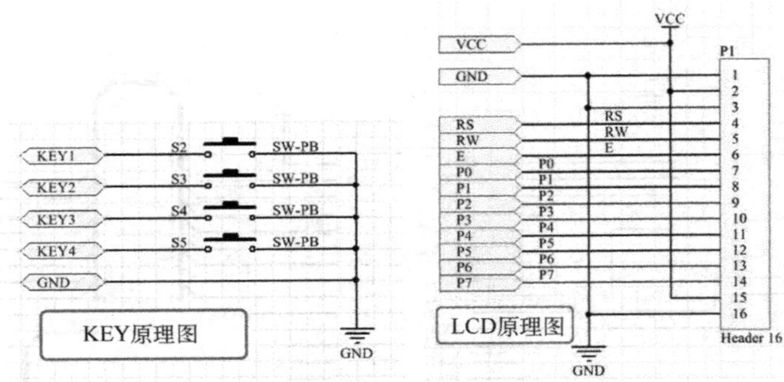

图 10-19　其他子图的原理图

（4）执行菜单命令【File】→【Save All】保存所有的文件，然后执行菜单命令【Project】→【Compile PCB Project 电子万年历.PrjPcb】编译整个 PCB 工程项目，如图 10-20 所示。如果原理图有错误将会自动弹出消息框，编译成功后在工程面板中将会看到层次图的层次关系，说明整个项目设计成功。

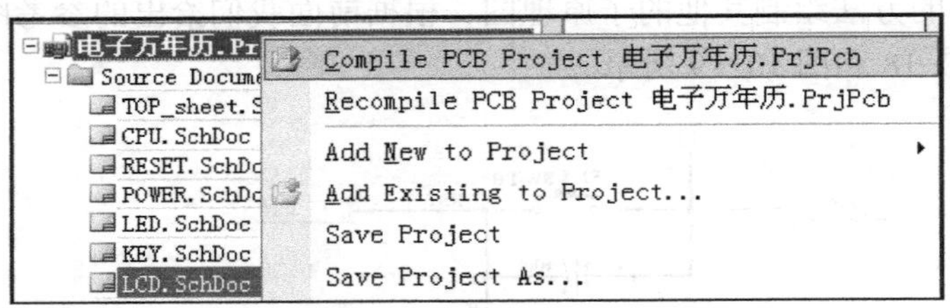

图 10-20　编译整个 PCB 工程项目

10.4.3　自下而上的层次式原理图设计

所谓自下而上的层次原理图的设计方法，是指由设计者预先画好原理图子图，再由子图产生层次原理图母图来表示整个工程。

自下而上的层次原理图设计的命令有以下两种：

（1）Create Sheet from Symbol or HDL:使用这个原理图编辑器命令，可将指定的原理图、VHDL 文件或 Verilog 文件生成方块电路符号，执行该命令之前需将指定的子文件激活为当前文件。

（2）Create Part to Sheet Symbol:使用这个原理图编辑器命令，可将子原理图中选择的元件移动到方块电路符号中。方块电路符号中的“Designator”项设置为元件的“Designator”项，改变“Filename”找到所需要的原理图子图，根据原理图子图中定义的端口改变原理图实体。右键单击元件可以打开该命令。

自下而上的层次原理图的设计规则恰好与自上而下的层次原理图的设计规则相反，下面结合实例说明自下而上的层次原理图的设计过程，各个子图生成图纸符号的母图。

（1）新建一个工程文件，并在其中添加原理图文件，包括各级层次原理图的子图和母图。

（2）在子图中绘制原理图模块。可参阅 11.2.2 节的操作。

（3）在母图中执行菜单命令【Design】→【Create Sheet from Symbol or HDL】，弹出如图 10-21 所示的对话框，其中列出了当前工程下所有的子图文件，选中要创建的子图文件，单击【OK】按钮确认。

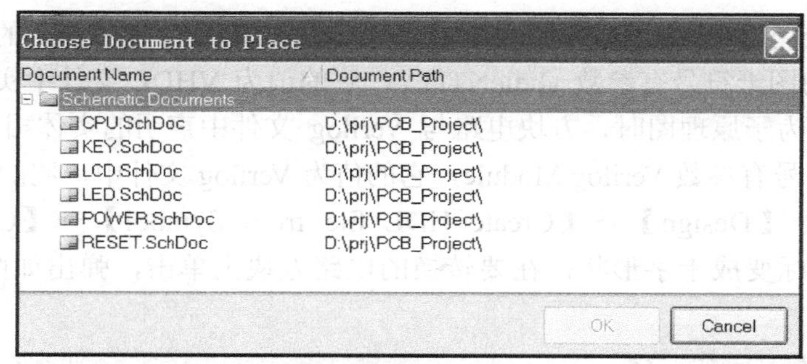

图 10-21　选择子图文件

（4）单击【OK】按钮后，切换到母图中，在合适的位置单击，放置电路方块图，如图 10-22 所示。

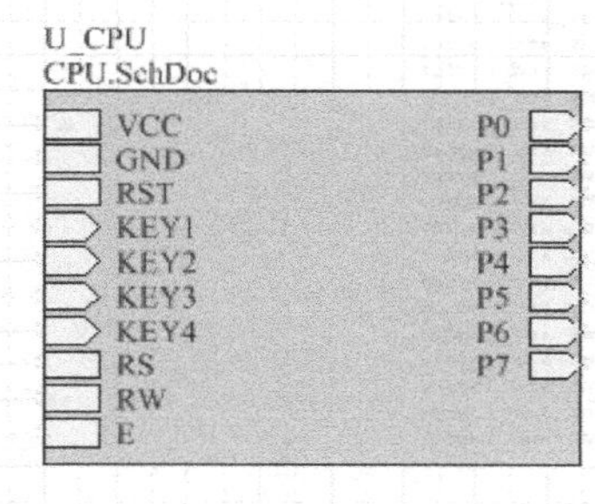

图 10-22　放置电路方块图

（5）按照步骤（3）继续放置其他的电路方块图后，连接电路方块图即可得到如图 10-15 所示的图纸符号母图。

10.4.4　层次式原理图之间的切换

1．层次式原理图之间的切换

当层次式原理图的子图比较多或结构比较复杂时，在各个母图与子图之间方便快捷地切换显得很重要。应用 Altium Designer15 的命令可以方便地在子图和母图之间进行切换。方法如下：

（1）执行菜单命令【Tools】→【Down Hierarchy】，或单击“Schematic Standard”工具栏中的图标（快捷键【T+H】）。

（2）执行完命令后，光标变成十字形状，在母图中的某个图纸符号上单击，即可切换到该电路方块图的子图中。同样，也可以执行该命令，从子图切换到母图。

2．混合原理图/HDL 文档层次设计

在进行层次原理图的设计时，可以很方便地在原理图中用图纸符号的形式来描述原理图的子图。同样，原理图的子图也可以用 VHDL 文件的形式描述，它的使用方法与电路图子图的方法相同。

当引用 VHDL 文件作为子原理图时，图纸符号与 VHDL 文件中声明的实体相对应。由 VHDL 文件产生的图纸符号有参数 vhdleNTITY，它的值为 VHDL 文件中实体的名称。当引用 Verilog 文件作为子原理图时，方块电路与 Verilog 文件中声明的实体相对应。由 Verilog 文件产生的图纸符号有参数 Verilog Module，它的值为 Verilog 文件中声明的模块的名称。

执行菜单命令【Design】→【Create HDL file from Symbol】→【Create VHDL file Symbol】，这时光标变成十字形状，在要转换的电路方块上单击，弹出如图 10-23 所示的 VHDL 文件。

TOP_sheet.SchDoc | CPU.Vhd * | LCD.SchDoc | KEY.SchDoc | LED.SchDoc | POWER.SchDoc | RESET.SchDoc

```
------------------------------------------------------------------------
-- SubModule CPU
-- Created   2014-4-22 16:17:14
------------------------------------------------------------------------
Library IEEE;
Use IEEE.Std_Logic_1164.all;

entity CPU is port
   (
     VCC   : inout std_logic;
     GND   : inout std_logic;
     RST   : inout std_logic;
     KEY1  : inout std_logic;
     KEY2  : inout std_logic;
     KEY3  : inout std_logic;
     KEY4  : inout std_logic;
     P0    : inout std_logic;
     P1    : inout std_logic;
     P2    : inout std_logic;
     P3    : inout std_logic;
     P4    : inout std_logic;
     P5    : inout std_logic;
     P6    : inout std_logic;
     P7    : inout std_logic;
     RS    : inout std_logic;
     RW    : inout std_logic;
     E     : inout std_logic
   );
end CPU;
------------------------------------------------------------------------

------------------------------------------------------------------------
architecture Structure of CPU is

-- Component Declarations

-- Signal Declarations

begin

end Structure;
------------------------------------------------------------------------
```

图 10-23　VHDL 文件

同样，也可以生成 Verilog 文件。执行菜单命令【Design】→【Create HDL file from Symbol】→【Create Verilog file Symbol】，这时光标变成十字形状，在要转换的电路方块图上单击，弹出如图 10-24 所示的 Verilog 文件。

原理图子图可以用 VHDL 文件形式来描述。同样，VHDL 文件形式也可以转换成电路方块原理图子图形式。例如，在母图中执行菜单命令【Design】→【Create Sheet from Symbol or HDL】，弹出如图 10-25 所示的对话框。

在该对话框中，选择“VHDL Files”中的“CPU.Vhd”，单击【OK】按钮，结果如图 10-26 所示。

```
TOP_sheet.SchDoc  CPU.V *  CPU.Vhd *  LCD.SchDoc  KEY.SchDoc  LED.SchDoc  POWER.SchDoc  RESET.SchDoc  CPU.Sc
//////////////////////////////////////////////////////////////////////////////
// SubModule CPU
// Created   2014-4-22 16:19:45
//////////////////////////////////////////////////////////////////////////////

module CPU (E, RW, RS, P7, P6, P5, P4, P3, P2, P1, P0, KEY4, KEY3, KEY2, KEY1, RST, GND, VCC);

inout  E;
inout  RW;
inout  RS;
inout  P7;
inout  P6;
inout  P5;
inout  P4;
inout  P3;
inout  P2;
inout  P1;
inout  P0;
inout  KEY4;
inout  KEY3;
inout  KEY2;
inout  KEY1;
inout  RST;
inout  GND;
inout  VCC;


endmodule
//////////////////////////////////////////////////////////////////////////////
```

图 10-24　Verilog 文件

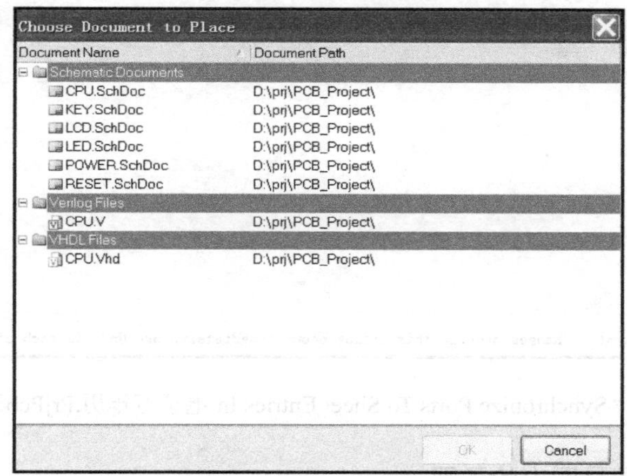

图 10-25　选择子图文件对话框

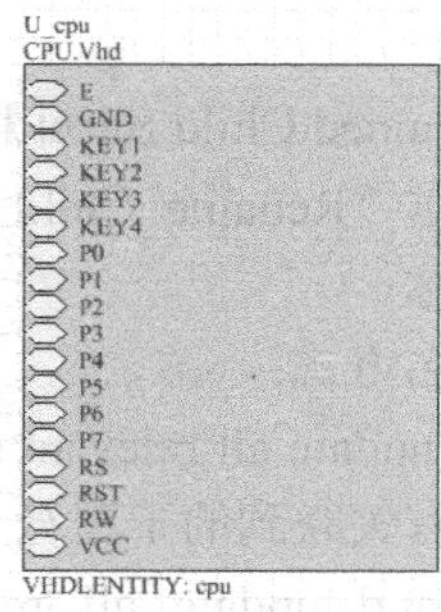

图 10-26　VHDL 文件转换成方框

10.4.5 保留层次结构

当用户定义好所设计的层次原理图的层次结构后，需要保留这个结构，Altium Designer15 提供了使用户可以保留这个层次结构的环境。

1．同步端口与原理图实体

如果原理图母图中的所有子图实体的端口通过名称或 I/O 类型相互匹配，则原理图母图与它的子图是同步的。执行菜单命令【Design】→【Synchronize Sheet Entries and Ports】，弹出如图 10-27 所示的对话框。

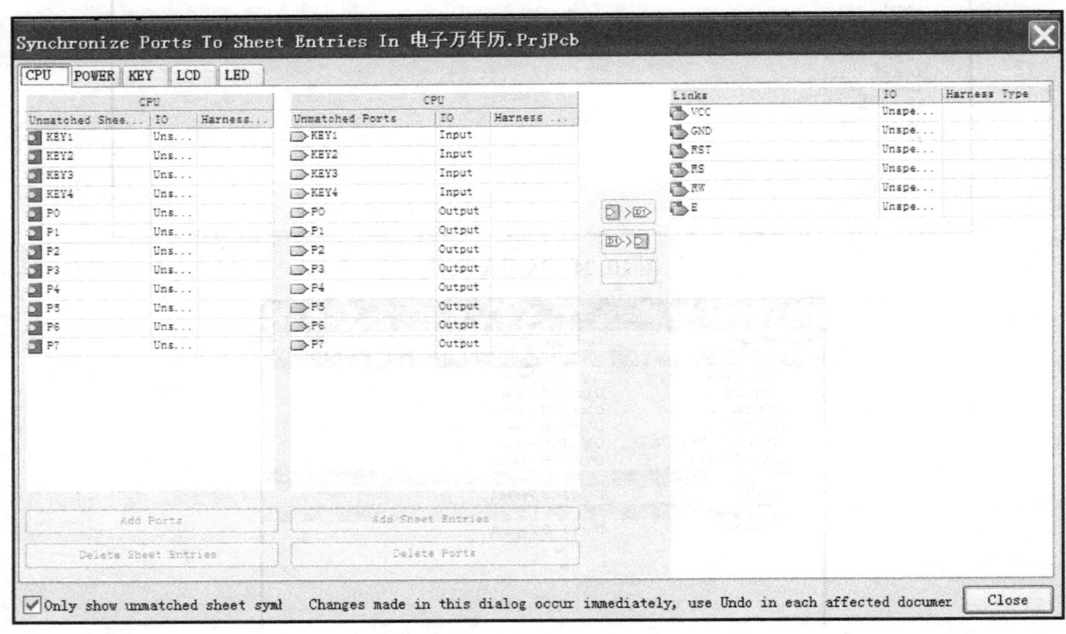

图 10-27 “Synchronize Ports To Sheet Entries In 电子万年历.PrjPcb”对话框

2．重新命名原理图母图中的子图

在设计过程中，可能需要对原理图子图的名称进行更改。例如，改变了原理图中的一部分电路，就需要重新定义子图的名称。

执行菜单命令【Design】→【Renamed Child Sheet】，光标变成十字形状，单击需要重新命名的子原理图的方块电路符号，弹出“Rename Child Sheet”对话框，如图 10-28 所示，在该对话框中可以更改子原理图的名称。

在该对话框中，可以实现 3 种命名方式：

（1）“Rename child document and update all relevant sheet symbols in the current project”：该项重命名子图并更新这个项目中所有关联到的子图符号。

（2）“Rename child document and update all relevant sheet symbols in the current workspace”：重命名子文档并更新这个工作区中所有关联到的子图符号。

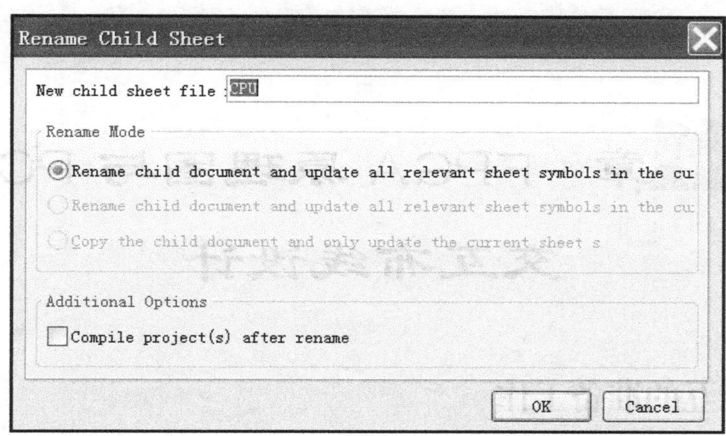

图 10-28 【Renamed Child Sheet】对话框

（3）“Copy the child document and only update the current sheet symbol”：复制子文档并更新当前激活的子图符号。

10.5　本章小结

本章主要向读者介绍了 Altium Designer 的多通道设计和层次式原理图设计方法，通过学习，读者熟悉 Repeat 语句的多通道设计及层次式原理图的两种设计方法，同时运用于更复杂的电路图设计中。

第11章 FPGA原理图与PCB交互布线设计

11.1 实现交互的准备工作

随着电子技术、计算机技术、自动化技术的飞速发展，FPGA 的使用频率越来越频繁，FPGA 的引脚可调性对于 PCB 设计来说是一大优势，所以 FPGA 原理图与 PCB 的交互变得势在必行。本章主要为读者详细介绍 FPGA 原理图与 PCB 交互布线设计的步骤及方法。

11.1.1 确定 FPGA 连接网络属性

打开项目文件，首先需要确定原理图中，FPGA 芯片引出的连接网络都为“Net Label”属性，如图 11-1 所示。而不是采用“Port”等其他属性。

IO_L1P_3	M4	D0
IO_L2P_3	M5	D1
IO_L2N_3	N4	D2
IO_L32P_M3DQ14_3	R2	D3
IO_L32N_M3DQ15_3	R1	D4
IO_L33P_M3DQ12_3	P2	D5
IO_L33N_M3DQ13_3	P1	D6
IO_L34P_M3UDQS_3	N3	D7
IO_L34N_M3UDQSN_3	N1	D8
IO_L35P_M3DQ10_3	M2	D9
IO_L35N_M3DQ11_3	M1	D10
IO_L36P_M3DQ8_3	L3	D11
IO_L36N_M3DQ9_3	L1	D12
IO_L37P_M3DQ0_3	K2	D13
IO_L37N_M3DQ1_3	K1	D14
IO_L38P_M3DQ2_3	J3	D15
IO_L38N_M3DQ3_3	J1	A0
IO_L39P_M3LDQS_3	H2	A1
IO_L39N_M3LDQSN_3	H1	A2
IO_L40P_M3DQ6_3	G3	A3
IO_L40N_M3DQ7_3	G1	A4
L41P_GCLK27_M3DQ4_3	F2	A5
L41N_GCLK26_M3DQ5_3	F1	A6
CLK25_TRDY2_M3UDM_3	K3	A7
L42N_GCLK24_M3LDM_3	J4	A8

图 11-1 原理图网络连接为“Net Label”属性

11.1.2 确定原理图与 PCB 的一致性

从原理图中导入网络表，并与导入后的 PCB 文件进行对比。在原理图设计环境下，执

行菜单命令【Design】→【Update PCB Document *.PcbDoc】，弹出如图 11-2 所示的“Engineering Change Order”对话框。用户需要确定原理图与 PCB 是否完全一致。

Enable	Action	Affected Object		Affected Document
	Change Component Descriptions(4)			
✔	Modify	active oscillatio -> active oscillation [Y1]	In	BGA.PcbDoc
✔	Modify	高速? -> 高速光耦 [U4]	In	BGA.PcbDoc
✔	Modify	高速? -> 高速光耦 [U6]	In	BGA.PcbDoc
✔	Modify	高速? -> 高速光耦 [U7]	In	BGA.PcbDoc
	Remove Net Classes(8)			
✔	Remove	A0-A19	From	BGA.PcbDoc
✔	Remove	D0-D15	From	BGA.PcbDoc
✔	Remove	DA	From	BGA.PcbDoc
✔	Remove	diff-90	From	BGA.PcbDoc
✔	Remove	diff-100	From	BGA.PcbDoc
✔	Remove	LED	From	BGA.PcbDoc
✔	Remove	PWR	From	BGA.PcbDoc
✔	Remove	RST	From	BGA.PcbDoc
	Remove Differential Pair(10)			
✔	Remove	D_TX0	From	BGA.PcbDoc
✔	Remove	D_TX1	From	BGA.PcbDoc
✔	Remove	D_TX2	From	BGA.PcbDoc
✔	Remove	D_TXC	From	BGA.PcbDoc
✔	Remove	NewDifferentialPair1	From	BGA.PcbDoc
✔	Remove	NewDifferentialPair2	From	BGA.PcbDoc
✔	Remove	NewDifferentialPair3	From	BGA.PcbDoc
✔	Remove	NewDifferentialPair4	From	BGA.PcbDoc
✔	Remove	NewDifferentialPair5	From	BGA.PcbDoc
✔	Remove	NewDifferentialPair6	From	BGA.PcbDoc
	Change Rooms(1)			
✔	Modify	0.8mm -> BGA	In	BGA.PcbDoc

图 11-2　导入网络表比对界面

如果确定一致，无须进行任何操作，直接关闭此对话框即可。

11.1.3　进行 Component links 匹配

执行菜单命令【Project】→【Component Links】，如图 11-3 所示。确认当前项目是否存在不匹配器件，如出现不匹配项，如图 11-4 所示，将左侧“Un-Matched Components in BGA.SchDoc”选项栏中的不匹配器件选中，并导入到右侧的“Matched Component”选项栏中，单击右下角的【Perform Update】按钮进行匹配操作。

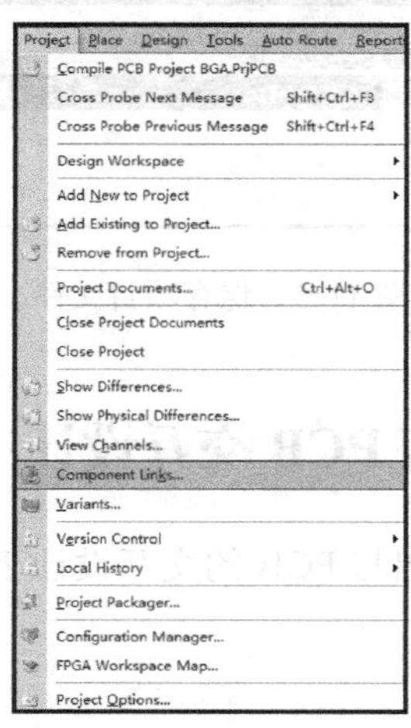

图 11-3　执行 Component Links

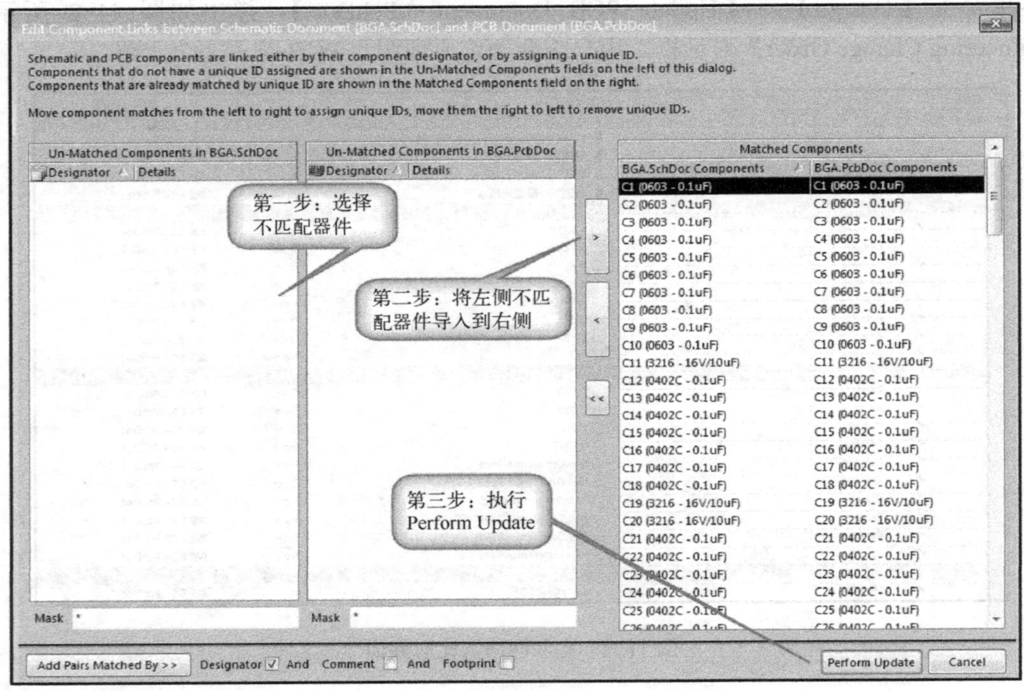

图 11-4　匹配操作

11.1.4　保存匹配后的项目文件

将右侧“Project”列表中的项目文件进行保存操作，包括原理图文件、PCB 文件、项目工程文件，保存后如图 11-5 所示。

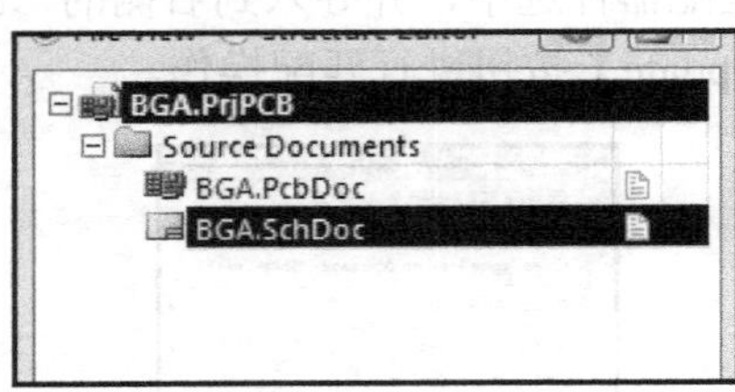

图 11-5　保存项目文件

11.2　实现 FPGA 原理图与 PCB 交互设计

接下来我们将进行 FPGA 原理图与 PCB 的交互设计工作，其操作步骤如下。

11.2.1　交互设置

执行菜单命令【Tools】→【Pin/Part Swapping】→【Configure…】，如图 11-6 所示。

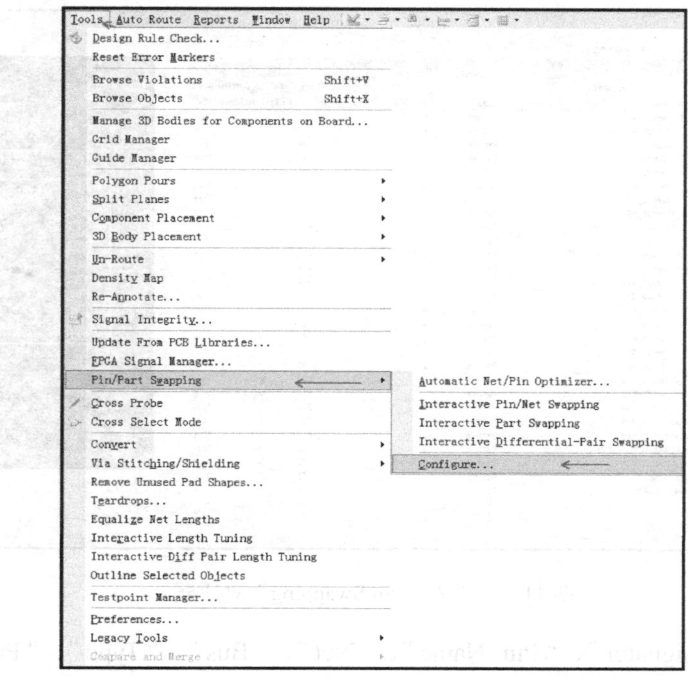

图 11-6　进入交互设置

在弹出的对话框中，找到 FPGA 芯片的参考编号，并勾选上 FPGA 芯片所在那一栏的“Pin Swap”复选框，如图 11-7 所示。然后双击 FPGA 这一栏，即可弹出如图 11-8 所示的对话框。

Configure Swapping Information In Components

Component Information						Configure in Schematic		Enable in PCB	
Designator	Comment	Footprint	Library Reference	Pins	Parts	Pin Swap Data	Part Swap Data	Pin Swap	Part Swap
R22	4.7K	0603	RES	2	1/1	(2/2)		☐	
R23	4.7K	0603	RES	2	1/1	(2/2)		☐	
R24	22	0603	RES	2	1/1	(2/2)		☐	
R25	200	0603	RES	2	1/1	(2/2)		☐	
R26	22	0603	RES	2	1/1	(2/2)		☐	
R27	1K	0603	RES	2	1/1	(2/2)		☐	
R28	22Ω	0805	RES1	2	1/1	(2/2)		☐	
R29	22	0603	RES	2	1/1	(2/2)		☐	
R30	22	0603	RES	2	1/1	(2/2)		☐	
R31	22	0603	RES	2	1/1	(2/2)		☐	
R32	1K	0603	RES	2	1/1	(2/2)		☐	
R34	698R 1%	0805R	R_0_Dup1	2	1/1				
R35	10K_1%	0805R	R_4	2	1/1				
R36	22K_1%	0805R	R_4	2	1/1				
R124	27K	0805	RES-smt	2	1/1				
R125	1k8	0805	RES-smt	2	1/1				
R126	1k8	0805	RES-smt	2	1/1				
R128	47K	0805	RES-smt	2	1/1				
S1	SW PUSHBUTTON	SMD4	SW PUSHBUTTON_0	2	1/1				
U1A	XC6SLX25-2FTG256I	FBGA256	XC6SLX25-2FTG256I	256	6/6	(256/256)		☑	
U2	CY7C1061	TSOP54	CY7C1061	54	1/1	(54/54)		☐	
U3	CY7C1061	TSOP54	CY7C1061	54	1/1	(54/54)		☐	
U4	TLP114A	DIP6\SO	TLP114A	5	1/1	(5/5)		☐	
U5	SN75LBC184DR	SO-8	SN75LBC184	8	1/1	(8/8)		☐	
U6	TLP114A	DIP6\SO	TLP114A	5	1/1	(5/5)		☐	
U7	TLP114A	DIP6\SO	TLP114A	5	1/1	(5/5)		☐	
U8	NMV0505SAC	DC0505M	NMV0505SAC	7	1/1	(7/7)		☐	
Y1	54MHz	7050晶振	OSC	4	1/1	(4/4)		☐	

Configure Component...　☐ Only Show Components with Swap Information　OK　Cancel

图 11-7　勾选 FPGA 的“Pin Swap”

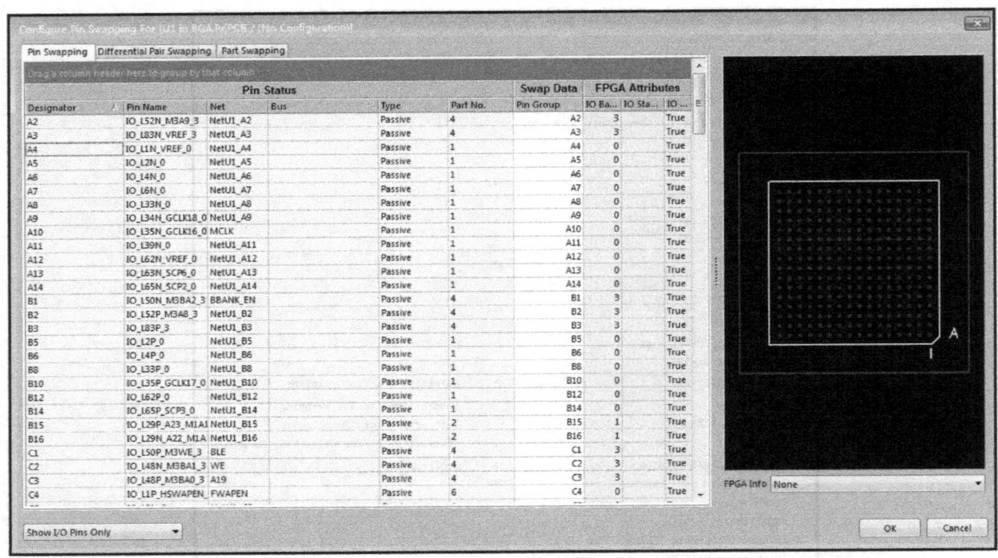

图 11-8　进入“Pin Swapping”对话框

可以通过“Designator”、“Pin Name”、“Net”、“Bus”、“Type”、“Part No.”、“Pin Group”、“IO Bank#”、“IO Standard”、“IO Pin”等选项栏设置限定条件。

选择需要可调的引脚，并单击鼠标右键，在弹出的菜单中执行菜单命令【Remove From Pin-Swap Group】，如图 11-9 所示。

再次单击鼠标右键，在弹出的菜单中执行菜单命令【Add To Pin-Swap Group】→【New】，如图 11-10 所示。单击右下角的【OK】按钮完成设置工作。

图 11-9　【Remove From Pin-Swap Group】操作

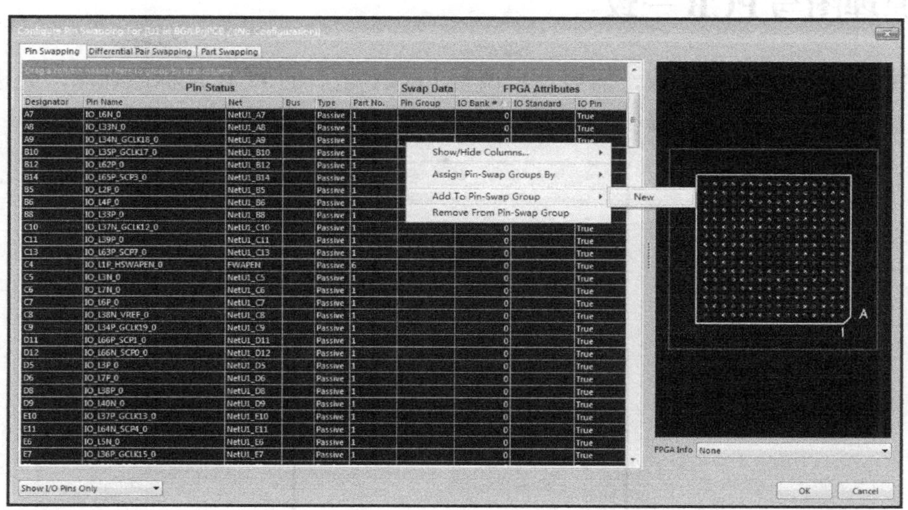

图 11-10 【Add To Pin-Swap Group】操作

11.2.2　实现交互操作

打开飞线，执行菜单命令【Tools】→【Pin/Part Swapping】→【Interactive Pin/Net Swapping】，如图 11-11 所示。

在弹出的十字单击左侧连接 FPGA 的走线，然后单击右侧的走线，左侧 FPGA 走线连接网络即会变成右侧走线的网络，实现了 PCB 上 FPGA 的 Pin 交换，如图 11-12 所示。

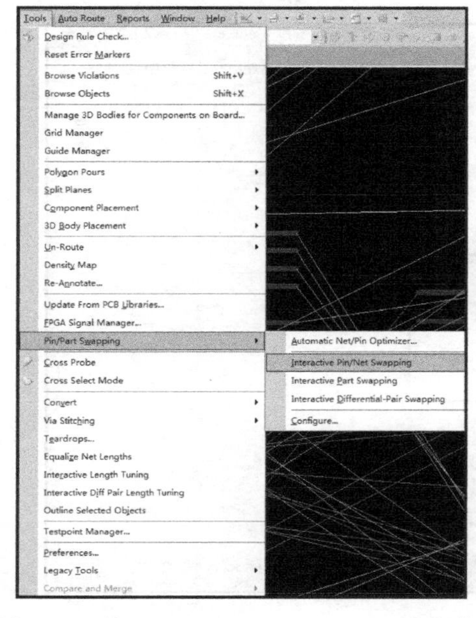

图 11-11 【Interactive Pin/Net Swapping】操作

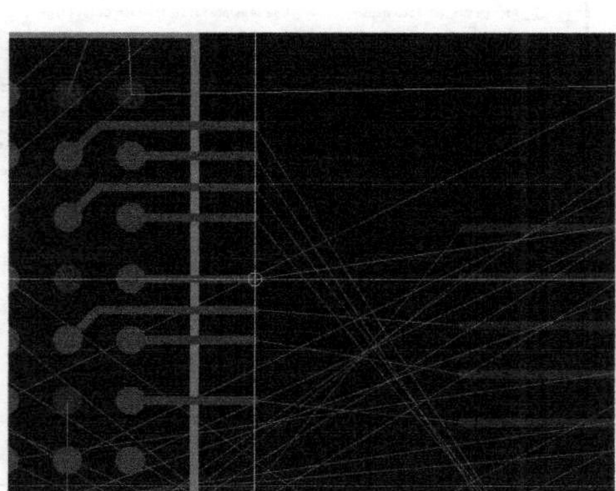

图 11-12　Pin 交换示意

11.3 原理图与 PCB 一致

需保持原理图与 PCB 一致，需要使用调整 FPGA 之后的 PCB 反标原理图，先进行反标设置，执行菜单命令【Project】→【Project Options…】，如图 11-13 所示。

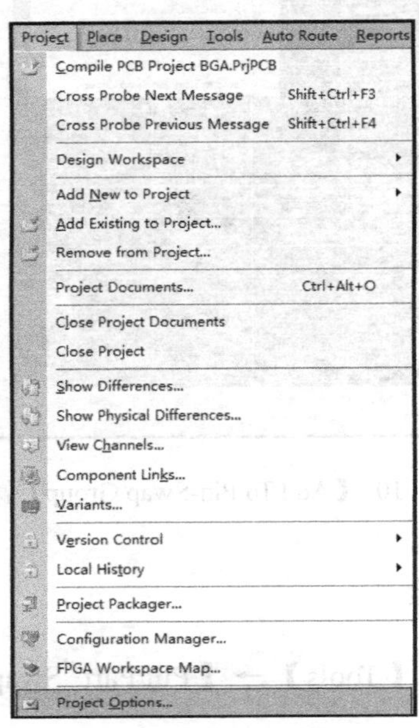

图 11-13 进入【Project Options…】菜单

在弹出的对话框中找到“Options”选项，进行如图 11-14 所示的设置。

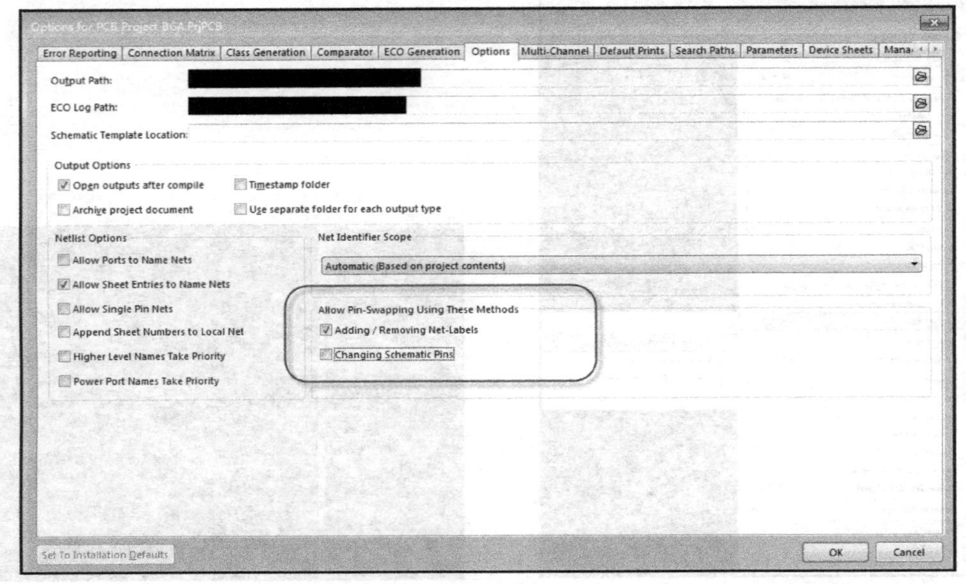

图 11-14 “Options”选项界面

单击【OK】按钮，然后在 PCB 界面下执行菜单命令【Design】→【Update Schematics in BGA.PrjPCB】，如图 11-15 所示。

系统随后弹出如图 11-16 所示的“Comparing Documents”对话框，单击【Yes】按钮，继续进入下一步动作并生成 ECO。

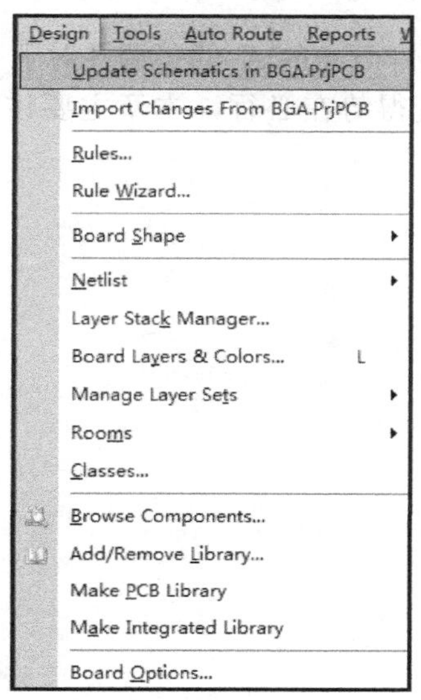

图 11-15　【Update Schematics in BGA.PrjPCB】操作

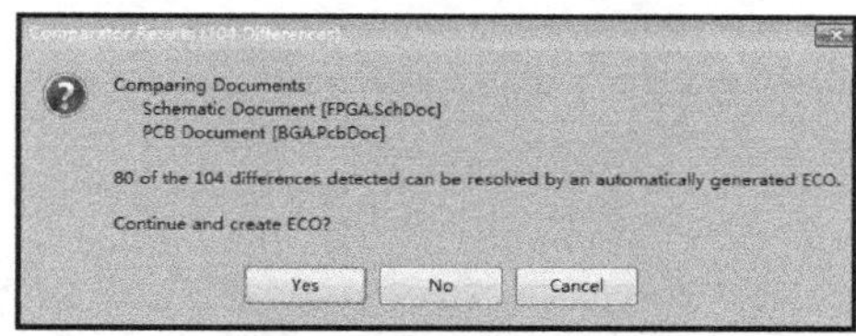

图 11-16　“Comparing Documents”对话框

随后弹出“Engineering Change Order”对话框，在该对话框中显示更改的网络，如图 11-17 所示。

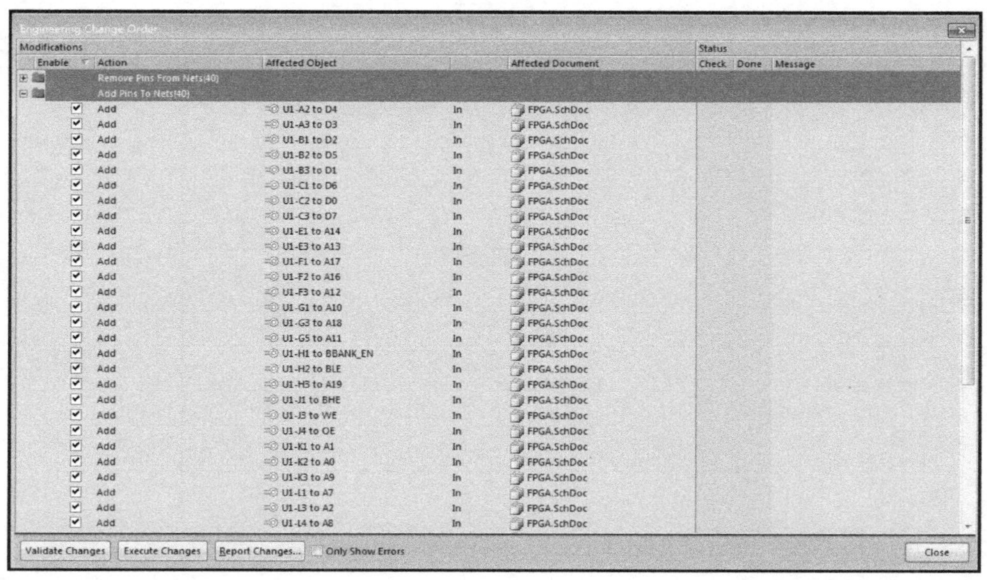

图 11-17　“Engineering Change Order”对话框

先执行菜单命令【Validate Changes】，查看是否存在错误。然后再执行菜单命令【Execute Changes】，成功导入后，PCB 与原理图将达到一致。

11.4 本章小结

随着技术的不断更新，FPGA 的使用频率越来越频繁，而 FPGA 的可调性对于 Layout 来说是一大优势，所以 FPGA 原理图与 PCB 的交互变得势在必行，本章主要讲解实现 FPGA 原理图与 PCB 的交互方法。

第12章 PCB叠层与阻抗设计

随着通信科技的不断提升，必然对 PCB 的要求也有了相应提高，传统意义上 PCB 已受到严峻的挑战，以往 PCB 的最高要求 open & short 从目前来看已变成 PCB 的最基本要求，取而代之的是一些为保证客户设计意图的体现而在 PCB 上所体现的性能的要求，如叠层、阻抗控制等。

随着对电子产品的 EMC 达标要求越来越严格和规范，尤其是打入国际市场的一些电子产品必须 EMC 达标，人们越来越重视产品的 EMC 设计了。作为 PCB 设计起始的一环，PCB 的叠层对于系统的性能及系统的 EMC 非常重要。

在 PCB 设计中考虑阻抗控制是一个比较复杂的事情，有多方面的因素要同时考虑，如 PCB 叠层结构、电磁屏蔽、信号完整性、电源完整性、PCB 加工能力等。大家都知道，以上各个因素都是相互关联的，采取一定措施达到其中一个目的的同时可能就引出其他的问题，但我们应当围绕我们的设计任务，记住我们要实现的主要功能，需要考虑哪些关键因素，这样才能找到一个符合我们要求的 PCB 设计方案。

12.1 PCB叠层

12.1.1 概述

叠层设计是用 PCB 厂家提供的半固化片和芯板交错相叠，并添加铜厚与绿油、丝印等的厚度来满足一定的板厚，在该前提下，还要满足相应板密度的线宽要求、PCB 生产工艺的要求、相应信号的阻抗设计要求。

在高速设计中，多层板的叠层非常重要，其目的和作用有以下几方面：

（1）为信号层提供基准参考平面，如 GND 平面；

（2）为有源器件提供一个低阻抗的电源分配系统，如电源平面；

（3）为信号提供低阻抗的参考回流平面；

（4）隔离信号层，防止相邻信号层间的串扰，同时对信号层产生的噪声加以屏蔽和吸收；

（5）相邻电源地平面形成的平板电容是一个大容值，几乎无寄生电感的去耦旁路电容；

（6）合理的叠层不仅能起到信号线阻抗控制的作用，同时又起到抑制板上系统 EMC 的作用。

12.1.2 叠层材料

1）半固化片

经过处理的玻璃纤维布，浸渍上树脂胶液，再经热处理（预烘）使树脂固化而制成的薄片材料称为半固化片，它是多层板生产中的主要材料之一。半固化片以其玻璃布的型号区分，最常用的型号有 7628、2116、1080。

半固化片组合的介电常数为各半固化片的算术平均值，如 1080+2116:（4.3+4.5）/2，7628+2116 : (4.5+4.7) /2。

2）芯板

芯板其实也是用固化片和半固化片压合再加上铜箔而成的。我们所说的介质 FR4、ROGERS4350 指的就是芯板。其中常用的 FR4 有 IT180A，S1000-2，S1141 等类型。

由于各个 PCB 厂家提供的材料资料都不太一样，下面列出一些材料参数，供参考。常见的半固化片和芯板的参数如表 12-1 所示。

表 12-1　常见的半固化片和芯板的参数

IT180A、S1000-2 板材厚度及介电常数												
芯板（mm）	0.051	0.075	0.102	0.13	0.15	0.18	0.21	0.25	0.36	0.51	0.71	≥0.8
Mil	2	3	4	5.1	5.9	7	8.27	10	12.5	20	28	≥31.5
介电常数	3.9	3.95	4.25	4.25	3.95	4.5	4.25	4.25	4.5	4.4	4.5	4.5
IT180A、S1000-2 固化片类型			106		1080		3313		2116		7628	
理论实际厚度（mm）			0.0595		0.0732		0.1042		0.1225		0.2043	
介电常数			3.9		3.95		4.15		4.25		4.5	
S1141 板材厚度及介电常数												
芯板（mm）	0.051	0.075	0.102	0.13	0.15	0.18	0.21	0.25	0.36	0.51	0.71	≥0.8
Mil	2	3	4	5.1	5.9	7	8.27	10	12.5	20	28	≥31.5
介电常数	3.9	3.95	4.25	4.25	3.95	4.5	4.25	4.25	4.5	4.4	4.5	4.5
S1141 固化片类型			106		1080		3313		2116		7628	
理论实际厚度（mm）			0.0513		0.0773		0.1034		0.1185		0.1951	
介电常数			3.6		3.65		3.85		3.95		4.2	

芯板厚度不包含外层铜箔厚度，双面板厚度包含外层铜箔厚度。

3）基铜厚度与完成铜厚的关系（表 12-2）。

表 12-2　基铜厚度与完成铜厚的关系

基铜铜厚要求（H）	内层完成铜厚（T1）	外层完成铜厚
0.3oz（0.47mil）	0.35mil	1.5mil
0.5oz（0.6mil）	0.5mil(0.5oz)	1.8mil(1oz)
1.0oz（1.2mil）	1.14mil(1oz)	2.3mil(1.5oz)
2.0oz（2.8mil）	2.4mil	/

4）PCB 板的叠层过程

对于一个普通的通孔四层板（非埋盲孔），在 PCB 加工环节中是这样的一个叠层过程：首先制作一个双面板，作为四层板的内芯，然后在这个内芯的两边叠加放置一个或多个半固化片，然后再在外面叠加铜箔，最后再钻孔等完成整个 PCB 的制作。

如要制作一个覆铜厚度 0.5oz 的 1.6mm 的 PCB 板叠层是这样的：

18μm（0.5oz）
1080×1
7628×1
1.0mm
7628×1
1080×1
18μm（0.5oz）

理论压板厚:1.54mm

注意

在半固化片的使用上

由于 7628 的介电常数偏高，且不太稳定，若是阻抗要求高的，尽量不用 7628;

由于 7628 的半固化片比较厚，因此在表层尽量不用 7628;

由于容易滑片，尽量不用 7628×3，也尽量不用超过或等于 4 张半固化片去叠;

3313 由于价格比较高,厂家不希望使用;

由于 3313 的半固化片太薄，尽量少用 1 张 3313 半固化片作为一个绝缘层;

由于 1080 的半固化片太薄，尽量不用 1 张 1080 半固化片作为一个绝缘层。

12.1.3　多层印制板设计基础

多层印制板的电磁兼容分析可以基于克希霍夫定律和法拉第电磁感应定律。

根据克希霍夫定律，任何时域信号由源到负载的传输都必须有一个最低阻抗的路径。如图 12-1 所示，图中 I=I'，大小相等，方向相反。图中 I 我们称为信号电流，I' 称为映象电流，而 I' 所在的层我们称为映象平面层。如果信号电流下方是电源层（Power），此时的映象电流回路是通过电容耦合所达到的。

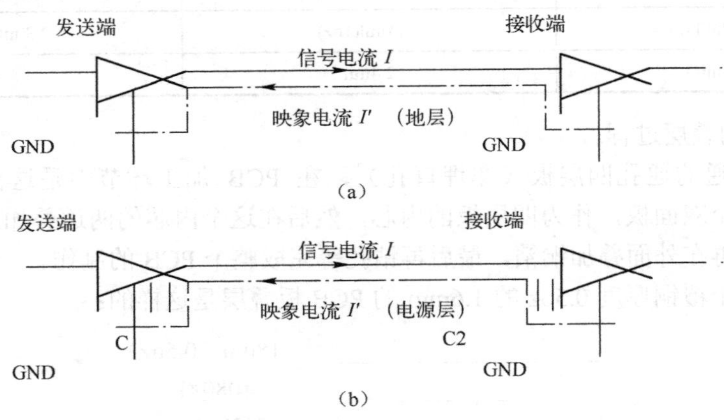

图 12-1　映象电流回路

根据法拉第电磁感应定律。$E = K \times I \times A \times \frac{1}{r} \times \sin\alpha$ 可以得出当 A 越大时，E 越大，如图 12-2 所示。

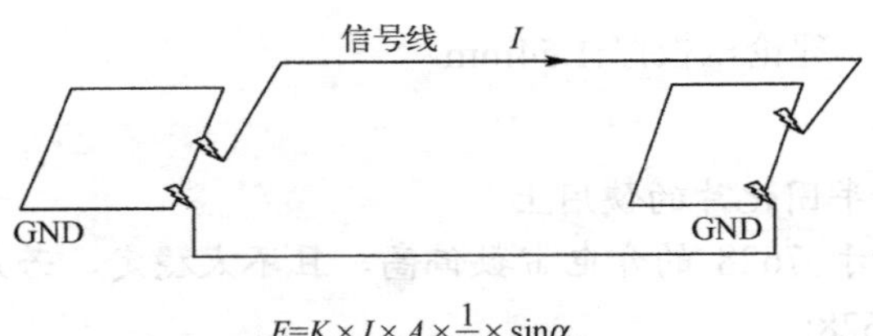

$E=K \times I \times A \times \frac{1}{r} \times \sin\alpha$

图 12-2　法拉第电磁感应定律

根据以上两个定律，我们得出在多层印制板叠层中应遵循以下基本原则；

（1）电源敷铜平面和地敷铜平面应该紧密耦合，并应在接地平面之下；

（2）布线层应安排与映象平面层相邻；

（3）电源与地层阻抗最低。其中，电源阻抗 $Z_0=\frac{120\pi}{\sqrt{\varepsilon}} \times \frac{D}{W}$，$D$ 为电源平面同地平面之间的间距，W 为平面之间的面积；

（4）在中间层形成带状线，表面形成微带线，两者特性不同；

（5）重要信号线应紧临地层。信号层应该和临近的敷铜层紧密耦合，即信号层和临近敷铜层之间的介质厚度很小；

（6）系统中的高速信号应该在内层且在两个敷铜之间，这样两个敷铜可以为这些高速信号提供屏蔽作用且将这些信号的辐射限制在两个敷铜区域；

（7）多个地敷铜层可以有效地减小 PCB 板的阻抗，减小共模 EMI。

印制板的叠层是决定系统 EMC 性能的一个重要因素。一个好的印制板叠层对抑制 PCB 中辐射起到良好的效果。常见的高速电路系统中大多采用多层板，而不是单面板和双面板。

下面就多层板的叠层结构设计做一简单的叙述和比较，如表 12-3～表 12-6 所示。

表 12-3　4 层板叠层

叠　层	A 方案	B 方案	C 方案	D 方案
Layer1	Signal	Power	Ground	Signal/Power
Layer2	Power	Signal	Signal/Power	Ground
Layer3	Ground	Signal	Signal/Power	Ground
Layer4	Signal	Ground	Signal	Signal/Power

表 12-4　6 层板叠层

叠　层	A 方案	B 方案	C 方案	D 方案
Layer1	Signal	Signal	Ground	Signal
Layer2	Power	Signal	Signal	Ground
Layer3	Signal	Power	Power	Signal
Layer4	Signal	Ground	Signal	Power
Layer5	Ground	Signal	Ground	Ground
Layer6	Signal	Signal	Signal	Signal

表 12-5　8 层板叠层

叠　层	A 方案	B 方案	C 方案
Layer1	Signal	Ground	Signal
Layer2	Power	Signal	Ground
Layer3	Ground	Ground	Signal
Layer4	Signal	Signal	Ground
Layer5	Signal	Signal	Power
Layer6	Ground	Power	Signal
Layer7	Power	Signal	Ground
Layer8	Signal	Ground	Signal

表 12-6　10 层板叠层

叠　层	A 方案	B 方案	C 方案
Layer1	Signal	Ground	Signal
Layer2	Ground	Signal	Power

续表

叠　层	A 方案	B 方案	C 方案
Layer3	Signal	Signal	Signal
Layer4	Signal	Ground	Ground
Layer5	Power	Signal	Signal
Layer6	Ground	Signal	Signal
Layer7	Signal	Power	Ground
Layer8	Signal	Signal	Signal
Layer9	Ground	Signal	Ground
Layer10	Signal	Ground	Signal

从表 12-3～表 12-6 中所示的叠层结构安排来看，大多是不能完全符合上面的 7 个要点的。这就需要根据实际的系统要求选择适当的叠层。下面就现在常用的 6 层板叠层做一些补充说明。

（1）A 方案：第 2 层和第 5 层为电源和地敷铜，由于电源敷铜阻抗高，对控制共模 EMI 辐射非常不利。但是，从信号的阻抗控制观点来看，这一方法却是非常正确的。因为这种板层设计中，信号走线层的 Layer1 和 Layer3、Layer4 和 Layer6 构成了两对较为合理的走线组合。

（2）B 方案：将电源和地分别放在第 3 层和第 4 层，这一设计解决了电源敷铜阻抗问题，由于第 1 层和第 6 层的电磁屏蔽性能差，差模 EMI 增加了。如果两个外层上的信号线数量最少，走线长度很短（短于信号最高谐波波长的 1/20），则这种设计可以解决差模 EMI 问题。将外层上的无元件和无走线区域敷铜填充并将敷铜区接地（每 1/20 波长为间隔），则对差模 EMI 的抑制特别好。

（3）C 方案：从信号的质量角度考虑，很显然 C 例中的板层安排最为合理。因为这样的结构对信号的高频回流的路径是比较理想的。但是这样安排有个比较突出的缺点，即信号的走线层少。所以这样的系统适用于高性能的要求。

（4）D 方案：这可实现信号完整性设计所需要的环境。信号层与接地层相邻，电源层和接地层配对。显然，不足之处是层的结构不平衡（不平衡的敷铜可能会导致 PCB 板的翘曲变形）。解决问题的办法是将第 3 层所有的空白区域敷铜，敷铜后如果第 3 层的敷铜密度接近电源层或接地层，这块板可以不严格地算作是结构平衡的电路板。敷铜区必须接电源或接地。

现在使用的 8 层板多数是为了提高 6 层板的信号质量而设计的。由表 12-5 中知道 8 层板相比 6 层板并没有增加信号的走线层，而是多了两个敷铜层，所以可以优化系统的 EMC 性能。

12.1.4　板层的参数

板层的参数包括信号走线的线宽、线厚、信号层和敷铜层之间的介质，以及介质的厚度等。板层参数的确定主要是考虑到信号的阻抗控制及 PCB 板的制作工艺限制等因素。当然

在吉赫兹（GHz）以上的频率还需要重点考虑传输线的集肤效应（Skin Effect）和介质的损耗等方面。对于常用的介质 FR-4 而言，在大于等于 1GHz 时，介质对信号有了明显的衰减。

信号线的阻抗主要受到多个参数变量的限制，可以用下面的公式简单的描述：

$$Z_0 = f(w,h,H,\varepsilon)$$

其中，Z_0 是信号线的阻抗；w 是走线的线宽；h 是走线的线高；H 是介质的厚度；ε是介质的介电常数。在这些参数变量中，H 的影响最大。

通常可以使用 POLAR SI8000 软件计算传输线的阻抗。不同的传输线类型（微带线和带状线等）计算需要的参数也是有差异的。

12.1.5　叠层设置注意事项

（1）即使没有阻抗要求，最好也设计一个确定的叠层，确定一个阻抗一致线宽，否则不同的厂家加工时有不同的做法，可能会导致信号质量不稳定。

（2）介质及芯板厚度不能随意指定，要看是否有这种厚度的材料，否则厂家生产时不得不改变介质厚度，可能会对线宽做出大幅度的调整。半固化片叠加的总厚度不能超过 20μm，否则厂家可能会以去铜的芯板加半固化片代替（如 6 层板做成假 8 层），会增加成本。在厚度差不多的情况下，半固化片尽量选用便宜的，不然厂家（尤其是批量厂家）可能会出于成本考虑替换之，导致介质厚度和介电常数改变，线宽可能会有大的调整。

（3）计算板厚（介质+铜厚）要略小于要求厚度，如 2.0mm 的板一般计算到 1.9～1.95mm 比较合适，因为总板厚还应包括绿油和丝印厚度。

（4）叠层厚度及正负片分配要尽可能对称，不然易翘曲。

（5）尽量做到每个信号层至少与一个地层相邻，电源平面与地紧密相邻。

（6）对于有相邻的电源地平面层，要保证电源地平面紧耦合，以保证形成一个大的平板电容，推荐间距小于 4μm。

（7）两个表层与相邻参考平面紧耦合，推荐间距小于 6μm。

（8）内层信号层尽量紧耦合地平面，以地平面为参考层好于电源层，推荐间距小于 6μm。

（9）有一种情况要特别注意，紧邻 bottom 层的平面层为电源平面，尽量在 bottom 层不布线或少布线，bottom 层大面积铺铜接地，如电源平面噪声较大，bottom 层大面积铜地可作为屏蔽层，这样就防止了噪声向空间辐射，同时相邻电源层的阻抗也会因为参考地拉近而变小。

同时，叠层是 PCB 的 EMC 设计中关键的一环，在设计叠层时必须考虑布线分配和电源分割。

（1）叠层必须保证高速信号阻抗可控制在预期的阻抗要求范围内，同时通过阻抗控制保证各信号层阻抗的连续性，以消除因阻抗不连续产生信号反射带来的振铃对系统 EMC 不利的影响。

（2）尽量使电源层有紧耦合的参考地平面，以保证电源平面的低阻抗特性和地对电源噪声的耦合吸收，电源、地层间距不应大于 10μm，通常应小于 5μm。

（3）信号层尽量以地平面为参考平面，在 PCB 的 EMC 设计中以地平面为参考优于电源平面。

（4）采用一个电源平面无法实现时，可利用表层铺电源平面。

（5）在各层间厚度设置时，尽量做到以下几点：

① 尽量使信号层紧耦合参考的平面层，以减小信号回流面积和加强平面层对信号层噪声的耦合吸收。

② 尽量使相邻的电源层和地层紧耦合以改善电源层阻抗特性。

③ 如有相邻的信号层，除了正交布线规则外，要尽量拉大两相邻信号层之间的间距，以尽量减小两相邻信号层之间的噪声互扰。

④ 在叠层安排上要尽量避免有相邻的两个电源层，尤其是电压差别较大的两个电源层，以防止相邻两个电源层噪声的互相耦合导致小电压器件工作不稳定；如不可避免有相邻的两个电源层，要尽量拉大两个电源层间的间距。

⑤ 选用多少层取决于功能和功能区的定义与划分、抑制噪声的要求、信号分类、需要布放的线条和节点的数量、阻抗控制、器件密度、总线等。

⑥ 正确地选用和安排微带线与带状线，不仅对抑制辐射有好处，而且对信号完整性也有好处。

⑦ 在 PCB 中嵌入金属平板（电源，地等）是抑制 RF 辐射最重要的方法，还可以调整电源内阻和抑制线条的阻抗。

⑧ 地平面与电源平面的作用不同，电源平面上会有高频电流。

12.2 PCB 设计中的阻抗

1．PCB 上的阻抗控制

电信和计算机设备操作的速度与切换速率正在不断增长。尽管在低频情况下，这是一个可以忽略的物理规律，但现在却需要严格考虑了。现代 PCB 上处理器时钟速度和组件切换速度的提高意味着组件间的互连路径（如 PCB 走线：PCB trace）不能再视为简单的导线。实际应用中快速切换速度或高频（即数字边际速度超过 1ns 或者模拟频率大于 300MHz）的 PCB 走线必须视为传输线——其电子特性必须由 PCB 设计厂商控制的信号线。就是说，为了稳定和可预测的高速运行，PCB 走线和 PCB 绝缘物的电子特性必须得到控制。

PCB 走线的关键参数之一就是其特性阻抗（即波沿信号传输线路传送时电压与电流的比值）。这是一个有关走线物理尺寸（例如走线的宽度和厚度）和 PCB 底板材质的绝缘物厚度的函数。PCB 走线的阻抗由其电感和电容电抗决定。

实际情况中，PCB 传输线路通常由一个导线走线、一个或者多个参考层和绝缘材质组成。传输线路，即走线和板材构成了控制阻抗。PCB 通常采用多层结构，并且控制阻抗也可以采用多层方式来构建。但是，无论使用什么方式，阻抗值都将由其物理结构和绝缘材料的电子特性决定：

➢ 信号走线的宽度和厚度；

➢ 走线两侧的芯板和预填充材质的高度；

➢ 走线和层的配置；

➢ 芯板和预填充材质的绝缘常数；

2．阻抗匹配

组件自身可以显示特性阻抗，因此必须选择 PCB 走线阻抗来匹配使用中的所有逻辑系列的特性阻抗（对于 CMOS 和 TTL，特性阻抗的范围是 80～110Ω）。为了最好地将信号从源传送到负载，走线阻抗必须匹配发送设备的输出阻抗和接收设备的输入阻抗。

如果连接两个设备的 PCB 走线的阻抗不匹配设备的特性阻抗，在负载设备可以进入新的逻辑状态之前将会发生多次反射。结果将可能导致高速数字系统中的切换时间或随机错误增加。为此线路设计工程师和 PCB 设计厂商必须仔细指定走线阻抗值及其误差。所以阻抗控制技术在高速 PCB 设计中显得尤其重要。

阻抗控制技术包括两个含义：

（1）阻抗控制的 PCB 信号线是指沿高速 PCB 信号线各处阻抗连续，也就是说同一个网络上阻抗是一个常数。

（2）阻抗控制的 PCB 板是指 PCB 板上所有网络的阻抗都控制在一定的范围内，如 20～75Ω。

线路板成为“可控阻抗板”的关键是使所有线路的特性阻抗满足一个规定值，通常在 25～70Ω，一般取 50Ω。在多层线路板中，传输线性能良好的关键是使它的特性阻抗在整条线路中保持恒定。

12.3　本章小结

本章从材料的选择、各种叠层对信号完整性和 EMC 的抑制、对电源完整性的影响等方面介绍叠层的相关知识。从现代高速数字设计中传输线的理论出发，论述了传输线特性阻抗的概念。

在 PCB 设计中考虑叠层和阻抗控制是一个比较复杂的事情，有多方面的因素要同时考虑，如电磁屏蔽、信号完整性、电源完整性、PCB 加工能力等。

我们都知道，以上各个因素都是相互关联的，采取一定措施达到其中一个目的的同时可能就引出其他的问题，且叠层结构与阻抗控制也是彼此关联、彼此制约的。但我们应当围绕我们的设计任务，记住我们要实现的主要功能，需要考虑哪些关键因素，这样才能找到一个符合我们要求的 PCB 设计方案。

第13章 PCB实战案例1——电子万年历设计

通过前面的章节，已经详细介绍了原理图设计、PCB 电路板设计流程、元件集成库创建等过程。本章将通过具体实例来介绍项目的建立、原理图的绘制、PCB 电路板设计的规划、布局布线等过程。

在创建新的 Workspace 之前，为工程创建一个专用的文件夹，如 D:\prj。该文件夹用于保存工程中建立的和产生的各种文件，便于对整个项目文件进行管理。

（1）执行菜单命令【File】→【New】→【Design Workspace】，先为工程创建一个新的 Workspace，如图 13-1 所示。以后创建各种文件的操作就将在这个 Workspace 下进行。

（2）执行菜单命令【File】→【Save Design Workspace】，在打开的对话框中给 Workspace 命名并保存，如图 13-2 所示。

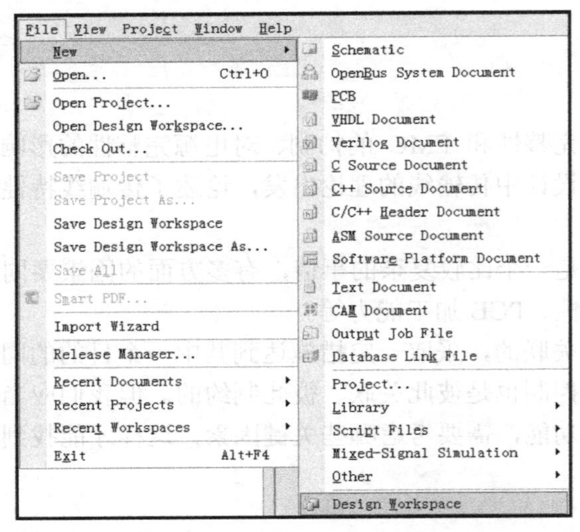

图 13-1 创建新的 Workspace

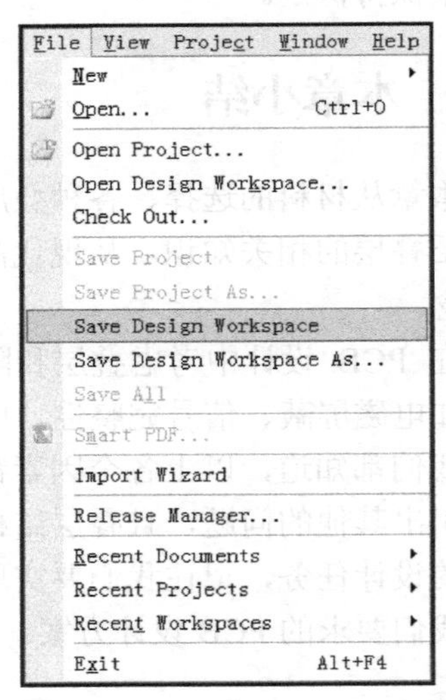

图 13-2 保存 Workspace

（3）执行菜单命令【File】→【New】→【Project...】→【PCB Project】，创建一个新的工程文件，如图 13-3 所示。

（4）执行菜单文件【File】→【Save Project】，在打开的对话框中给工程命名并保存，如图 13-4 所示。

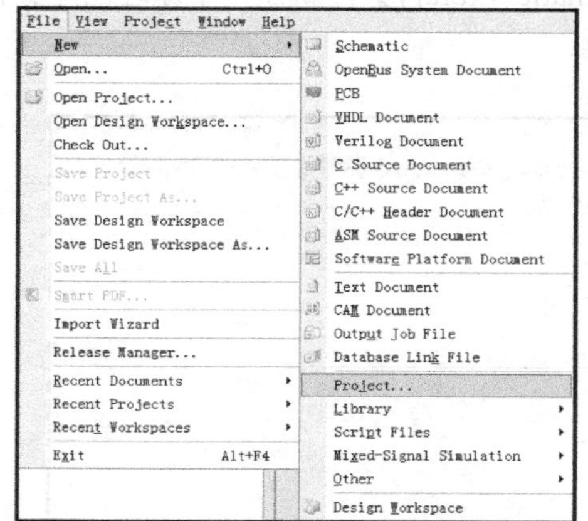

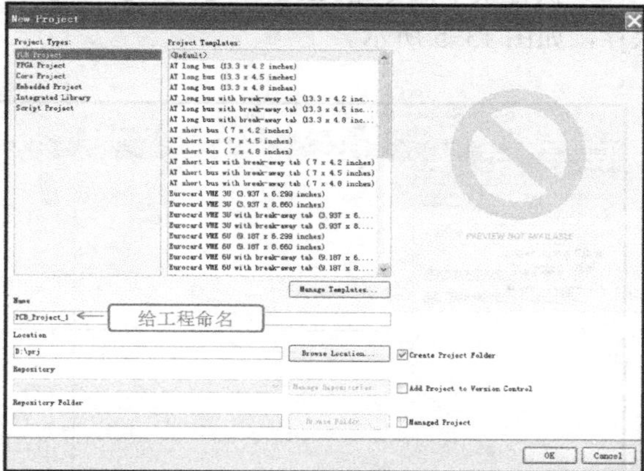

图 13-3　创建一个新的工程文件

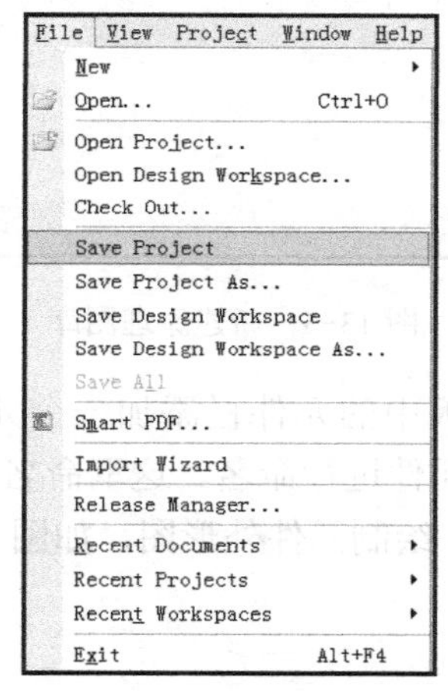

图 13-4　保存工程文件

完成上面的步骤，将一个项目的工作环境和相应的项目建立完成，后面的工作都将在这里进行。

13.1　加载和创建元件库

在开始绘制原理图之前，需要加载对应的元件符号。一张完整的原理图是由各种元件连接组成的，而这些元件大多数可以从系统自带的元件库中获得。Altium Designer15 系统默认已经加载了两个常用库，分别是 Miscellaneous Devices（常用电气元件杂项库）和 Miscellaneous Connector（常用接插件库）。还有一些特殊元件是无法在系统库里找到的，这就需要我们自己制作一个新的元件库，用于存放这些特殊的元件，其操作步骤如下。

（1）执行菜单命令【File】→【New】→【Project】→【Integrated Library】，新建一个集成库并保存。

（2）执行菜单命令【File】→【New】→【Schematic Library】，新建一个原理图库文件并保存，如图 13-5 所示。

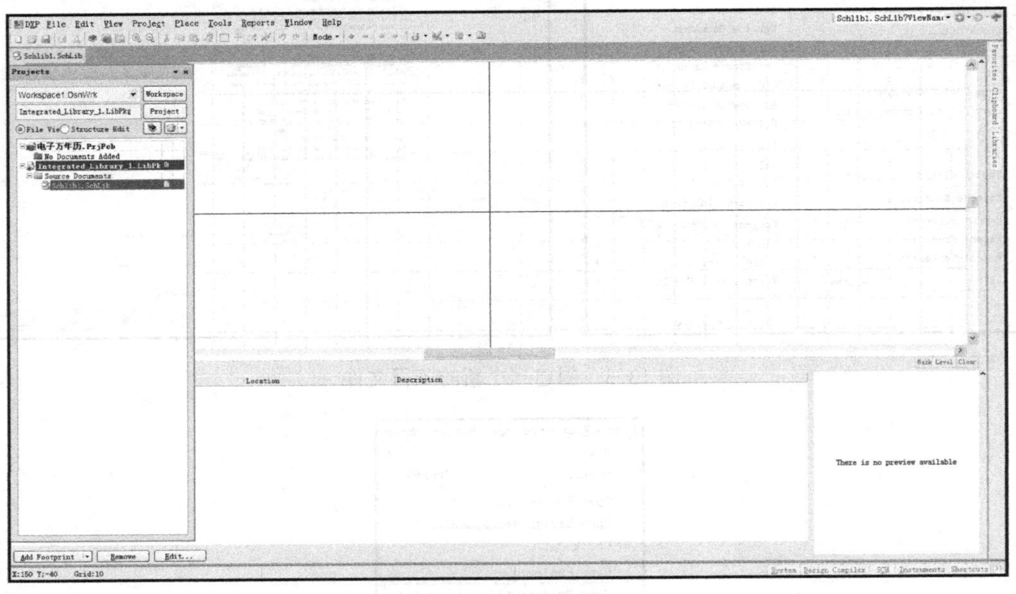

图 13-5　新建原理图库

（3）在 SCH Library 标签面板中的元件栏添加一个元件，单击【Add】按钮，打开如图 13-6 所示的对话框，提示对新元件进行命名。这里命名为“IC_AT89C52”。

（4）单击工具栏中的 图标，绘制元件外形图，如图 13-7 所示。

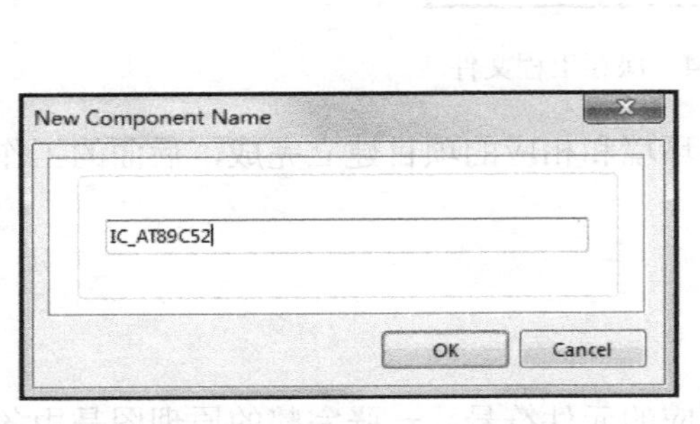

图 13-6　新建 IC_AT89C52 元件

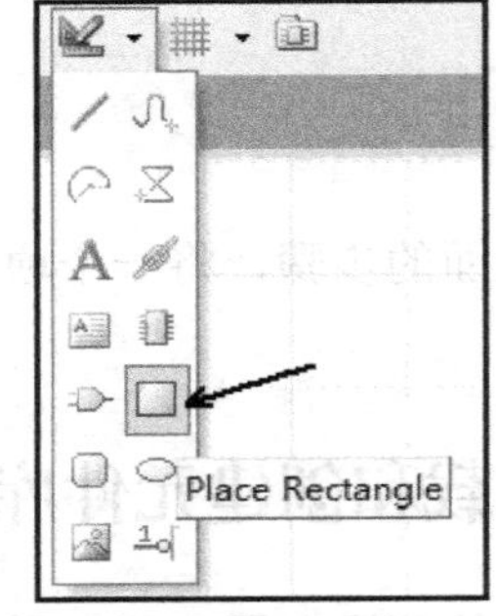

图 13-7　选择矩形框命令

（5）单击工具栏上的 图标，为元件添加引脚，在添加引脚的过程中，按空格键可以进行 90° 的翻转操作。

（6）修改 Pin 参数。执行菜单命令【View】→【Workspace Panels】→【SCH】→【SCHLIB List】，打开“SCHLIB List”面板，在面板上单击鼠标右键，然后执行菜单命令【Choose Columns…】，如图 13-8 所示。

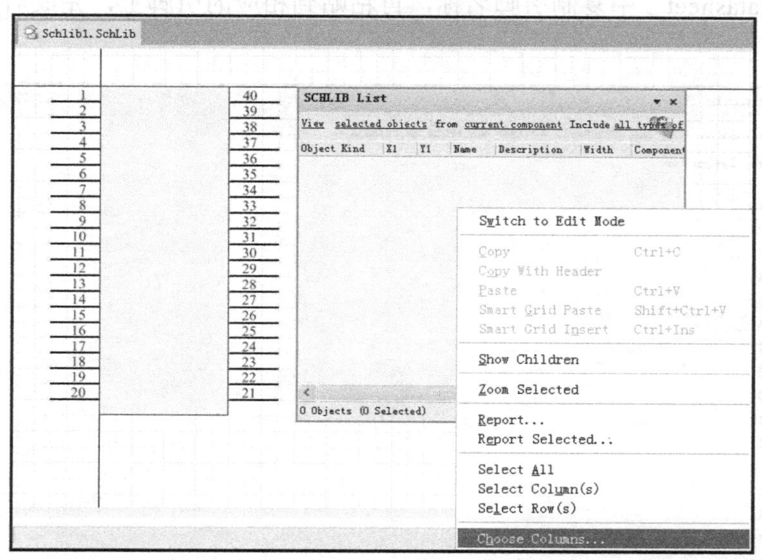

图 13-8　执行菜单命令【Choose Columns】

进入“Columns Setup”对话框，在本例中只需要显示“Name”和“Pin Designator”这两个参数，单击右边的下拉菜单框选中“Show”，然后再单击【OK】按钮完成设置，如图 13-9 所示。

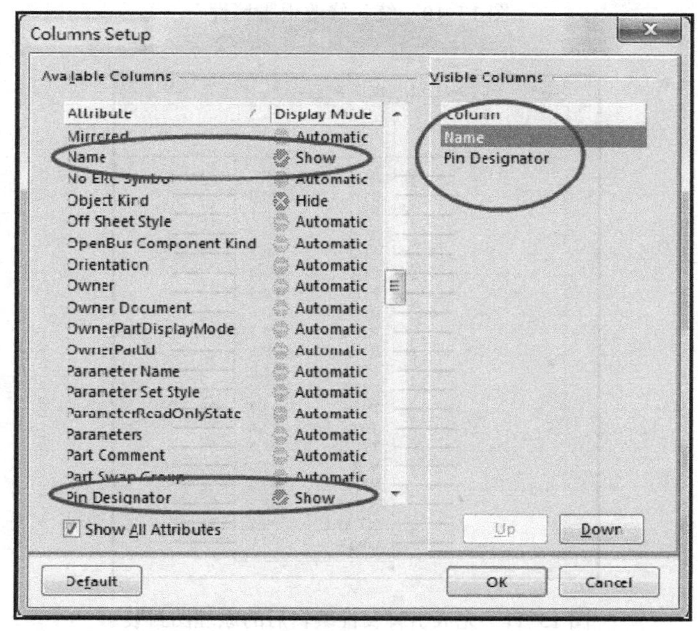

图 13-9　“Columns Setup”对话框

返回至“SCHLIB List”面板，范围选择“all objects”，模式改为“Edit”模式，然后就

可以直接从“datasheet”中复制引脚名称，再粘贴到相应的引脚上，完成后如图 13-10 和图 13-11 所示。

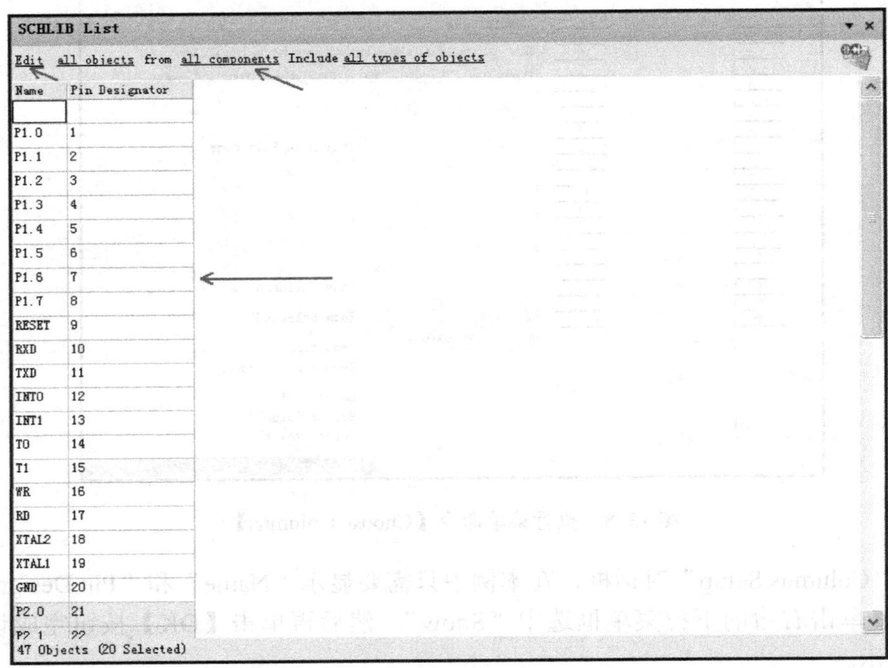

图 13-10　统一修改引脚属性

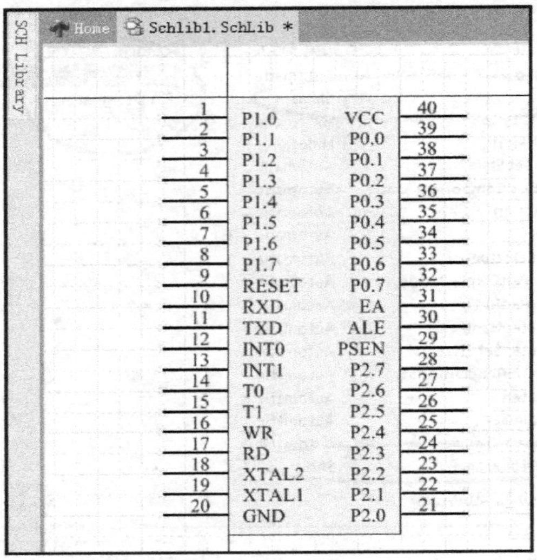

图 13-11　完成引脚属性编辑后的原理图封装

如果想修改其他属性，也可以把相应的属性打开，然后在“Edit”模式下直接批量修改即可。这样提高了用户创建原理图封装的效率。

（7）编辑元件的属性。在“SCH Library”面板中选中“IC_AT89C52”器件，单击【Edit】按钮进入编辑元件属性对话框，如图 13-12 所示。一般需要添加的属性为元件位号初始字母、器件值、封装信息等。在“Default Designator”文本框中修改默认元件的参考编号为“U?”，在“Default Comment”文本框中修改默认元件的注释为“AT89C52”。

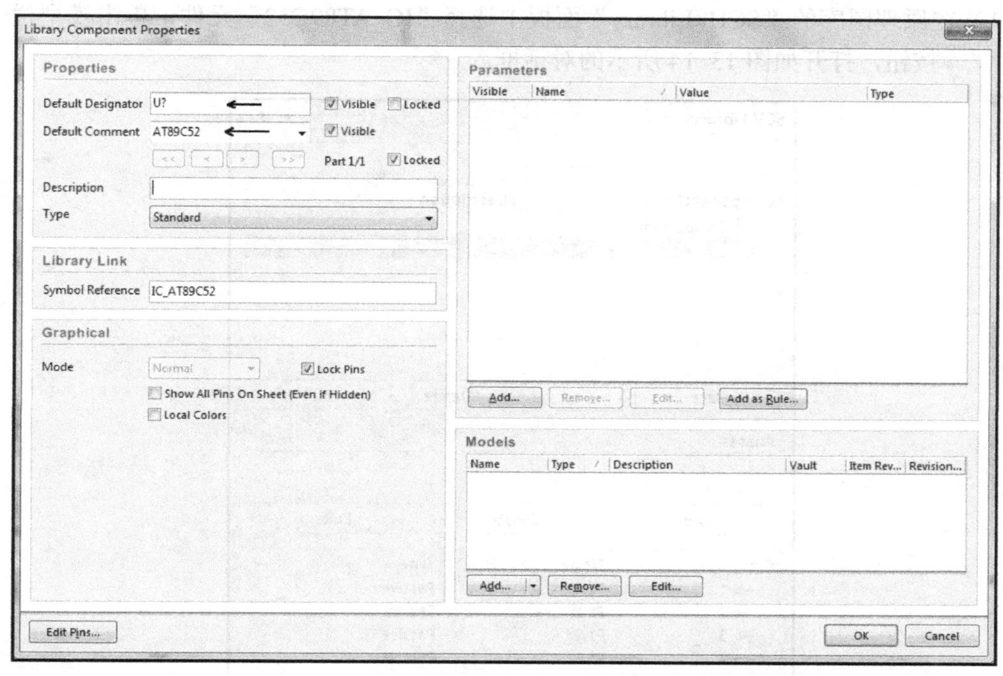

图 13-12 编辑元件属性对话框

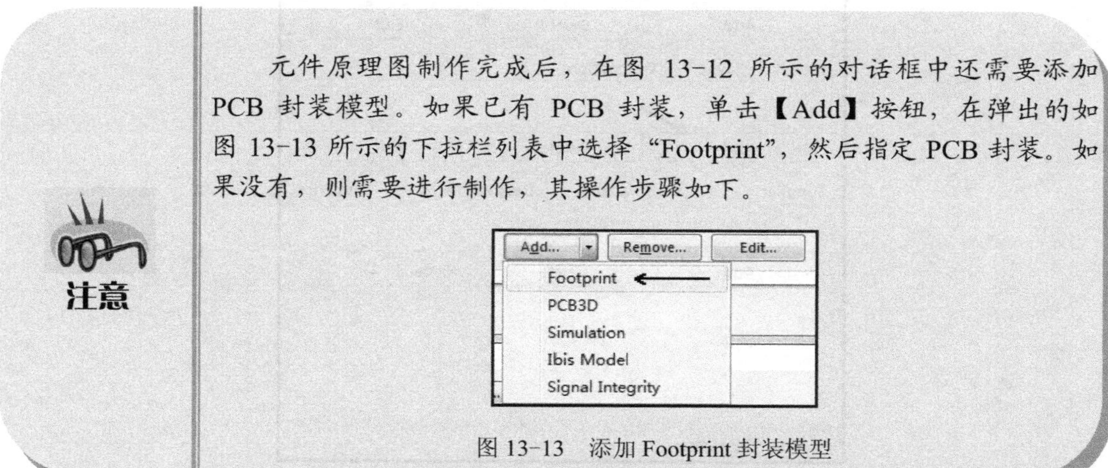

注意
元件原理图制作完成后，在图 13-12 所示的对话框中还需要添加 PCB 封装模型。如果已有 PCB 封装，单击【Add】按钮，在弹出的如图 13-13 所示的下拉栏列表中选择“Footprint”，然后指定 PCB 封装。如果没有，则需要进行制作，其操作步骤如下。
Add...
Remove...
Edit...
Footprint
PCB3D
Simulation
Ibis Model
Signal Integrity

图 13-13 添加 Footprint 封装模型

（8）执行菜单命令【File】→【New】→【Library】→【PCB Library】,新建元件封装库文件。

（9）执行菜单命令【File】→【Component Wizard】，打开创建 PCB 封装制作向导。详细操作可参阅第 9 章 PCB 封装设计一节中的内容完成封装制作。

至此，一个元件的 PCB 封装已经制作完成，接下来就可以进入元件库添加模型了。元件模型的添加步骤如下。

（1）在原理图库的“SCH Library”面板中选择“IC_AT89C52”元件，单击模型栏中的 Add 按钮，打开如图 13-14 所示的对话框。

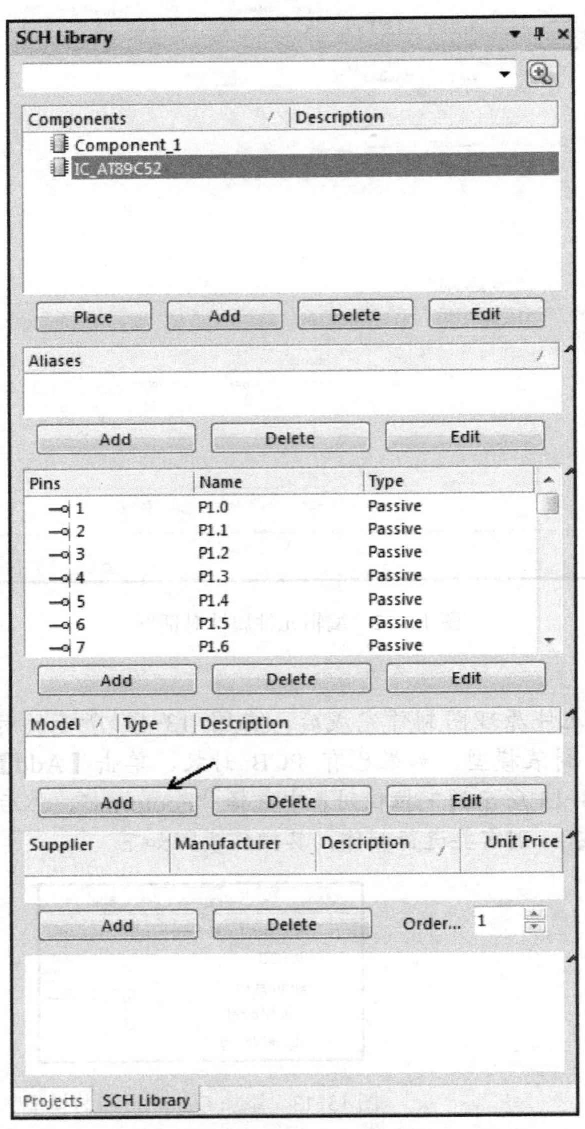

图 13-14　打开添加模型命令

（2）在下拉栏中选择需要添加的模型，这里选择“Footprint“，如图 13-15 所示。单击【OK】按钮，打开如图 13-16 所示的对话框。

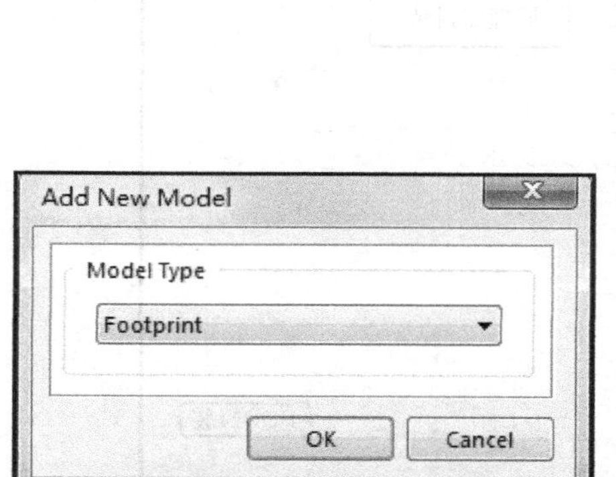

图 13-15　选择新模型类型

图 13-16　“PCB 模型”对话框

（3）单击 Browse... 按钮，在打开的对话框中选择要添加的模型，这里选择“DIP40”。单击【OK】按钮，可以看到 PCB 封装模型已经添加到该元件库中，如图 13-17 所示。

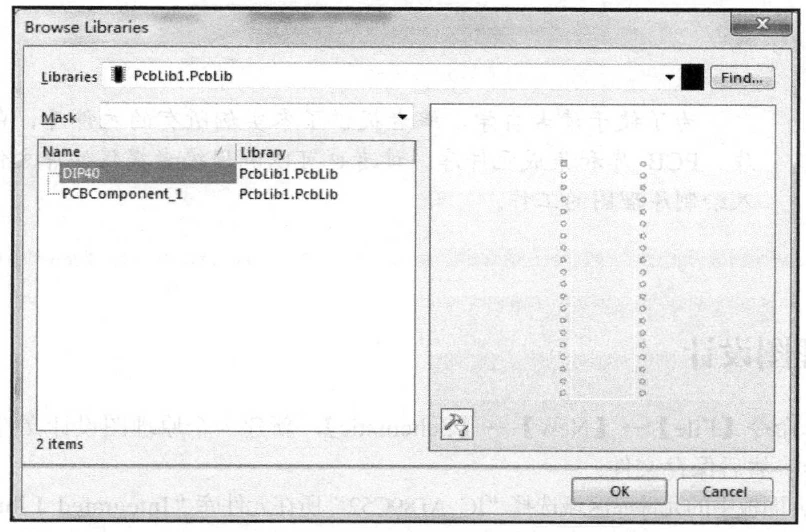

图 13-17　选择添加 PCB 封装后的模型

（4）单击【OK】按钮，完成添加 PCB 封装模型，完成后如图 13-18 所示。

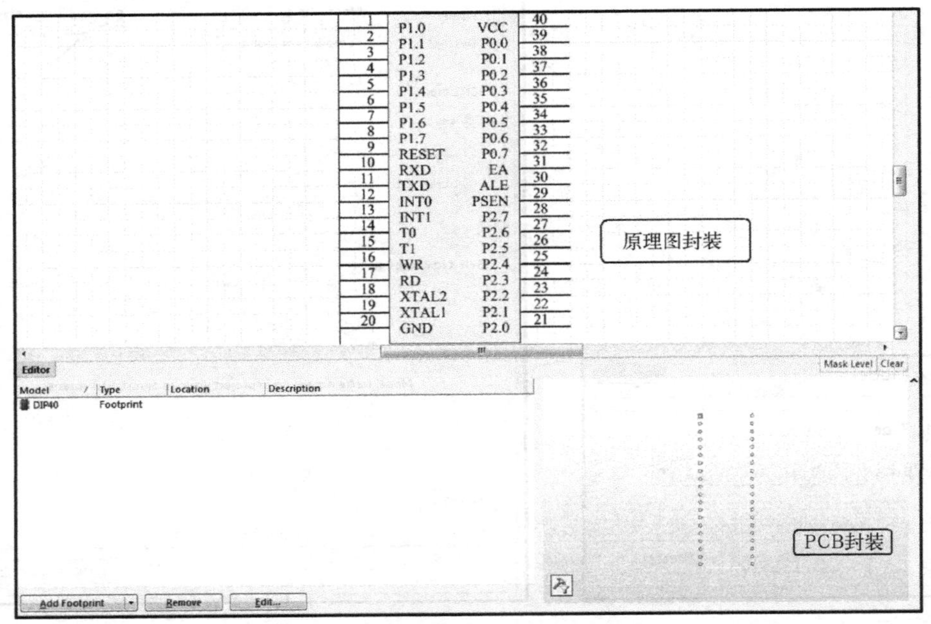

图 13-18　模型添加完成

（5）执行菜单命令【Project】→【Compile Integrated Library】进行编译。这样制作的元件封装形式就添加到了新建库中。元件库制作完成并添加好后，就可以进行原理图绘制工作了。

为了便于读者自学，编者提供了本实例所有的元件库，包括原理图库、PCB 库和集成元件库。读者也可以利用编者提供的库文件，直接进入绘制原理图的工作。

13.2　原理图设计

执行菜单命令【File】→【New】→【Schematic】，新建一个原理图设计文件，同时启动原理图编辑器，然后保存文件。

在 Library 面板中的元件库区域选择“IC_AT89C52”所在元件库“Integrated_Library.IntLib”，如图 13-19 所示。在元件列表中找到需要的器件，单击面板右上角的 Place IC_AT89C52 按钮，所选的元件将粘附在光标上，在原理图合适的位置单击左键即可放置元件。

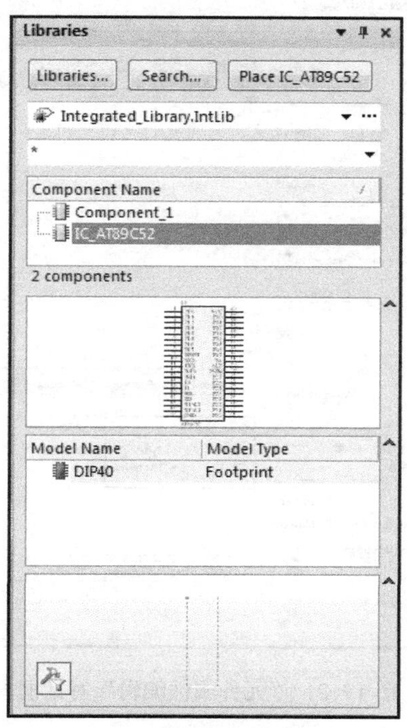

图 13-19　放置元件

同样的操作，将原理图的其他元件放置在原理图中。所有元件放置好后，完成后的原理图如图 13-20 所示。

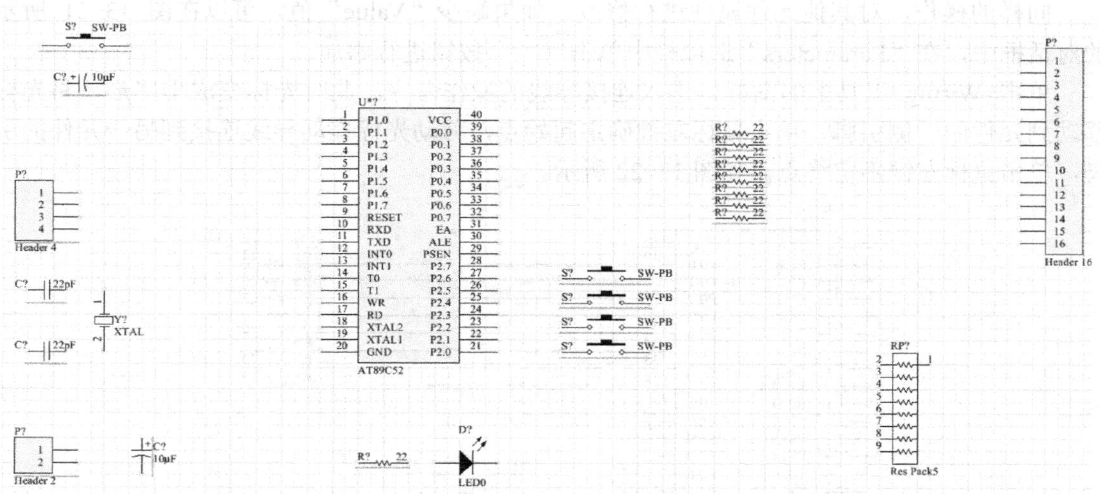

图 13-20　放置好全部元件

放置完成全部元件后，下一步是要定义每一个元件的属性。双击要编辑属性的元件，进入元件属性编辑对话框，如图 13-21 所示。

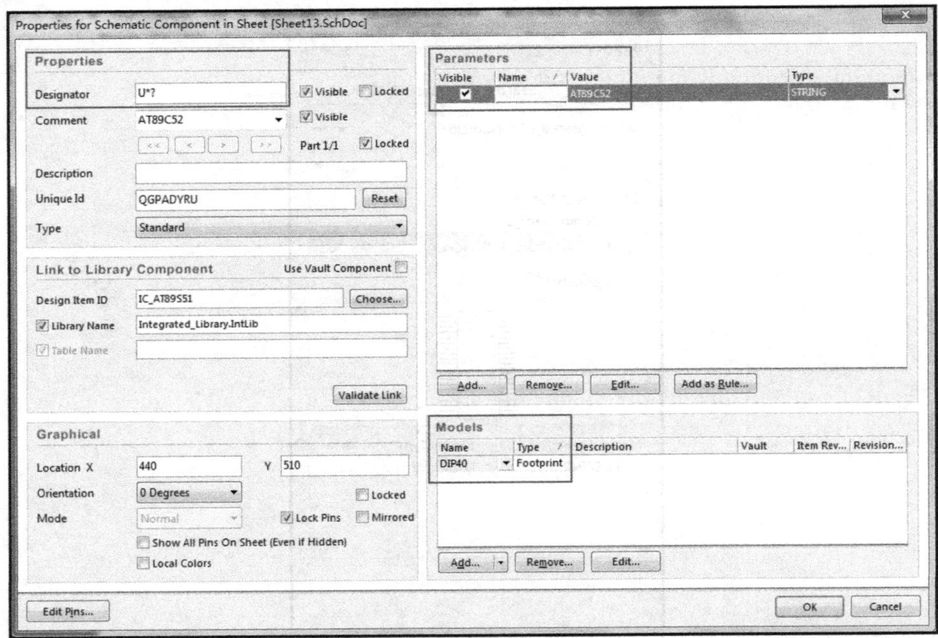

图 13-21 “元件属性编辑”对话框

“Properties”选项栏中的“Designator”表示需要添加的元件的参考编号。

“Parameters”选项栏中的“Value”表示元件的参数描述。

“Models”选项栏中的“Footprint”表示元件的 PCB 封装。

同样的操作，对其他元件属性进行修改。如果缺少“Value”值，可以在图 13-21 所示的对话框中，在“Parameters”选项栏中单击 Add... 按钮进行添加。

单击 Wiring 工具上的图标，进入连接导线的操作命令。此时光标变成十字形，将光标移动到元件的一侧引脚，单击鼠标左键确定起始点，移动光标拖动导线连接到另一元件的引脚，单击鼠标左键确定终点，如图 13-22 所示。

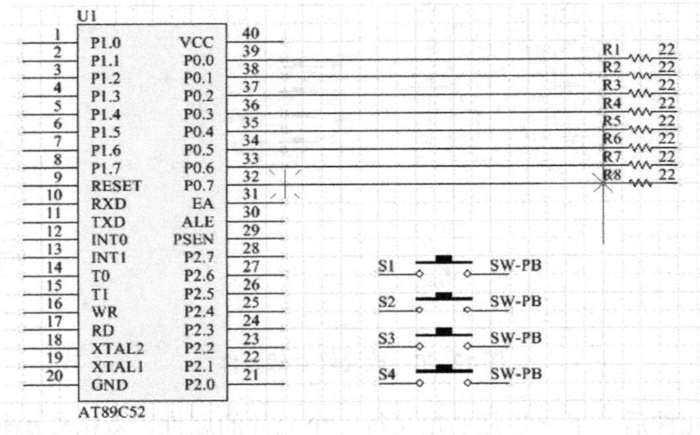

图 13-22 “元件属性编辑”对话框

用导线连接好电路图后，要为其放置电源和接地符号。Utilities 工具栏中提供了多种电源和接地符号，如图 13-23 所示。选择所需的电源或接地符号后，放置在元件引脚上即可。

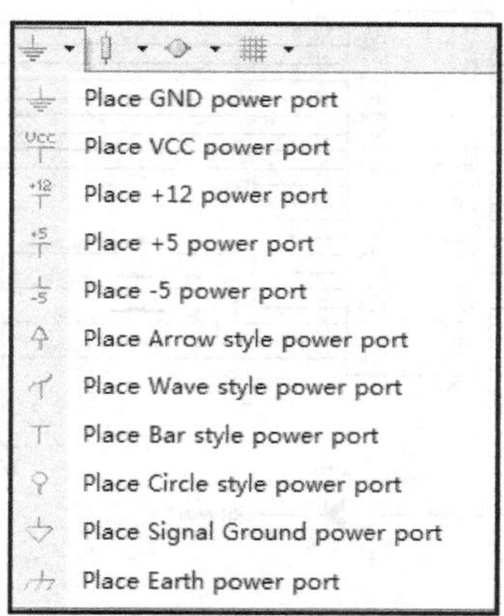

图 13-23　电源和接地符号

元件之间的电气连接除了用导线连接外，还可以通过放置网络标号来表现。下面介绍放置网络标号的操作步骤。

单击 Wiring 工具栏中的 Net1 图标，放置了网络标号的原理图如图 13-24 所示。

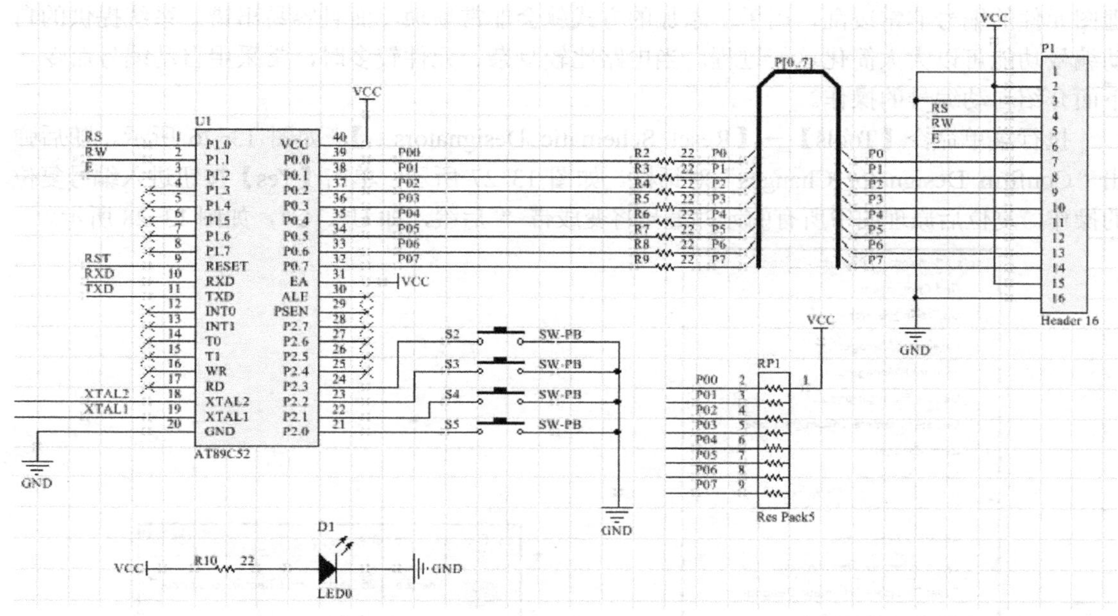

图 13-24　放置了网络标号的原理图

将导线连接、网络标号连接完成后，调整好各单元电路的相应位置，绘制完的原理图如图 13-25 所示。

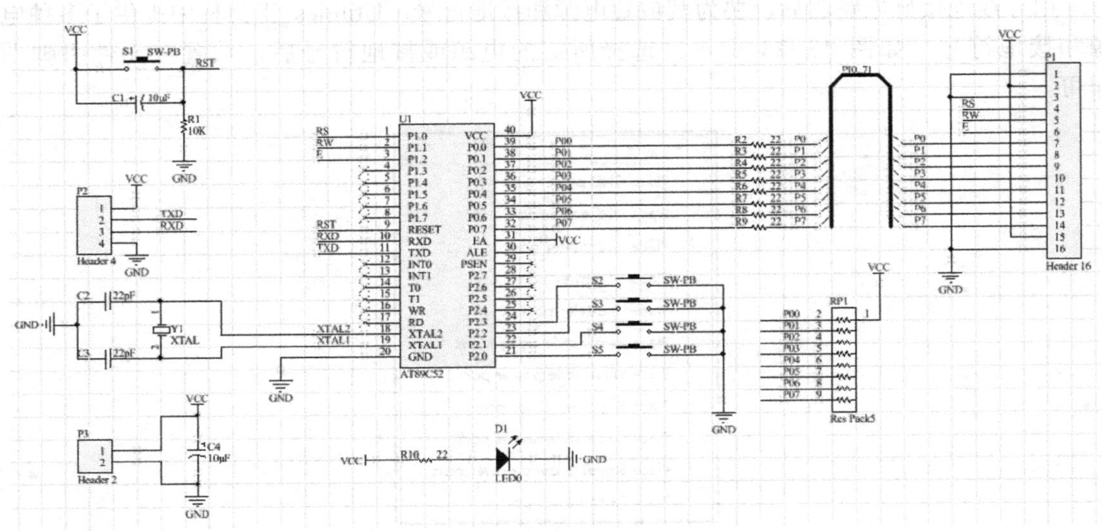

图 13-25　完整的电路原理图

13.3　元件的自动编号

对复杂的电路来说，在设计原理图的过程中会有添加、复制、删除元件等操作，会使原理图元件的编号非常凌乱，用手工添加的方式就会非常烦琐，而且容易出错。系统提供的自动编号功能可以大大简化这一过程。当电路比较复杂、元件较多时，常采用自动编号命令。下面介绍自动编号的操作。

执行菜单命令【Tools】→【Reset Schematic Designators...】，如图 13-26 所示。随后弹出“Confirm Designator Changes”对话框，如图 13-27 所示。单击【Yes】按钮进入编号复位的操作，复位后原理图中所有的元件编号将变成带 * 后缀，如 U*、C*，如图 13-28 所示。

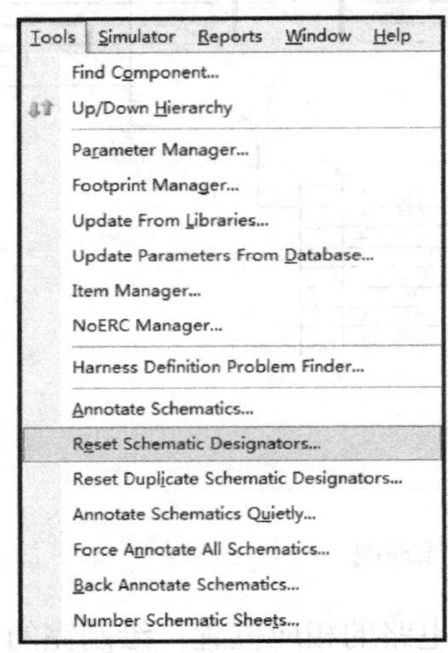

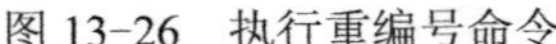
图 13-26　执行重编号命令

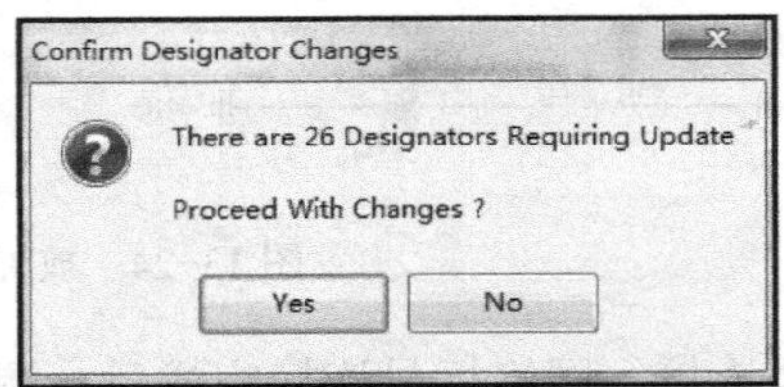

图 13-27　“Confirm Designator Changes”对话框

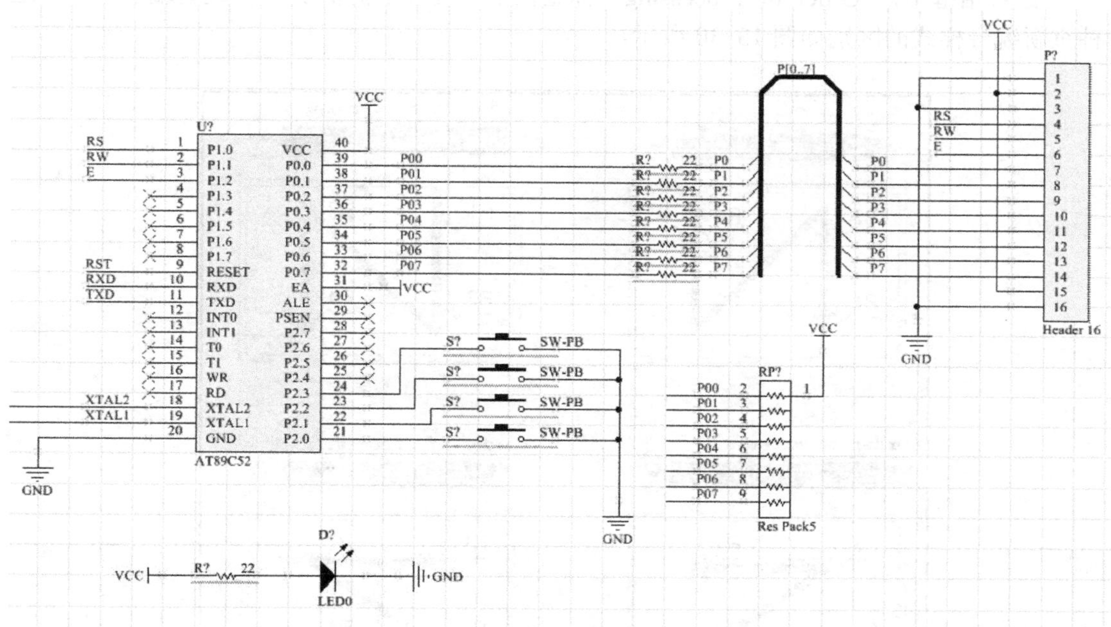

图 13-28　重新复位元件参考编号后的原理图

执行菜单命令【Tools】→【Annotate Schematic】，弹出如图 13-29 所示的“Annotate”对话框。

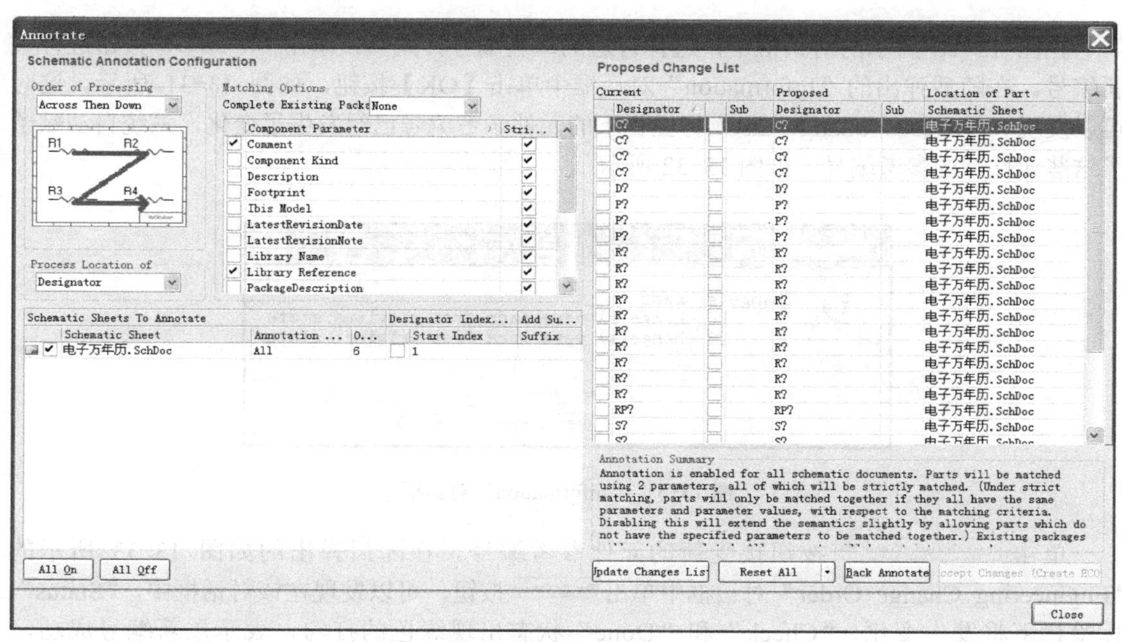

图 13-29　“Annotate”对话框

在该对话框中，“Order of Processing”标签栏下拉列表中提供了 4 种重新编号样式。这 4 种重新编号样式的区别如图 13-30 所示。

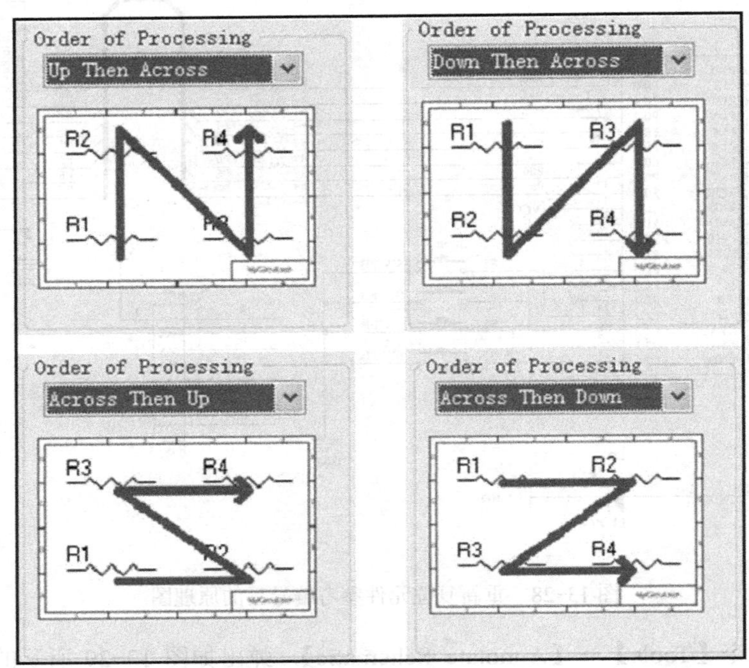

图 13-30　4 种重新编号样式

在图 13-28 所示的对话框中，选择合适的重新编号样式后，单击 Update Changes List 按钮进行重新编号。在随后弹出的“Information”对话框中单击【OK】按钮，如图 13-31 所示。这时可以发现“Proposed Change List”标签栏下的元件参考编号已经发生了变化，系统自动赋予了这些元件新的参考编号，如图 13-32 所示。

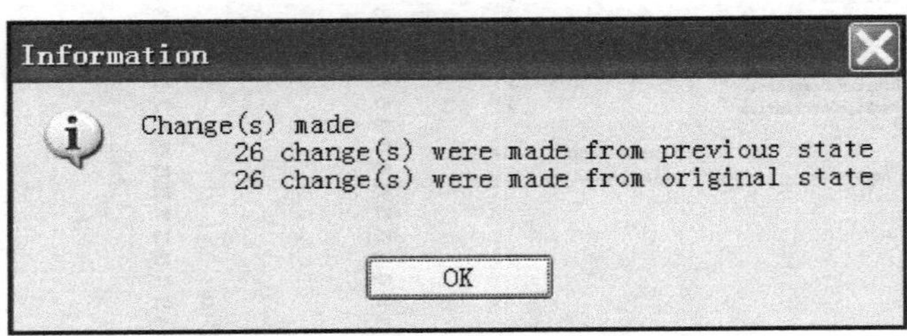

图 13-31　“Information”对话框

单击 Accept Changes (Create ECO) 按钮接受新的元件参考编号。在随后弹出的如图 13-33 所示的“Engineering Change Order”对话框中单击 Execute Changes 按钮，可以发现在该对话框中，“Status”标签栏下将发生变化，“Check”和“Done”状态出现绿色的打勾，表示重新编号成功，如图 13-34 所示。重新编号成功后的原理图如图 13-35 所示。

Proposed Change List

Current Designator	Sub	Proposed Designator
C?		C3
C?		C4
C?		C2
C?		C1
D?		D1
P?		P3
P?		P1
P?		P2
R?		R9
R?		R8
R?		R7
R?		R6
R?		R5
R?		R4
R?		R3
R?		R2
R?		R10
R?		R1
RP?		RP1
S?		S5
S?		S1

图 13-32　“Proposed Change List”标签栏

Engineering Change Order

Modifications

Enable	Action	Affected Object		Affected Document	Check	Done	Message
	Annotate Component(26)						
✔	Modify	C? -> C1	In	电子万年历.SchDoc			
✔	Modify	C? -> C2	In	电子万年历.SchDoc			
✔	Modify	C? -> C3	In	电子万年历.SchDoc			
✔	Modify	C? -> C4	In	电子万年历.SchDoc			
✔	Modify	D? -> D1	In	电子万年历.SchDoc			
✔	Modify	P? -> P1	In	电子万年历.SchDoc			
✔	Modify	P? -> P2	In	电子万年历.SchDoc			
✔	Modify	P? -> P3	In	电子万年历.SchDoc			
✔	Modify	R? -> R1	In	电子万年历.SchDoc			
✔	Modify	R? -> R2	In	电子万年历.SchDoc			
✔	Modify	R? -> R3	In	电子万年历.SchDoc			
✔	Modify	R? -> R4	In	电子万年历.SchDoc			
✔	Modify	R? -> R5	In	电子万年历.SchDoc			
✔	Modify	R? -> R6	In	电子万年历.SchDoc			
✔	Modify	R? -> R7	In	电子万年历.SchDoc			
✔	Modify	R? -> R8	In	电子万年历.SchDoc			
✔	Modify	R? -> R9	In	电子万年历.SchDoc			
✔	Modify	R? -> R10	In	电子万年历.SchDoc			
✔	Modify	RP? -> RP1	In	电子万年历.SchDoc			
✔	Modify	S? -> S1	In	电子万年历.SchDoc			
✔	Modify	S? -> S2	In	电子万年历.SchDoc			

Validate Changes　Execute Changes　Report Changes...　Only Show Error　Close

图 13-33　“Engineering Change Order”对话框

Engineering Change Order

Modifications

Enable	Action	Affected Object		Affected Document	Check	Done	Message
✔	Modify	P? -> P1	In	电子万年历.SchDoc	✔	✔	
✔	Modify	P? -> P2	In	电子万年历.SchDoc	✔	✔	
✔	Modify	P? -> P3	In	电子万年历.SchDoc	✔	✔	
✔	Modify	R? -> R1	In	电子万年历.SchDoc	✔	✔	
✔	Modify	R? -> R2	In	电子万年历.SchDoc	✔	✔	
✔	Modify	R? -> R3	In	电子万年历.SchDoc	✔	✔	
✔	Modify	R? -> R4	In	电子万年历.SchDoc	✔	✔	
✔	Modify	R? -> R5	In	电子万年历.SchDoc	✔	✔	
✔	Modify	R? -> R6	In	电子万年历.SchDoc	✔	✔	
✔	Modify	R? -> R7	In	电子万年历.SchDoc	✔	✔	
✔	Modify	R? -> R8	In	电子万年历.SchDoc	✔	✔	
✔	Modify	R? -> R9	In	电子万年历.SchDoc	✔	✔	
✔	Modify	R? -> R10	In	电子万年历.SchDoc	✔	✔	
✔	Modify	RP? -> RP1	In	电子万年历.SchDoc	✔	✔	
✔	Modify	S? -> S1	In	电子万年历.SchDoc	✔	✔	
✔	Modify	S? -> S2	In	电子万年历.SchDoc	✔	✔	
✔	Modify	S? -> S3	In	电子万年历.SchDoc	✔	✔	
✔	Modify	S? -> S4	In	电子万年历.SchDoc	✔	✔	
✔	Modify	S? -> S5	In	电子万年历.SchDoc	✔	✔	
✔	Modify	U? -> U1	In	电子万年历.SchDoc	✔	✔	
✔	Modify	Y? -> Y1	In	电子万年历.SchDoc	✔	✔	

Validate Changes　Execute Changes　Report Changes...　Only Show Error　Close

图 13-34　“Status”标签栏

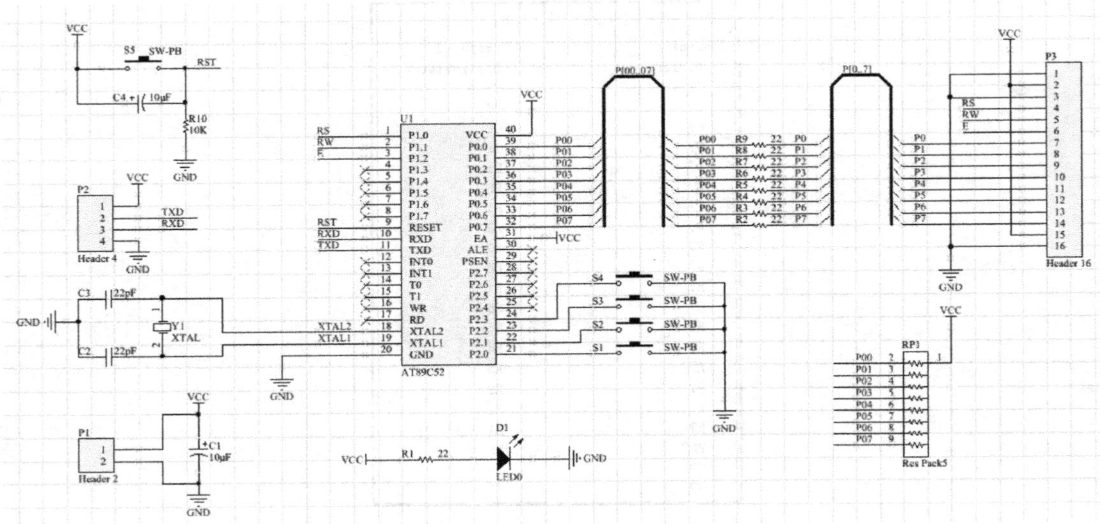

图 13-35　重新编号后的原理图

13.4　原理图编译验证

Altium Designer 提供的编译工具可以在原理图绘制完成后，按照用户设定的规则对原理图进行检查，主要检查电气规则等参数是否违反规则。

执行菜单命令【Project】→【Compile Document 电子万年历.SchDoc】，或在“Project”面板中右击原理图文件，在弹出的快捷菜单中执行菜单命令【Compile Document 电子万年历.SchDoc】。

对工程进行编译后，打开“Messages”面板，如图 13-36 所示，将显示电气规则检查报告，如图 13-37 所示。在该面板中，如果面板中显示“no errors found”，表示原理图设计没有错误。如果原理图中存在错误，将在“Messages”面板中显示出来详细信息，同时也会在原理图中显示出错的位置，其余的都将变成水印色。

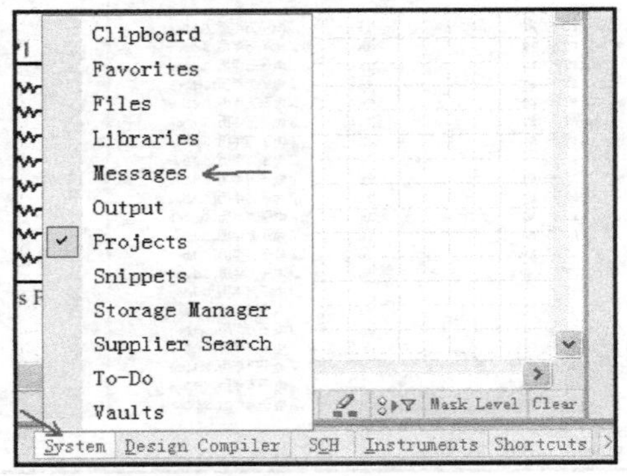

图 13-36　调出“Messages”面板

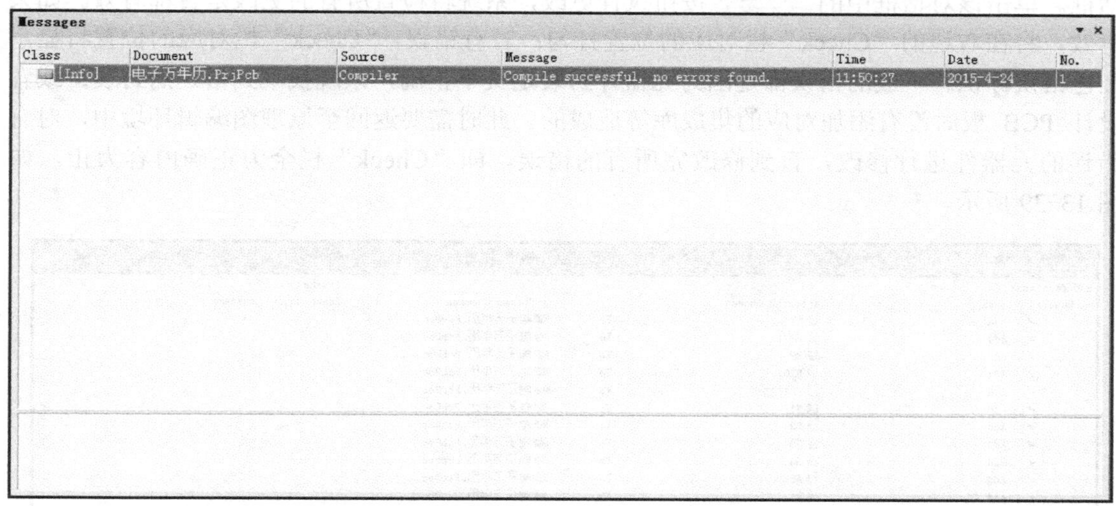

图 13-37 “Messages”面板

13.5　PCB 设计准备工作

1．新建 PCB 文件

执行菜单命令【File】→【New】→【PCB】，新建一个 PCB 文件并保存为“电子万年历.PcbDoc”。

2．规划电路板尺寸

规划电路板主要是确定电路板的边界，包括物理边界和电气边界。主要通过两种方法实现：手工绘制板框和导入结构图信息。对于这两种方法，前面已经详细讲过，这里不再详述。另外，在需要放置固定孔的地方放上适当大小的焊盘。通常在离板边 5mm 的距离放置 4 个固定孔。

3．加载元器件库

在导入网络表之前，要把原理图中所有元器件所在的库添加到当前库中，保证原理图指定的元器件封装形式都能够在当前库中找到。

13.6　导入网络表

完成了准备工作后，即可将网络表导入 PCB 板。导入网络表的操作步骤如下。

（1）在原理图编辑环境下，执行菜单命令【Design】→【Update 电子万年历.PcbDoc】。或者在 PCB 编辑环境下，执行菜单命令【Design】→【Import Changes From 电子万年历.PrjPCB】。

（2）执行以上命令后，系统随后弹出如图 13-38 所示的“Engineering Change Order”对话框。单击该对话框中的 Execute Changes 按钮执行更改，系统将检查所有的更改是否都有效。如果有效，将在右边的“Check”栏对应的位置打勾；若有错误，“Check”栏对应的位置将显示红色错误标识。一般的错误都是因为元器件封装定义不正确，系统找不到指定的封装；或者设计 PCB 板时没有添加对应的集成库等造成的。此时需要返回至原理图编辑环境中，对有错误的元器件进行修改，直到修改完所有的错误，即“Check”栏全为正确内容为止，如图 13-39 所示。

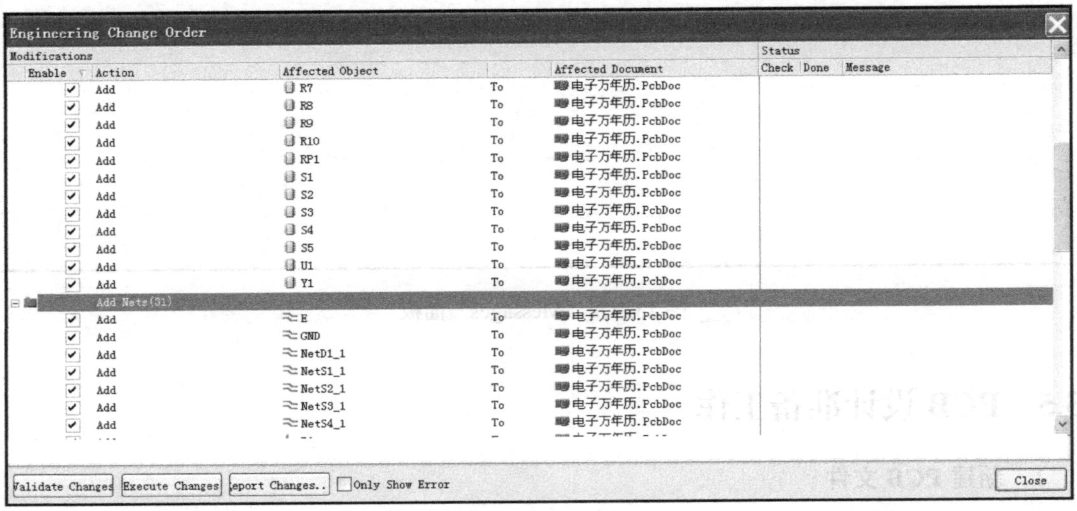

Engineering Change Order

Modifications

Enable	Action	Affected Object		Affected Document	Check	Done	Message
✓	Add	R7	To	电子万年历.PcbDoc			
✓	Add	R8	To	电子万年历.PcbDoc			
✓	Add	R9	To	电子万年历.PcbDoc			
✓	Add	R10	To	电子万年历.PcbDoc			
✓	Add	RP1	To	电子万年历.PcbDoc			
✓	Add	S1	To	电子万年历.PcbDoc			
✓	Add	S2	To	电子万年历.PcbDoc			
✓	Add	S3	To	电子万年历.PcbDoc			
✓	Add	S4	To	电子万年历.PcbDoc			
✓	Add	S5	To	电子万年历.PcbDoc			
✓	Add	U1	To	电子万年历.PcbDoc			
✓	Add	Y1	To	电子万年历.PcbDoc			
	Add Nets(31)						
✓	Add	E	To	电子万年历.PcbDoc			
✓	Add	GND	To	电子万年历.PcbDoc			
✓	Add	NetD1_1	To	电子万年历.PcbDoc			
✓	Add	NetS1_1	To	电子万年历.PcbDoc			
✓	Add	NetS2_1	To	电子万年历.PcbDoc			
✓	Add	NetS3_1	To	电子万年历.PcbDoc			
✓	Add	NetS4_1	To	电子万年历.PcbDoc			

Validate Changes | Execute Changes | Report Changes.. | Only Show Error | Close

图 13-38 “Engineering Change Order”对话框

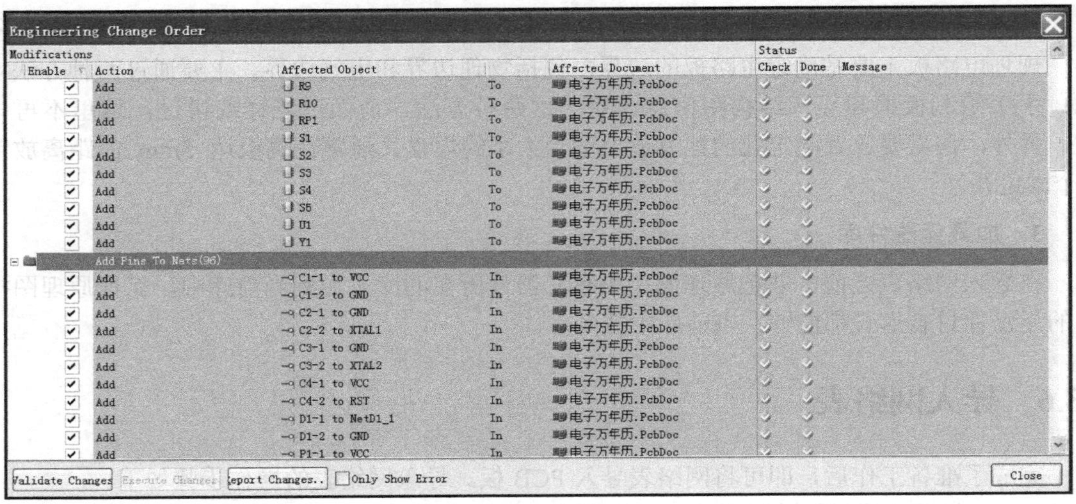

Engineering Change Order

Modifications

Enable	Action	Affected Object		Affected Document	Check	Done	Message
✓	Add	R9	To	电子万年历.PcbDoc	✓	✓	
✓	Add	R10	To	电子万年历.PcbDoc	✓	✓	
✓	Add	RP1	To	电子万年历.PcbDoc	✓	✓	
✓	Add	S1	To	电子万年历.PcbDoc	✓	✓	
✓	Add	S2	To	电子万年历.PcbDoc	✓	✓	
✓	Add	S3	To	电子万年历.PcbDoc	✓	✓	
✓	Add	S4	To	电子万年历.PcbDoc	✓	✓	
✓	Add	S5	To	电子万年历.PcbDoc	✓	✓	
✓	Add	U1	To	电子万年历.PcbDoc	✓	✓	
✓	Add	Y1	To	电子万年历.PcbDoc	✓	✓	
	Add Pins To Nets(96)						
✓	Add	C1-1 to VCC	In	电子万年历.PcbDoc	✓	✓	
✓	Add	C1-2 to GND	In	电子万年历.PcbDoc	✓	✓	
✓	Add	C2-1 to GND	In	电子万年历.PcbDoc	✓	✓	
✓	Add	C2-2 to XTAL1	In	电子万年历.PcbDoc	✓	✓	
✓	Add	C3-1 to GND	In	电子万年历.PcbDoc	✓	✓	
✓	Add	C3-2 to XTAL2	In	电子万年历.PcbDoc	✓	✓	
✓	Add	C4-1 to VCC	In	电子万年历.PcbDoc	✓	✓	
✓	Add	C4-2 to RST	In	电子万年历.PcbDoc	✓	✓	
✓	Add	D1-1 to NetD1_1	In	电子万年历.PcbDoc	✓	✓	
✓	Add	D1-2 to GND	In	电子万年历.PcbDoc	✓	✓	
✓	Add	P1-1 to VCC	In	电子万年历.PcbDoc	✓	✓	

Validate Changes | Execute Changes | Report Changes.. | Only Show Error | Close

图 13-39 执行更改

（3）若用户需要输出变化报告，可以单击该对话框中的 Report Changes.. 按钮，系统将弹出“报告预览”对话框，在该对话框中可以打印输出该报告，如图 13-40 所示。

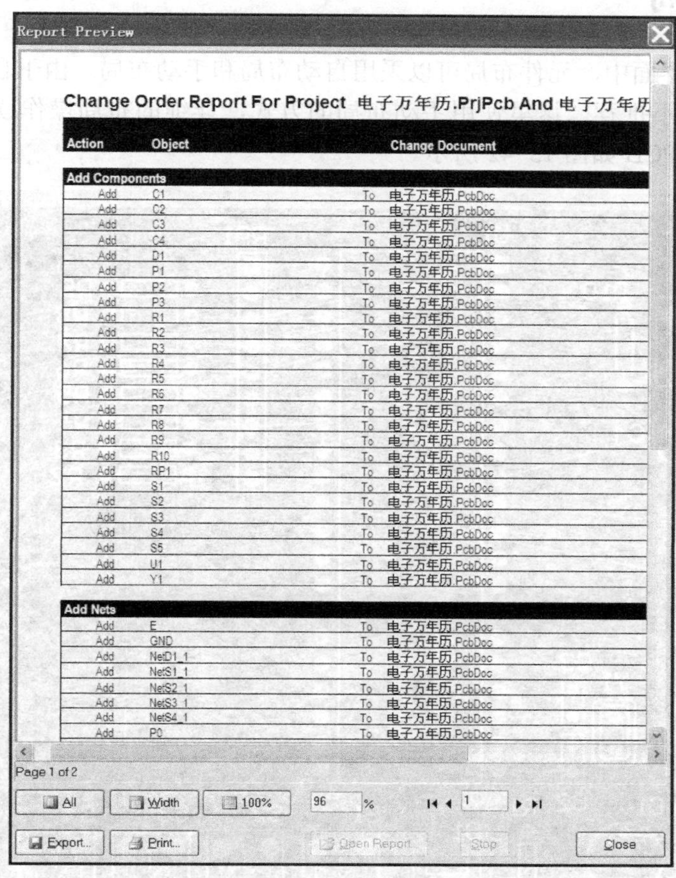

Action	Object		Change Document
Add Components			
Add	C1	To	电子万年历.PcbDoc
Add	C2	To	电子万年历.PcbDoc
Add	C3	To	电子万年历.PcbDoc
Add	C4	To	电子万年历.PcbDoc
Add	D1	To	电子万年历.PcbDoc
Add	P1	To	电子万年历.PcbDoc
Add	P2	To	电子万年历.PcbDoc
Add	P3	To	电子万年历.PcbDoc
Add	R1	To	电子万年历.PcbDoc
Add	R2	To	电子万年历.PcbDoc
Add	R3	To	电子万年历.PcbDoc
Add	R4	To	电子万年历.PcbDoc
Add	R5	To	电子万年历.PcbDoc
Add	R6	To	电子万年历.PcbDoc
Add	R7	To	电子万年历.PcbDoc
Add	R8	To	电子万年历.PcbDoc
Add	R9	To	电子万年历.PcbDoc
Add	R10	To	电子万年历.PcbDoc
Add	RP1	To	电子万年历.PcbDoc
Add	S1	To	电子万年历.PcbDoc
Add	S2	To	电子万年历.PcbDoc
Add	S3	To	电子万年历.PcbDoc
Add	S4	To	电子万年历.PcbDoc
Add	S5	To	电子万年历.PcbDoc
Add	U1	To	电子万年历.PcbDoc
Add	Y1	To	电子万年历.PcbDoc
Add Nets			
Add	E	To	电子万年历.PcbDoc
Add	GND	To	电子万年历.PcbDoc
Add	NetD1_1	To	电子万年历.PcbDoc
Add	NetS1_1	To	电子万年历.PcbDoc
Add	NetS2_1	To	电子万年历.PcbDoc
Add	NetS3_1	To	电子万年历.PcbDoc
Add	NetS4_1	To	电子万年历.PcbDoc
Add	P0	To	电子万年历.PcbDoc

图 13-40 “报告预览”对话框

（4）执行以上操作命令后，系统将元器件封装等装载到 PCB 文件中，如图 13-41 所示。

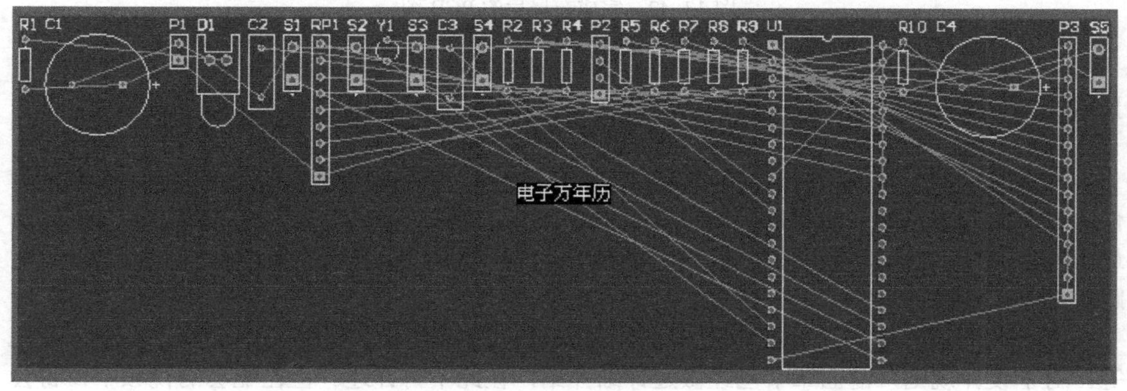

图 13-41 完成装载后的 PCB 图

13.7 PCB 布局

在 PCB 编辑界面中，元件布局可以采用自动布局和手动布局。由于自动布局的不确定因素较多，编者故不推荐。这里使用手动布局的方式，详细的布局操作读者可参照前面章节，完成布局后的 PCB 如图 13-42 所示。

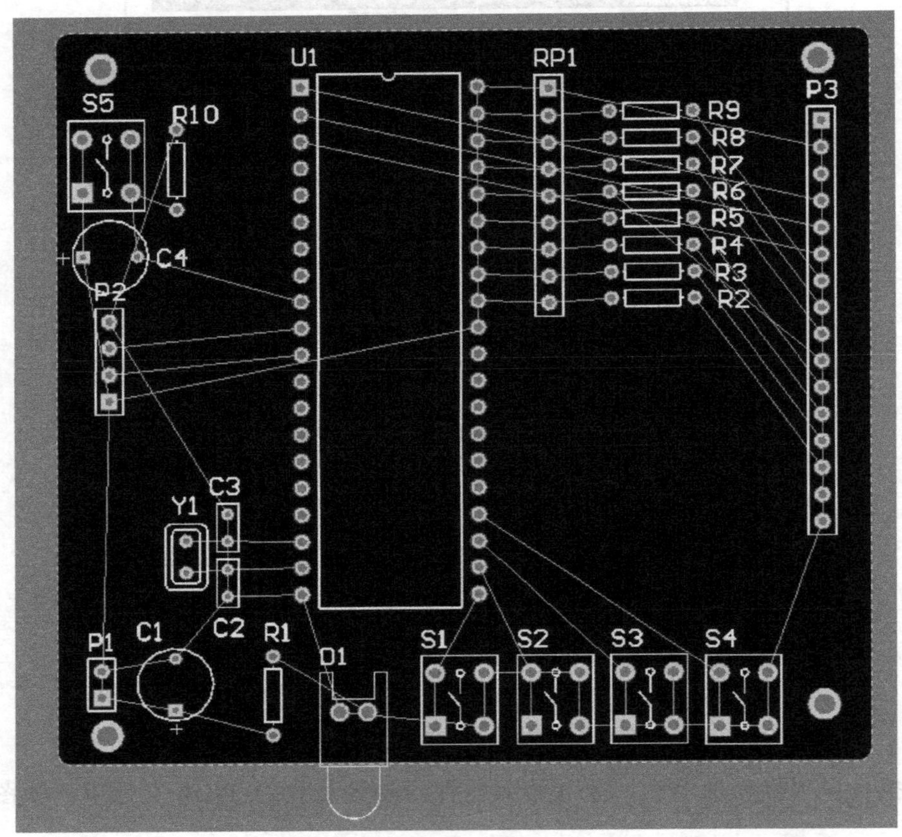

图 13-42 完成布局后的 PCB 图

13.8 PCB 布线

完成对 PCB 的布局后，接下来进行布线的工作。布线是在板上通过导线和过孔连接组件的过程。在本章的实例中，我们将手动进行 PCB 交互式布线。交互式布线工具可以提供最大限度的布线效率和灵活性，包括放置导线时的光标导航、走线的推挤或绕开障碍、自动跟踪已存在连接等。

在布线的过程中，用户可以根据设计需要设置相应的设计规则，如线宽、线距、过孔等。对于设计规则，前面章节已经做过详细介绍，在此不再详述。但在配套的视频中，将会给读者显示设计规则的设置。布线后的效果如图 13-43 所示。

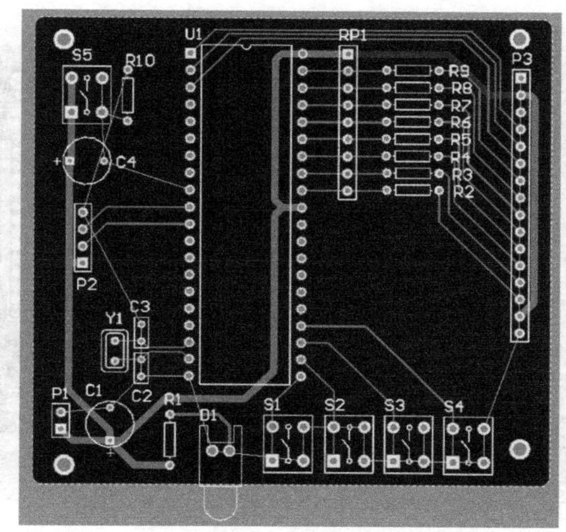

图 13-43　完成布线后的 PCB 图

13.9　PCB 灌铜

完成 PCB 的布线后，在图 13-43 中，我们可以看到 PCB 上还有一些飞线，这些飞线是属于 GND 网络。我们可以利用 Top 层和 Bottom 层来进行灌铜处理。

单击 Wiring 工具栏中的 图标，进入绘制多边形灌铜框的操作命令，在随后弹出的“Polygon Pour”对话框中，按照如图 13-44 所示的设置完成 GND 网络的灌铜设置。

接下来分别在 Top 层和 Bottom 层绘制多边形灌铜，如图 13-45 所示。完成灌铜后的 PCB 效果图如图 13-46 所示。

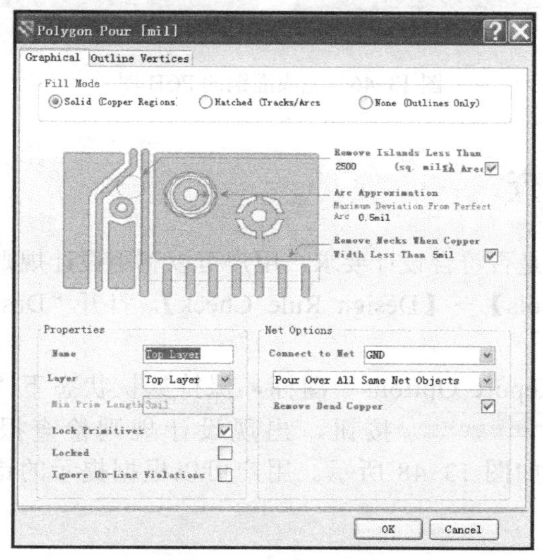

图 13-44　灌铜设置

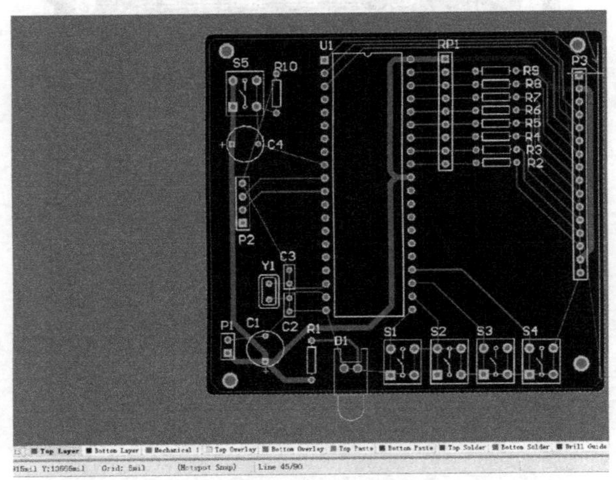

图 13-45　绘制灌铜框

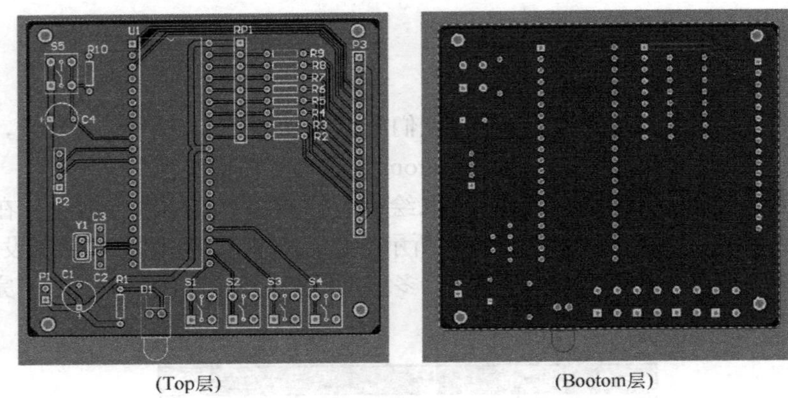

(Top层)　　(Bootom层)

图 13-46　完成灌铜的 PCB 图

13.10　设计规则检查

为了验证 PCB 设计是否符合设计要求，用户可以利用设计规则检查功能（DRC）进行验证。执行菜单命令【Tools】→【Design Rule Check】，打开“Design Rule Checker”对话框，如图 13-47 所示。

单击窗口左侧的“Report Options”图标，保持默认状态下“Report Options”区域的所有选项，并单击 Run Design Rule Check... 按钮，出现设计规则检查报告，并同时打开一个“Messages”消息窗口，如图 13-48 所示。用户可以根据提示的错误信息对 PCB 进行修改和优化。

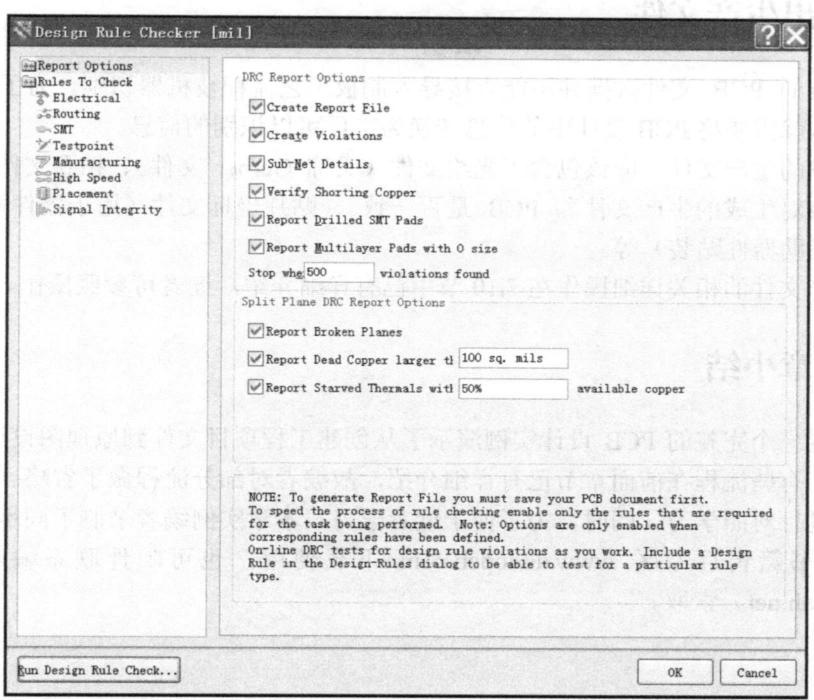

图 13-47 “Design Rule Checker”对话框

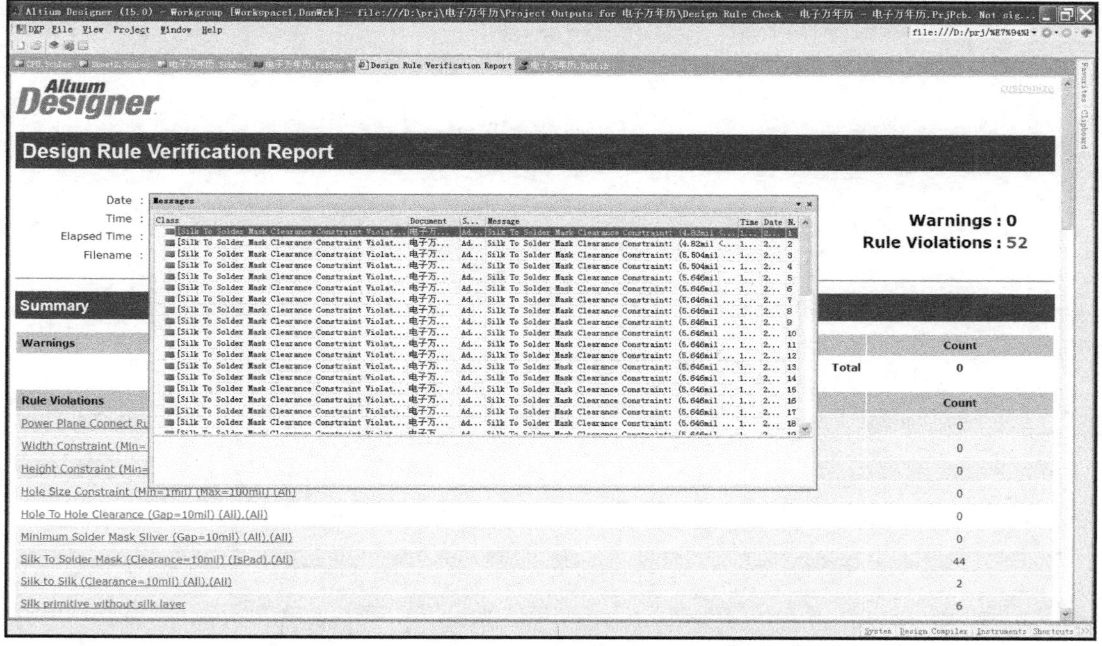

图 13-48　设计规则检查报告

13.11 输出生产文件

设计完成的 PCB 文件数据并不能直接导入制板工艺流程被机器识别。为了连接设计端和工厂端，这就需要将 PCB 设计中的信息转换为工厂可以识别的信息。

一套完整的生产文件，应该包含了光绘文件（又称 Gerber 文件）、钻孔文件、IPC 网表文件（用来核对生成的生产文件和 PCB 是否一致）、贴片坐标文件（用于器件贴装）、装配文件（用于辅助器件贴装）等。

输出生产文件的相关详细操作在 7.10 节中已有详细介绍，读者可参照操作。

13.12 本章小结

本章通过一个完整的 PCB 设计实例演示了从创建工程项目文件到原理图设计和 PCB 设计的全过程。有些流程在前面章节已有详细介绍，故编者对部分流程做了省略。读者可以参照前面章节进行对照学习。同时，为了便于读者学习，本章实例编者录制了同步操作视频，读者可以在书籍售后专区 www.dodopcb.com 下载使用，也可邮件联系编者（邮箱：PCBTech@yeah.net）索取。

第14章　PCB 实战案例 2
——USB HUB 设计

通过前面章节的学习，相信读者已经能够较为轻松地完成电路板设计了。为了巩固前面的学习成果，本章将以介绍知识点的方式向读者讲解 GL850 集成电路 USB HUB 的设计，使读者在实战中提高自己的电路板设计能力。

14.1　基本技能

14.1.1　USB HUB 原理图设计

绘制如图 14-1 所示的 USB HUB 原理图。

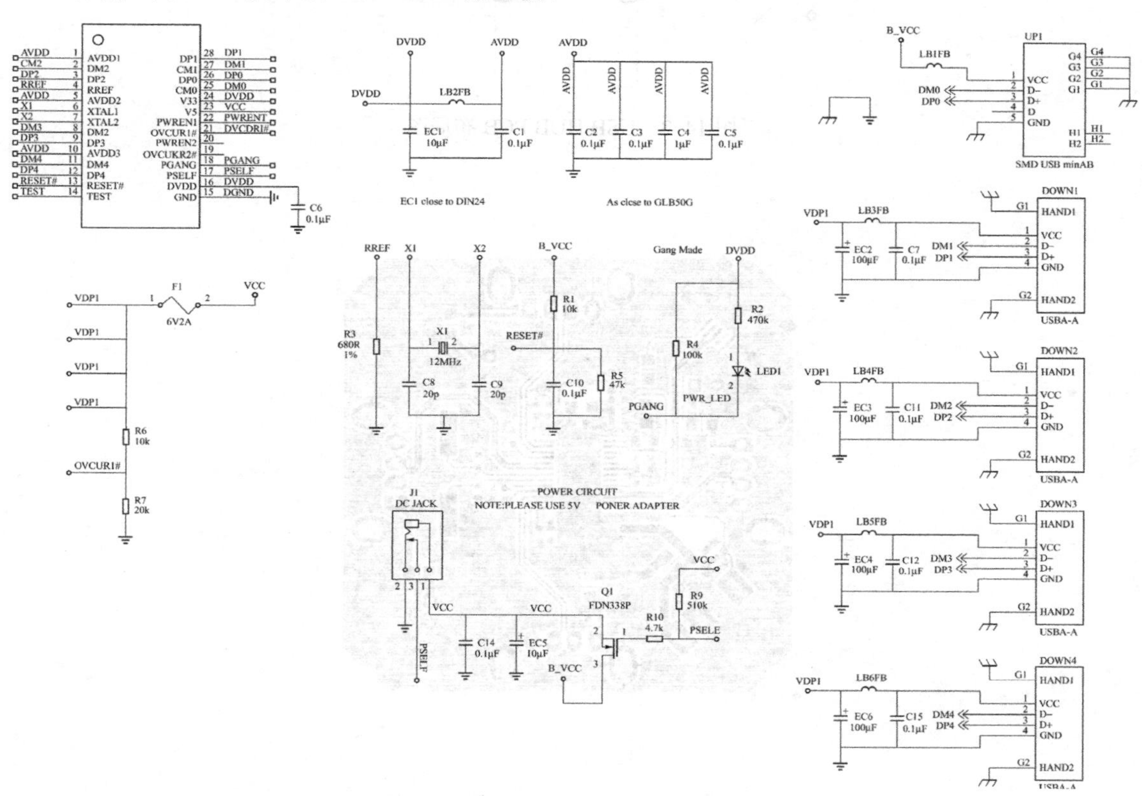

图 14-1　USB HUB 原理图

14.1.2　USB HUB PCB 设计

绘制如图 14-2～图 14-4 所示的 USB HUB PCB 图。

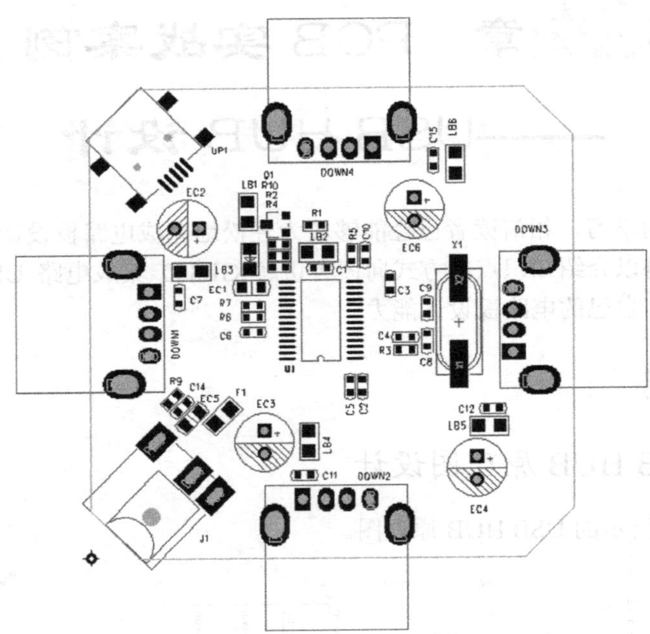

图 14-2　USB HUB PCB 布局图

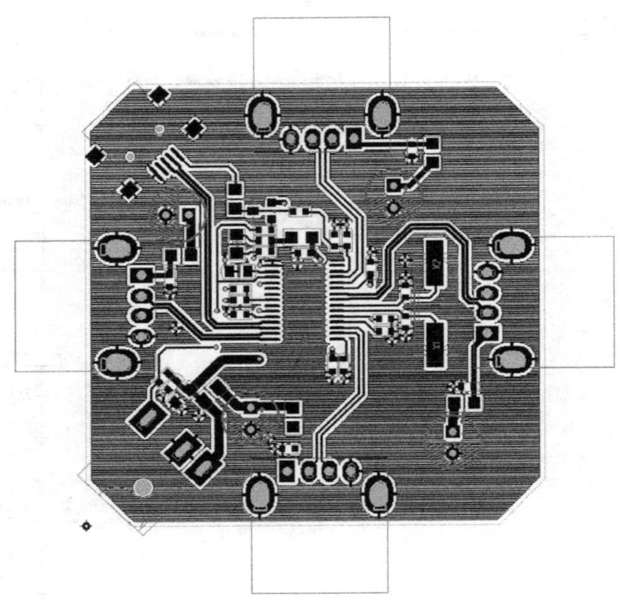

图 14-3　USB HUB PCB 顶层布线图

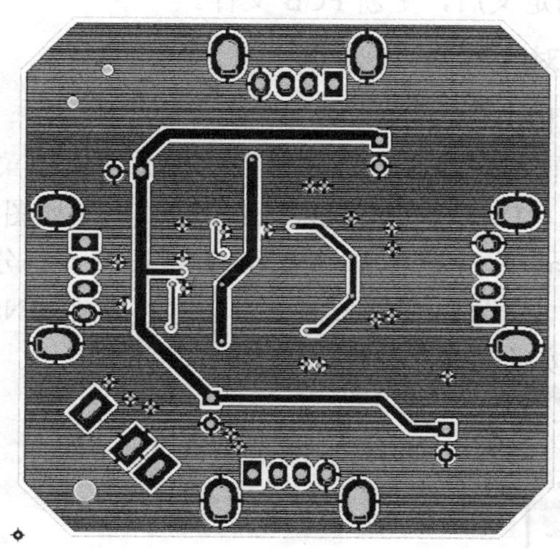

图 14-4　USB HUB PCB 底层布线图

14.2　基本知识

14.2.1　设置差分网络

在 Altium Designer 中，差分线的定义既可以在原理图中实现，也可以在 PCB 中实现，下面对这两种定义方法分别进行介绍。

1. 在原理图中定义差分线

（1）打开 USB HUB 工程文件中的原理图文件，执行菜单命令【Place】→【Directives】→【Differential Pair】，进入放置差分对指示记号状态，这时按【Tab】键可以打开差分线属性对话框，需要确认值“Value”项的设置为“True”。

（2）在要定义为差分对的“DM1”和“DP1”线路上单击放置一个差分对指示记号，如图 14-5 所示。

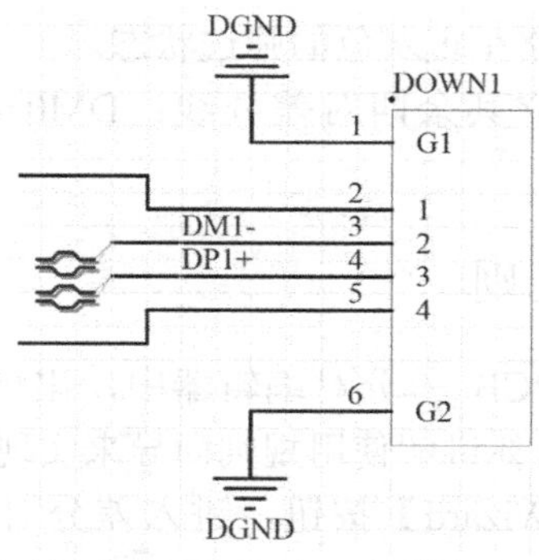

图 14-5　放置差分对指示记号

（3）完成差分对网络的定义后，更新 PCB 文件。

2. 在 PCB 中定义差分对

（1）打开 USB HUB 工程文件中的 PCB 文件。

（2）在软件的右下角单击“PCB”图标中的“PCB”快捷菜单，然后打开“PCB”面板，在“PCB”面板中选择“Differential Pairs Editor”类型，如图 14-6 所示。

（3）在“Differential Pairs”目录栏单击【Add】按钮进入差分对设置界面，在“Positive Net”和“Negative Net”栏内分别选择差分对正负信号线，在“Name”栏内输入差分对的名称“USB1”，单击“OK”按钮退出设置，如图 14-7 所示。

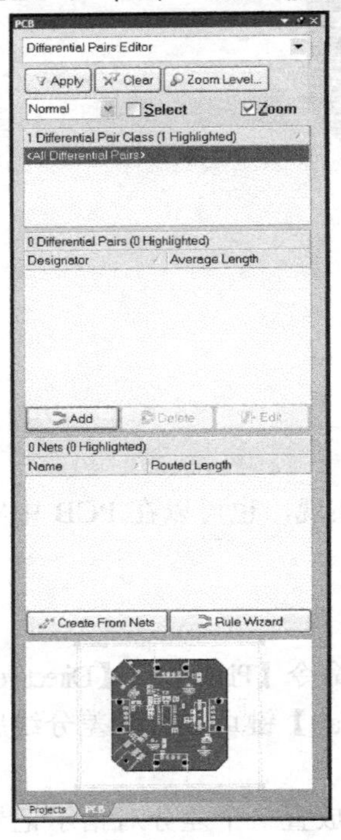

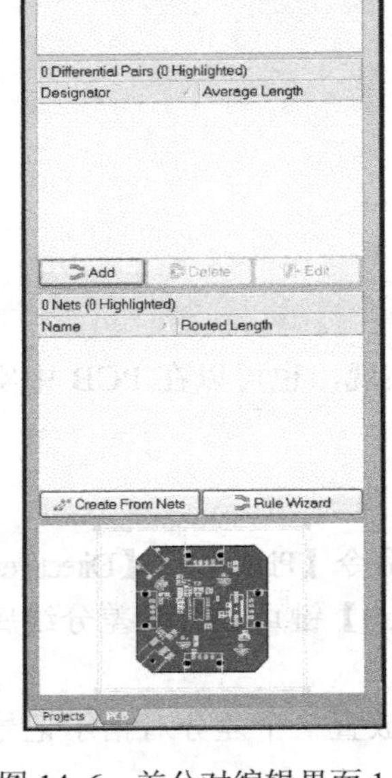

图 14-6 差分对编辑界面 1

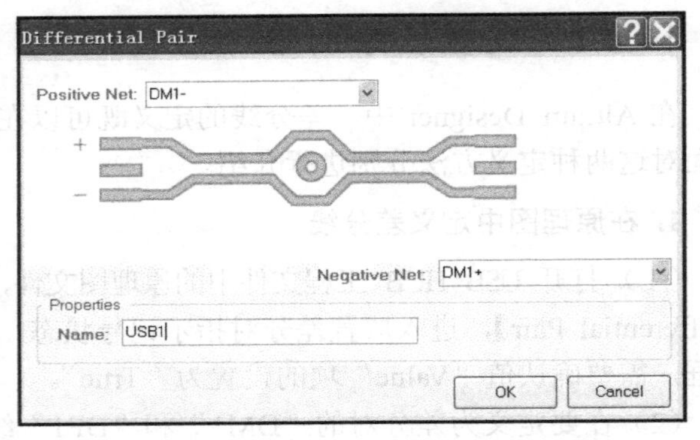

图 14-7 “新增差分线”对话框

（4）完成设置后，差分对网络呈现灰色的筛选状态。

（5）同样的操作，依次建立其余四对差分线：DM0-&DP0+、DM2-&DP2+、DM3-&DP3+、DM4-&DP4+。

14.2.2 设置差分对规则

完成差分对网络定义后的 PCB 差分对编辑器中，出现 USB1～USB5 的差分对组，如图 14-8 所示。在本实例中，具体讲解使用规则向导来实现差分对的规则设置。

（1）单击规则向导【Rule Wizard】按钮，进入差分对规则向导编辑界面。继续单击【Next】按钮，进入设计规则名称编辑界面，按照默认设置即可。

（2）继续单击【Next】按钮，进入差分对规则名字设置界面，如图 14-9 所示。在

"Prefix"栏中输入"DiffPair_USB"。

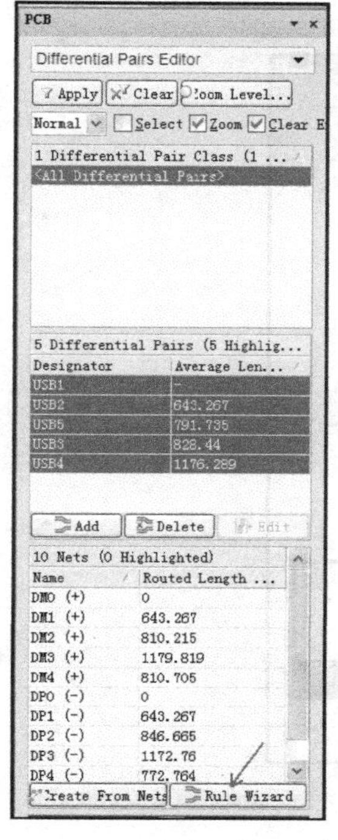

图 14-8　PCB 差分线编辑界面 2

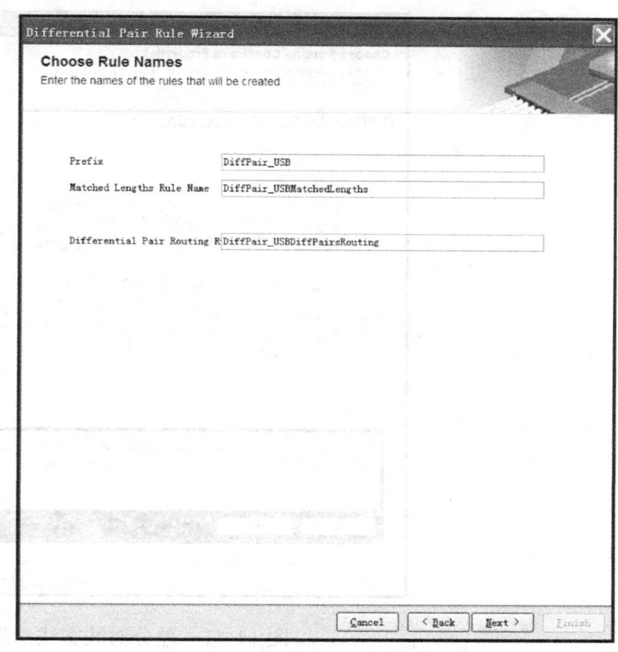

图 14-9　差分对规则名字设置界面

（3）继续单击【Next】按钮，进入差分对等长规则设置界面，如图 14-10 所示。在本例中，采用默认设置即可。

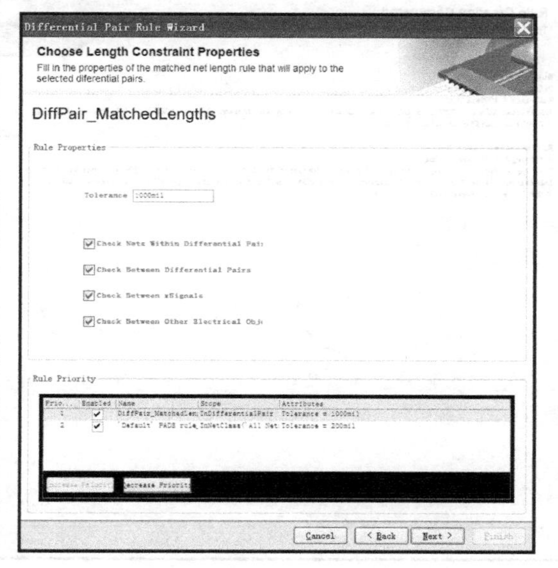

图 14-10　差分对等长规则设置

（4）完成差分对等长规则的设置后，单击【Next】按钮进入差分对线宽线距设置界面，如图 14-11 所示。在本例中，线宽和线距采用 10mil。

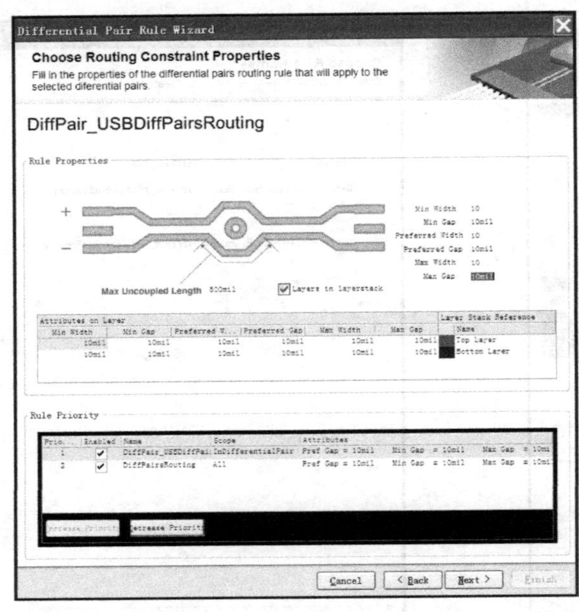

图 14-11　差分对线宽线距设置

（5）继续单击【Next】按钮，在随后弹出的对话框中单击【Finish】按钮完成差分线的规则向导设置工作，如图 14-12 所示。

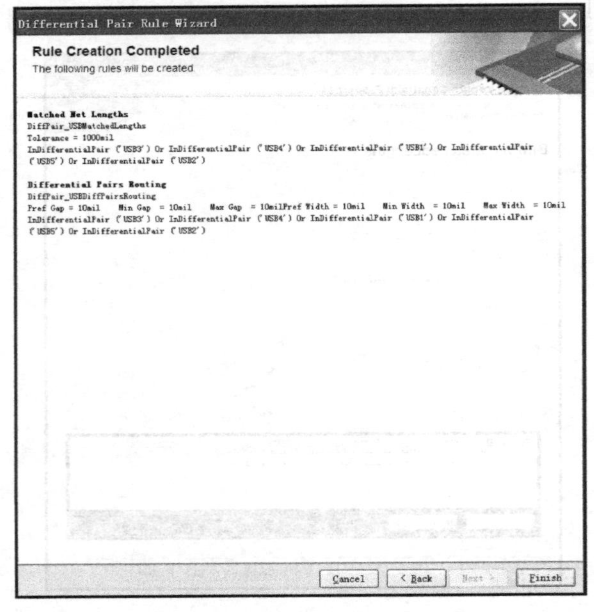

图 14-12　完成差分对规则设置

14.2.3　差分对走线

执行菜单命令【Place】→【Interactive Differential Pair Routing】，或在快捷工具栏内单击 图标进入差分对布线状态，在差分对布线状态下定义差分对的网络会高亮显示，单击差分对任意一根网络，能够看到两条线可以同时走线，如图 14-13 所示。同理，继续完成其余差分对的布线工作。

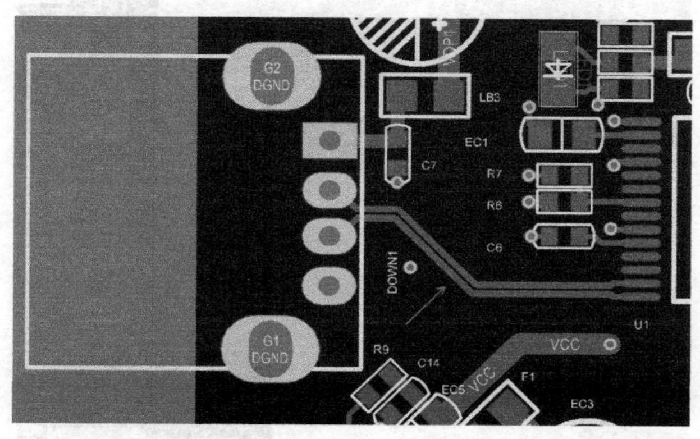

图 14-13　差分对走线实例

14.2.4　原理图与 PCB 交互布局

我们可以利用 Altium Designer 提供的交互功能，提高工作效率，来进行快速布局的工作。首先打开原理图和 PCB 的文件，然后在原理图编辑界面框选需要在 PCB 中交互的元器件，如图 14-14 所示。然后依次按下【T+S】组合键，系统自动跳转到 PCB 界面，同时原理图中被选中的元器件会在 PCB 中高亮显示，如图 14-15 所示。利用这个交互功能，用户可以快速地进行模块化布局操作。

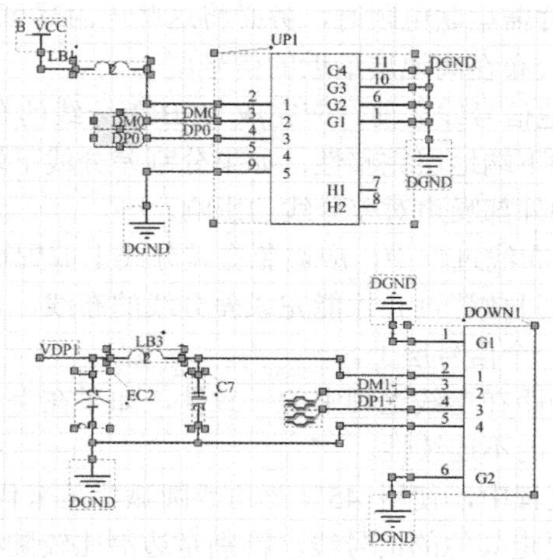

图 14-14　框选原理图元器件

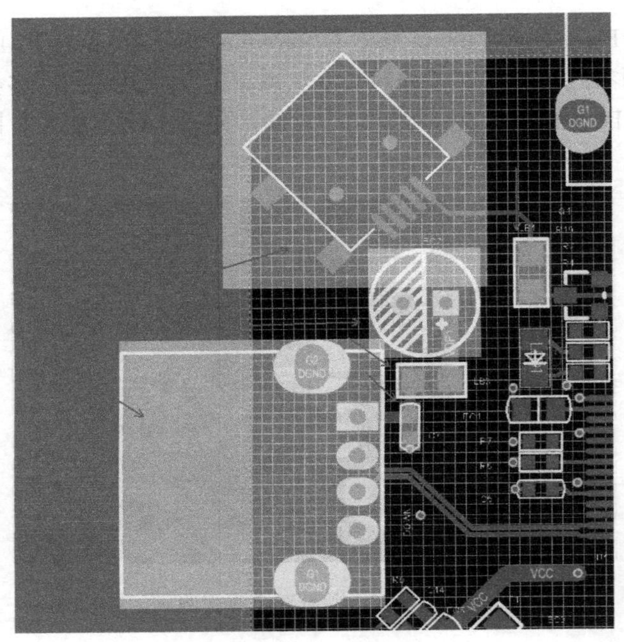

图 14-15 交互后 PCB 高亮显示

14.3 USB 差分线设计原则

在绘制 USB 设备接口差分线时，应注意以下几点要求：

（1）在元件布局时，应将 USB 芯片靠近 USB 插座，以缩短差分线走线距离。

（2）差分线上不应加磁珠或者电容等滤波措施，否则会严重影响差分线的阻抗。

（3）如果 USB 接口芯片需串联电阻时，务必将这些电阻尽可能地靠近芯片放置。

（4）将 USB 差分信号线布在离地层最近的信号层。

（5）在绘制 PCB 上其他信号线之前，应完成 USB 差分线的布线。

（6）保持 USB 差分线下端地层完整性，如果分割差分线下端的地层，将会造成差分线阻抗的不连续性，并会增加外部噪声对差分线的影响。

（7）在 USB 差分线的布线过程中，应避免在差分线上放置过孔(via)，过孔会造成差分线阻抗失调。如果必须要通过放置过孔才能完成差分线的布线，那么应尽量使用小尺寸的过孔，并保持 USB 差分线在一个信号层上。

（8）保证差分线的线间距在走线过程中的一致性，如果在走线过程中差分线的间距发生改变，则会造成差分线阻抗的不连续性。

（9）在绘制差分线的过程中，使用 45° 弯角或圆弧弯角来代替 90° 弯角，并尽量在差分线周围的 $4W$ 范围内不要走其他的信号线，特别是边沿比较陡峭的数字信号线更加要注意其走线不能影响 USB 差分线。

（10）差分线要尽量等长，如果两根线的长度相差较大时，可以绘制蛇行线增加短线长度。

14.4　本章小结

为了验证读者的学习成果，本章不再以完整的 PCB 设计流程介绍本例，而是采用介绍知识点的方式向读者讲解 GL850 集成电路 USB HUB 的设计，使读者在实战中提高自已的电路板设计能力。

同时，为了便于读者学习，本章实例编者录制了同步操作视频，读者可以在书籍售后专区 www.dodopcb.com 下载使用，也可邮件联系编者（邮箱：PCBTech@yeah.net）索取。

第15章 高速实例1
——DDR2的PCB设计

15.1 DDR概述

DDR SDRAM 全称为 Double Data Rate Synchronous Dynamic Random Access Memory，中文名为“双通道同步动态随机存储器（双信道同步动态随机存取内存）”，为具有双倍数据传输率的 SDRAM，其数据传输速度为系统频率的两倍，由于速度增加，其传输效能优于传统的 SDRAM。

严格说，DDR 应该叫 DDR SDRAM，人们习惯称为 DDR，部分初学者也常看到 DDR SDRAM，就认为是 SDRAM。DDR SDRAM 是 Double Data Rate SDRAM 的缩写，是双倍速率同步动态随机存储器的意思。DDR 内存是在 SDRAM 内存基础上发展而来的，仍然沿用 SDRAM 生产体系，因此对于内存厂商而言，只需对制造普通 SDRAM 的设备稍加改进，即可实现 DDR 内存的生产，可有效地降低成本。

15.2 DDR工作原理

SDRAM 在一个时钟周期内只传输一次数据，它是在时钟的上升期进行数据传输的；而 DDR 内存则是一个时钟周期内传输两次数据的，它能够在时钟的上升期和下降期各传输一次数据，因此称为双倍速率同步动态随机存储器。DDR 内存可以在与 SDRAM 相同的总线频率下达到更高的数据传输率。

与 SDRAM 相比，DDR 运用了更先进的同步电路，使指定地址、数据的输送和输出主要步骤既独立执行，又保持与 CPU 完全同步；DDR 使用了 DLL（Delay Locked Loop，延时锁定回路提供一个数据滤波信号）技术，当数据有效时，存储控制器可使用这个数据滤波信号来精确定位数据，每 16 次输出一次，并重新同步来自不同存储器模块的数据。DDR 本质上不需要提高时钟频率就能加倍提高 SDRAM 的速度，它允许在时钟脉冲的上升沿和下降沿读出数据，因而其速度是标准 SDRA 的两倍。

从外形体积上看，DDR 与 SDRAM 相比，差别并不大，它们具有同样的尺寸和同样的引脚距离。但 DDR 为 184 引脚，比 SDRAM 多出了 16 个引脚，主要包含了新的控制、时钟、电源和接地等信号。DDR 内存采用的是支持 2.5V 电压的 SSTL2 标准，而不是 SDRAM 使用的 3.3V 电压的 LVTTL 标准。

15.3 DDR 分类

DDR 内存的频率可以用工作频率和等效频率两种方式表示，工作频率是内存颗粒实际的工作频率，但是由于 DDR 内存可以在脉冲的上升沿和下降沿都传输数据，因此传输数据的等效频率是工作频率的两倍。

15.3.1　什么是 DDR1

有时候大家将老的存储技术 DDR 称为 DDR1 ，使之与 DDR2 加以区分。尽管一般使用“DDR”，但 DDR1 与 DDR 的含义相同。

15.3.2　什么是 DDR2

DDR2 是 DDR SDRAM 内存的第二代产品。它在 DDR 内存技术的基础上加以改进，从而其传输速度更快（可达 667MHz），耗电量更低，散热性能更优良。

DDR2（Double Data Rate 2）SDRAM 是由 JEDEC（电子设备工程联合委员会）进行开发的新生代内存技术标准，它与上一代 DDR 内存技术标准最大的不同就是，虽然同是采用了在时钟的上升/下降沿同时进行数据传输的基本方式，但 DDR2 内存却拥有 DDR 2 倍的内存预读取能力（即 4bit 数据读预取）。换句话说，DDR2 内存的每个时钟能够以 4 倍外部总线的速度读/写数据，并且能够以内部控制总线 4 倍的速度运行。

15.3.3　DDR3 与 DDR2 的区别

DDR3 相对 DDR2，主要区别体现在以下 6 点。

1. 突发长度（Burst Length，BL）

由于 DDR3 的预取为 8bit，所以突发传输周期（Burst Length，BL）也固定为 8，而对于 DDR2 和早期的 DDR 架构系统，BL=4 也是常用的，DDR3 为此增加了一个 4bit Burst Chop（突发突变）模式，即由一个 BL=4 的读取操作加上一个 BL=4 的写入操作来合成一个 BL=8 的数据突发传输，届时可通过 A12 地址线来控制这一突发模式。而且需要指出的是，任何突发中断操作都将在 DDR3 内存中予以禁止，且不予支持，取而代之的是更灵活的突发传输控制（如 4bit 顺序突发）。

2. 寻址时序（Timing）

DDR3 的 CL 周期比 DDR2 有所提高。DDR2 的 CL 范围一般在 2～5，而 DDR3 则在 5～11，且附加延迟（AL）的设计也有所变化。DDR2 时 AL 的范围是 0～4，而 DDR3 时 AL 有 3 种选项，分别是 0、CL-1 和 CL-2。另外，DDR3 还新增加了一个时序参数：写入延迟（CWD），这一参数将根据具体的工作频率而定。

3. DDR3 新增的重置（Reset）功能

重置是 DDR3 新增的一项重要功能，并为此专门准备了一个 Reset 引脚。当 Reset 命令有效时，DDR3 内存将停止所有操作，并切换至最少量活动状态，以节约电力。在 Reset 期间，DDR3 内存将关闭内在的大部分功能，所有数据接收与发送器都将关闭，所有内部的程序装置将复位，DLL（延迟锁相环路）与时钟电路将停止工作，而且不理睬数据总线上的任何动静。这样一来，将使 DDR3 达到最节省电力的目的。

4．DDR3 新增 ZQ 校准功能

ZQ 也是一个新增的引脚，在这个引脚上接有一个 240Ω的低公差参考电阻。这个引脚通过一个命令集，通过片上校准引擎（On-Die Calibration Engine，ODCE）来自动校验数据输出驱动器导通电阻与 ODT 的终结电阻值。当系统发出这一指令后，将用相应的时钟周期（在加电与初始化之后用 512 个时钟周期，在退出自刷新操作后用 256 个时钟周期，在其他情况下用 64 个时钟周期）对导通电阻和 ODT 电阻进行重新校准。

5．参考电压分成两个

在 DDR3 系统中，对于内存系统工作非常重要的参考电压信号 VREF 将分为两个信号，即为命令与地址信号服务的 VREFCA 和为数据总线服务的 VREFDQ，这将有效地提高系统数据总线的信噪等级。

6．点对点连接（Point-to-Point，P2P）

这是为了提高系统性能而进行的重要改动，也是 DDR3 与 DDR2 的一个关键区别。在 DDR3 系统中，一个内存控制器只与一个内存通道打交道，而且这个内存通道只能有一个插槽，因此，内存控制器与 DDR3 内存模组之间是点对点（P2P）的关系（单物理 Bank 的模组），或者是点对双点（Point-to-two-Point，P22P）的关系（双物理 Bank 的模组），从而大大地减轻了地址/命令/控制与数据总线的负载。

15.4 DDR2 的设计思路

对于双片 DDR2 的地址线，主要使用远端分支的 T 型拓扑结构，如图 15-1 所示。

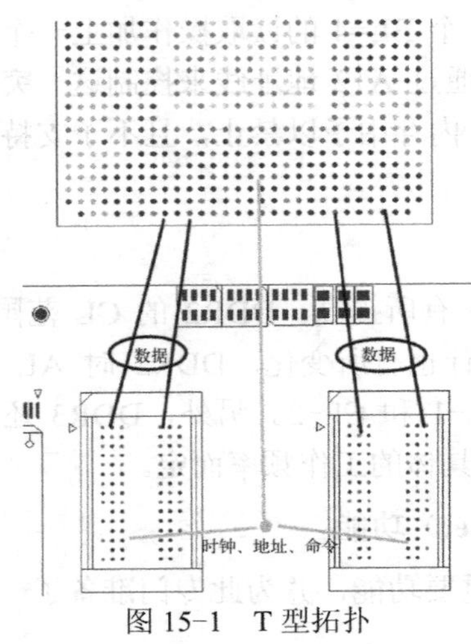

图 15-1 T 型拓扑

15.5　规则设置

在开始设计之前，先要进行约束规则设置。这些必要的约束规则包括：

（1）间距约束与区域规则；

（2）线宽约束；

（3）过孔设置；

（4）Class 规则设置；

（5）差分线规则设置。

15.5.1　间距约束与区域规则

1. 设置整板间距规则

执行菜单命令【Tools】→【Rules…】，如图 15-2 所示。在弹出的规则设置界面中选择“Clearance”规则，设置整板的间距规则，在图 15-3 所示的“PCB Rules and Constraints Editor”对话框，在“Constraints”标签中的“Minimum Clearance”栏中填入 5mil。

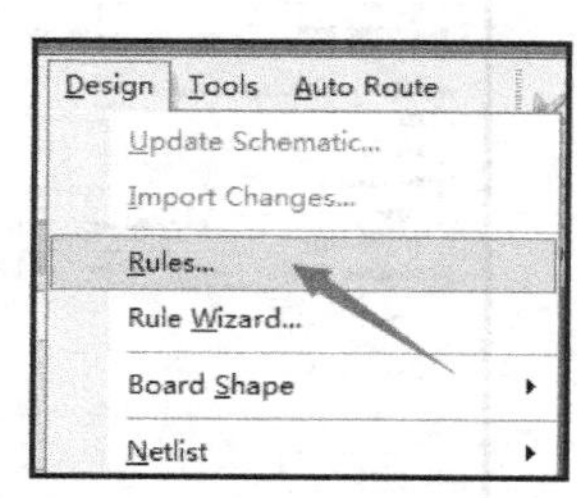

图 15-2　进入规则设置界面

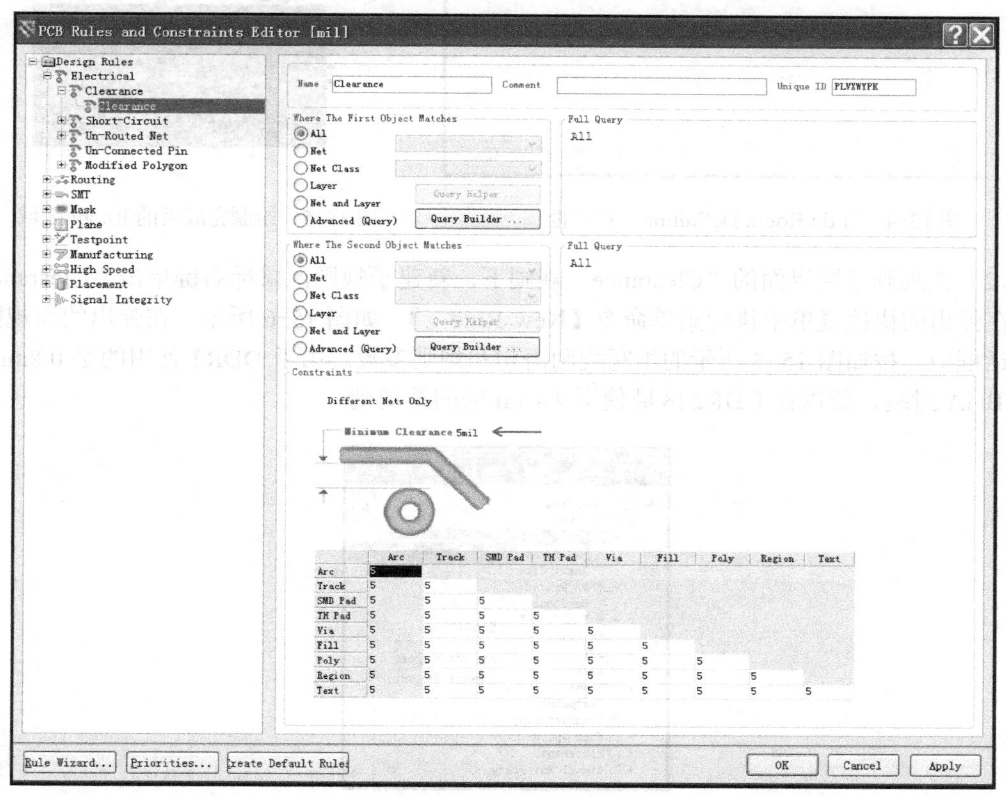

图 15-3　整板安全间距设置

2．设置区域规则

（1）执行菜单命令【Design】→【Rooms】→【Place Rectangular Room】，在 PCB 中 DDR2 所在的区域绘制一个包裹 DDR2 的区域规则，在绘制的过程中按下键盘的【Tab】键进入如图 15-4 所示的对话框，并将“Name”改为“DDR2_ROOM”。绘制 ROOM 区域后如图 15-5 所示。

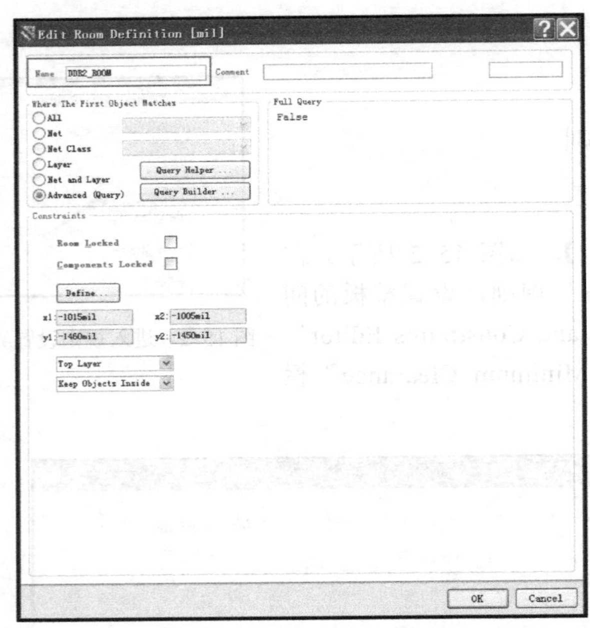

图 15-4 “Edit Room Definition”对话框

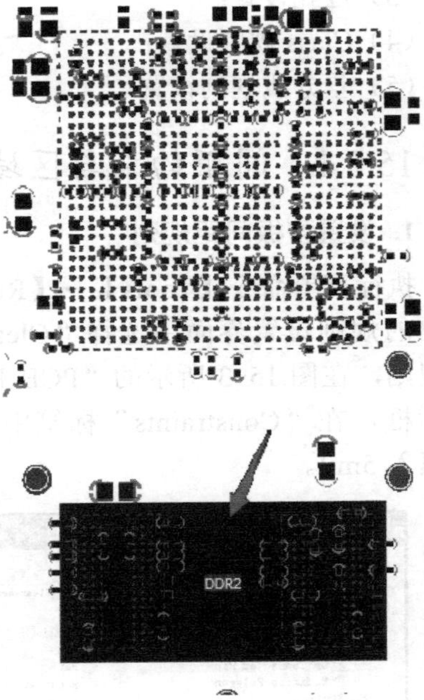

图 15-5 绘制完成后的 Room 区域

（2）在规则设置界面的“Clearance”规则下，新建子规则，鼠标右键单击“Clearance”栏，在弹出的快捷菜单中执行菜单命令【New Rule...】，如图 15-6 所示。在弹出的新规则设置对话框中，按如图 15-7 所示的填写规则语句和规则参数。由于 DDR2 使用的是 0.8mm 间距的 BGA 封装，所以在 DDR2 区域使用 4.4mil 的间距规则。

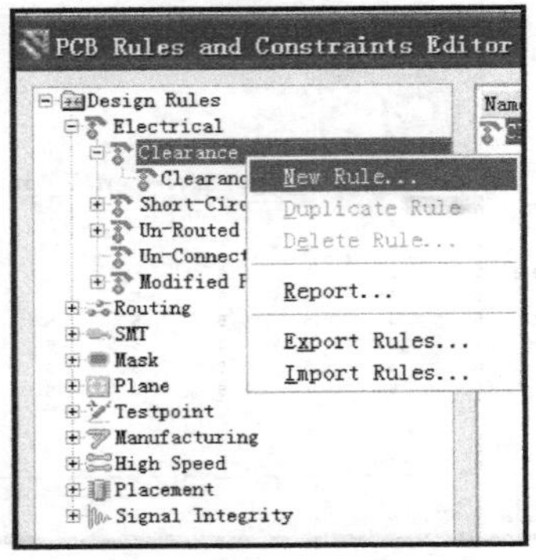

图 15-6 新建子规则

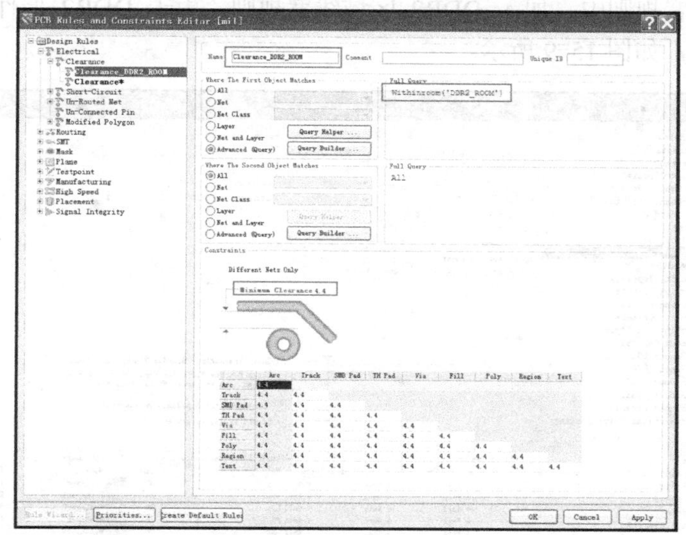

图 15-7　DDR2 区域间距规则设置

15.5.2　线宽约束

DDR2 需要进行特性阻抗的控制，由于不同的叠层，在进行阻抗控制之后会有不同的线宽，需要利用阻抗计算软件进行各层线宽的计算。本节主要讲解 DDR2 的 PCB 设计，故对阻抗计算方法不做详细描述。有兴趣的读者可以到 www.dodopcb.com 进行阻抗计算方法的学习和交流。本例按照 5mil 线宽作为参考值进行规则设置。

第一步，设置整板默认的线宽规则。将每层线宽设置为 5mil，如图 15-8 所示。

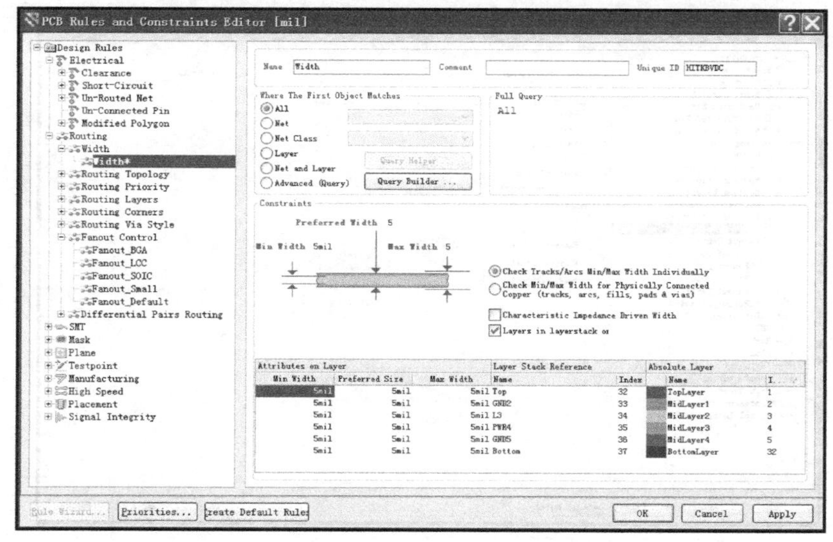

图 15-8　设置整板默认的线宽规则

第二步，在线宽规则中，加入 DDR2 区域线宽规则。由于 DDR2 器件的封装，在区域内使用 4.5mil 线宽，如图 15-9 所示。

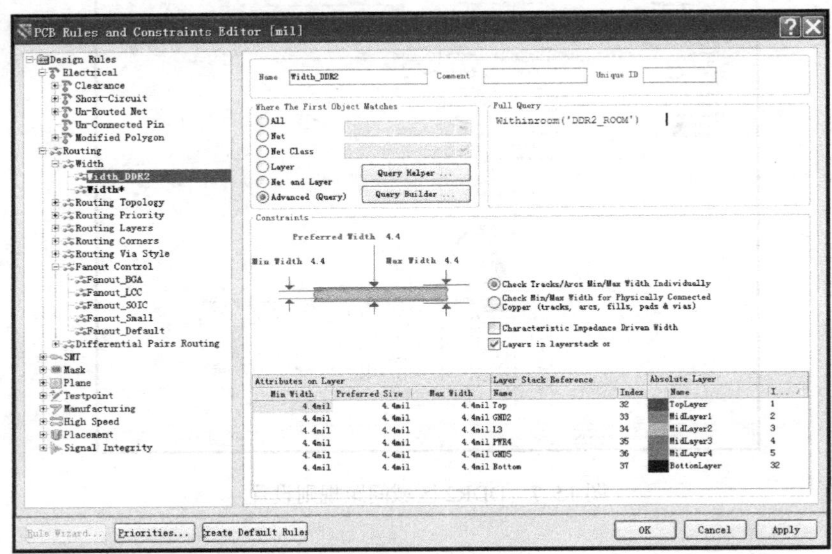

图 15-9　区域线宽规则设置

15.5.3　过孔约束

1．设置 DDR2 区域的过孔规则

针对 DDR2 的封装，使用 8/16mil 的过孔进行设计。在规则设置界面，在“Routing Via Style”栏中进行如图 15-10 的设置。

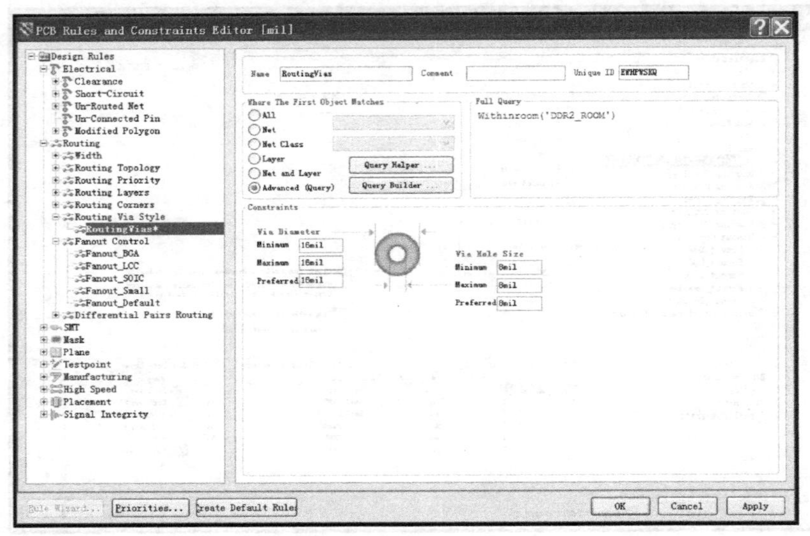

图 15-10　过孔规则设置

2．设置整板的过孔规则

除了 DDR2 区域外，整板其余区域的过孔尺寸使用 10/22mil 的过孔尺寸进行设计。在规则设置界面，在“Routing Via Style”栏下新建子规则，鼠标右键单击“Routing Via Style”栏，在弹出的快捷菜单中执行菜单命令【New Rule】，如图 15-6 所示。在弹出的新规则设置对话框中，按如图 15-11 所示的填写规则语句和规则参数。

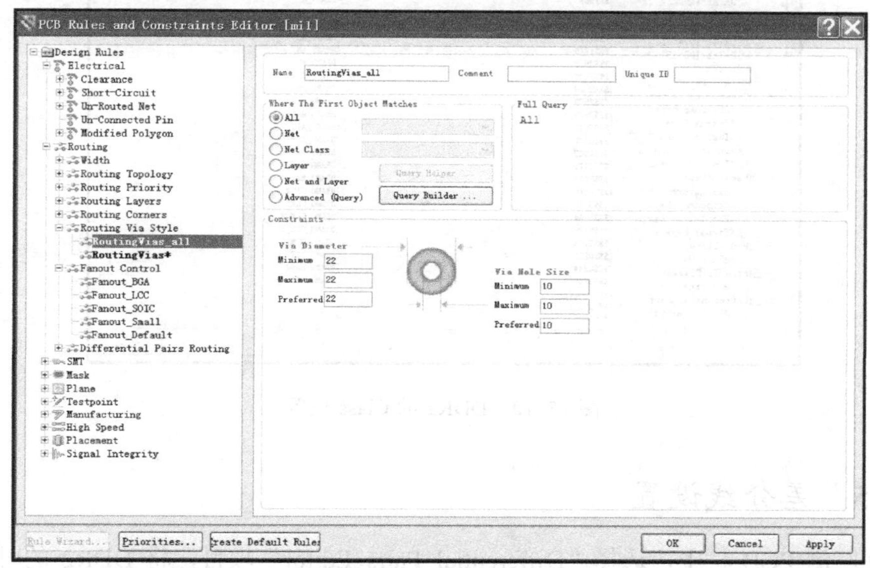

图 15-11　整板过孔规则设置

15.5.4　Class 规则设置

DDR2 的所有信号，可以分为 3 大类：

（1）电源地信号；

（2）数据信号；

（3）时钟、地址、控制类信号。

执行菜单命令【Design】→【Classes...】，调出类设置界面。对 3 大类信号进行分类归组，分别为：

（1）POWER_Class：GND、VREF、VCC1V8、VTT。

（2）DATA_Class：分为以下几类。

① Data0-7：DRAM0_D0～7、DRAM0_DQS0_N、DRAM0_DQS0_P、DRAM0_DM0。

② Data8-15：DRAM0_D8～15、DRAM0_DQS1_N、DRAM0_DQS1_P、DRAM0_DM1。

③ Data16-23：DRAM0_D16～23、DRAM0_DQS2_N、DRAM0_DQS2_P、DRAM0_DM2。

④ Data24-31：DRAM0_D24～31、DRAM0_DQS3_N、DRAM0_DQS3_P、DRAM0_DM3。

（3）ADD_Class：DRAM0_A0～13、DRAM0_BA0～2、DRAM0_WE#、DRAM0_CS#、DRAM0_RAS#、DRAM0_CAS#、DRAM0_CLK_N、DRAM0_CLK_P、DRAM0_ CLKE、

DRAM0_ODT。

设置完成后如图 15-12 所示。

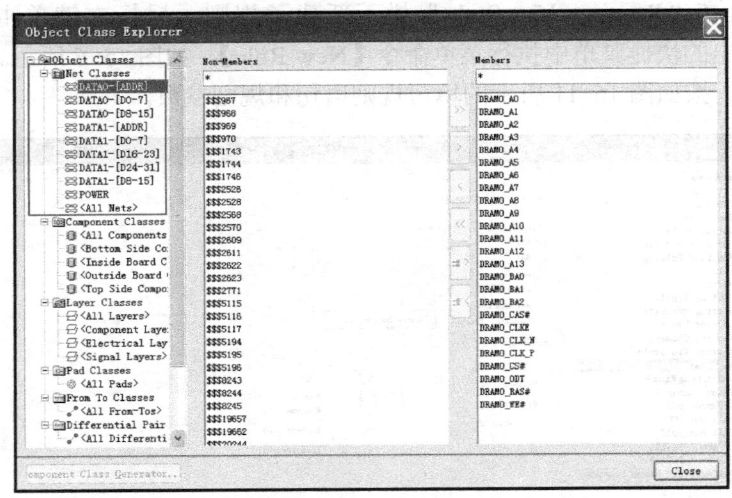

图 15-12　DDR2 的 Class 设置

15.5.5　差分线设置

在软件左侧 PCB 栏中，选择“Differential Pairs Editor”项目，将 DDR2 的时钟信号和 DQS 信号分别归为差分对，如图 15-13 所示。

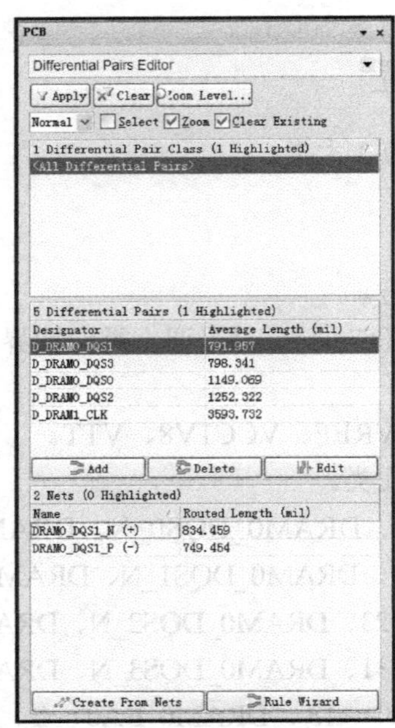

图 15-13　差分对添加

15.5.6 添加电源类和差分对的相关规则

第一步，在规则设置中添加电源类线宽规则，如图 15-14 所示。

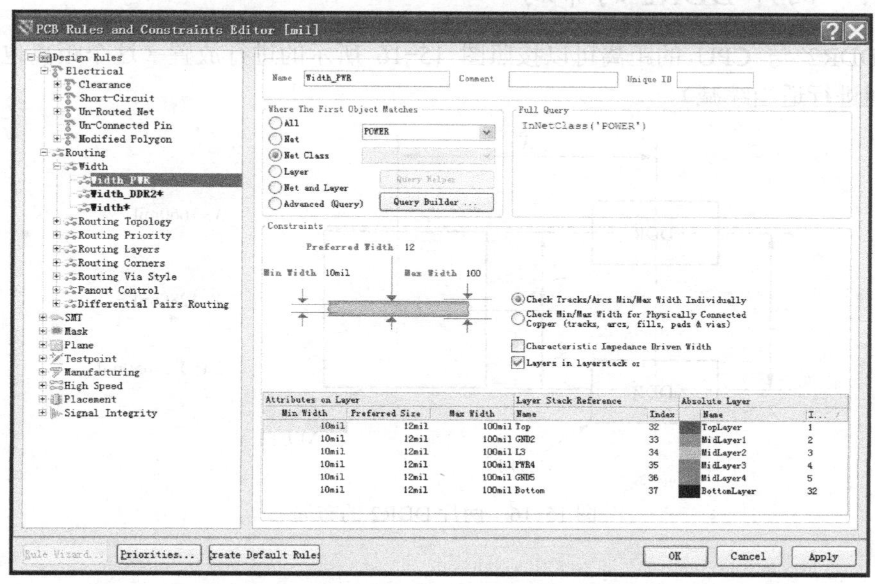

图 15-14 电源类线宽规则

第二步，在规则设置中对差分对线宽和间距进行设置，如图 15-15 所示。实际线宽和间距根据不同的叠层会有不同的参数，在这里按照 4.5/6mil 的参数进行设置。

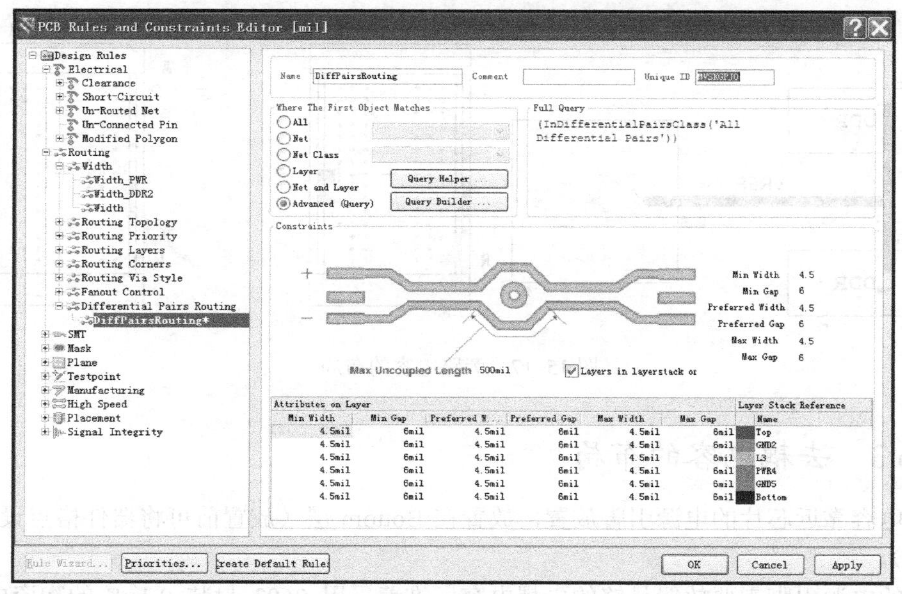

图 15-15 差分线规则设置

15.6 布局

15.6.1 两片 DDR2 的布局

两片 DDR2 与 CPU 的距离可以按照图 15-16 所示的进行放置（这个距离也可以根据 PCB 的空间进行适当缩减）。

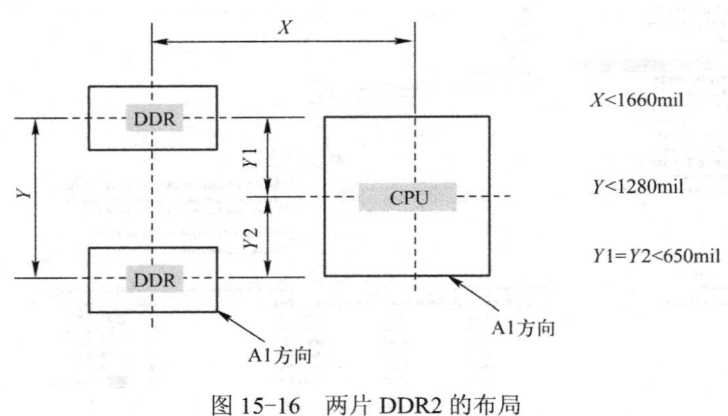

图 15-16　两片 DDR2 的布局

15.6.2 VREF 电容的布局

VREF 旁路电容靠近 VREF 电源引脚放置，放置在 Bottom 层，置于电源引脚的附近，如图 15-17 所示。

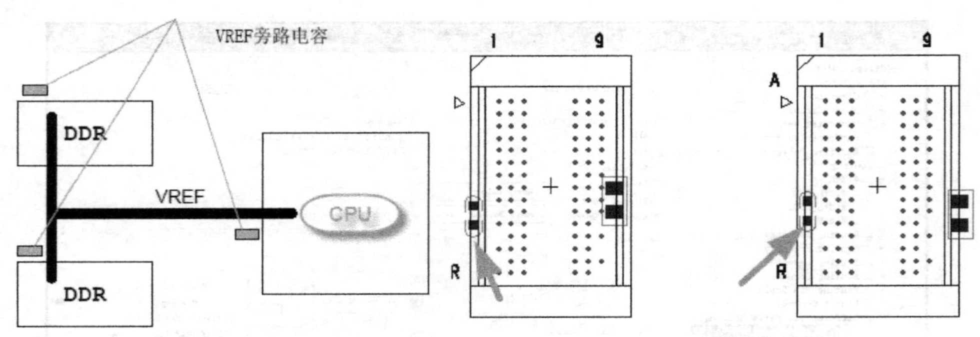

图 15-17　旁路电容的布局

15.6.3 去耦电容的布局

去耦电容靠近芯片的电源引脚放置，放置在 Bottom 层（放置前可将器件格点设置为 0.2 或 0.4mm）。

芯片的电源引脚需要放置足够的去耦电容，推荐采用 0603 封装 0.1μF 的陶瓷电容，其在 20～300MHz 范围非常有效。

去耦电容的处理规则如下：

（1）尽可能靠近电源引脚，走线要求满足芯片的 POWER 引脚→去耦电容→芯片的 GND 引脚之间的环路尽可能短，走线尽可能加宽。本例中去耦电容靠近芯片的电源引脚放置，放置在 Bottom 层（放置前可将器件格点设置为 0.2 或 0.4mm），如图 15-18 所示。

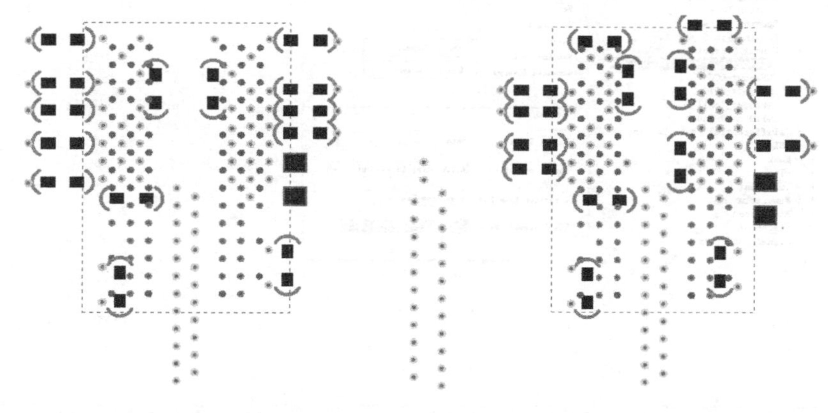

图 15-18 电容放在 IC 的背面

（2）芯片上的电源、地引出线从焊盘引出后就近打 VIA 接电源、地平面。线宽尽量做到 8～12mil（视芯片的焊盘宽度而定，通常要小于焊盘宽度 20%或以上）。VIA 的例子如图 15-19 所示。

（3）每个去耦电容的接地端，推荐采用一个以上的过孔直接连接至主地，并尽量加宽电容引线。默认引线宽度为 20mil，如图 15-20 所示。

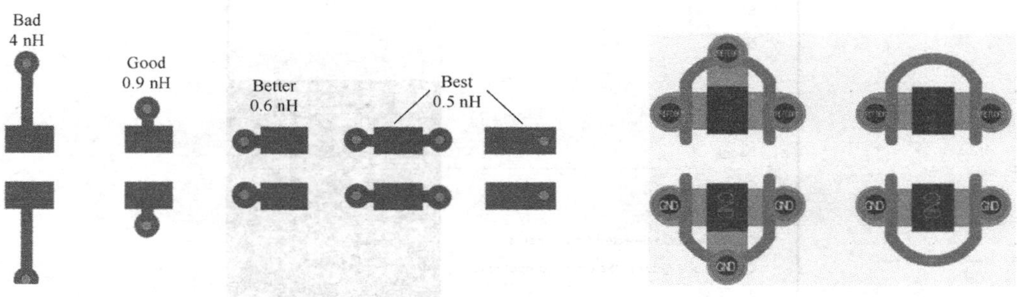

图 15-19 电容 Fanout 示例

图 15-20 电容 Fanout 线宽

15.7 布线

15.7.1 Fanout 扇出

1. Fanout 扇出设置

调出 PCB 规则设置界面，在“Fanout Control”项目下，找到“Fanout_BGA”类目，保证此类目为如图 15-21 所示设置。

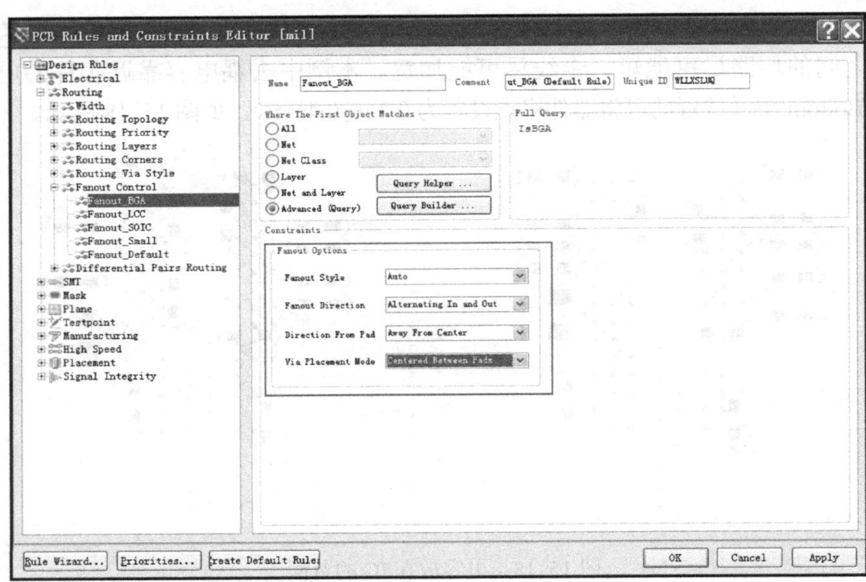

图 15-21　BGA 扇出设置界面

2．Fanout 扇出操作

执行菜单命令【Auto Route】→【Fanout】→【Component】，如图 15-22 所示。

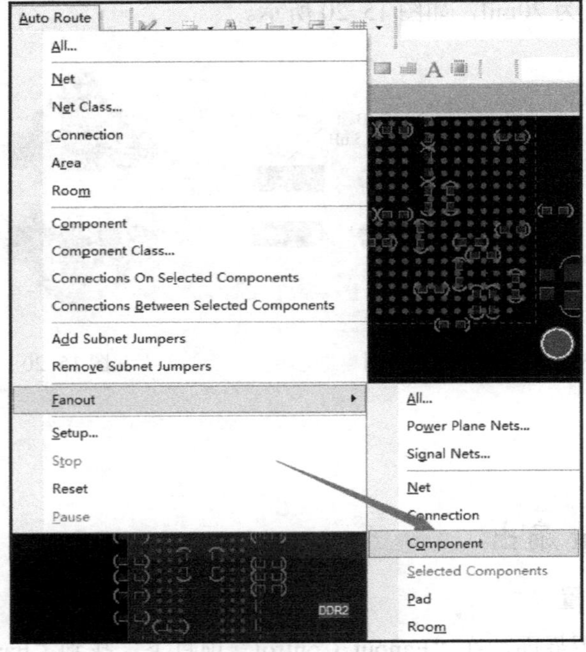

图 15-22　执行 Fanout 命令

随后系统弹出如图 15-23 所示的对话框，勾选“Fanout Pads Without Nets”和“Fanout Outer 2 Rows of Pads”。

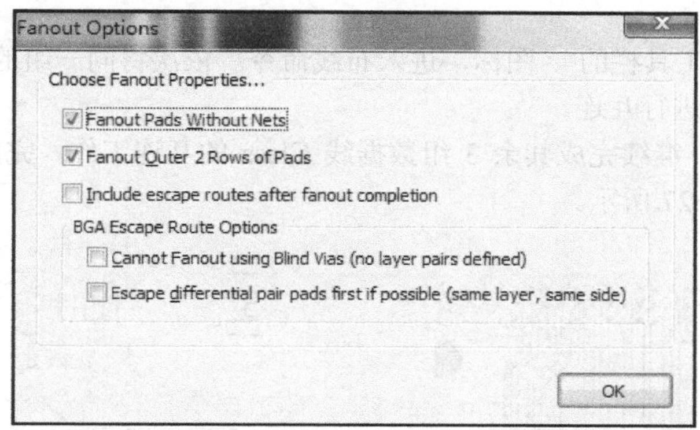

图 15-23　扇出设置栏

单击【OK】按钮后，鼠标变为十字形，单击选择要扇出的 DDR2 元件后，软件会自动进行扇出，扇出后的效果如图 15-24 所示。同样的操作，继续将 CPU 进行扇出，扇出后的 CPU 如图 15-25 所示。

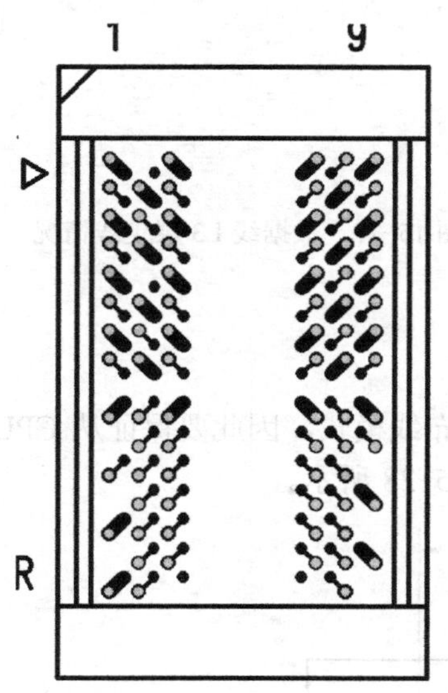

图 15-24　扇出后的 DDR2

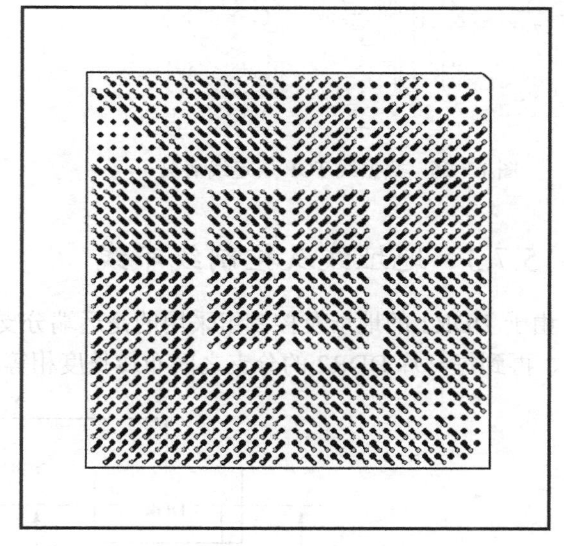

图 15-25　扇出后的 CPU

15.7.2　数据线布线

DDR2 的数据线布线推荐同组数据同层布线。在上文设置好的数据类中，数据线被分为 4 个 Class，即保证每个 Class 的 11 根线均被布设在同一层。

数据线的布线顺序为 DQS 差分线→DQS 数据线。

（1）单击 Wiring 工具栏的图标，进入差分线布线命令。

（2）选择其中一组数据线的 DQS 差分线所在的引脚后，即可拉出一段差分线并连接至 CPU 的相应引脚处。

（3）单击 Wiring 工具栏的图标，进入布线命令。依次将同一组的最邻近 DQS 差分线的数据信号线与 CPU 进行互连。

（4）同样的操作，继续完成其余 3 组数据线 Class 的互连工作。完成后的数据线布线效果如图 15-26 和图 15-27 所示。

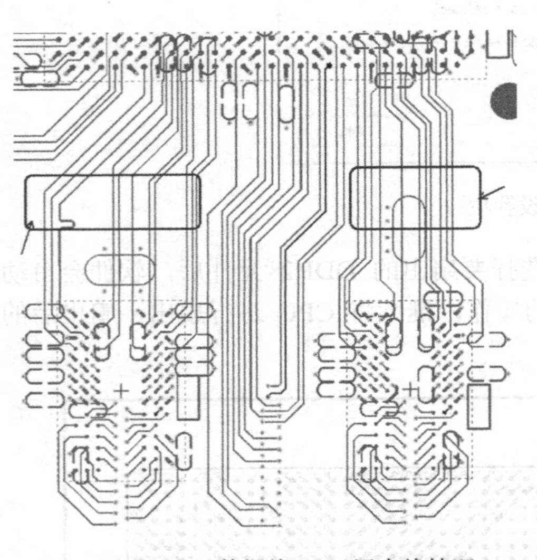

图 15-26　数据线 TOP 层走线情况

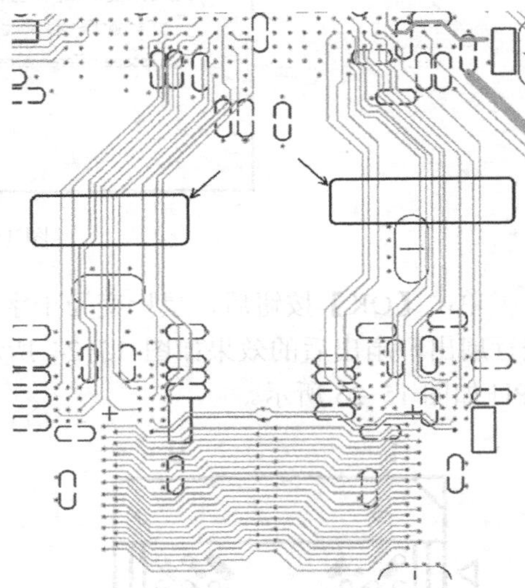

图 15-27　数据线 L3 层走线情况

15.7.3　地址线及控制线布线

由于 DDR2 的地址及控制组采用的是远端分支的 T 型布线模式，因此要保证从 CPU 到 T 点、再到每一片 DDR2 的分支之间布线长度相等，如图 15-28 所示。

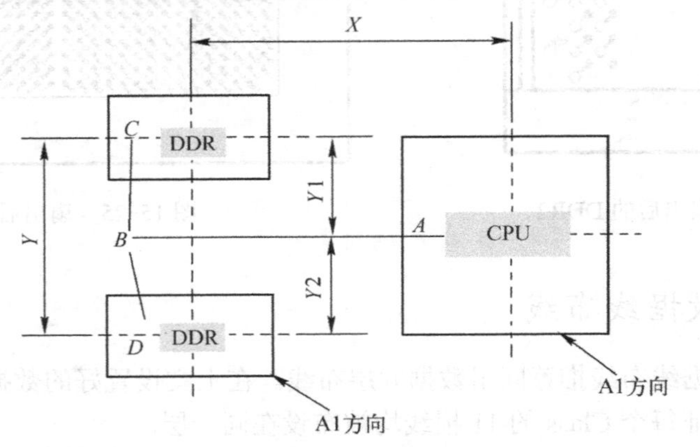

图 15-28　DDR2 地址及控制线的等长示意图

即要求所有的地址、控制线的总长度：*AB*+*BC*=*AB*+*BD*。在布线时，优先保证 *BC*=*BD* 之后，可以大大减少等长的工作量。

根据上述思路，我们可以将 DDR2 的地址及控制组布线的步骤归纳如下。

第一步，两片 DDR2 的扇出。

为了简化 *BC*=*BD* 的实现步骤，可以将 DDR2 的地址及控制引脚在顶层做如图 15-29 所示的扇出方式。

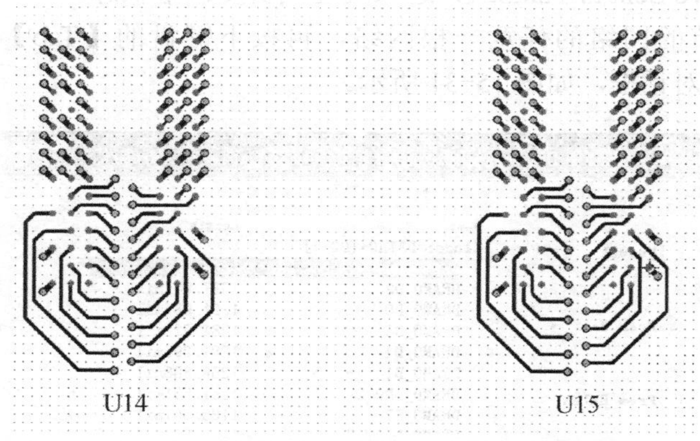

图 15-29　DDR2 地址及控制组的顶层扇出

第二步，*T* 点的选取。

顶层扇出之后，用 1 个内层布线层将所有的地址及控制线 *T* 点后端的横连线布设完成，同时在两片 DDR2 的正中间位置，在每一个网络上打一个孔作为 *T* 点，完成后会达到如图 15-30 所示的效果。

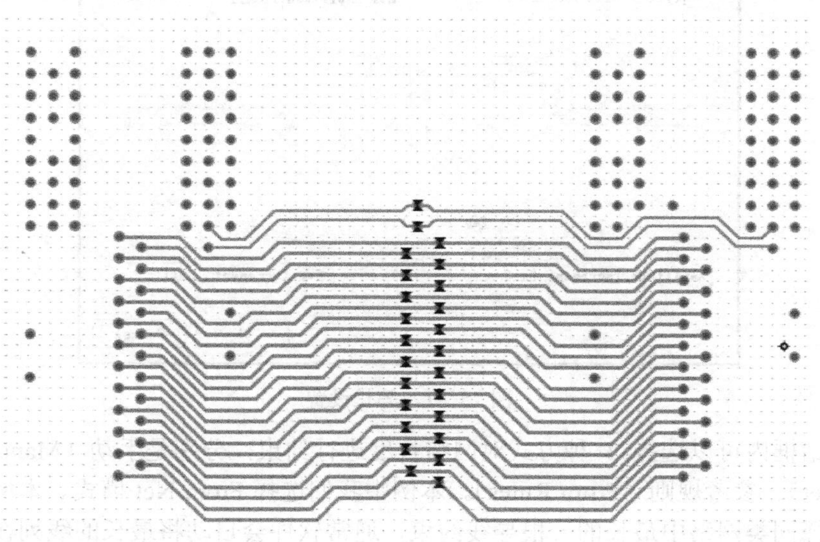

图 15-30　地址及控制组的 *T* 点布设

15.7.4 等长布线

DDR2 等长布线的先后顺序为差分时钟→地址及控制组→数据组。

针对常见的 DDR2，推荐的等长误差控制为数据组（D0-D31、DQS0-DQS3、DM0-DM3）等长误差+/-25mil，地址及控制组等长误差+/-200mil。

（1）选中需要进行等长布线的线进行调节时按快捷键【T+R】，或执行菜单命令【Tools】→【Interactive Length Tuning】，进入交互式长度调节状态。

（2）单击要调节的网络的任意一根网络，再按下键盘的【Tab】键进入属性，弹出“Target Length”参数对话框，如图 15-31 所示。

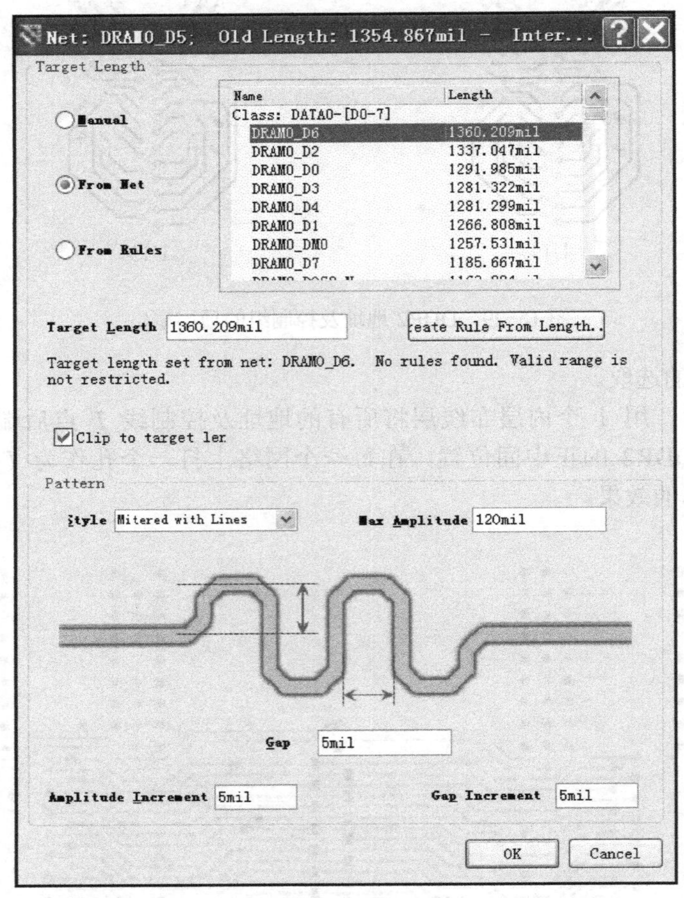

图 15-31 等长设置

在该对话框内可以选择 3 种方式对网络长度进行约束，分别是手动（Manual）、参考网络（From Net）、参考规则（From Rules）。本例中我们选择 From Net 模式。本例选择参考网络，然后选择同类网络中最长的一根导线约束，通常软件会自动将最长的线列在同类网络中的最前端。

（3）单击【OK】按钮，然后拖动光标，当前被选中的网络将会用蛇形线开始调节，可

按【Shift+G】组合键显示调节的长度，如图 15-32 所示。

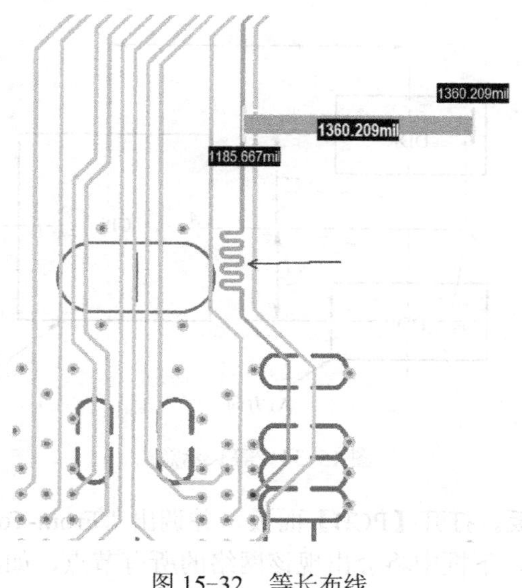

图 15-32　等长布线

（4）同样的操作，依次完成 4 组数据线 Class 的等长布线工作。完成后的效果如图 15-33 所示。

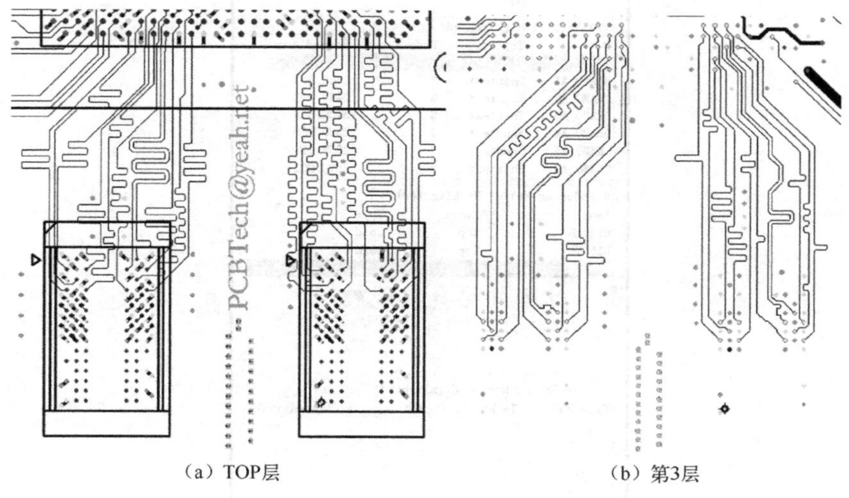

（a）TOP层　　（b）第3层

图 15-33　数据线等长情况

15.7.5　From-to 等长布线

Altium Designer 提供的 From-to 功能支持远端分支的等长布线工作。在本例中，由于地址、命令信号线与 CPU 之间的布线采用星形拓扑结构，因此需要保证从 CPU 到 *B* 点（也叫 *T* 点）再到两个 DDR2 之间的走线长度相等，等长示意图如图 15-34 所示，即所有的地址、

命令线的总长度为 $AB+BC=AB+BD$。

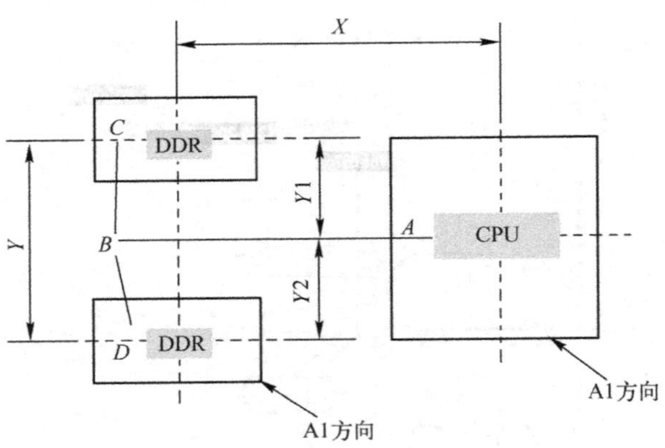

图 15-34　等长示意

（1）打开 From-to 面板。打开【PCB】面板，并调出“From-To Editor”设置界面，选中需要远端分支等长的网络，下框中将会出现该网络的所有节点，如图 15-35 所示。

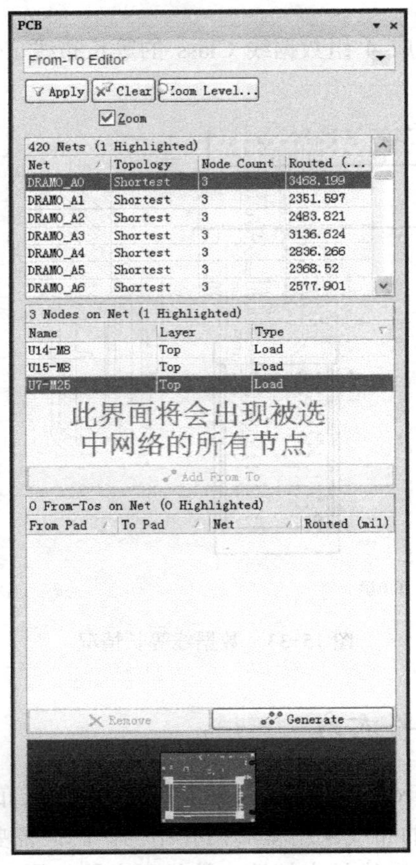

图 15-35　“From-To Editor”设置界面

（2）设置 From-to 规则。在该界面中，选中“U14-M8”和“U7-M25”后，再单击 Add From To DRAMO_A0 (U7-M25 : U14-M8) 按钮，如图 15-36 所示，即可完成 CPU 到 U14 链路的设置。同理，继续创建“U15-M8”和“U7-M25”的链路设置。设置完成后，CPU 到 U14 相应的布线长度也会同时显示出来，如图 15-37 所示。

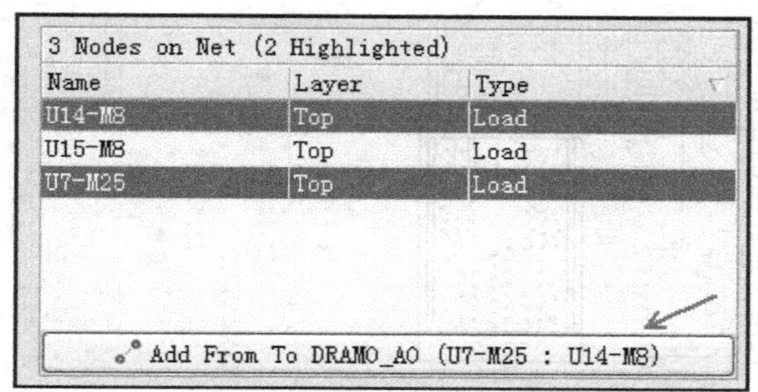

图 15-36　CPU 到 U14 链路的设置

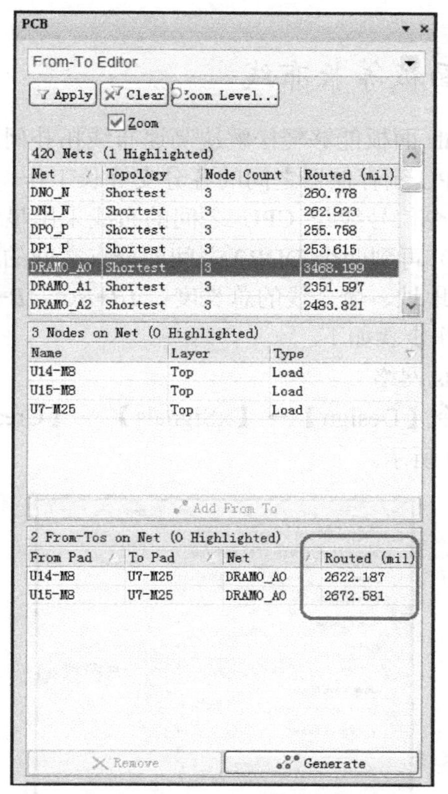

图 15-37　CPU 分别到 U14 和 U15 链路的长度显示

（3）按照长度显示的指引和前面章节介绍的等长布线知识，完成差分时钟、地址总线和控制线的等长工作，完成等长后的 PCB 效果如图 15-38 所示。

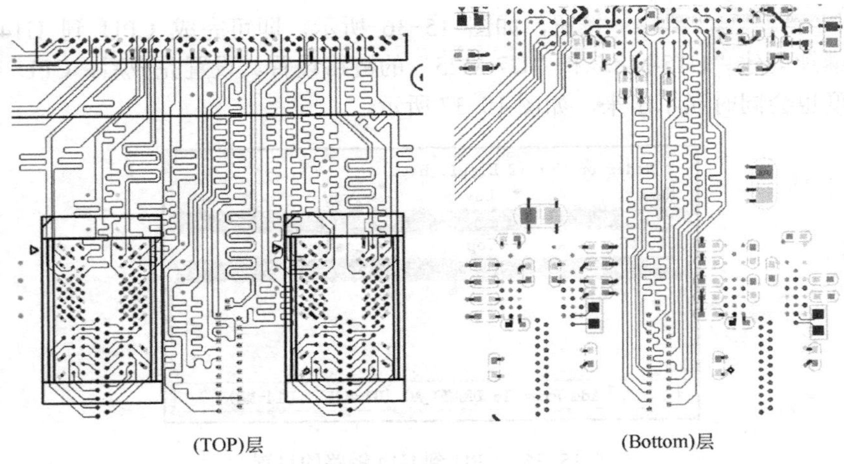

图 15-38　差分时钟、地址和控制线等长效果

15.7.6　xSignals 面板等长布线

Altium Designer xSignals 面板能够轻松解决高速布线拓扑问题，如点到点的等长工作，还可以轻松处理更复杂的 CPU 到存储器之间的各分支等长工作。

在本例中，地址线、命令信号线与 CPU 之间的布线采用星形拓扑结构，因此需要保证从 CPU 到 *B* 点（也叫 *T* 点）再到两个 DDR2 之间的分支之间的走线长度相等，等长示意图如图 15-34 所示，即所有的地址、命令线的总长度：*AB*+*BC*=*AB*+*BD*。

xSignals 等长布线的操作步骤如下。

1）分析 PCB 中 xSignals 网络

第一步：执行菜单命令【Design】→【xSignals】→【Create xSignals】进入“Create xSignals”向导，如图 15-39 所示。

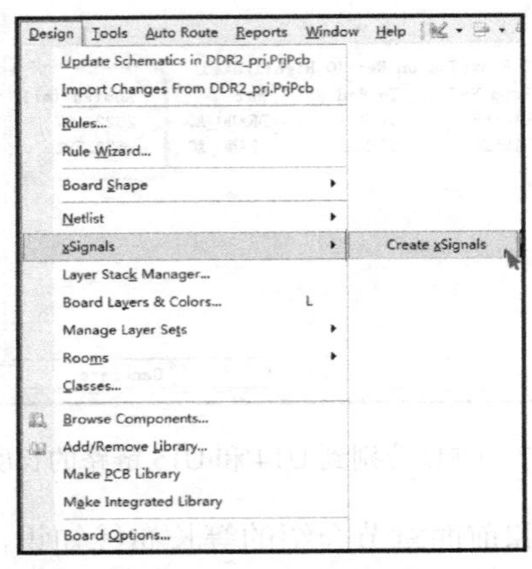

图 15-39　【Create xSignals】命令

第二步，在“Source Component”栏中选择一个源端元件，一般是分支线的主干线端（如 CPU 主控芯片），如图 15-40 所示。

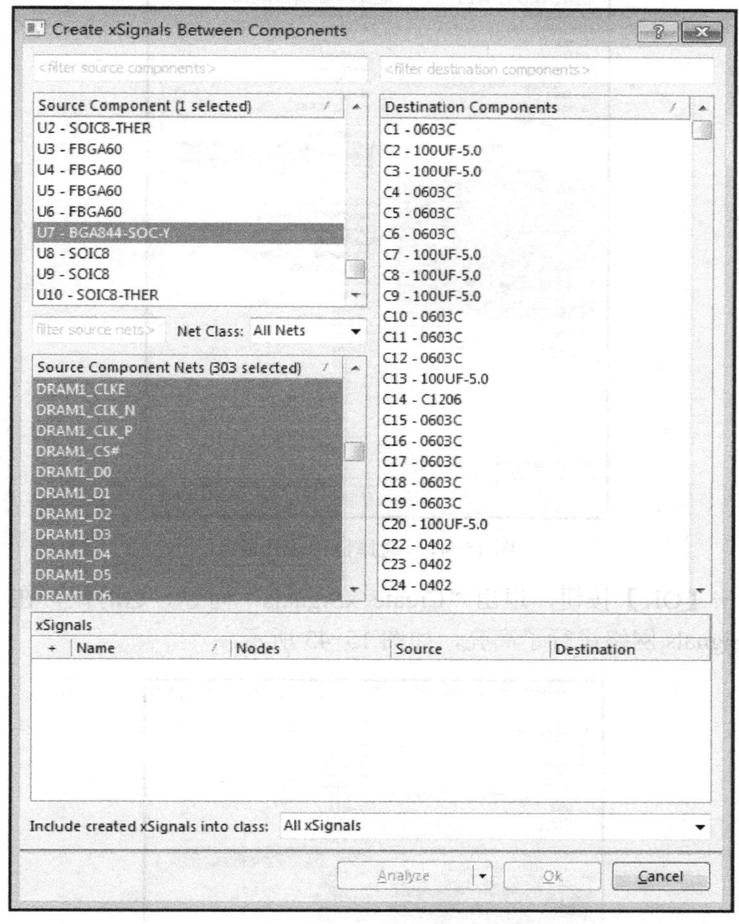

图 15-40　选择一个源端元件

第三步，在“Destination Components”栏中选择目标端元件，可以按住【Ctrl】键+单击元件选择多个目标元件，本例为 U14-FBGA84、U15-FBGA84，如图 15-41 所示。

如果不能确定目标端元件，也可以全选目标栏中的所有元件。

第四步，单击【Analyze】按钮，则软件将自动分析出带有分支或串联无源元件的信号网络，如图 15-42 所示。

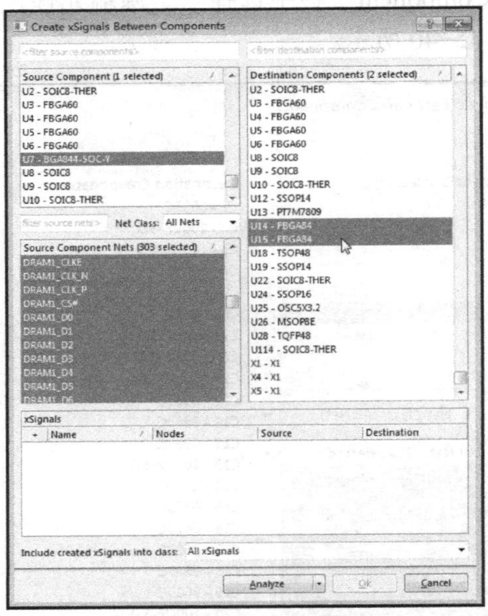

图 15-41　选择目标端元件

第五步，单击【OK】按钮，退出“Create xSignals”向导。这时候，在 PCB 中可以看到软件已经将 xSignals 网络进行了高亮，如图 15-43 所示。

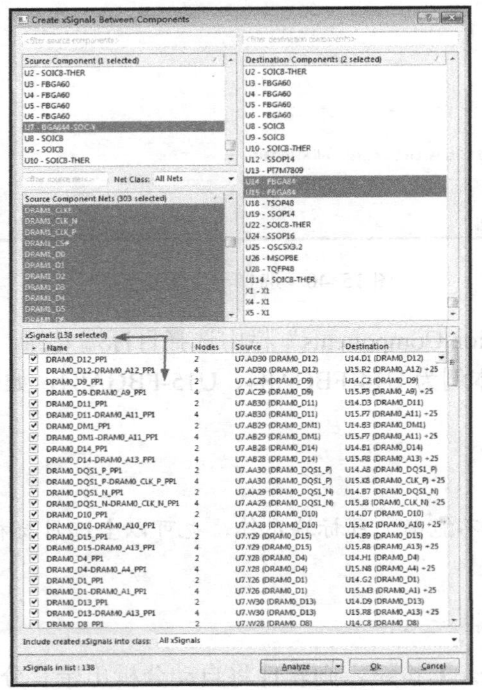

图 15-42　软件自动分析带有分支的信号网络

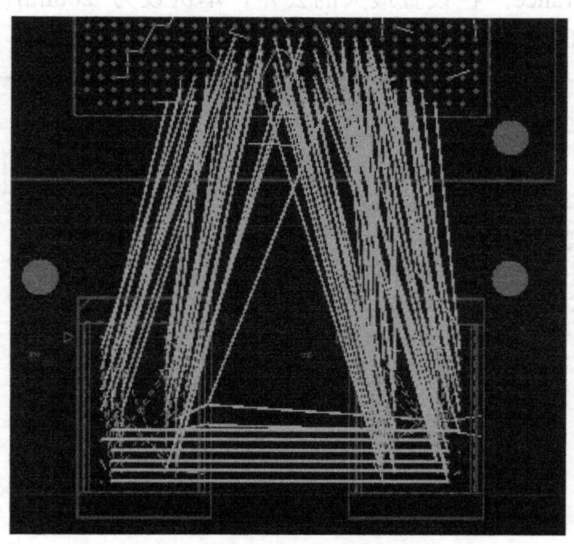

图 15-43　高亮 xSignals 网络

2）设置等长规则

第一步：执行菜单命令【Design】→【Rules】→【High Speed】→【Matched Length】，进入长度约束设置界面，并在“Matched Length”栏中单击鼠标右键，在随后弹出的菜单命令中执行菜单命令【New Rule】，新建一个等长约束规则，如图 15-44 所示。

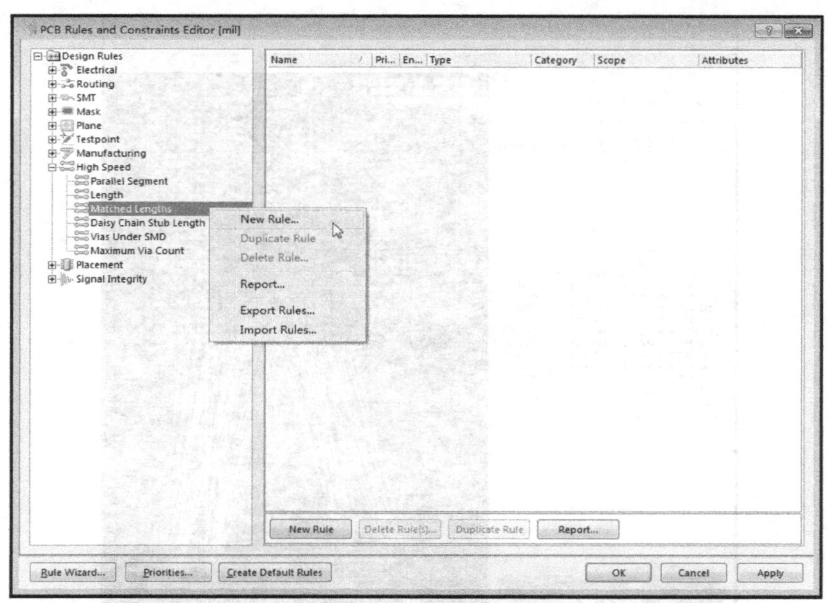

图 15-44　新建一个等长约束规则

第二步：在“Tolerance”栏设置最大的公差，本例设为 200mil，选择约束到 xSignals 网络类（本例为 DATA0-[ADDR]），如图 15-45 所示。

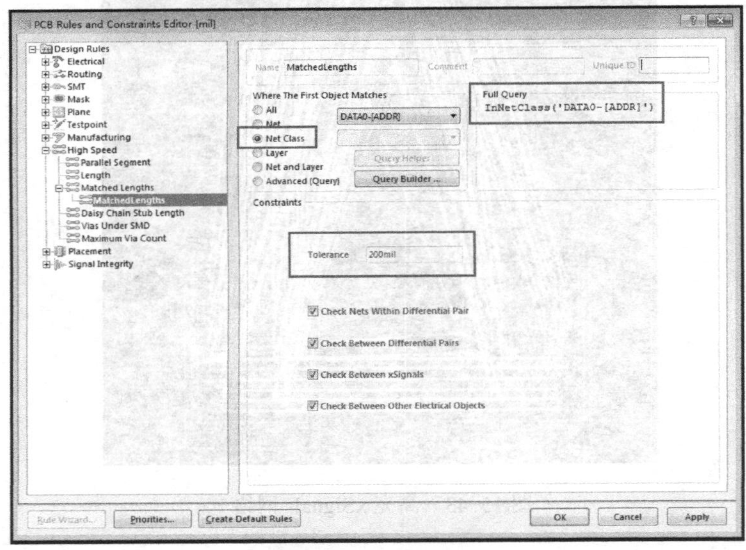

图 15-45　设置等长约束规则

第三步：退出规则设置界面。打开 PCB 面板，在 PCB 面板中选择 xSignals 显示面板，如图 15-46 所示。

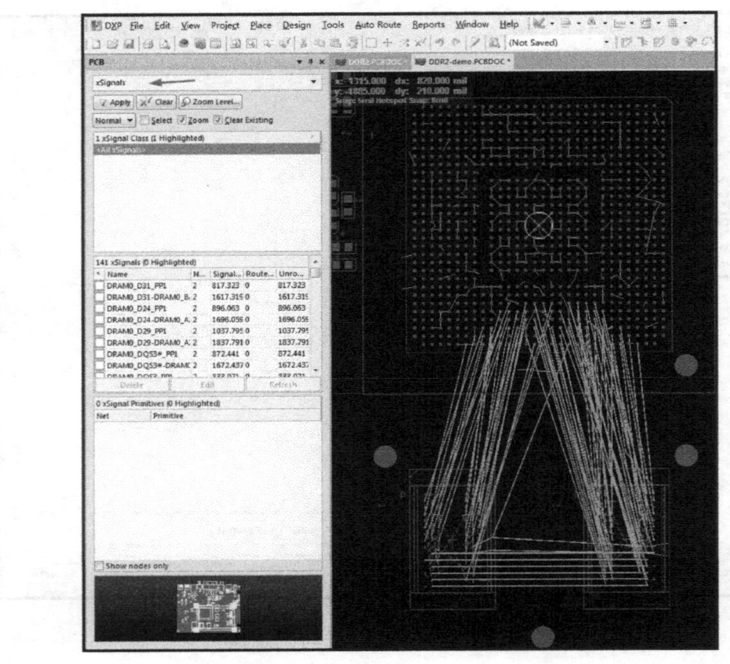

图 15-46　xSignals 显示面板

3）交互式长度调式

第一步：用交互式布线工具先把 xSignals 网络进行布线，布线的过程中要注意 xSignals 网络信号线在分支后保持较宽的间隙，以便后面进行长度调节，如图 15-47 所示。

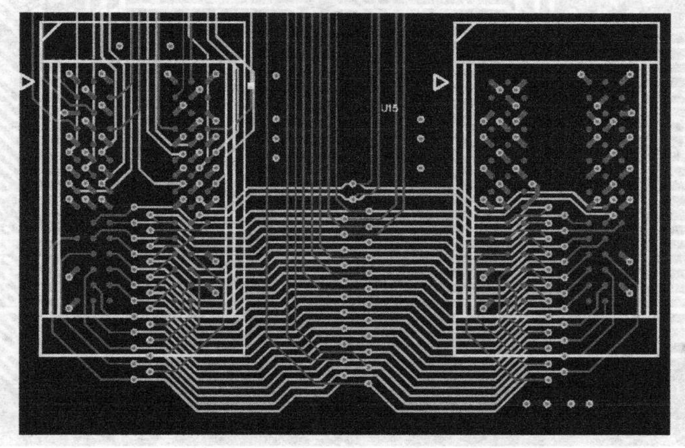

图 15-47　分支走线

第二步：执行菜单命令【Tools】→【Interactive Length Tuning】，或使用快捷键【T+R】进入交互式长度调节模式，单击任意一根网络，然后按【Tab】键进入属性对话框，将“Target Length”模式选择“From Rules”，“Pattern”栏参数用户可根据需要选择调节的形状，如图 15-48 所示。设置完成后，单击【OK】按钮，返回至 PCB 开始调节所选定网络的走线长度。

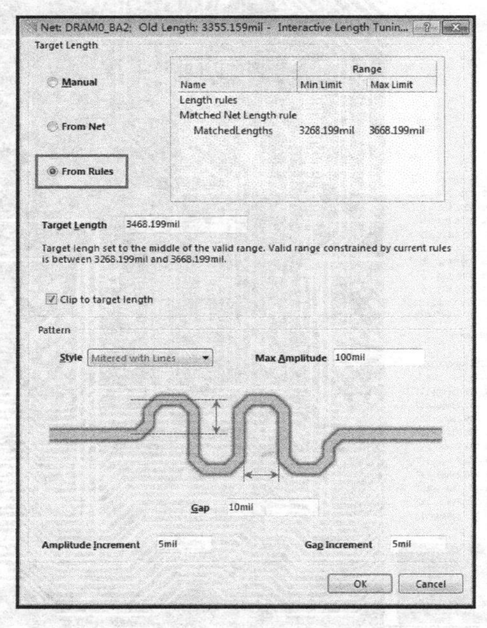

图 15-48　等长调节设置

第三步：在 T+R 模式下，单击网络，然后拖动鼠标即可开始补偿长度误差，如图 15-49 所示。

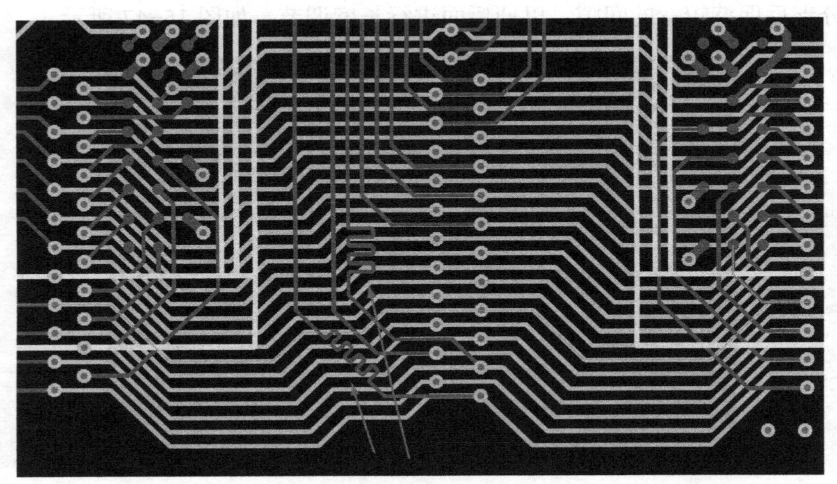

图 15-49 等长调节

第四步：所有的信号网络等长调节完之后，可以在 PCB 面板下查看补偿后的误差。如图 15-50 示。

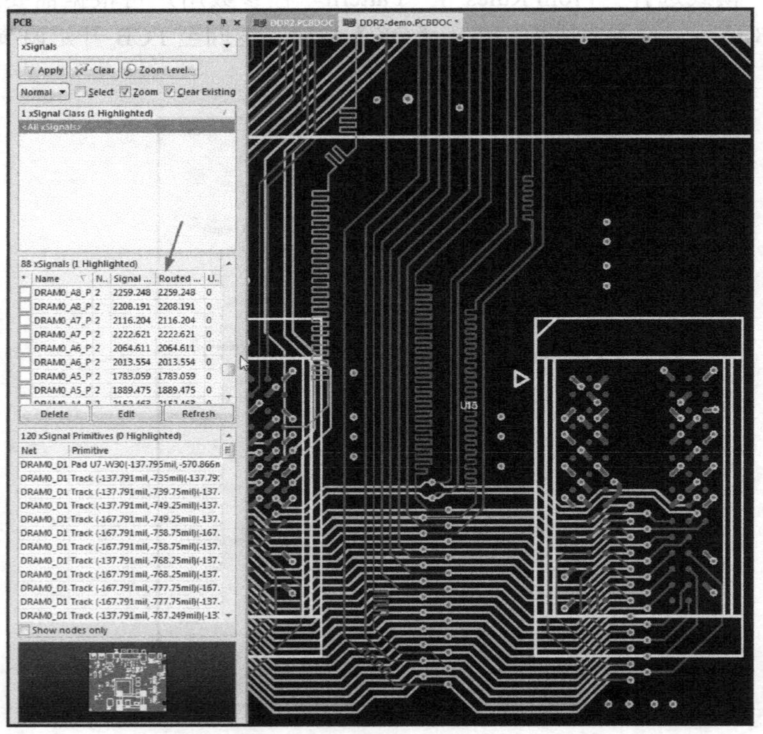

图 15-50 PCB 面板查看等长长度

15.7.7　DDR2 布线的一些注意事项

针对 DDR2 的布线，有以下一些注意事项可供读者参考。

（1）DDR2 的数据线最好能保证同组线同层布线；

（2）DDR2 的数据、地址及控制组最好能保证同组线有同样数量的过孔；

（3）DDR2 的数据组和地址组最好能保持 20mil 以上的间距；

（4）DDR2 的 VREF 信号宽度最好能保持 15～20mil 以上；

15.8　本章小结

本章主要介绍了两片 DDR2 的设计思路、布局、布线及等长的方法，其中的各类参数只是作为介绍使用，针对不同的工作环境，读者可以自行设置相应的参数，以达到不同的设计要求。

由于仅介绍了 DDR2 模块的设计，所以在规则设置方面只针对 DDR2 模块进行了必要的设置，如果读者想要完成整个高速板的设计全过程，还需要设置其他的设计规则，如灌铜间距规则、热焊盘规则、负片层规则、阻焊层补偿等。

同时，为了便于读者学习，本章实例编者录制了同步操作视频，读者可以在书籍售后专区 www.dodopcb.com 下载使用，也可邮件联系编者（邮箱：PCBTech@yeah.net）索取。

由于本实例涉及高速 PCB 设计领域，读者在学习的过程中，有任何疑问都可以得到编者的技术支持，欢迎读者来邮交流和探讨高速 PCB 设计。

第16章　高速实例2
——DDR3的PCB设计

16.1　设计背景

应 EDA365 论坛（http://www.eda365.com）会员 lujunweilu 的请求（图 16-1），而且市面上针对 DDR3 等 PCB 设计方面的教程不够全面详细，编者利用工作之余专门制作了针对平板产品 DDR3 区域的 PCB 设计的图文和视频技巧教程。

图 16-1　EDA365 论坛贴子

贴子链接地址：http://www.eda365.com/thread-83541-1-1.html。

16.2　DDR3 介绍

目前市面上主流的内存颗粒是 DDR3。DDR3 和 DDR2 在信号定义上基本上是一样的，

信号定义上变化很小。大家可以看到有些芯片上会出现两根新的信号：TDQS 和 TDQS#，它们只是在 8 位 RAM 上会使用到，4 位和 16 位的 RAM 不会用到它们，我们可以简单地把它看作是单向传输的 DQS 信号，将其和 DQS/DQS#、DQ_data、DM 归为一组 CLASS 即可。

与 DDR2 相比，DDR3 有如表 16-1 所示的一些主要区别。

表 16-1　DDR3 与 DDR2 的主要区别

比较项目	DDR2	DDR3
最大时钟频率（MHz）/数据传输速率（Mbit/s）	533/1066	800/1600
电源要求		
VDD电压（单位：V）	1.8+/−0.1	1.5+/−0.075
VTT电压（单位：V）	0.9+/−0.04	0.75+/−TBD
Vref参考电压（单位：V）	0.9+/−0.018	0.75+/−0.015
输入临界值		
Vih/Vil电压（单位：V）	0.9+/−0.2	0.75+/−0.175
时序匹配要求		
地址、命令、控制线严格参照“时钟线”的长度	是	是
DQ<0-7>、DM0严格参照“DQS0”的长度	是	是
DQ<8-15>、DM1严格参照“DQS1”的长度	是	是
DQ<16-23>、DM2严格参照“DQS2”的长度	是	是
DQ<24-31>、DM3严格参照“DQS3”的长度	是	是
DQS<0-3>参照“时钟线”的长度，误差可适当放大	是	没有此要求

16.3　DDR3 Fly-by 设计

目前大多数 DDR3 的布线拓扑结构基本采用 Fly-by，即菊花链拓扑结构，主要目的是提升信号质量来支持更高频率的设计。与星形拓扑结构相比较，Fly-by 结构的布线更为简单，也可以节约布线的层数和空间。菊花链拓扑结构如图 16-2 所示。

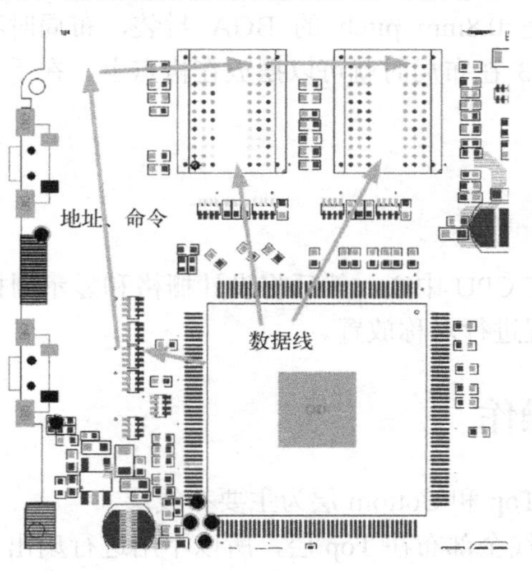

图 16-2　菊花链拓扑结构

16.4 布局思路

从 CPU 的引脚网络分布中可以看到，地址和命令线主要分布在 CPU 的左侧，而 CPU 的上方是低位和高位的数据总线，如图 16-3 所示。在布局时，应将两片 DDR3 根据 CPU 的位置来进行中心对称布局。同时，PCB 的左侧应留出地址和命令线的布线空间。

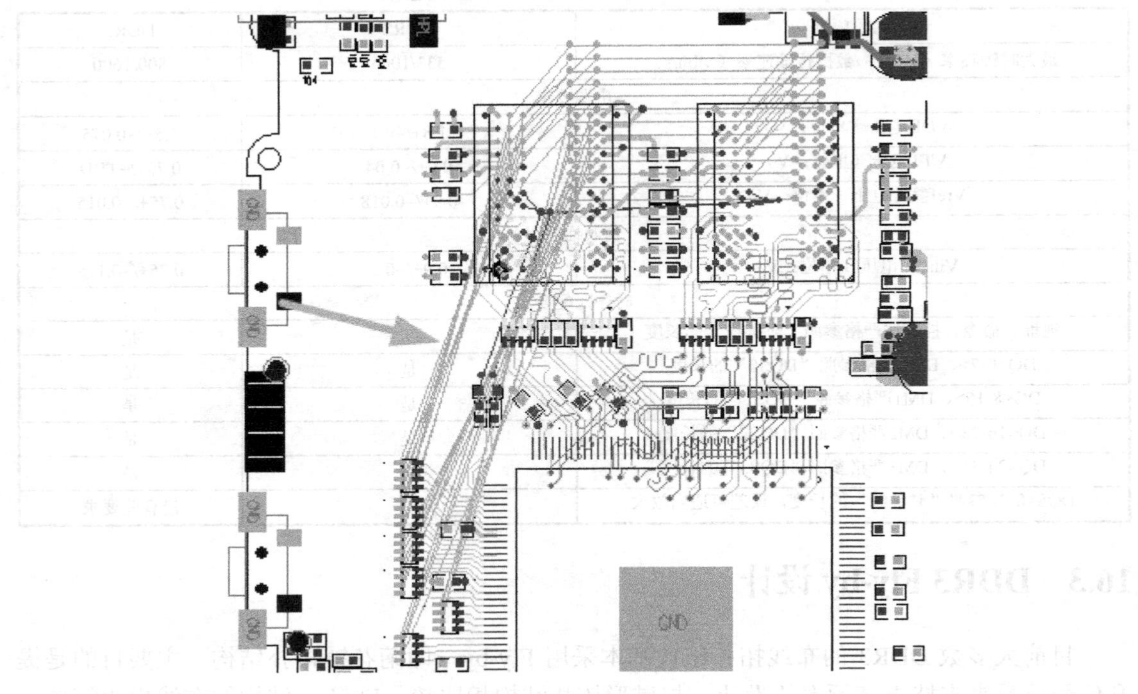

图 16-3 CPU 的引脚网络分布

另外，由于 DDR3 是 0.8mm pitch 的 BGA 封装，布局时我们可以将设计栅格设置为 0.4mm。这样，两片 DDR3 在布局时就可以摆放在格点上，在手工布线时有利于过孔和布线的对齐，显得整齐美观。

16.5 布局操作

将 PCB 的原点设置在 CPU 中心，然后将设计栅格和显示栅格都设置为 0.4mm，并将两片 DDR3 根据 CPU 的位置进行对称放置。

16.6 布线思路和操作

（1）此板为 4 层板，Top 和 Bottom 层为主要布线层。

（2）我们准备将数据线全部布在 Top 层，所以不用进行扇出。

（3）地址和命令线采用 Fly-by 结构，需要将 DDR3 左侧的信号线引到 DDR3 上方进行

打孔，而右侧的信号线可以就近打孔。

（4）处理 BGA 封装形式的芯片时，应注意电源和地网络的过孔要提前进行扇出。

（5）扇出和布线的顺序是电源和地引脚就近扇出过孔→差分时钟→差分 DQS→DQ 数据线→地址、命令线。

（6）Class 规则为低 8 位数据组设为一组 Class（D0～D7、DQS0,DQS0_N、DQM0）；高 8 位数据线设为一组 Class（D8～D15、DQS1、DQS1_N、DQM1）；其余的差分时钟、地址和命令线全部设为一组 Class。

16.6.1　Fanout 扇出

1．电源和地网络的扇出

将设计栅格和显示栅格都设置为 0.4mm，单击 Wiring 工具栏的 图标，选中相应的电源和地引脚后，以过孔暂停的形式进行手工扇出，完成后如图 16-4 所示。

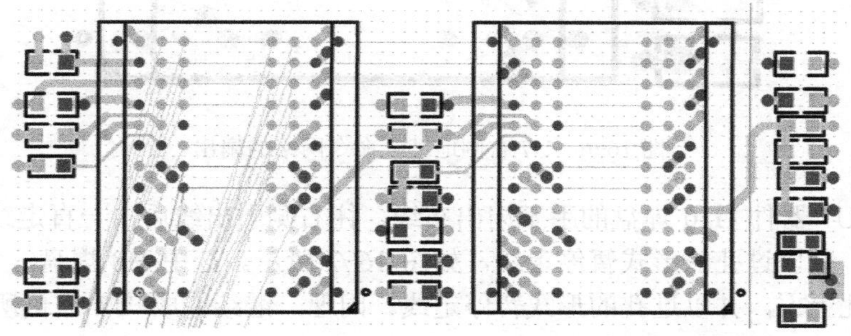

图 16-4　电源和地网络的扇出

2．地址、命令网络的扇出

单击 Wiring 工具栏的 图标，进入布线命令，选中 U7 器件的 F4 焊盘往左侧引出线后，并以过孔暂停的形式进行手工扇出。同理，完成 G4 焊盘往左侧的扇出、G2 焊盘往右侧的扇出，完成后如图 16-5 所示。同样的操作，继续完成 U7 右侧地址、命令网络的扇出，如图 16-6 所示。

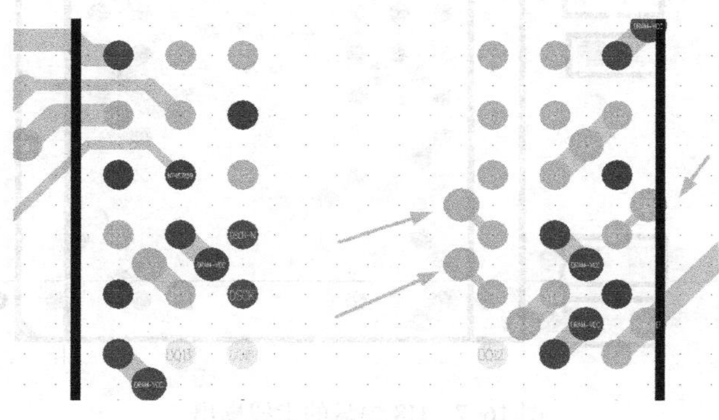

图 16-5　手工扇出 F2、G4、G2 焊盘

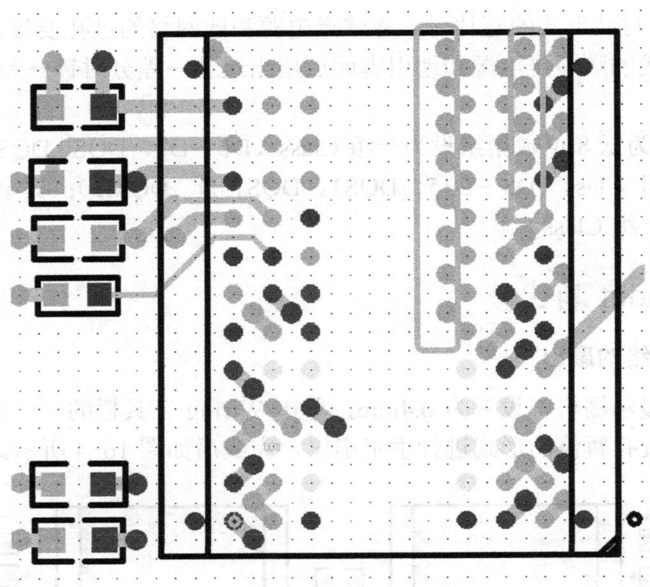

图 16-6　U7 右侧地址、命令网络的扇出

继续进行 U7 器件 G10 焊盘的手工扇出布线，往右侧引出线后，一直走线到 N4 焊盘扇出的过孔上方，并以过孔的形式暂停走线，如图 16-7 所示。选中 H8 焊盘，一直走线到 N3 焊盘扇出的过孔上方，并以过孔的形式暂停走线。同理，继续完成 U7 左侧所有地址、命令网络的扇出，完成后如图 16-8 所示。

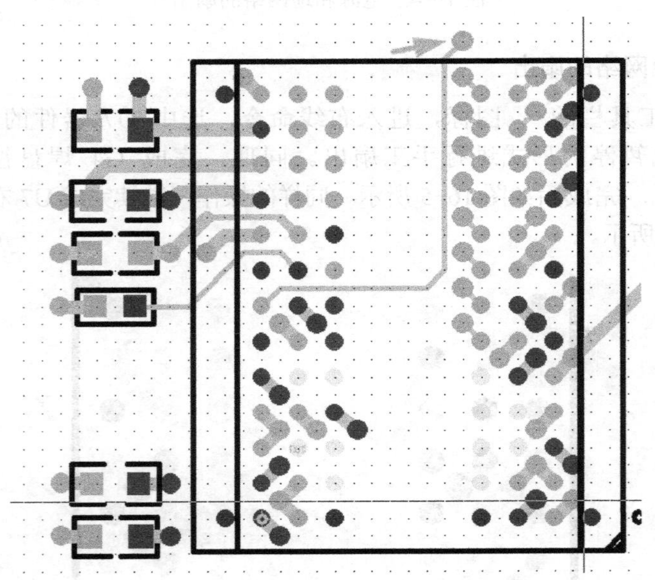

图 16-7　H8 焊盘的走线扇出

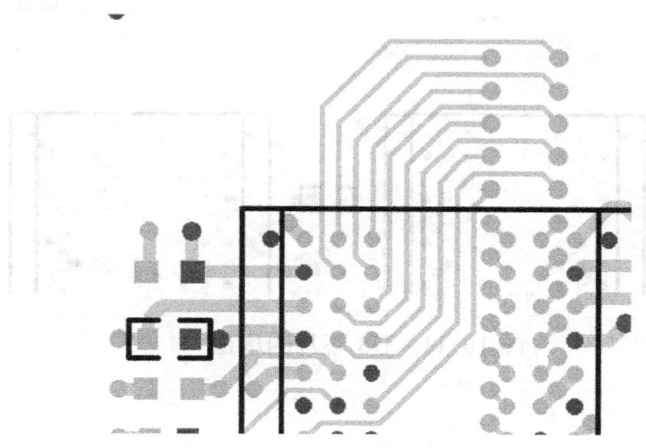

图 16-8　U7 左侧所有地址、命令网络的走线扇出

3．差分时钟网络的扇出

单击 Wiring 工具栏的 图标后，进入差分线走线命令。选中 U7 器件的 F8 或 G8 焊盘，往右侧下方引出线，并以过孔暂停的形式进行手工扇出。暂停的位置与 F3 扇出的过孔的位置在同一 X 轴坐标上，如图 16-9 所示。至此，U7 芯片的扇出完成，如图 16-10 所示。同理，完成 U8 芯片的扇出，如图 16-11 所示。

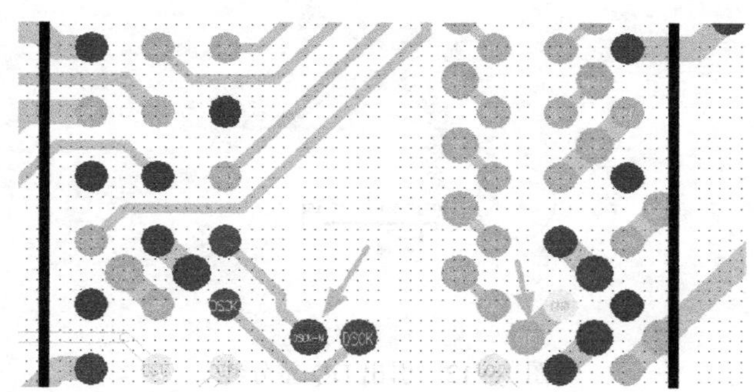

图 16-9　F8 和 G8 焊盘的手工扇出

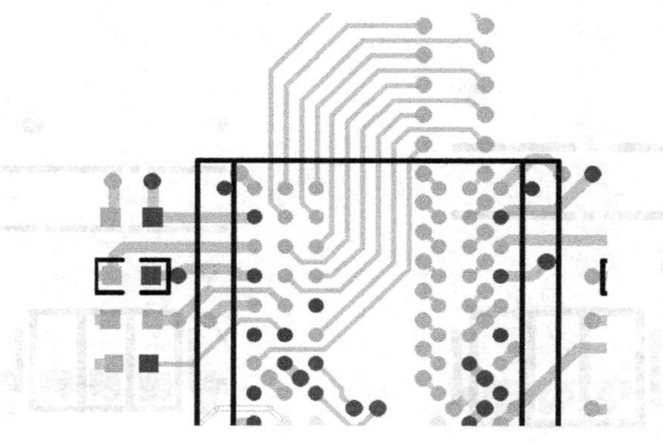

图 16-10　U7 芯片的扇出

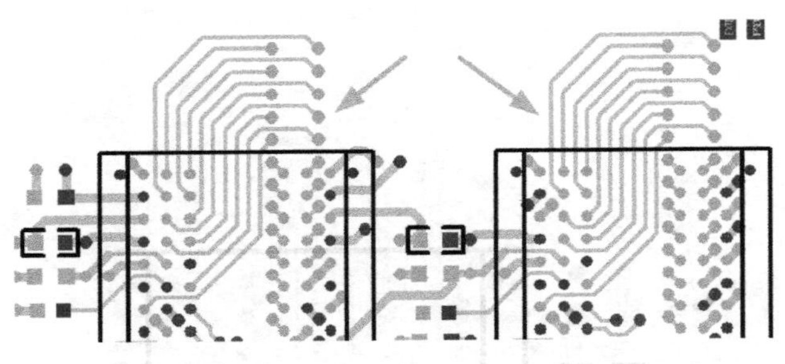

图 16-11　U8 芯片的扇出

16.6.2　互连

1. 数据线互连

布线顺序：DQS 差分→DQ 数据线。

单击 Wiring 工具栏的 图标后，进入差分线走线命令。选中 U7 器件的 D4 焊盘，引出 DQ 差分线，如图 16-12 所示。同时连接至 R67、R70，完成后如图 16-13 所示。

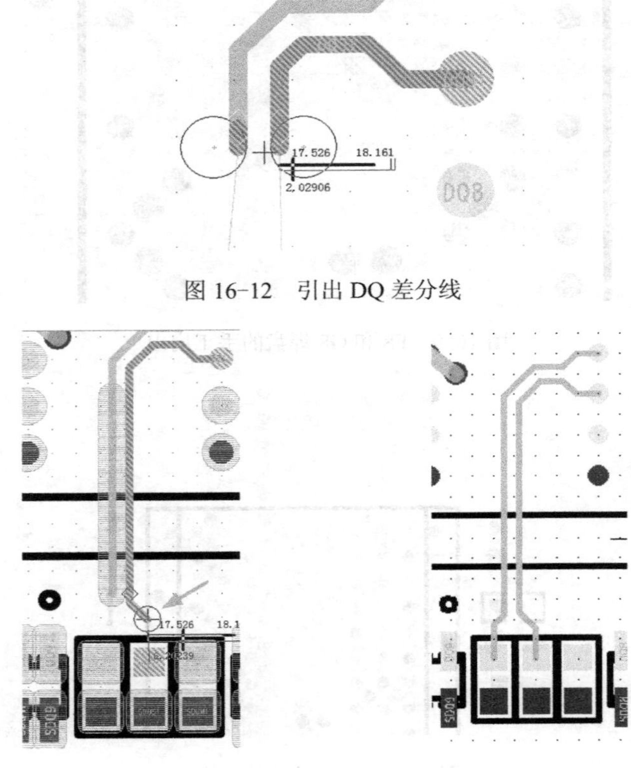

图 16-12　引出 DQ 差分线

图 16-13　DQS 差分线布线示意

同样的操作，依次选中 DQS 差分网络旁边的 B4、C3、D3、E4 焊盘，完成 DDR3 到排阻之间的差分线互连。接下来，继续完成排阻到 CPU 之间的互连，完成后如图 16-14 所示。同理，完成 U8 与 CPU 之类的互连，如图 16-15 和图 16-16 所示。

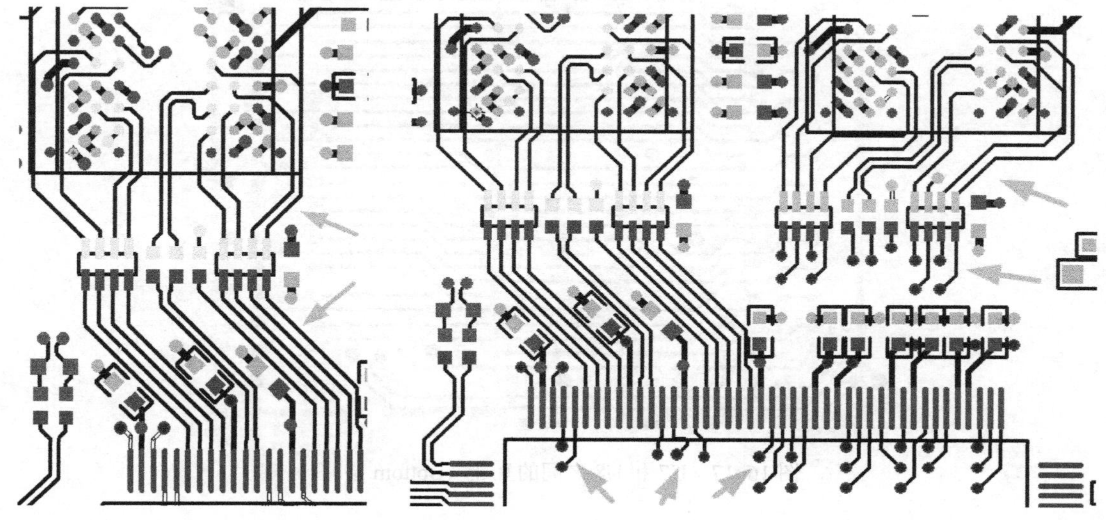

图 16-14 完成排阻到 CPU 之间的互连　　图 16-15 U8 与 CPU 之间的 TOP 层互连

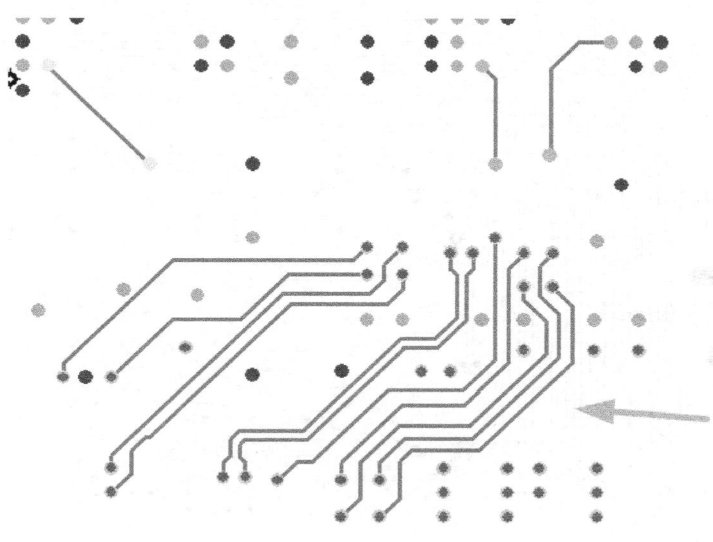

图 16-16 U8 与 CPU 之间的 Bottom 层互连

2．差分时钟、地址、命令线互连

布线顺序：差分时钟→地址、命令线。

在 Altium Designer 中，单击 Wiring 工具栏的 图标并进入布线命令，先完成 U7 和

U8 之间的互连，如图 16-17 所示。再从 U7 引线到 CPU 的排阻端，如图 16-18 所示。完成 CPU 到排阻端的互连，如图 16-19 所示。

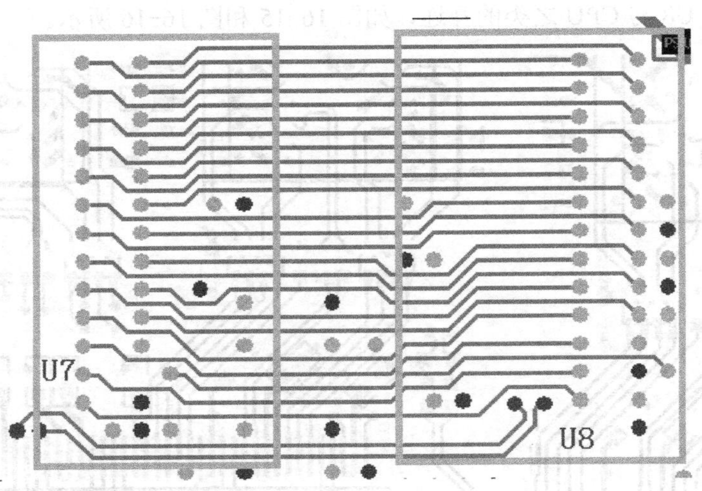

图 16-17　U7 和 U8 之间的互连（Bottom 层）

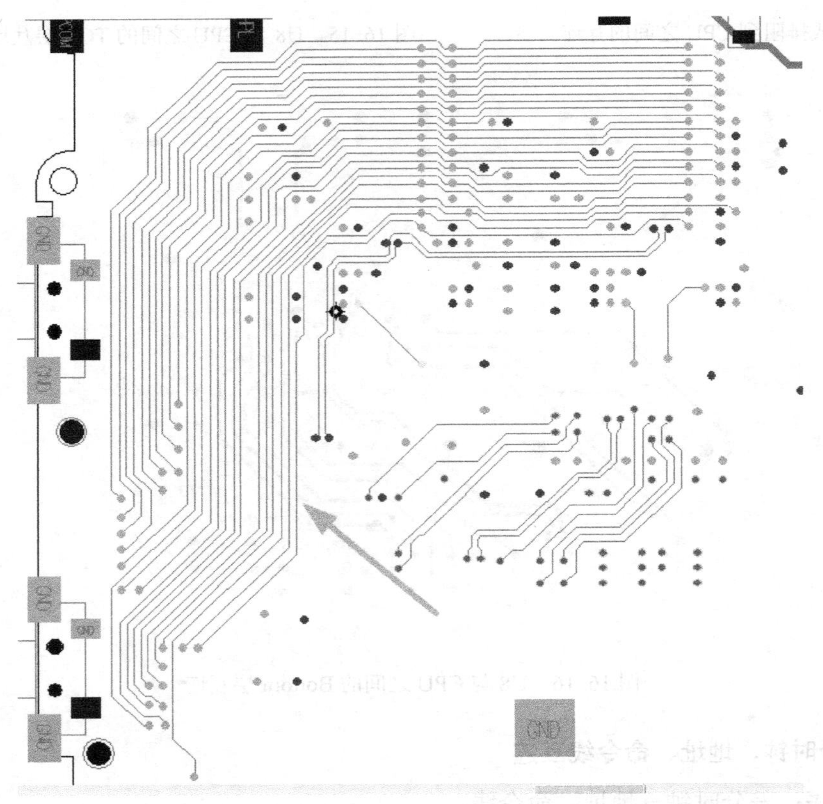

图 16-18　U7 和排阻之间的互连（Bottom 层）

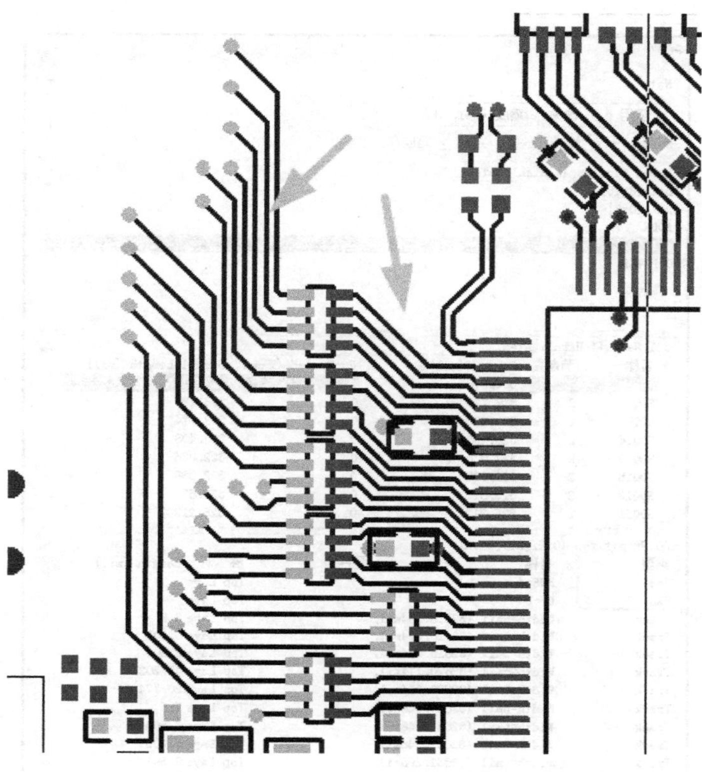

图 16-19　CPU 和排阻之间的互连（Top 层）

16.6.3　xSignals 等长设置

伴随集成电路工艺水平的不断提升，集成电路上的晶体管数量越来越多，功能越来越复杂，引脚信号的上升沿（下降沿）速率也越来越快。这些都为 PCB 布线持续地带来挑战，尤其是存储器芯片的布线及信号之间的等长，而新的存储器结构也带来了新的拓扑结构挑战。Altium Designer15 提供了复杂板级设计的增强功能——xSignals，它可以很方便地解决这类挑战！下面介绍 xSignals 设置方法。

（1）打开 PCB 面板，并调出“Net”设置界面，选中需要设置 xSignals 的网络，下框中将会出现该网络的所有 Pad 类型，如图 16-20 所示。

（2）在该界面中，在“类型”列表中选择“RN5-4”和“U7-B4”这两个 Pad 后，单击鼠标右键，在弹出的快捷菜单中执行菜单命令【Create xSignal】，如图 16-21 所示。

（3）同样的操作，继续完成高 8 位数据线（DQ8～DQ15，DQM1，DQS1 差分对）的 xSignal 设置。

（4）在 PCB 面板中，调出“xSignals”设置界面，即可看到刚刚创建完成的 xSignal 网络组，其中每个 xSignal 网络都会显示 PCB 当前的布线长度。用户可以根据这个长度显示进行等长布线，如图 16-22 所示。

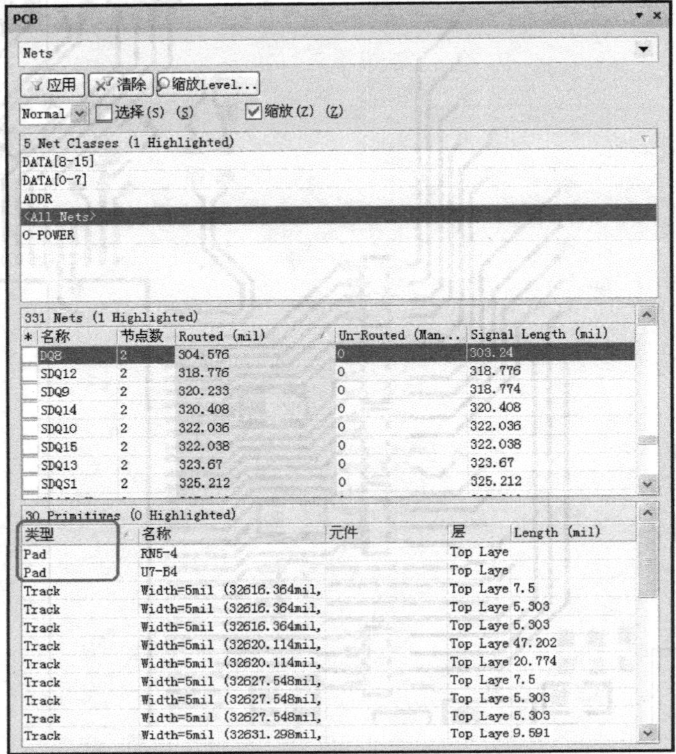

图 16-20 【Net】设置界面

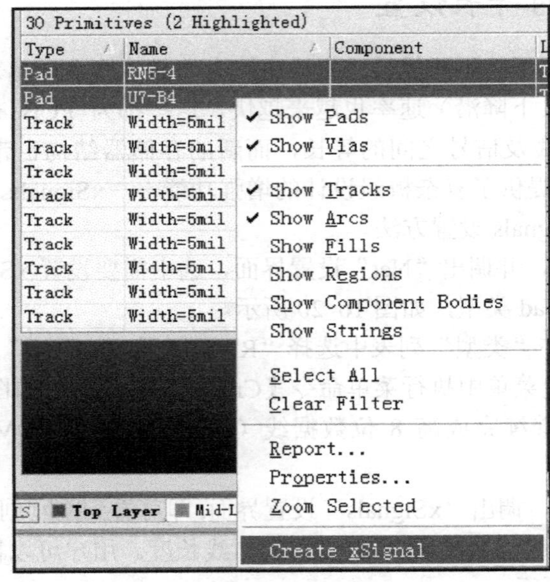

图 16-21 创建 xSignal

（5）继续完成低 8 位数据线（DQ0～DQ7，DQM0，DQS0 差分对）的 xSignal 设置。

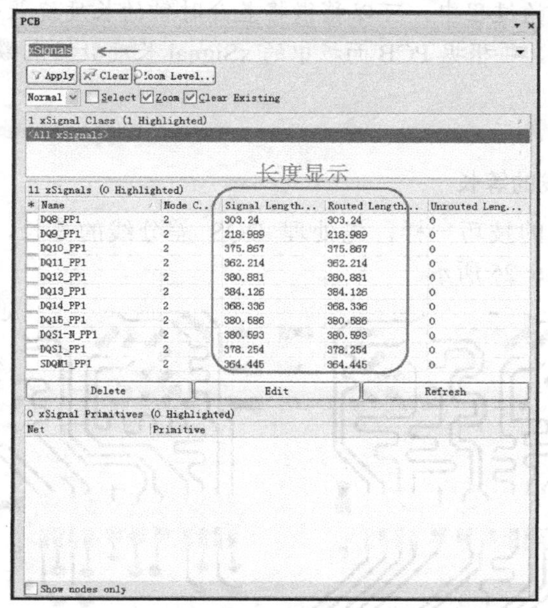

图 16-22　完成高 8 位数据线 xSignal 网络

16.6.4　等长

数据线等长布线的先后顺序：差分时钟线→DQS 差分→数据线。

1. 处理差分时钟线的等长

单击 Wiring 工具栏的图标，进入差分线布线命令。这时光标变成十字形，单击 C19 的过孔，拉出一段差分走线，继续往上移动并完成 U7 到 C109 之间的差分线互连。完成后如图 16-23 所示。

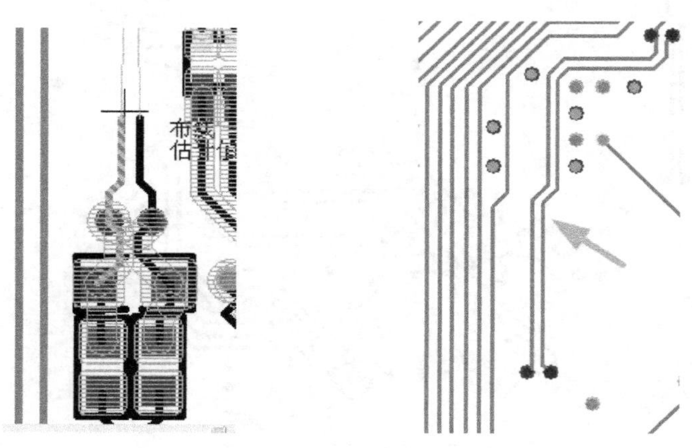

图 16-23　差分时钟线的等长结果

小提示

绕的过程中，可以稍微将差分时钟的长度绕长一点，完成差分时钟等长后，再根据 PCB 面板中的 xSignal 长度数据来微调长度。

2. 处理 DQS 差分线的等长

同处理差分时钟线的技巧一样，先处理 DQS 差分线的等长，差分线之间的误差为 5mil，如图 16-24 和图 16-25 所示。

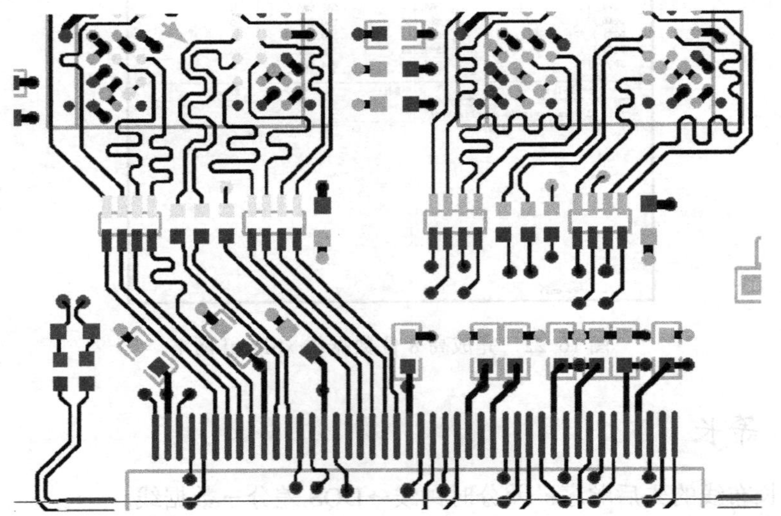

图 16-24　DQS 差分线的等长 1

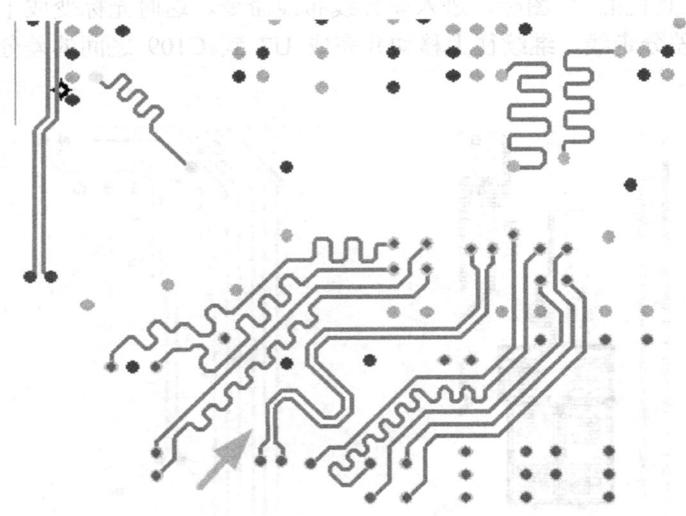

图 16-25　DQS 差分线的等长 2

3. 处理 DQ 数据线的等长

选中需要进行等长布线的数据线，按下快捷键【T+R】，或执行菜单命令【Tools】→【Interactive Length Tuning】，进入交互式长度调节状态。按照前面章节的等长介绍设置 DQ 数据线的等长规则后，依次处理最靠近 DQS 差分线左右两端的数据线的等长，完成后如图 16-26 所示。

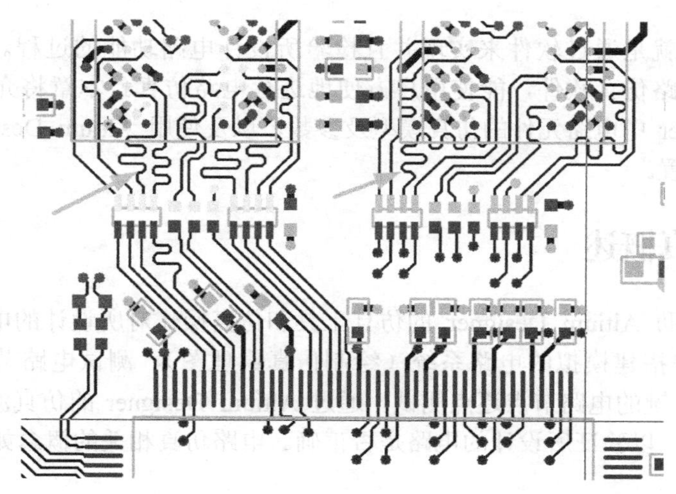

图 16-26　完成数据线等长

16.7　本章小结

本章以两片 DDR3 的设计思路和 xSignal 等长方法进行了详细讲解，相信可以帮助初学者掌握两片 DDR3 的等长处理方法。为了便于读者学习，本章实例编者录制了同步操作视频，读者可以在书籍售后专区 www.dodopcb.com 下载使用，也可邮件联系编者（邮箱：PCBTech@yeah.net）索取。

由于本实例涉及高速 PCB 设计领域，读者在学习的过程中，有任何疑问都可以得到编者的技术支持，欢迎读者来邮交流和探讨高速 PCB 设计。

第17章　原理图仿真设计

电路仿真技术就是通过软件来实现并且检验所设计电路功能的过程。Altium Designer 中内置了完善的电路仿真软件，能使用户方便地进行电路仿真。本章将介绍电路仿真的概念、Altium Designer 中电路元件的仿真模型及参数，以及使用 Altium Designer 进行仿真分析时相关的参数设置。

17.1　电路仿真概述

设计者可以借助 Altium Designer 的仿真工具和仿真操作对所设计的电路进行验证。在 Altium Designer 中搭建模拟的电路系统（绘制仿真原理图）、测试电路节点（执行仿真命令），之后对一些关键的电路节点逐点测试，通过 Altium Designer 的仿真波形结果，依次做出判断并进行调整，以验证所设计的电路是否正确。电路仿真相关的概念如下：

1. 仿真元件

并不是任何元件都可以作为仿真元件出现在电路仿真原理图中的。Altium Designer 提供了大量具有仿真功能的模拟和数字元件，在仿真原理图中绘制的元件都属于仿真元件，所有这些元件都要具备 Simulation 属性，这在 Type 属性中可以看到，如图 17-1 所示。

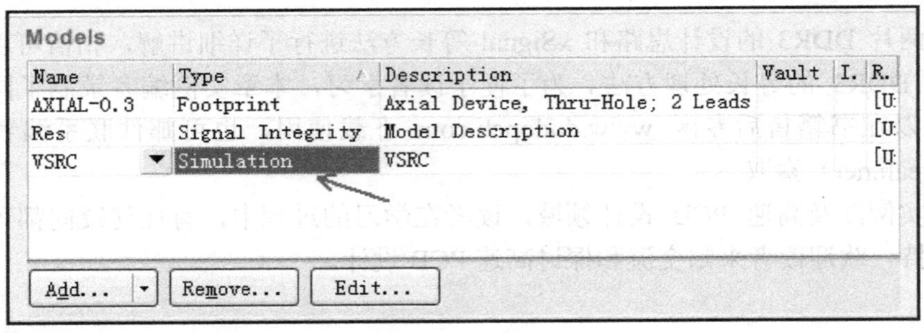

图 17-1　元件具有 Simulation 仿真属性

2. 电路仿真原理图

仿真的对象是电路原理图，用户必须向 Altium Designer 软件提供仿真使用的原理图。电路仿真原理图与普通原理图的最大区别是，所有的元件都具备 Simulation 属性，以及仿真原理图中至少存在一个激励源为电路仿真提供信号输入。

如图 17-2 所示为一个典型的仿真原理图，图中的电源、电阻和电容都是具备 Simulation 属性的。

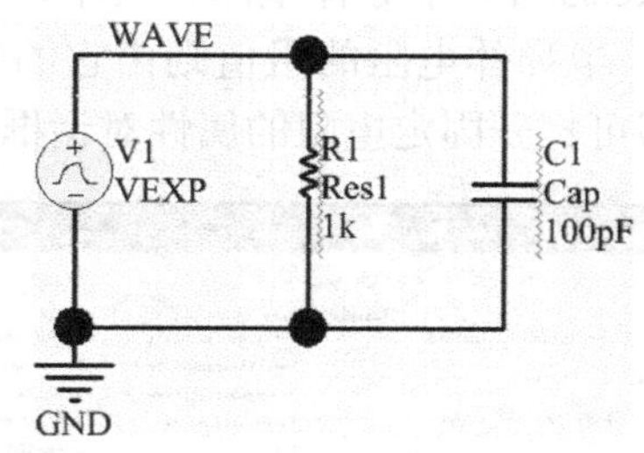

图 17-2　典型的仿真原理图

3. 仿真激励源

仿真激励源是进行电路仿真所必须具备的，激励源作为仿真电路的信号输入，直接影响仿真工作的结果。如图 17-2 所示的电路中，V1 就是激励源，为 R1 和 C1 提供信号的输入。所有的仿真激励源在 Altium\Library\Simulation 文件夹中的 Simulation Source.IntLib 元件库里。

4. 网络标号

网络标号就是在需要观测的节点上设置一个记号，以方便将来观察该点的电压、电流及频率变化情况。

5. 仿真方式

仿真方式是根据电路的具体情况及需要观察的信号种类而确定的。用户可以根据个人的具体需要来设置电路的仿真方式。例如，比较电路中两个节点之间的相位差，或者要观察某个节点的电压波形，就需要选择瞬态特性的分析方式；如果要检测电路的频率响应特性，就需要选择交流小信号特性分析方式。

6. 仿真结果

仿真结果一般是以波形的形式给出的，不仅仅局限于电压信号，每个元件的电流及功耗波形都可以作为仿真结果加以显示。

17.2　元件的仿真模型及参数

绘制好电路仿真原理图，在进行电路仿真之前，需要为仿真原理图中的各个元件追加仿真模型、设置模型参数，这是必要而且关键的一步操作。

1. 常用元件的仿真模型及参数

Altium Designer 为用户提供一个常用元件库 Miscellaneous Devices.IntLib，元件库中包括电阻、电感、振荡器、三极管、二极管、电池、熔断器等，在这个元件库中的所有元件都具有仿真属性。当这些元件放置在原理图中并进行属性设置以后，相应的仿真参数也同时被系统默认设置，可以直接用于仿真。

1）电阻

仿真元件库为用户提供了两种类型的电阻，名称分别是 RES（Fixed Resistor）固定电阻和 RESSEMI（Semiconductor Resistor）半导体电阻。其中，固定电阻是阻值不随环境的温度、湿度的变化而变化的电阻；半导体电阻的阻值则由它的长度、宽度及环境温度共同决定。在仿真原理图中双击电阻即可打开固定电阻的属性对话框，如图 17-3 所示。

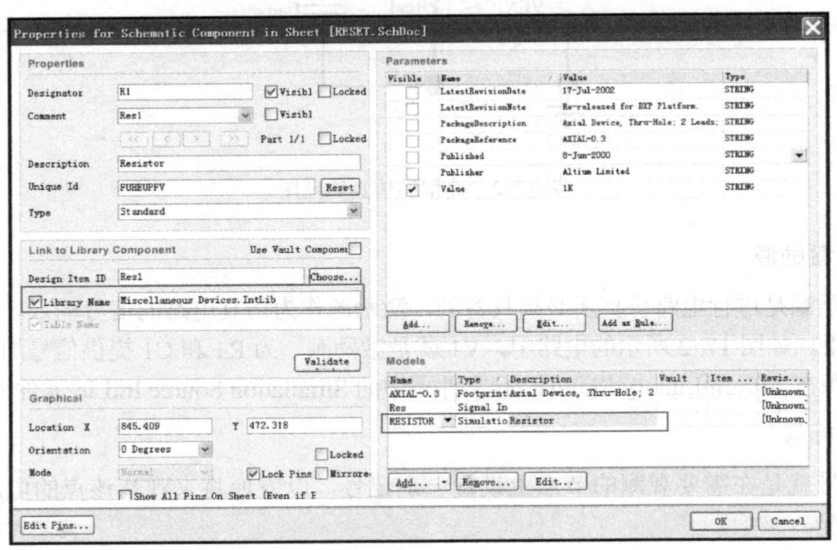

图 17-3 固定电阻的属性对话框

双击“Component Properties”对话框右下方的“Models”选项区域，选择“Simulation”选项，在弹出的对话框中选择“Parameters”选项卡，将打开如图 17-4 所示的对话框。

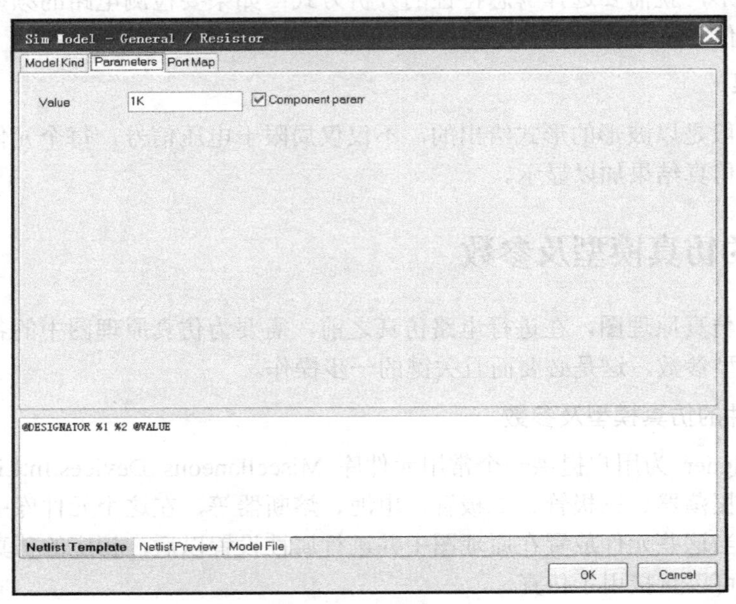

图 17-4 电阻仿真属性对话框

在这个参数选项卡中，只有一个参数设置框，就是电阻的阻值。

对于半导体电阻，由于其阻值是由长度、宽度及环境温度 3 个方面决定的，如图 17-5 所示。所以它具备以下几个参数。

➢ Value：电阻的阻值。

➢ Length：电阻的长度。

➢ Width：电阻的宽度。

➢ Temperature：温度系数。

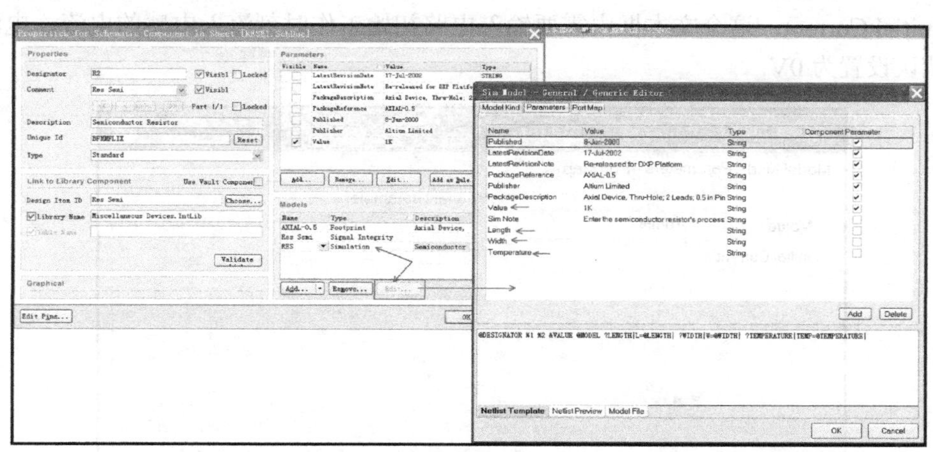

图 17-5　半导体电阻仿真属性对话框

2）电容

在 Altium Designer 的仿真元件库中提供了两种类型的电 CAP（FixedNon-Polarized Capacitor）无极性的固定容值电容，如磁片电容；CAPPoi（Fixed，Polarized Capacitor）有极性的固定容值电容，如电解电容。电容的参数设置对话框如图 17-6 所示。

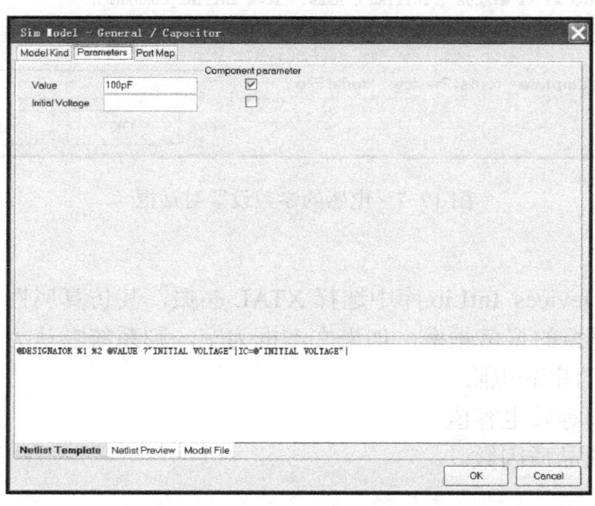

图 17-6　电容的参数设置对话框

➢ Value：电容值，如 1uF、500pF 等。

➢ Initial Voltage：这个文本框内需要输入电路初始工作时刻电容两端的电压，电压值默认设置为 0V。

3）电感

在 Altium Designer 的仿真元件库中，电感的名称是 Inductor。电感在很多特性上与电容有相似的地方，所以它们的元件参数也基本相同，电感也有如下两个基本参数，如图 17-7 所示。

➢ Value：电感值，如 11uH、200nH。

➢ Initial Current：这个文本框内需要输入电路初始工作时刻流入电感的电流，电流值默认设置为 0V。

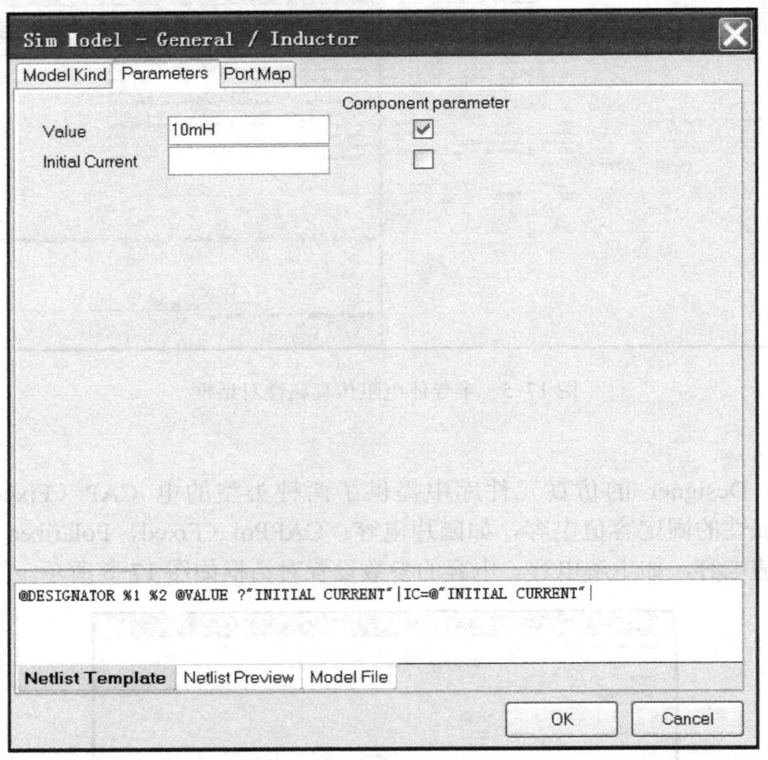

图 17-7　电感的参数设置对话框

4）晶振

在 Miscellaneous Devices. IntLib 库中选择 XTAL 晶振，其仿真属性参数共有以下 4 项。

➢ FREQ：设置晶振的振荡频率。如果文本框为空，则系统默认为 2.5MHz。

➢ Rs：设置晶振的串联电阻。

➢ C：设置晶振的等效电容值。

➢ Q：设置晶振的品质因数。

5）熔断器

熔断器可以防止芯片及其他器件在过流工作时受到损坏。在 Altium Designer 中有两种

熔断器的图标，但是其元件参数相同。

➢ Current：设置熔断器的熔断电流。

➢ Resistance：设置熔断器的电阻阻值。

6）变压器

在 Altium Designer 中，有很多种变压器可供选择，它们彼此不尽相同，如名称为 Trans 的普通变压器的元件参数如下。

➢ Ratio：变压器原/副线圈匝数比。如果不另行设置，则系统默认值为 0.1。

➢ Rp：原边线圈电阻。

➢ Rs：副边线圈电阻。

➢ Leak：原/副边之间的漏感。

➢ Mag：原/副边之间的互感。

而称为 Trans Ideal 的理想变压器的元件参数则比较简单，只有一项。

➢ Ratio：理想变压器原/副线圈匝数比。系统默认值为 0.1。

7）二极管

二极管（Diode）的元件参数设置对话框如图 17-8 所示。从图中可以看出，二极管的参数有以下几项。

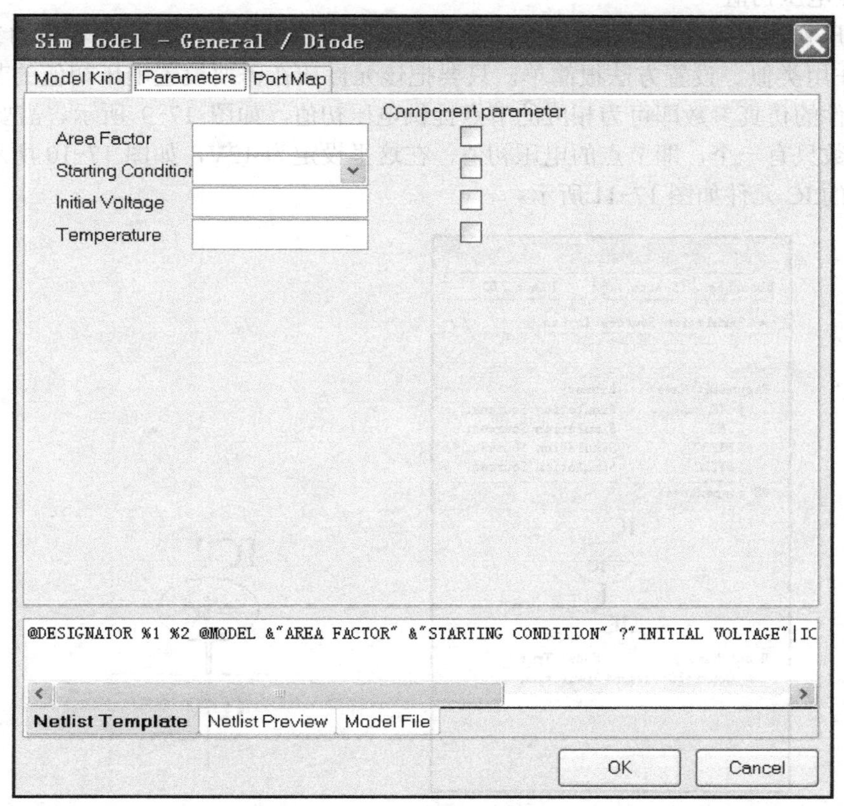

图 17-8　二极管元件参数设置对话框

➢ Area Factor：环境因数。
➢ Starting Condition：起始状态，一般设置为 OFF（关断）状态。
➢ Initial Voltage：起始电压。
➢ Temperature：工作温度。

8）三极管

三极管的参数与二极管有很多相同的地方。无论是 NPN 型还是 PNP 型的三极管，其元件参数彼此相同，共有以下 5 项。

➢ Area Factor：环境因数。
➢ Starting Condition：起始状态，一般选择 OFF（关断）状态。
➢ Initial B - E Voltage：起始 BE 端电压。
➢ Initial C - E Voltage：起始 CE 端电压。
➢ Temperature：工作温度。

2．特殊仿真元件及参数设置

在仿真过程中，有时还会用到一些专用于仿真的特殊元件，它们存放在系统提供的 Simulation Sources. Intlib 集成库中。

1）节点电压初值

节点电压初值.IC 主要用于为电路中的某一节点提供电压初值，与电容中的参数 Initial Voltage 的作用类似。设置方法很简单，只要把该元件放在需要设置电压初值的节点上，通过设置该元件的仿真参数即可为相应的节点提供电压初值，如图 17-9 所示。需要设置的.IC 元件仿真参数只有一个，即节点的电压初值，在这里设定为 12V，如图 17-10 所示。设置了有关参数后的.IC 元件如图 17-11 所示。

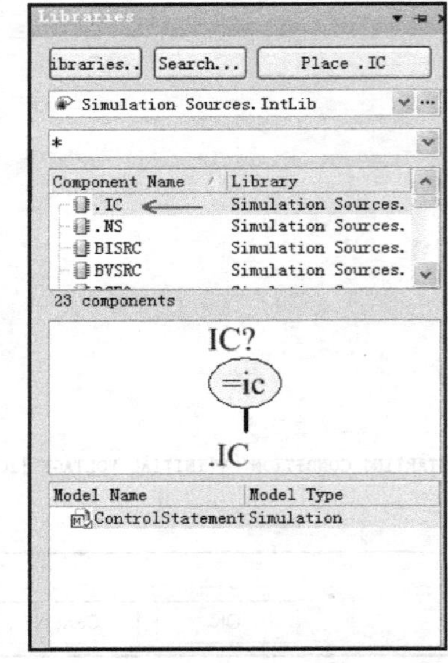

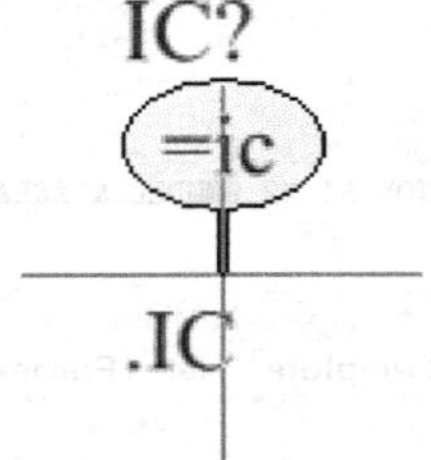

图 17-9　放置.IC 元件

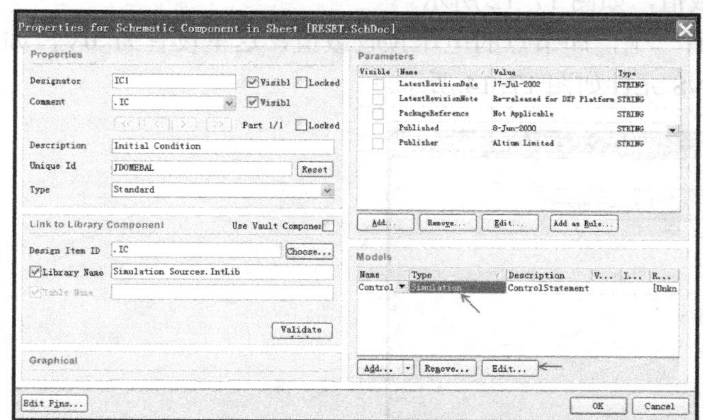

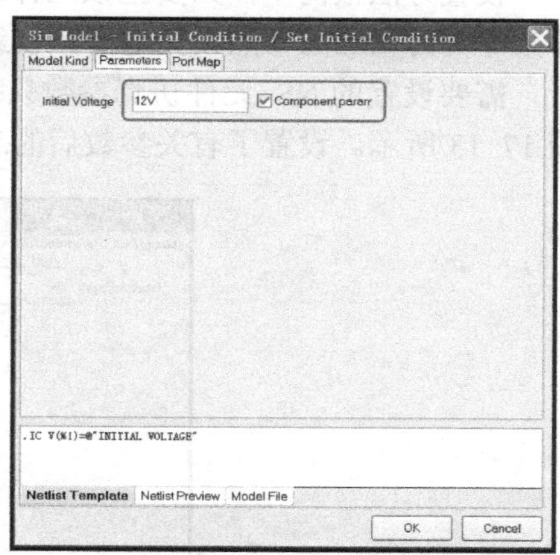

图 17-10　.IC 元件的仿真参数设置

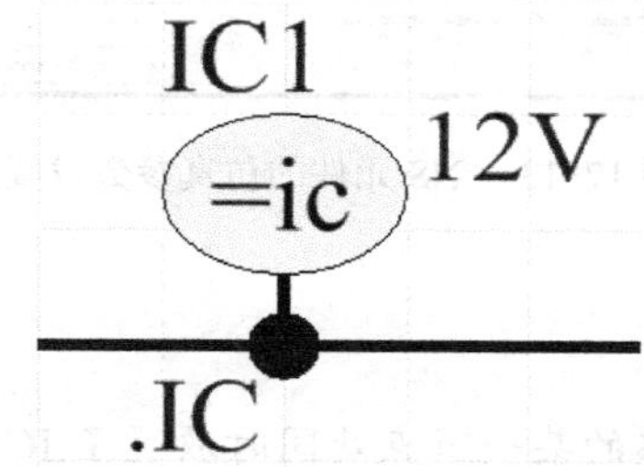

图 17-11　设置好属性的.IC 元件

使用.IC 元件为电路中的一些节点设置电压初值后，用户采用瞬态特性分析的仿真方式时，若选中了“Use Initial Condition”复选框，则仿真程序将直接使用.IC 元件所设置的电压初值作为瞬态特性分析的初始条件。

当电路中有储能元件（如电容）时，如果在电容两端设置了电压初始值，而同时在与该电容连接的导线上也放置了.IC 元件并设置了参数值，此时进行瞬态特性分析，系统将使用电容两端的电压初始值，而不会使用.IC 元件的初始值，即一般元件的优先级高于.IC 元件。

2）节点电压

在对双稳态或单稳态电路进行瞬态特性分析时，节点电压.NS 用来设定某个节点的电压预收敛值，如果仿真程序计算出该节点的电压小于预设的收敛值，则去掉.NS 元件所设置的收敛值，继续计算，直到算出真正的收敛值为止，即.NS 元件是求节点电压收敛值的一个辅助手段。

设置方法很简单，只要把该元件放在需要电压预收敛的节点上，通过设置该元件的仿真参数即可为相应的节点设置电压预收敛值，如图 17-12 所示。

需要设置的.NS 元件仿真参数只有一个，即节点的电压预收敛值，这里设置为 0V，如图 17-13 所示。设置了有关参数后的.NS 元件如图 17-14 所示。

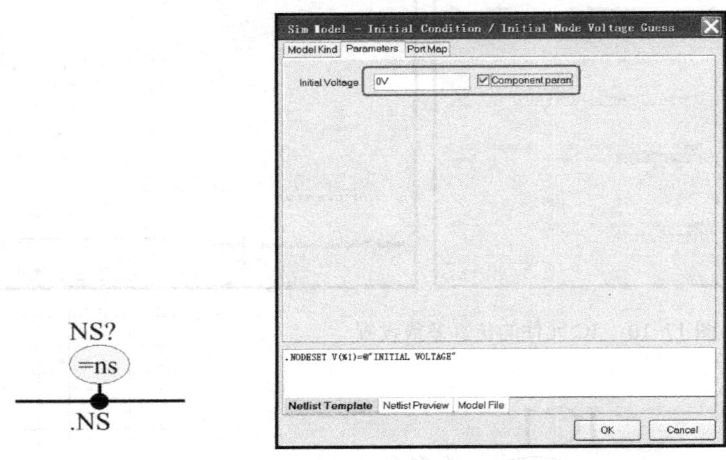

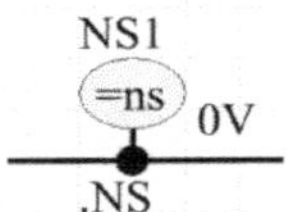

图 17-12　放置.NS 元件图　　图 17-13　.NS 元件的仿真参数设置　　图 17-14　设置好属性的.NS 元件

若在电路的某一节点处同时放置了.IC 元件和.NS 元件，则仿真时.IC 的设置优先级将高于.NS 元件。

3）仿真数学函数

Altium Designer 系统还提供了几种常用的仿真数学函数，存放在仿真数学元件库 Simulation Math Function. Intlib 中。仿真数学函数同样作为一种特殊的仿真元件，可以放置在电路仿真原理图中使用，主要用于对仿真原理图的两个节点信号进行各种合成运算，以达到一定的仿真目的，包括节点电压的加、减、乘、除，以及支路电流的加、减、乘、除等运算，也可以用于对一个节点信号进行各种变换，如正弦变换、余弦变换、双曲线变换等。

4）仿真专用函数

Altium Designer 系统的仿真专用函数元件库 Simulation Special Function. Intlib 中的元件是一些专门为信号仿真而设计的函数，其中提供了常用的运算函数，如增益、加、减、乘、除、求和、压控振荡源等专用的元件，如图 17-15 所示。

5）信号仿真传输线元件

信号仿真传输线元件库 Simulation Transmission Line.IntLib 中主要包括 3 个信号仿真传输线元件，即 URC （均匀分布传输线）、LTRA (有损耗传输线）元件、LLTRA（无损耗传输线）元件，如图 17-16 所示。

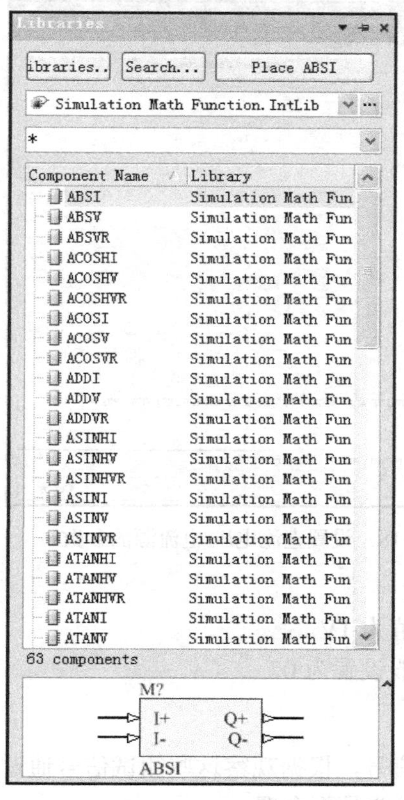

图 17-15　仿真专用函数元件库

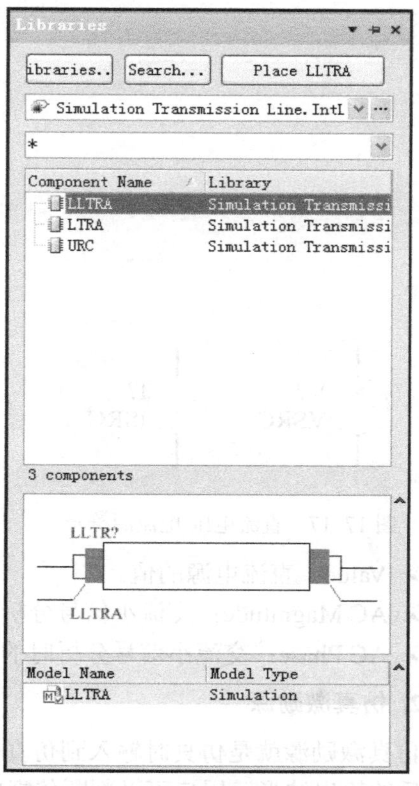

图 17-16　信号仿真传输线元件库

17.3　放置电源及仿真激励源

Altium Designer 提供了多种电源和仿真激励源，存放在 Simulation Sources.IntLib 集成库中，仿真时需要放置电源及激励源，就必须先加载 Simulation Sources. Intlib 集成库。在使用时，这些激励均被默认为理想的激励源，即电压值的内阻为零，而电流源的内阻为无穷大。

1. 电源

仿真电路中，常用的电源主要有直流电压源 VSRC 和直流电流源 ISRC，分别用来提供一个不变的电压信号或不变的电流信号，符号形式如图 17-17 所示。

这两种电源通常在仿真电路上电时或需要为仿真电路输入一个阶跃激励信号时使用，以便观测电路中某一节点的瞬态响应波形，双击直流电压源或直流电流源的符号，在“Component Properties”对话框右下方的“Models for”选项区域中选择“Simulation”选项，双击它，在弹出的对话框中选择“Parameters”选项卡，如图 17-18 所示，需要设置的仿真参数只有 3 项。

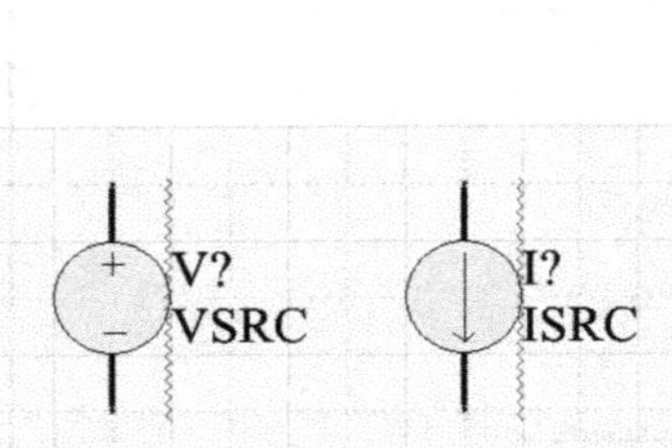

图 17-17　直流电压/电流源符号

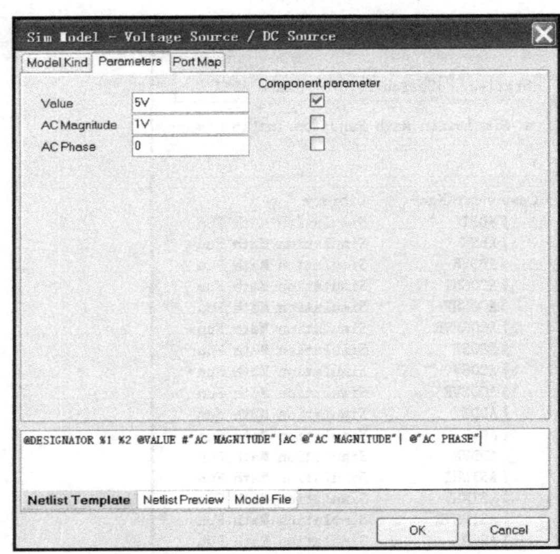

图 17-18　设置直流电压/电流源的参数

➢ Value：直流电源的值。

➢ AC Magnitude：交流小信号分析电压值，典型值为 1V。

➢ AC Phase：交流小信号分析时的电压相位，一般设置为 0。

2. 仿真激励源

仿真激励源就是仿真时输入到仿真电路中的测试信号，根据观察这些测试信号通过仿真电路后的输出波形，用户可以判断仿真电路中的参数设置是否合理。

1）正弦信号激励源

Simulation Sources. IntLib 集成库中包含两个正弦信号激励源：正弦电压源 VSIN 和正弦电流源 ISIN，为仿真电路提供正弦激励信号，符号形式如图 17-19 所示。双击正弦信号激励源的符号，在“Component Properties”属性对话框右下方的“Models for”选项区域中选择“Simulation”选项，双击它，在弹出的对话框中选择“Parameters”标签页，在如图 17-20 所示的参数设置对话框中设置仿真参数。

（1）DC Magnitude：正弦激励源的直流参数，一般不做特殊设置，默认为 0。

（2）AC Magnitude：交流小信号分析电流（压）值，通常设置为 1。如果不进行交流小信号分析，则可以设置为任意值。

（3）AC Phase：交流小信号分析的电波（或电压）的初始相位，通常设置为 0。

（4）Offset：正弦电流或正弦电压信号上叠加的直流分量的大小。

（5）Amplitude：正弦电压或正弦电流分量的幅值（如 100mV）。

（6）Frequency：交流电压或电流的频率（Hz）。

（7）Delay：正弦电源的延迟时间，单位为秒（s）。

（8）Damping Factor：衰减指数，影响正弦波信号幅值的变化。设置为正值时，正弦波的幅值将随时间的增长衰减；设置为负值时，正弦波的幅值随时间的增长而增长；若设置为

0，则正弦波的幅值不随时间而变化。

（9）Phase：正弦波信号的初始相位。

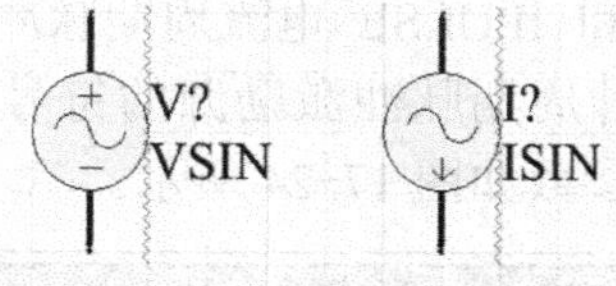

图 17-19　正弦电压源和正弦电流源符号

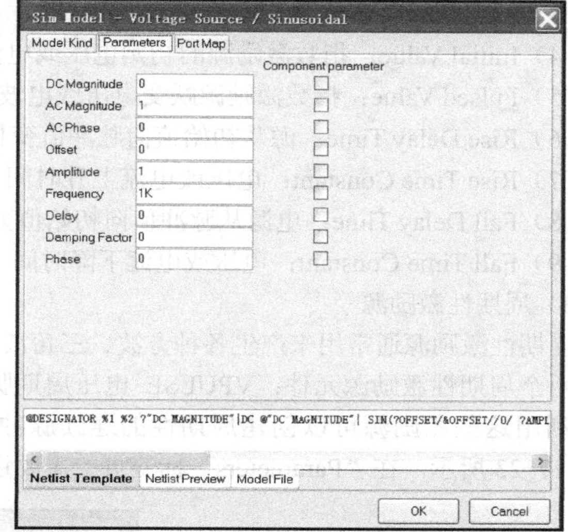

图 17-20　正弦信号激励源的仿真参数

2）指数激励源

指数激励源通常在高频电流的仿真中用到。Simulate Sources.IntLib 集成库中包含了指数激励源元件 VEXP 指数激励电压源和 IEXP 指数激励电流源，为仿真电路提供带有指数上升沿或下降沿的脉冲激励信号，符号形式如图 17-21 所示。

在“Component Properties”属性对话框右下方的“Models for”选项区域中双击选择【Simulation】选项，在弹出的对话框中选择“Parameters”标签页，指数激励源仿真参数的设置如图 17-22 所示。

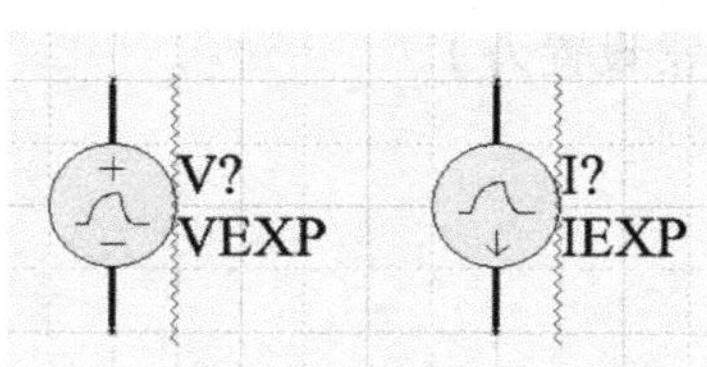

图 17-21　指数电压源和指数电流源符号

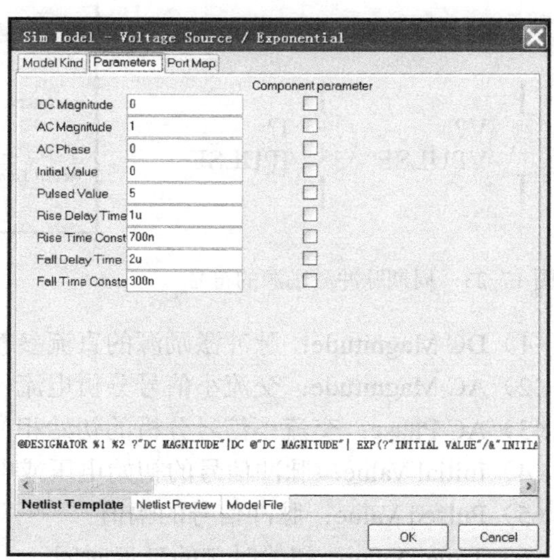

图 17-22　指数激励源的仿真参数

（1）DC Magnitude：指数激励源的直流参数，一般不做特殊设置，默认为 0。

（2）AC Magnitude：交流小信号分析电流（压）值，通常设置为 1。

（3）AC Phase：小信号分析的初始相位。

（4）Initial Value：指数激励源的初始电压或电流值。

（5）Pulsed Value：指数激励源跃变电压或电波的幅值。

（6）Rise Delay Time：源从初始值向脉冲值变化前的延迟时间。

（7）Rise Time Constant：电压或电流上升时间（s），必须大于 0。

（8）Fall Delay Time：电源从脉冲值向初始值变化前的延迟时间，单位为秒（s）。

（9）Fall Time Constant：电压或电流下降时间（s），必须大于 0。

3）周期性激励源

周期性激励源通常用来产生各种方波、三角波等波形。Simulate Sources.IntLib 集成库中包括两个周期性激励源元件：VPULSE 电压周期脉冲激励源和 IPULSE 电流周期脉冲激励源，利用这些激励源可以创建周期性的连续脉冲激励，两种周期脉冲激励源的符号形式如图 17-23 所示，在“Parameters”标签页中需要设置的仿真参数如图 17-24 所示。

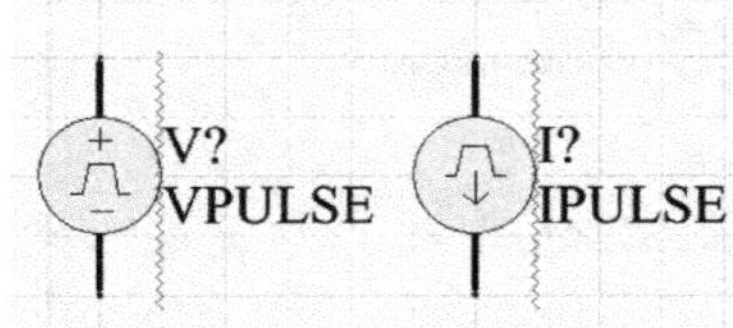

图 17-23　周期脉冲激励源的符号

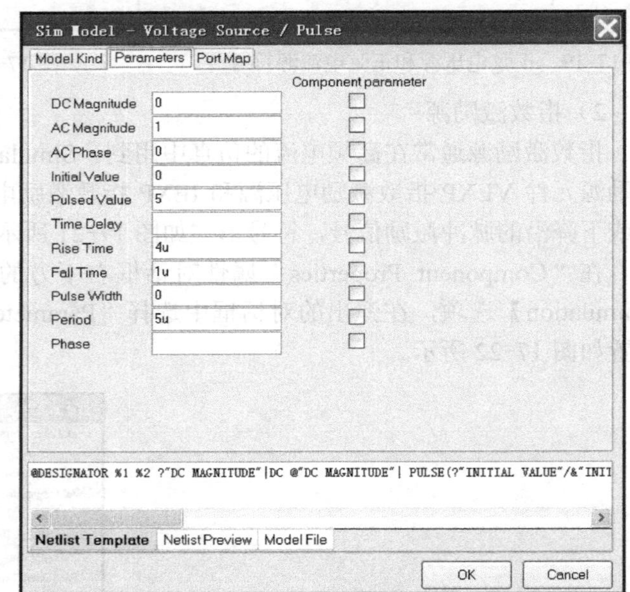

图 17-24　周期脉冲激励源的仿真参数

（1）DC Magnitude：脉冲激励源的直流参数，一般不做特殊设置，默认为 0。

（2）AC Magnitude：交流小信号分析电流（压）值，通常设置为 1。

（3）AC Phase：交流小信号分析的初始相位。

（4）Initial Value：脉冲信号的初始电压或电流值。

（5）Pulsed Value：脉冲信号的幅值。

（6）Time Delay：初始时刻的延迟时间。

（7）Rise Time：脉冲信号的上升时间。

（8）Fall Time：脉冲信号的下降时间。

（9）Pulse Width：脉冲信号的高电平宽度。

（10）Period：脉冲信号的周期。

（11）Phase：脉冲信号的初始相位。

4）分段线性激励源

分段线性激励源所提供的激励信号是由若干条相连的直线组成的，是一种不规则的信号激励源，包括分段线性电压源 VPWL 和分段线性电流源 IPWL 两种，通过分段线性源可以创建任意形状的波形，Simulation Sources. IntLib 集成库中分段线性源的符号如图 17-25 所示。在“Parameters”标签页中，需要设置的分段线性激励源的仿真属性参数如图 17-26 所示。

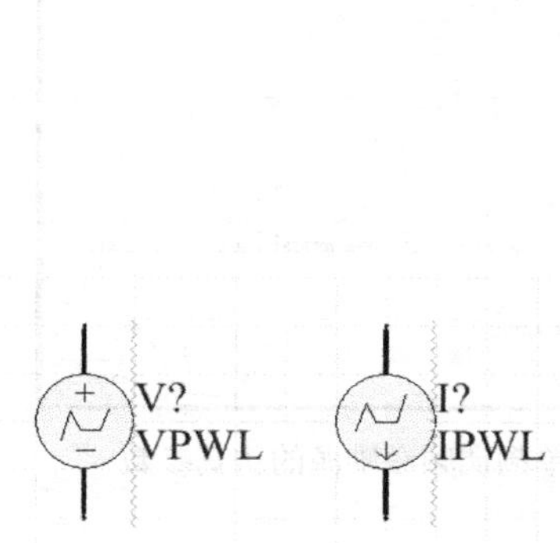

图 17-25　分段线性激励源的符号

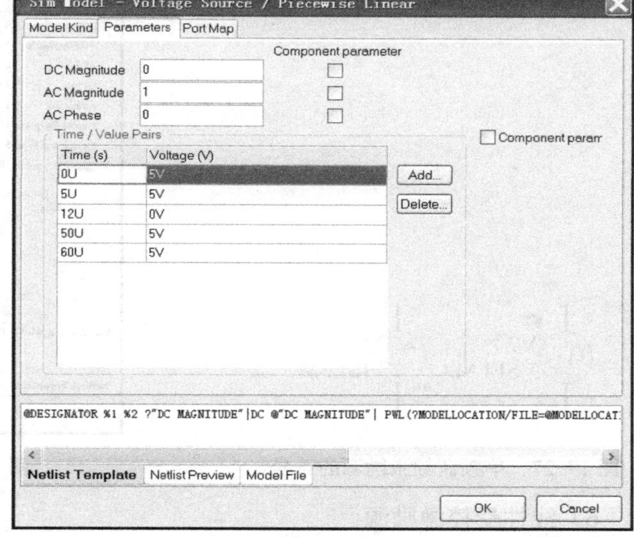

图 17-26　分段线性激励源的仿真属性参数

（1）DC Magnitude：分段线性激励源的直流参数，一般默认为 0。

（2）AC Magnitude：交流小信号分析电流（压）值，通常设置为 1。

（3）AC Phase：交流小信号分析的初始相位。

（4）Time/Value Pairs：分段线性电流（电压）信号在分段点处的时间值及电流（电压）幅值置多个分段点，每个分段点对应一个数据对，数据对中的第一个数据为时间，第二个数据为该时间上的电压或电流。单击一次右侧的【Add】按钮，可以添加一个分段点，单击一次【Delete】按钮则可以删除一个分段点。

5）单频调频激励源

单频调频激励源为仿真电路提供一个单频调频的激励波形，一般应用于高频电路的仿真分析过程中，Simulation Sources. IntLib 集成库中的单频调频激励源元件包括单频调频电压源 VSFFM 和单频调频电流源 ISFFM 两种，符号如图 17-27 所示。在“Parameters”标签页中，需要设置的单频调频激励源的仿真参数如图 17-28 所示。

（1）DC Magnitude：单频调频激励源的直流参数，一般默认为 0。

（2）AC Magnitude：交流小信号分析电流（压）值，通常设置为 1。

（3）AC Phase：交流小信号分析的初始相位。

（4）Offset：调频信号上叠加的直流分量，即幅值偏移量。

（5）Amplitude：调频信号的载波幅值。

（6）Carrier Frequency：载波频率（Hz）。

（7）Modulation Index：调制系数。

（8）Signal Frequency：调制信号的频率（Hz）。

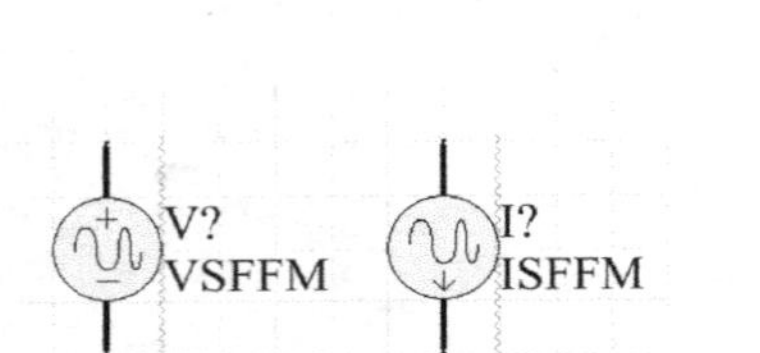

图 17-27　单频调频激励源的符号

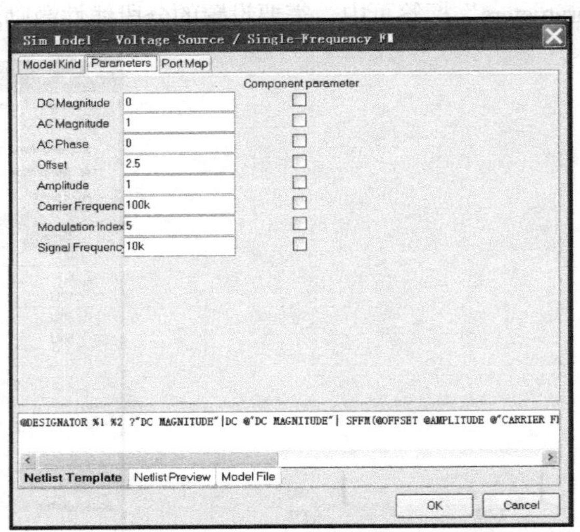

图 17-28　单频调频激励源的仿真参数

6）线性受控激励源

在 Simulate Sources.IntLib 库中，包含了 4 个线性受控激励源元件：HSRC 线性电压控制电流源、GSRC 线性电压控制电压源、FSRC 线性电流控制电压源、ESRC 线性电流控制电流源。这些均是标准的 Spice 线性受控激励源，每个线性受控激励源都有两个输入节点和两个输出节点。输出节点间的电压或电流是输入节点间的电压或电流的线性函数，一般由源的增益、跨导等决定。Simulation Sources. IntLib 库中的线性受控激励源符号如图 17-29 所示。

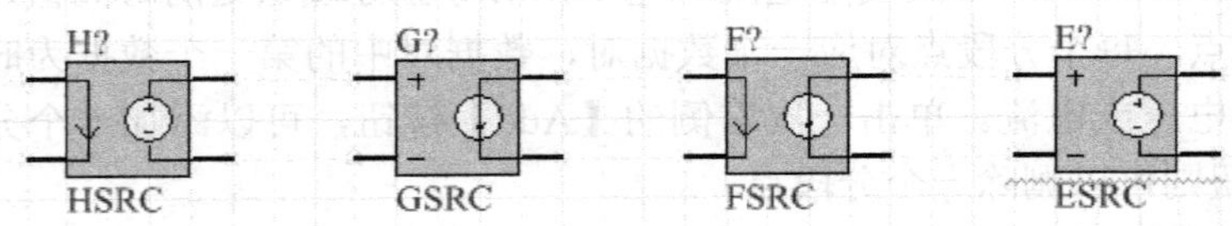

图 17-29　线性受控激励源的符号

7）非线性受控激励源

在 Simulation Sources. IntLib 库中，包含了两个非线性受控激励源元件：BVSRC 非线性受控电压源、BISRC 非线性受控电流源。这些均是标准的 Spice 非线性受控激励源，通常被称为议程定义源，因为它的输出由方程定义，并且经常引用电路中其他节点的电压或电流

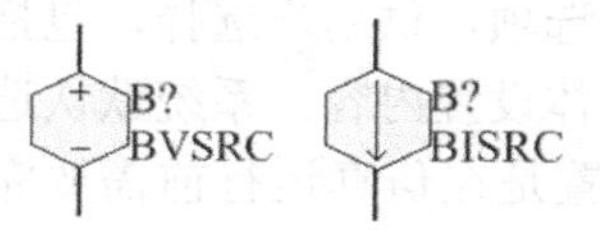

图 17-30　非线性受控激励源的符号

值。Simulation Sources. IntLib 库中非线性受控激励源的符号如图 17-30 所示。

可以使用标准函数来创建一个表达式，表达式是在定义函数属性时输入的方程。表达式中可以包含如下的一些标准函数：ABS、LN、SQRT、LOG、EXP、SIN、ASIN、ASINH、COS、ACOS、ACOSH、COSH、TAX、ATAN、ATANH。

为了在表达式中引用所设计电路中节点的电压和电流，必须首先在原理图中为该节点定义一个网络标号。这样就可以使用如下的语句来引用该节点：

（1）V（NET）表示在节点 NET 处的电压；

（2）I（NET）表示在节点 NET 处的电流。

17.4　仿真分析的参数设置

选择适当的仿真方式，并设置合理的仿真参数，是仿真能够正确运行并能获得良好效果的关键保证。

一般来说，仿真方式的设置包含两部分：一部分是各种仿真方式都需要的通用参数设置；另一部分是具体的仿真方式所需要的特定参数设置，二者缺一不可。

在原理图编辑环境中，执行菜单命令【Design】→【Simulate】→【Mixed Sim】，系统弹出如图 17-31 所示的“Analyses Setup”对话框。

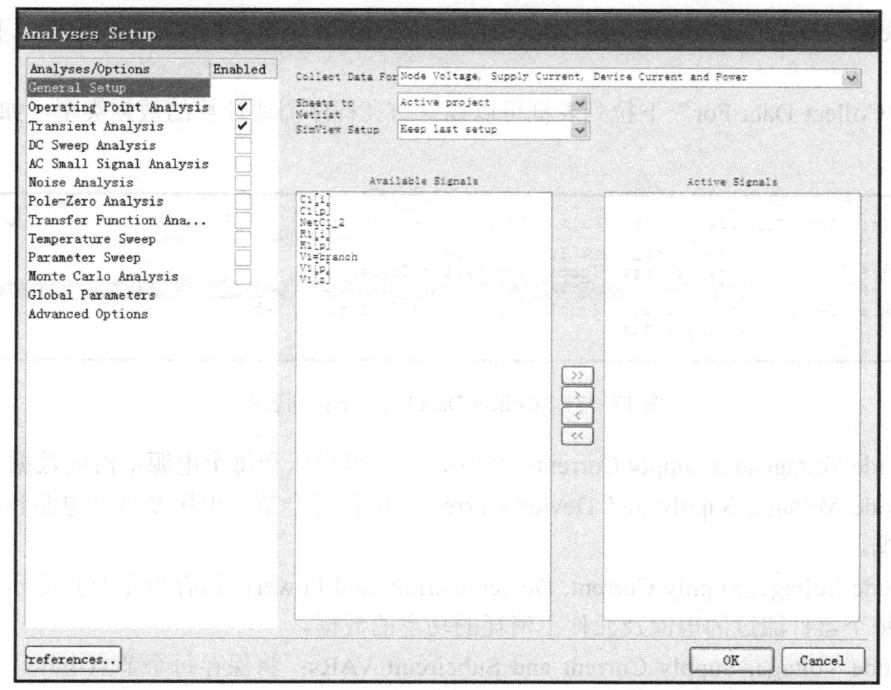

图 17-31　“Analyses Setup”对话框

在该对话框左侧的“Analyses/Options”选项组中列出了若干选项，供用户选择，包括各种具体的仿真方式，而对话框右侧则用来显示与选项相对应的具体设置内容。系统默认选项为“General Setup”，即仿真方式的通用参数设置。通用参数设置是在仿真运行前需要完成的，对于用户具体选用的仿真方式，还需要进行一些特定参数的设定，列表内的各种仿真方式如下所示：

（1）Operating Point Analysis：工作点分析。

（2）Transient Analysis：瞬态特性分析。

（3）DC Sweep Analysis：直流传输特性分析。

（4）AC Small Signal Analysis：交流小信号分析。

（5）Noise Analysis：噪声分析。

（6）Pole - Zero Analysis：零极点分析。

（7）Transfer Function Analysis：传递函数分析。

（8）Temperature Sweep：温度扫描分析。

（9）Parameter Sweep：参数扫描分析。

（10）Monte Carlo Analysis：蒙特卡罗分析。

（11）Global Parameters：全局参数。

（12）Advanced Options：高级选项。

17.4.1 通用参数设置

“General Setup”栏内显示的是仿真分析的一般仿真设置方式，主要包括下列几项设置。

（1）“Collect Data For”下拉列表框可以设置仿真程序需要计算的数据类型，如图 17-32 所示。

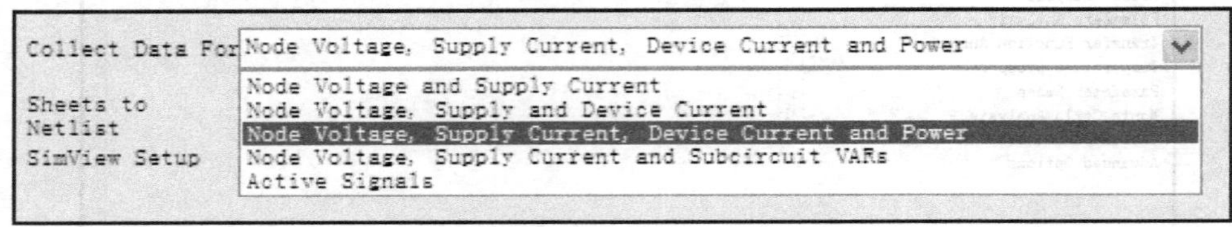

图 17-32 “Collect Data For”下拉列表框

① Node Voltage and Supply Current：保存每个节点电压和每个电源电流的数据。

② Node Voltage, Supply and Device Current：保存每个节点电压及每个电源和器件流过电流的数据。

③ Node Voltage, Supply Current, Device Current and Power：保存每个节点电压、每个电源电流、每个器件流过的电流及元件上消耗的功率的数据。

④ Node Voltage, Supply Current and Subcircuit VARs：将保存每个节点电压、每个电源电流，以及支路端电压与支路电流的数据。

⑤ Active Signals：仅保存在 Active Signals 中列出的信号分析结果。

（2）“Sheets to Netlist”下拉列表框用于设置仿真程序的作用范围，如图 17-33 所示。

① Active sheet：当前的电路仿真原理图。

② Active project：当前的整个工程。

（3）“SimView Setup”下拉列表框用于设置仿真输出波形的显示方式，如图 17-34 所示。

① Keep last setup：设置显示相应波形，而不管当前激活的信号列表如何设置。

② Show active signals：显示当前激活的信号。

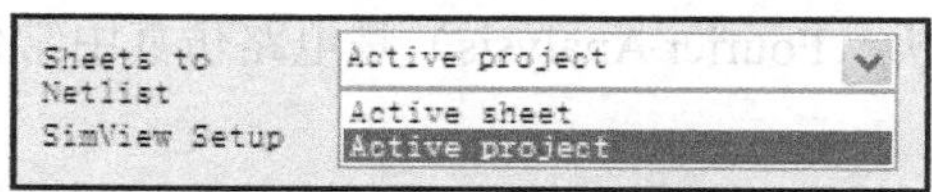

图 17-33　Sheets to Netlist 下拉列表框

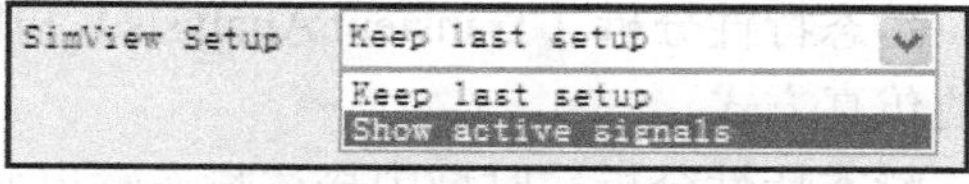

图 17-34　SimView Setup 下拉列表框

（4）“Available Signals”列表框可以查看所有可供选择的观测信号，这些信号可以进行仿真分析。列表框中的具体内容随着“Collect Data For”列表框的设置变化而变化，即对于不同的数据场合，可以观测的信号是不同的。

（5）“Active Signals”列表中指定在仿真程序运行结束后，能够立刻在仿真结果图中显示的信号。通过在“Active Signals”列表中选中某个被激活的信号，然后单击 > 按钮来激活该信号，使之显示在“Active Signals”列表中；也可以选中某个被激活的信号，单击 < 按钮后取消被激活的状态。

17.4.2　工作点分析

工作点分析（Operating Point Analysis）就是静态工作点分析，用于测定带有短路电感和开路电容电路的直流工作点。它的计算结果往往被应用于瞬态特性仿真和交流小信号分析时的非线性元件线性参数的初值。

选择工作点分析方式时，在仿真对话框中没有特殊的参数需要设置，如图 17-35 所示。

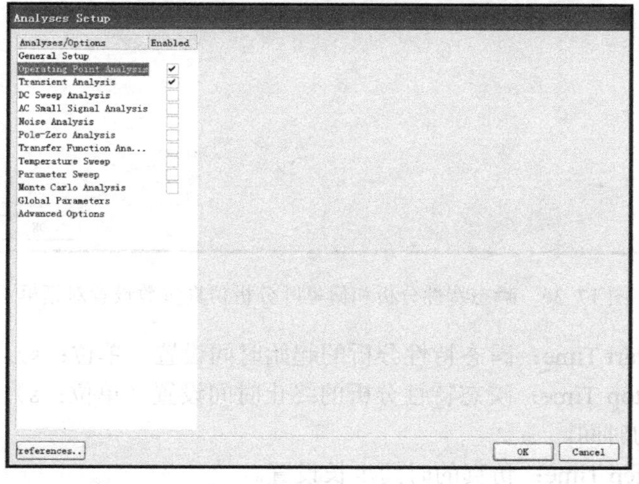

图 17-35　工作点分析方式的参数设置对话框

在测定瞬态初始化条件时，除了已经在“Transient Analysis”设置对话框中选中“Use Initial Conditions”参数的情况外，直流工作点分析将优先于瞬态分析。同时，直流工作点分析优于交流小信号分析、噪声分析和零极点分析，为了保证测定的线性化，电路中所有非线性原件均为小信号模型。在直流工作点分析中，将不考虑任何交流源的干扰因素。

17.4.3 瞬态特性分析与傅里叶分析

瞬态特性分析（Transient Analysis）和傅里叶分析（Fourier Analysis）是电路仿真中常使用的仿真方式。

瞬态特性分析在时域中描述瞬态输出变量的值，是从时间零开始到用户规定的时间范围内进行的。瞬态特性分析的输出是在一个类似示波器的窗口中，在设计者定义的时间间隔内计算变量瞬态输出电流或电压值。

勾选“Transient Analysis”选项，进行瞬态特性分析相关参数的设置，如图 17-36 所示。

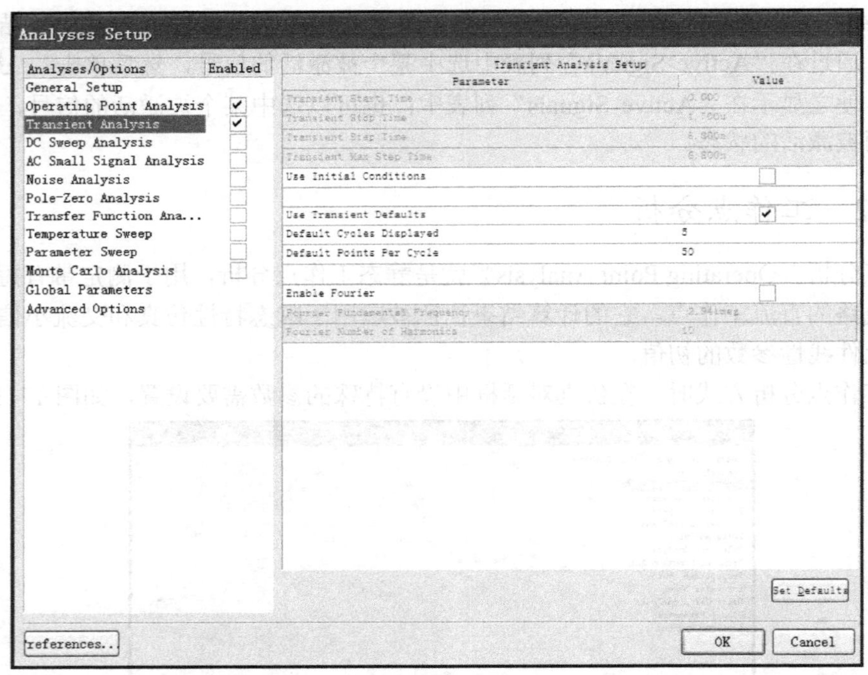

图 17-36 瞬态特性分析和傅里叶分析仿真参数设置对话框

（1）Transient Start Time：瞬态特性分析的起始时间设置（单位：s）。

（2）Transient Stop Time：瞬态特性分析的终止时间设置（单位：s），在设计时需要充分考虑电路瞬态过程的时间。

（3）Transient Step Time：仿真的时间步长设置。

（4）Transient Max Step Time：仿真的最大时间步长设置，默认状态下可以是 Transient

Step Time 或 （TransientStop Time - Transient Start）/50。

（5）Use Initial Conditions：该复选框用于设置电路仿真时是否使用初始设置条件，默认为选中。

（6）Use Transient Defaults：该复选框用于设置电路仿真时是否采用系统的默认设置。若所有的参数选项颜色都变成灰色，则不再允许用户修改设置：为了获得更好的仿真效果，用户应对各参数进行手工调整配置，通常情况下不应选中该项。

（7）Default Cycles Displayed：电路仿真时默认显示的波形周期数设置。

（8）Default Points Per Cycle：默认的每一显示周期中的点教设置，其数值决定了曲线的光滑程度。

瞬态特性分析通常从时间零开始，若不从时间零开始，则在时间零和开始时间（Transient Start Time）之间，瞬态特性分析照样进行，只是不保存结果。步长（Transient Step Time）通常是指在瞬态特性分析中的时间增量。

当“Use Initial Conditions”选项未被选中时，静态工作点和电路节点初始值的计算和非线性元件小信号参数的节点初始值在进行瞬态分析时应考虑在内，因此有初始值的电容和电感也被看作电路的一部分而保留下来。

如果选择了“Use Initial Conditions”选项，则瞬态特性分析就先不进行直流工作点的分析 （初始瞬态值），因而应在各电路元件上设置各点的直流电压。仿真时，如果不能确定所需输入的值，可以选择默认值，从而自动获得瞬态分析的参数。开始时间（Transient Start Time）一般设置为零，Transient Stop Time、Transient Step Time 和 Max Step Time 与显示周期（Cy-cles Displayed）、每周期中的点数（Points Per Cycle)及电路激励源的最低频率有关。如果选中“Use Transient Defaults”选项，则每次仿真时将使用系统默认的设置。

傅里叶分析可以与瞬态特性分析同时进行，属于频域分析，用于计算瞬态特性分析结果在频域的变化，即在仿真结果图中将显示观测信号的直流分量、基波，以及各次谐波的振幅和相位。进行傅里叶分析相关参数设置如图 17-36 所示。

（1）Enable Fourier：在仿真中执行傅里叶分析（默认为 Disable）。

（2）Fourier Fundamental Frequency：由正弦曲线波叠加近似而来的信号频率值。

（3）Fourier Number of Harmonics：在分析中应注意的谱波数，每一个谱波均为基频的整数倍。

执行傅里叶分析后，系统将自动创建一个.sim 的数据文件，文件中包含了关于每一个谐波的幅度和相位详细的信息。

17.4.4　直流传输特性分析

直流传输特性分析（DC Sweep Analysis）就是直流扫描分析，指在一定范围内通过改变输入信号源的电压值，对节点进行静态工作点的分析。根据所获得的一系列直流传输特性曲线，可以确定输入信号、输出信号的最大范围及噪声容限等。在设置过程中，可以同时指定两个输入信号源。

选中“DC Sweep Analysis”选项，直流传输特性分析的具体参数设置如图 17-37 所示。

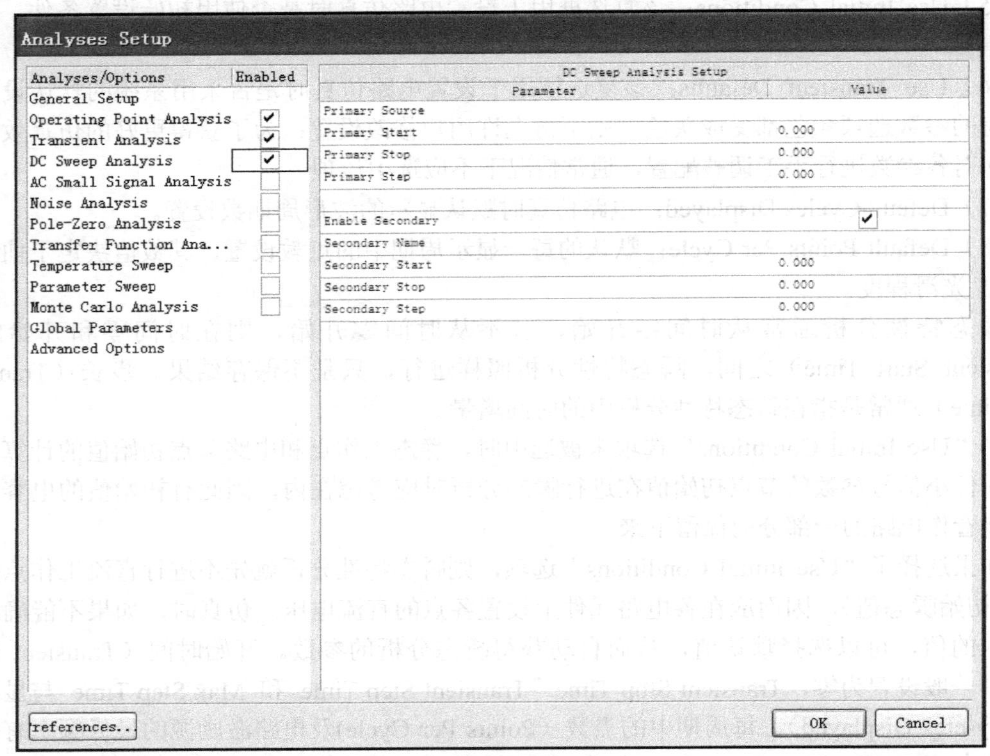

图 17-37　直流传输特性分析参数设置对话框

（1）Primary Source：设置直流传输特性分析的第一个输入激励源。选中该项后，右边会出现一个列表框，供用户选择输入激励源。

（2）Enable Secondary：用于选择是否设置进行直流传输特性分析的第二个输入激励源。选中该复选框后，就可以对第二个输入激励源的相关参数进行设置。

（3）Primary/Secondary Start：主电源/从电源的起始电压值。

（4）Primary/Secondary Stop：主电源/从电源的终止电压值。

（5）Primary Step：在扫描范围内指定的增量值。用来设置输入信号的幅值变化步长，在实际使用中，取幅值变化步长为总变化量的 1%或 2%。

（6）Secondary Name、Secondary Start、Secondary Stop、Secondary Step：设置电源的名称、起始电压值、终止电压值、扫描范围内指定的增值量。

17.4.5　交流小信号分析

交流小信号分析（AC Small Signal Analysis）是指在一定的频率范围内计算电路频率响应。如果电路中包含非线性元件，在计算频率响应之前应该得到此元件交流小信号参数。在进行交流分析之前，必须保证电路中至少有一个交流电源，即在激励源中的 AC 属性域中设

置一个大于零的值。交流小信号分析所希望的输出通常是一个传递函数，如电压增益、传输阻抗等。选中“AC Small Signal Analysis”选项，交流小信号分析的具体参数设置如图 17-38 所示。

（1）Start Frequency：交流小信号分析的初始化频率（单位：Hz）。

（2）Stop Frequency：交流小信号分析的截止频率（单位：Hz）。

（3）Sweep Type：扫描方式设置，决定如何产生测试点的数量，有 3 种选择。Linear 指全部测试点均匀地分布在线性化的测试范围内，是从起始频率开始到终止频率的线性扫描，适用于宽带较窄的情况；Decade 指测试点以 10 的对数形式排列，用于带宽特别宽的情况；Octave 指测试点对数形式排列，频率以倍频进行对数扫描，Octave 用于带宽较宽的情形。

（4）Test Points：交流小信号分析的测试点数目设置。

（5）Total Test Points：交流小信号分析的全部测试点数目设置，通常使用系统默认的即可。

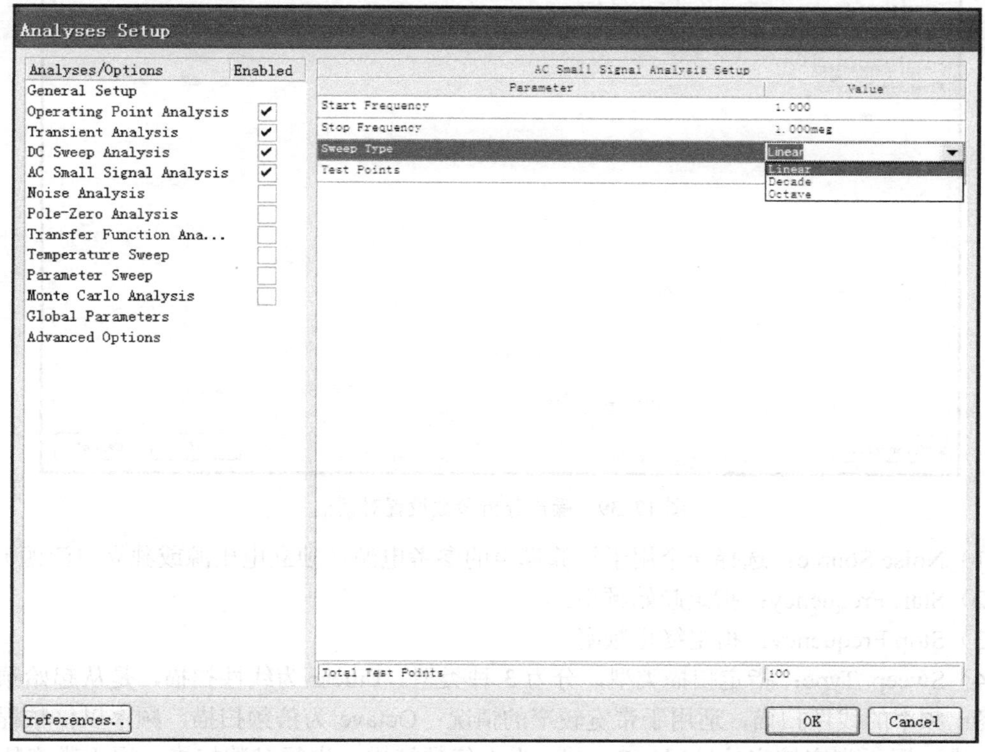

图 17-38　交流小信号分析参数设置对话框

17.4.6　噪声分析

噪声分析（Noise Analysis）是利用噪声谱密度测量由电阻和半导体器件的噪声产生的影响，通常由 V2/Hz 表征测量的噪声值。电阻和半导体器件等都能产生噪声，噪声电平取决于频率。电阻和半导体器件产生不同类型的噪声（在噪声分析中，电容、电感和受控源视为无噪声元件）。在交流小信号分析的每个频率上计算出相应的噪声，并传送到一个输出节点，所有传送到该节点的噪声进行 RMS（均方根）值相加，就得到了指定输出端的等效输出噪声。同时可以计算出从输入端到输出端的电压（电流）增益，由输出噪声和增益就可以得到等效输入噪声值。

选中“Noise Analysis”选项，噪声分析的具体参数设置如图 17-39 所示。

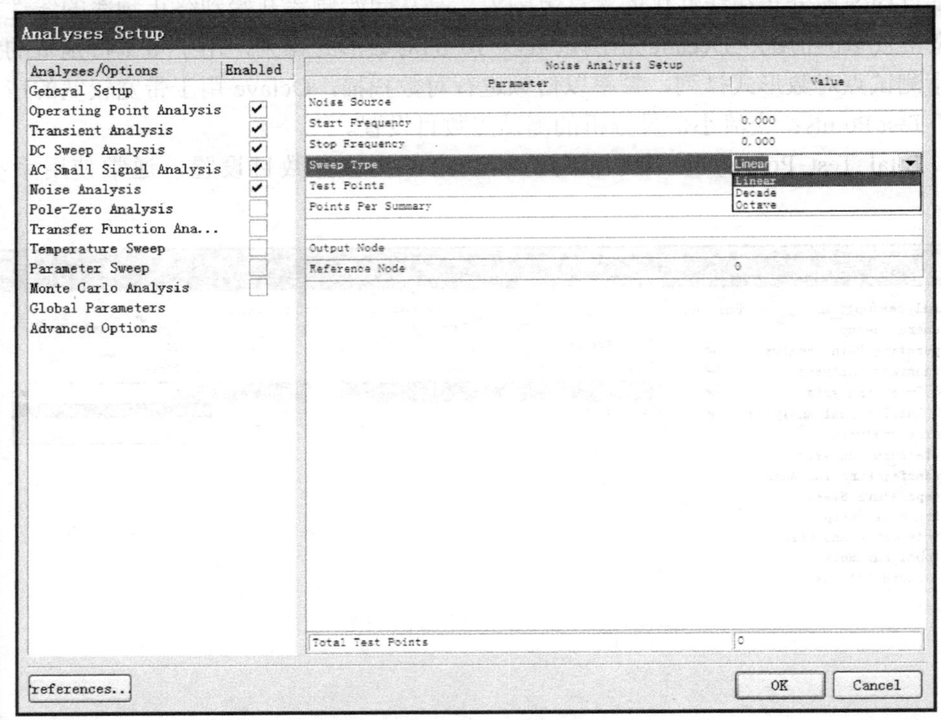

图 17-39　噪声分析参数设置对话框

（1）Noise Source：选择一个用于计算噪声的参考电源（独立电压源或独立电流源）。

（2）Start Frequency：指定起始频率。

（3）Stop Frequency：指定终止频率。

（4）Sweep Type：指定扫描类型，分为 3 种类型。Linear 为线性扫描，是从起始频率开始到终止频率的线性扫描，适用于带宽较窄的情况；Octave 为倍频扫描，频率以倍频程进行对数扫描，用于带宽较宽的情况；Decade 为十倍频扫描，进行对数扫描，用于带宽特别宽的情况。

（5）Test Points：指定扫描的点数。

（6）Points Per Summary：指定计算噪声范围。在此区域中，输入 0 则只计算输入和输出噪声；如果同时输入 1，则同时计算各个器件噪声。后者适用于用户想单独查看某个器件的噪声并进行相应的处理（如某个器件的噪声较大，则考虑使用低噪声的器件替换）。

（7）Output Node：指定输出噪声节点。

（8）Reference Node：指定噪声参考节点，此节点一般为地（也即为 0 节点），如果设置的是其他节点，通过 V (Output Node) - V (Reference Node)得到总的输出噪声。

17.4.7　零极点分析

零极点分析（Pole-Zero Analysis）指在单输入单输出的线性系统中，利用电路的小信号交流传输函数对极点或零点的计算，用 Pole-Zero 进行稳定性分析，将电路的直流工作线性化，并给所有非线性器件匹配小信号模型。传输函数可以是电压增益（输出与输入电压之比）或阻抗（输出电压与输入电流之比）中的任意一个。

选中“Pole - Zero Analyses”选项，零极点分析的具体参数设置如图 17-40 所示。

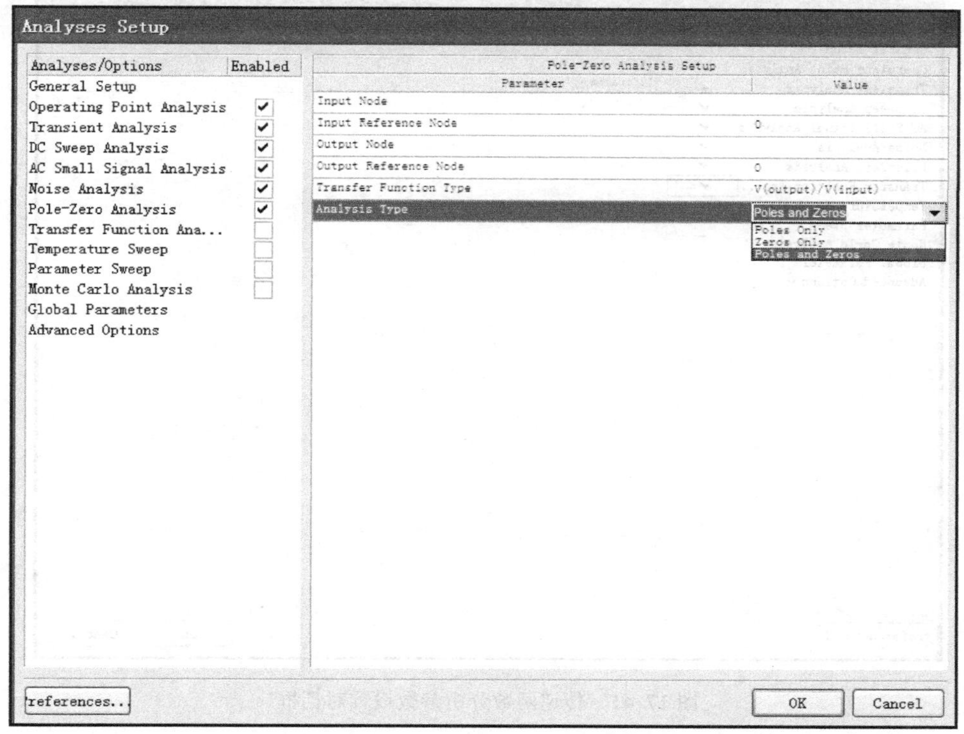

图 17-40　零极点分析参数设置对话框

（1）Input Node：输入节点选择设置。

（2）Input Reference Node：输入参考节点选择设置（默认：0（GND））。

（3）Output Node：输出节点选择设置。

（4）Output Reference Node：输出参考节点选择设置（默认：0（GND））。

（5）Transfer Function Type：设置交流小信号传输函数的类型。

（6）V (output) /V (input)：电压增益传输函数。

（7）V (output) /I (input)：电阻传输函数。

（8）Analysis Type：更精确地提炼分析极点。

Pole-Zero Analysis 可用电阻、电容、电感、线性控制源、独立源、二极管、BJT 管、FET 管和 JFET 管，但不支持传输线。对复杂的大规模电路设计进行 Pole-Zero Analysis，需要耗费大量时间并且可能找不到全部的 Pole-Zero 点，因此将其拆分成小的电路再进行 Pole–Zero Analysis 将更有效。

17.4.8 传递函数分析

传递函数分析（Transfer Function Analysis）用来计算直流输入阻抗、输出阻抗及直流增益。选中"Transfer Function Analysis"选项设置传递函数分析的参数，如图 17-41 所示。

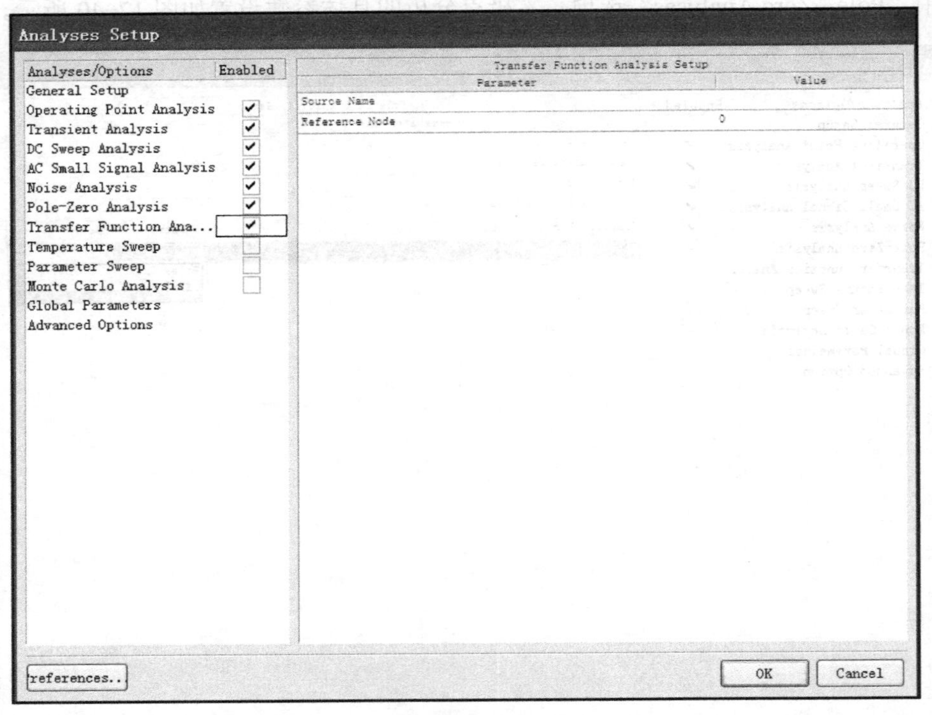

图 17-41　传递函数分析参数设置对话框

（1）Source Name：指定输入参考的小信号输入源。

（2）Reference Node：作为参考用于指定计算每个特定电压节点的电路节点（默认设置为 0），利用传递函数分析可以计算整个电路中的直流输入电流、输出电阻和直流增益这 3 个小信号的值。

17.4.9 温度扫描分析

温度扫描（Temperature Sweep）分析是在一定的温度范围内进行电路参数计算的，从而确定电路的温度漂移等性能指标。温度扫描分析与交流小信号分析、直流分析及瞬态特性分析中的一种或几种关联，该设置规定了在什么温度下进行上述仿真分析。如果给出了几个温度，则对每个温度都要做所有的仿真分析。温度扫描分析的具体参数设置如图 17-42 所示。

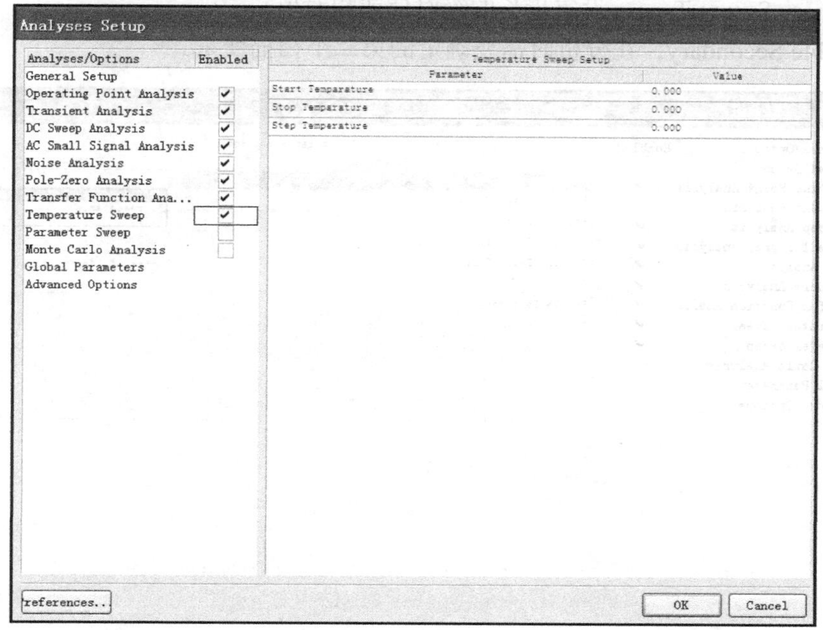

图 17-42　温度扫描分析参数设置对话框

（1）Start Temperature：起始温度（单位：℃）。

（2）Stop Temperature：截止温度（单位：℃）。

（3）Step Temperature：在温度变化区间内，递增变化的温度大小。

温度扫描分析只能用在激活变量中定义的节点计算中，在仿真中，如果要进行温度扫描分析，必须先定义相关的标准分析。在温度扫描分析时，由于会产生大量的分析数据，因此需要将“General Setup”中的“Collect Data for”设置为“Active Signals”。

17.4.10　参数扫描分析

参数扫描（Parameter Sweep）分析是用来分析电路中某个元件的值发生变化时对电路性能的影响。参数扫描分析可以与瞬态分析、交流小信号分析、直流传输特性分析等分析类型配合使用，对电路所执行的分析进行参数扫描，为研究电路参数的变化对电路特性的影响提供很大的方便。在分析功能上与蒙特卡罗分析和温度分析类似，它是按扫描变量对电路的所有参数的影响进行分析的，扫描的分析结果产生一个数据列表或一组曲线图，同时用户还可以设置第二个参数扫描分析，但参数扫描分析所收集的数据不包括子电路中的元件。参数扫描分析的具体参数设置如图 17-43 所示。

（1）Primary Sweep Variable：希望扫描的电路参数或元件值，利用下拉列表框进行设置。

（2）Primary Start Value：扫描变量的初始值。

（3）Primary Stop Value：扫描变量的终止值。

（4）Primary Step Value：扫描变量的步长。

（5）Primary Sweep Type：设定步长的绝对值或相对值。

（6）Enable Secondary：在分析时需要确定的第二个扫描变量。

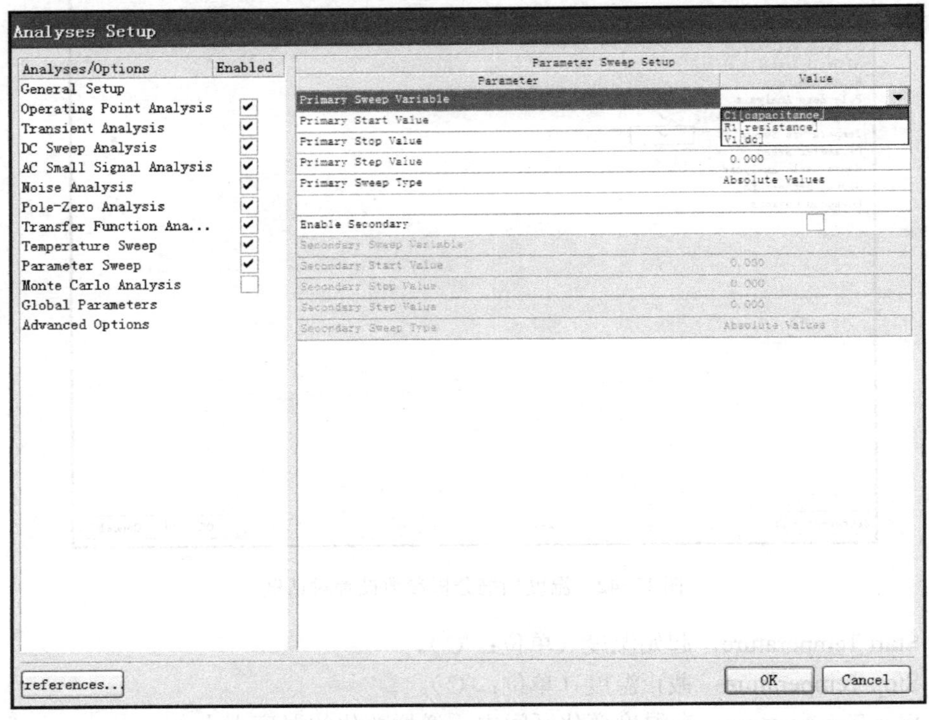

图 17-43　参数扫描参数设置对话框

（7）Secondary Sweep Variable：希望第二个扫描的电路参数或元件的值，利用下拉列表框进行设置。

（8）Secondary Start Value：第二个扫描变量的初始值。

（9）Secondary Stop Value：第二个扫描变量的终止值。

（10）Secondary Step Value：第二个扫描变量的步长。

（11）Secondary Sweep Type：设定第二个扫描变量步长的绝对值或相对值。

参数扫描至少应与标准分析类型中的一项一起执行，可以观察到不同的参数值所画出来的曲线不一样。曲线之间偏离的大小表明此参数对电路性能影响的程度。

17.4.11　蒙特卡罗分析

蒙特卡罗分析（Monte Carlo Analysis）是一种统计模拟方法，它是在给定元件参数容差为统计分布规律的情况下，用一组伪随机数求得元件参数的随机抽样的电路进行直流扫描、直流工作点、传递函数、噪声、交流小信号和瞬态分析，并通过多次分析结果估算出电路性能的统计分析规律，蒙特卡罗分析可以进行最坏的情况分析。蒙特卡罗分析的参数设置

如图 17-44 所示。

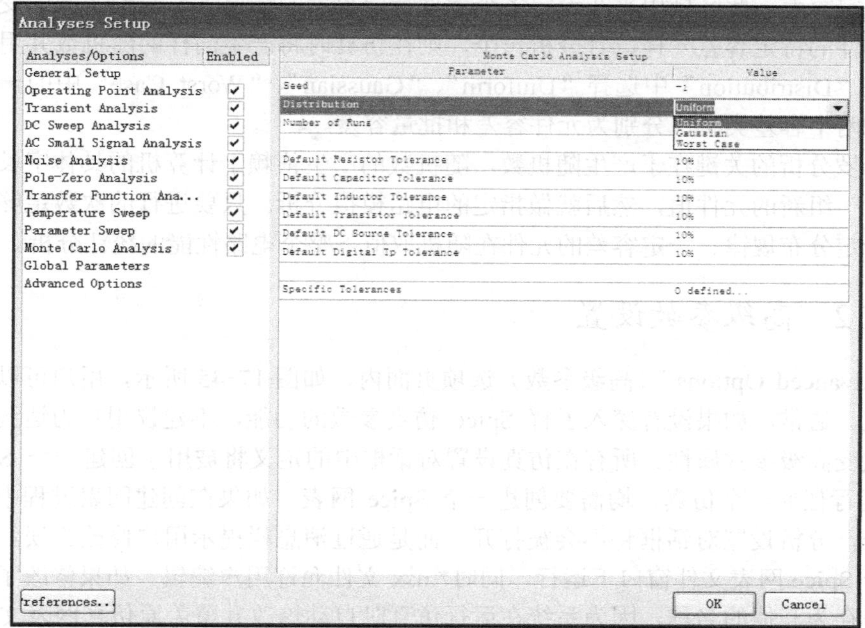

图 17-44 蒙特卡罗分析参数设置对话框

（1）Seed：该值是仿真中随机产生的。如果用随机数的不同序列执行一个仿真，需要改变该值（默认为-1）。

（2）Distribution：容差分析参数。Uniform（默认）表示单调分布，在超过指定的容差范围后仍然保持单调变化；Gaussian 表示高斯曲线分布（Bell-Shaped 铃形），名义中位数与指定容差有-/+3 的背离；Worst Case 表示最坏情况与单调分布类似，不仅仅是容差范围内最差的点。

（3）Number of Runs：在指定容差范围内执行仿真运用不同元件的值（默认为 5）。

（4）Default Resistor Tolerance：电阻器件默认容差（默认为 10%）。

（5）Default Capacitor Tolerance：电容器件默认容差（默认为 10%）。

（6）Default Inductor Tolerance：电感器件默认容差（默认为 10%）。

（7）Default Transistor Tolerance：三极管器件默认容差（默认为 10%）。

（8）Default DC Source Tolerance：直流电源默认容差（默认为 10%）。

（9）Default Digital Tp Tolerance：数字器件传播延时默认容差（默认为 10%）。该容差将用于设定随机数发生器产生数值的区间。对于一个名义值为 ValNom 的元件，其容差区间为 ValNom-(Tolerance*ValNom)<RANGE>ValNom+(Tolerance*ValNom)。

（10）Specific Tolerances：用户特定的容差默认值为 0，若要定义一个新的特定容差，则选中 Specific Tolerances 选项，单击 Value 属性列表框右侧出现的按钮【**】，弹出“Monte Carlo - Specific Tolerances”参数设置对话框，在该对话框中单击【**】按钮，在出现的新增行的 Designator 区域中选择特定容差的元件，在“Parameter”中设置参数值，在

“Tolerance”中设定容差范围，“Track No”即跟踪数（Tracking Number），用户可以为多个元件设定特定容差。此区域用来在设定多个元件特定容差的情况下，它们之间的变化情况。如果两个器件的特定容差一样，且分析一个，则在仿真时将产生同样的随机数并用于计算电路特性，在“Distribution”中选择“Uniform”、“Gaussian”、“Worst Case”中的一项。每个元件都包含两个容差类型，分别为元件容差和批量容差。

蒙特卡罗分析的关键在于产生随机数，随机数的产生依赖于计算机的具体字长。用一组随机数取出一组新的元件值，然后就做指定的电路模拟分析。只要进行的次数足够多，就可得出满足一定分布规律、一定容差的元件在随机取值下整个电路性能的统计分析。

17.4.12　高级参数设置

在“Advanced Options”（高级参数）选项页面内，如图 17-45 所示，用户可以定义高级的仿真属性。通常，如果没有深入了解 Spice 仿真参数的功能，不建议用户为达到更高的仿真精度而改变高级参数属性。所有在仿真设置对话框中的定义将被用于创建一个 Spice 网表（*.nsx），运行任何一个仿真，均需要创建一个 Spice 网表。如果在创建网表过程中出现任何错误或警告，分析设置对话框将不会被打开，而是通过消息栏提示用户修改错误。仿真可以直接在一个 Spice 网表文件窗口下运行，同时*.nsx 文件允许用户编辑。如果修改了仿真网表内容，则另存为其他的名称，因为系统在运行仿真时自动修改并覆盖原仿真网表文件。

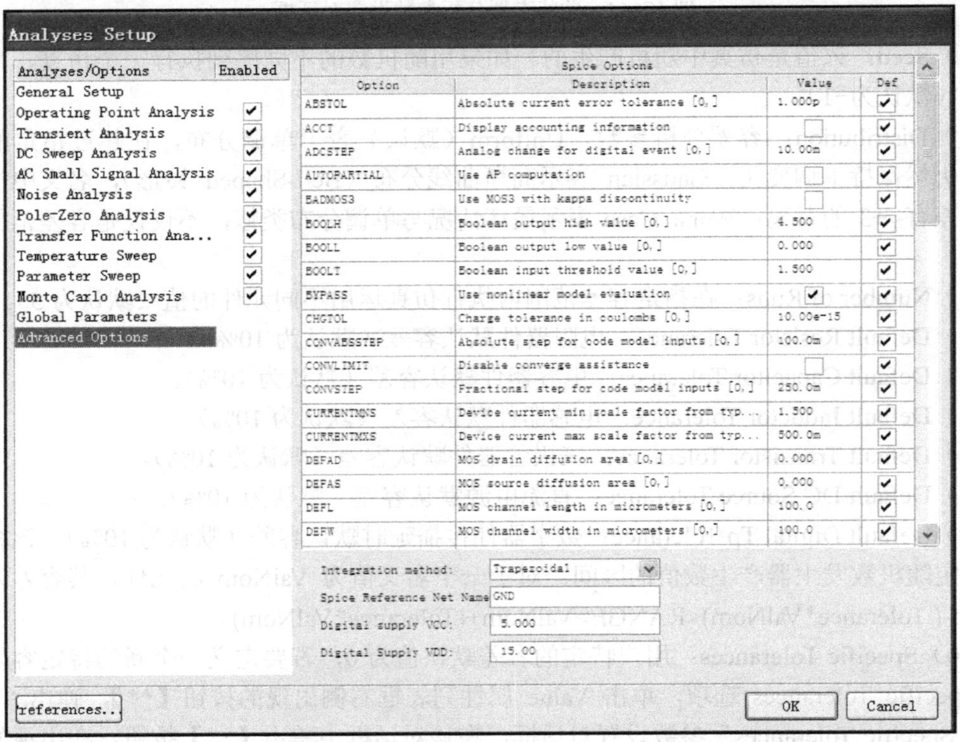

图 17-45　高级参数选项页面

17.5　电路原理图仿真实例

在进行电路仿真之前，首先应该为仿真创建仿真原理图。在绘制原理图之前，首先添加原理图中仿真元件所在的元件库；然后从元件库中提取在原理图中进行连线，绘制仿真原理图；原理图连线结束后，必须在原理图中添加仿真激励源；然后在观测输出波形的节点处定义网络符号，以便于仿真器的识别。

本节以双稳态振荡器电路仿真为例，介绍原理图仿真的具体步骤。

17.5.1　仿真原理图的设计流程

使用 Altium Designer 进行信号仿真需遵循的设计流程：加载和调出仿真元件库→编辑电路原理图→设置仿真激励源→放置节点网络标号→设置仿真方式及参数→对原理图进行仿真→分析仿真结果。

在设置仿真原理图文件前，该原理图文件必须包含所有所需的信息，以下是为仿真可靠运行而遵循的一些规则。

- 所有元件必须定义 Simulation 属性。
- 原理图仿真中可调用常用元件库 Miscellaneous Devices.IntLib。
- 原理图仿真所用元件库在 Library/Simulation 目录下。用户可在此路径中加载。
- 必须放置和连接可靠的激励源，以便仿真过程中驱动整个电路。
- 必须在需要绘制仿真数据的节点处添加网络标号。
- 根据具体电路的仿真要求设置合理的仿真方式。

设计完原理图后，要对原理图进行 DRC 检验，如有错误，须返回原理图设计，直到 DRC 检验通过。然后就需要对该仿真器进行设置，决定对原理图进行何种分析，并确定分析采用的参数。设置不正确，仿真器可能在仿真前报告警告信息，仿真后将仿真过程中的错误写入 Filename. err 文件中。

17.5.2　绘制电路的仿真原理图

（1）创建新项目文件和电路原理图文件。

执行菜单命令【File】→【New】→【Project】→【PCB Project】，创建一个新的 PCB 项目文件，并保存重命名为“双稳态触发器.PriPCB”，执行菜单命令【File】→【New】→【Schematic】，创建原理图文件，并保存更名为“双稳态触发器.SchDoc”，并进入原理图编辑环境。

（2）加载电路仿真元件库 Miscellaneous Devices.Intlib 和 Simulation Sources.Intlib。

（3）绘制如图 17-46 所示的电路仿真原理图。

（4）在仿真原理图中添加仿真测试点，如图 17-47 所示。N1 表示输入信号，K1、K2 表示通过电容滤波后的激励信号，B1、B2 是两个三极管基极观测信号，C1、C2 集电极观测信号。

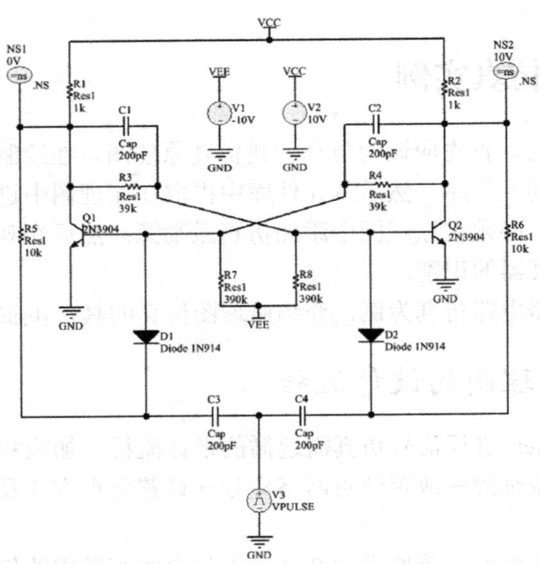

图 17-46 双稳态振荡器电路原理图

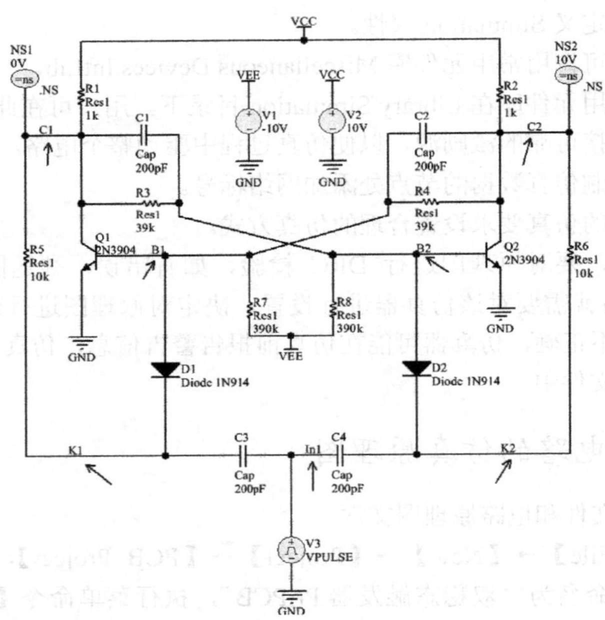

图 17-47 添加仿真测试点的双稳态振荡器电路原理图

17.5.3 设置元件的仿真参数

（1）设置电阻元件的仿真参数。在电路仿真原理图中，双击某一电阻，弹出该电阻的属性设置对话框，在对话框的“Models”栏中，双击“Simulation”属性，弹出仿真属性对话

框，如图 17-48 所示，在该对话框的“Value”栏中输入电阻的阻值即可。采用同样方法为其他电阻设置仿真参数。

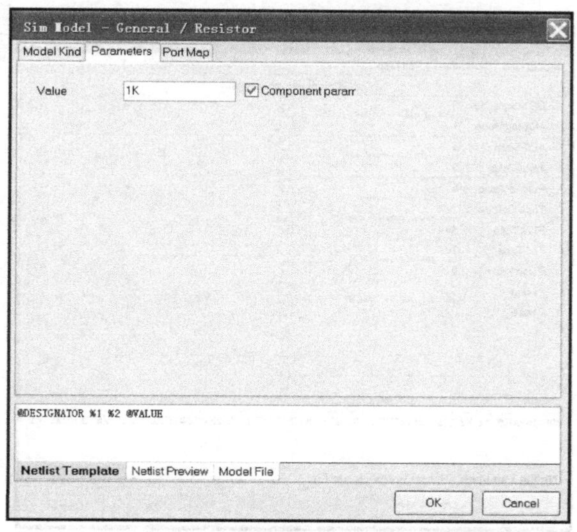

图 17-48　电阻元件仿真属性设置对话框

（2）设置电容元件的仿真参数，方法与电阻相同。

（3）二极管 1N914 和三极管 2N3904 在本例中不需要设置仿真参数。

17.5.4　设置电源及仿真激励源

（1）设置电源。将 V1 设置为+10V，它为 VCC 提供电源；将 V2 设置为 –10V，它为 VEE 提供电源。打开电源的仿真属性设置对话框，如图 17-49 所示，设置 Value 的值。由于 V1、V2 只是供电电源，在交流小信号分析时不提供信号，因此它们的 AC Magnitude 和 AC Phase 可以不设置。

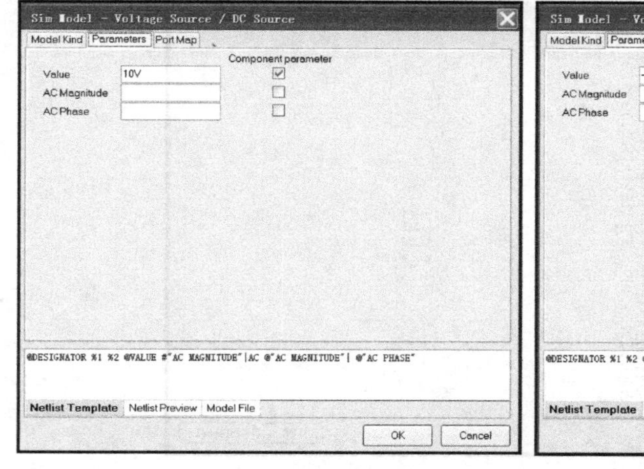

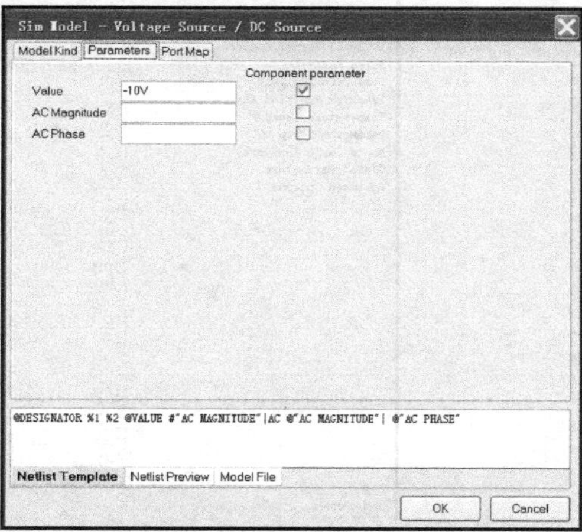

图 17-49　电源仿真属性设置对话框

（2）设置仿真激励源。在电路仿真原理图中，周期性脉冲信号源 V3 为双稳态振荡器电路提供激励信号，在其仿真属性设置对话框中设置的仿真参数如图 17-50 所示。

Sim Model - Voltage Source / Pulse
Model Kind | Parameters | Port Map
Component parameter
DC Magnitude 0
AC Magnitude 1
AC Phase 0
Initial Value 0
Pulsed Value 5
Time Delay
Rise Time 4u
Fall Time 1u
Pulse Width 0
Period 5u
Phase
@DESIGNATOR %1 %2 ?"DC MAGNITUDE"|DC @"DC MAGNITUDE"| PULSE(?"INITIAL VALUE"/&"INITIAL VA
Netlist Template | Netlist Preview | Model File
OK Cancel

图 17-50　周期性脉冲信号源仿真属性设置对话框

17.5.5　设置仿真模式

执行菜单命令【Design】→【Simulate】→【Mixed Sim】，弹出仿真分析对话框，在本例中设置“General Setup”和“Transient Analysis”两个选项卡。通用参数设置对话框如图 17-51 所示，瞬态分析仿真参数设置对话框如图 17-52 所示。

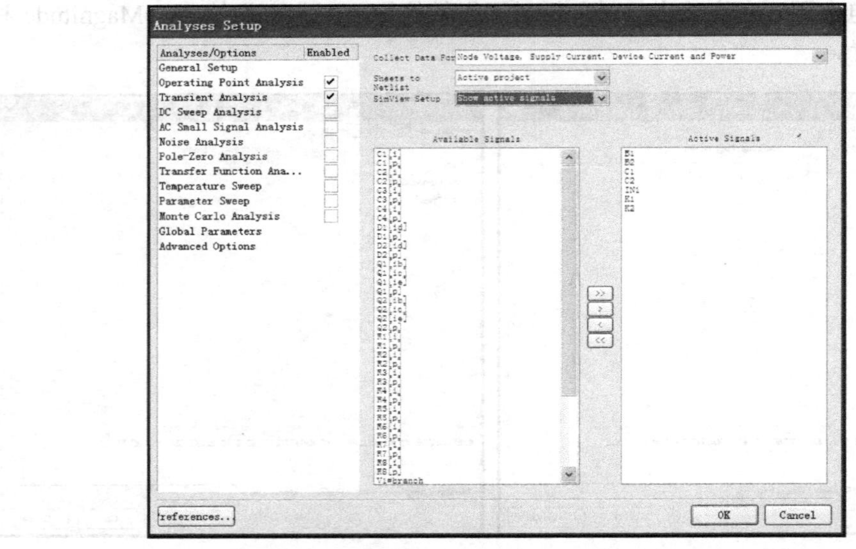

图 17-51　通用参数设置对话框

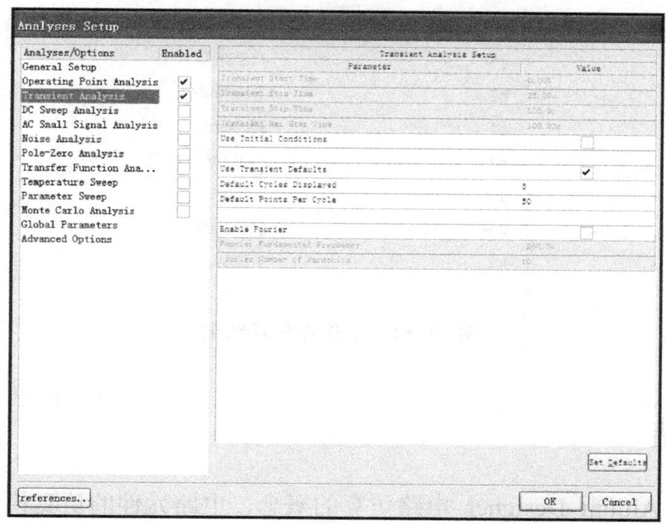

图 17-52　瞬态分析仿真参数设置对话框

17.5.6　执行仿真

参数设置完成后，单击【OK】按钮，系统开始执行电路仿真，如图 17-53 所示为瞬态分析仿真结果，如图 17-54 所示为工作点仿真结果。

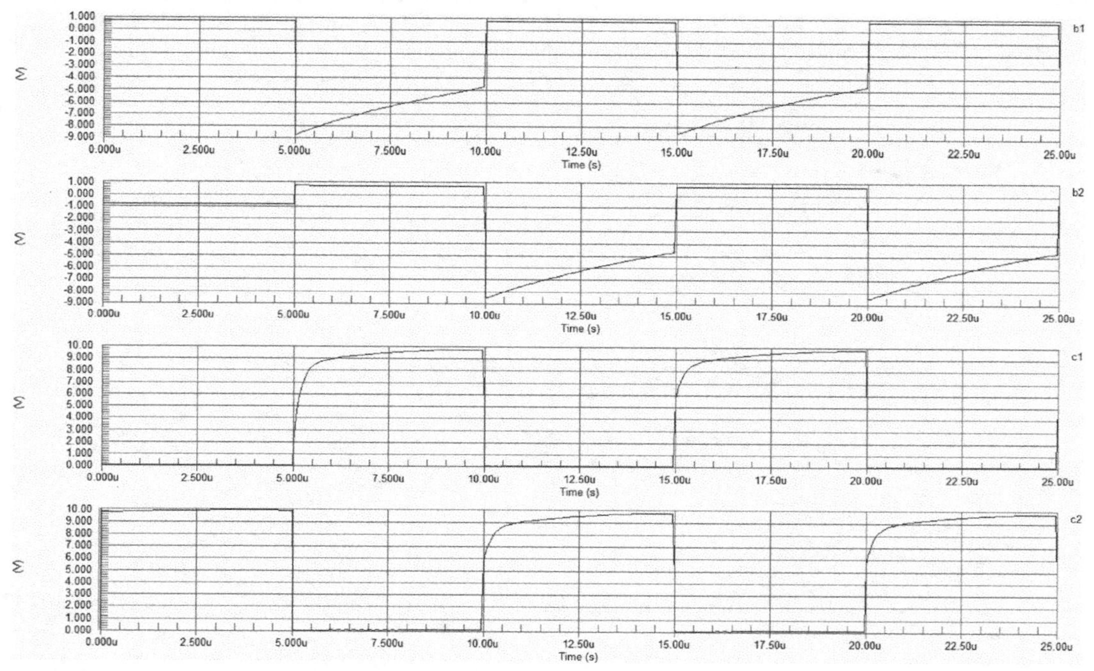

图 17-53　瞬态分析仿果

b1	716.7mV
b2	–818.9mV
c1	99.26mV
c2	9.768 V
in1	0.000 V
k1	232.6mV
k2	9.768 V

图 17-54　工作点仿真结果

17.6　本章小结

本章主要介绍 Altium Designer 电路仿真的概念、电路元件的仿真模型及参数，以及使用 Altium Designer 进行仿真分析时相关的参数设置。同时以实例介绍电路仿真的具体操作步骤。通过本章的学习，读者应该了解到 Altium Designer 电路仿真的概念，以及仿真分析的参数设置。